Pythonではじめる
データラングリング

データの入手、準備、分析、プレゼンテーション

Jacqueline Kazil
Katharine Jarmul 著
長尾 高弘 訳
嶋田 健志 技術監修

Data Wrangling with Python

Jacqueline Kazil and Katharine Jarmul

Beijing • Boston • Farnham • Sebastopol • Tokyo

はじめに

『Pythonではじめるデータラングリング』にようこそ。本書は、データ処理に関するスキルをスプレッドシートから1つ上のレベルに引き上げるためのお手伝いをします。プログラミング言語Pythonを使って、ごちゃごちゃしたデータを使えるレポートに素早くしかも手軽に変えられるようにしようというものです。Pythonは文法がやさしく、簡単に始められるので、誰でもプログラミングに乗り出すことができます。

日常的にデータ処理をするために、複数のソースから1枚のスプレッドシートにデータを手作業でコピー＆ペーストする操作をイメージしてください。そのために、毎週1、2時間くらいを使っているのではないでしょうか。しかし、このタスクを自動化、つまりスクリプト化すると、たったの30秒で処理できるようになります。うまくいけば、ほかの仕事や別のプロセスの自動化のために時間を使えるようになるでしょう。さらに、今ある形式のために処理することができなかった仕事が、データの変換によってできるようになるところをイメージしてください。本書のPythonの練習問題を実際に動かしたあとなら、これまで手が出せないとか、ごちゃごちゃしていたり量が多すぎると思っていたデータから、効果的に情報を集められるようになります。

本書では、データの獲得、クリーンアップ、プレゼンテーション（表現方法）、スケーリング（大規模化）、自動化のプロセスを順に案内していきます。本書の目標は、これらの処理、つまりデータラングリングを簡単に行う方法を身につけていただいて、データの内容や分析にもっと時間を割けるようにすることです。つまり、使用しているツールの限界を克服し、手作業をクリーンで読みやすいPythonコードに置き換えていきます。本書を読み終わり、コードを一通り試した頃には、自分のデータ処理を自動化し、ファイルの編集とクリーンアップの作業をスケジューリングし、以前なら手が出なかったような場所からデータを獲得し、意味を分析して理解し、もっと大規模なデータを処理するようになっているでしょう。

1つの章で完結するようなプロジェクトベースのアプローチを使っているので、各章は次第に複雑になっていきます。実際に説明の通りの作業をするとともに、学んだ手法を自分自身のデータセットに応用してみることをお勧めします。プロジェクトや行いたい調査がすぐに思いつかない読者のために、オンラインでサンプルデータセットを入手できるようにしました。

本書の対象読者

本書は、デスクトップツールの限界を超えたデータラングリングを追究したい人々のために書かれています。Excelに習熟し、データ分析を次のレベルに進めたいなら、本書はきっと役に立つでしょう。また、ほかの言語の経験があり、データラングリングのためにPythonを身につけたいと思っている方にも本書は役に立つはずです。

よくわからないところに遭遇したら、是非その箇所を私たちに知らせて、本書の改良を手伝ってください。しかし、皆さんも、インターネットの検索や質問サイト（https://www.propublica.org/nerds/item/how-to-ask-programming-questions）を通じて、学習したことを補うようにしてください。付録Eにはデバッグのヒントを簡単にまとめてあるので、そこも読むようにしてください。

本書が向かない人々

本書は、データラングリングのためにどのライブラリ、どのテクニックを使うべきかをすでに知っている熟練したPythonプログラマを対象としたものではありません（そのような人々には、同じO'Reillyから出ているWes McKinneyの『Python for Data Analysis』（邦題『Pythonによるデータ分析入門』オライリー・ジャパン、2013）をお勧めします。データ分析機能を持つPython以外の言語（Scala、R）の開発者にも、本書はあまり役に立たないでしょう。しかし、データ分析機能を持たないウェブ言語（PHP、JavaScript）の開発者なら、熟練者であっても、データラングリングを通じてPythonの学習に使えるでしょう。

本書の構成

本書の構成は、平均的なデータ分析プロジェクトをストーリー仕立てで扱っています。まず、問題を定式化し、データの獲得に進み、クリーンアップし、探究し、発見したことを表現し、大規模なデータセットに合わせてスケーリングし、最後にプロセスを自動化します。このアプローチを取ると、単純な疑問からより複雑な問題、調査に進むことができます。ただし、発見したことを表現するための基本的な方法については、高度なデータ収集のテクニックの前に説明します。

章のなかに知っている内容が含まれている場合には、本書をリファレンスとして使ったりすでに知っている部分を読み飛ばしていったりしてもかまいません。しかし、新しい参考資料やテクニックを見落とさないように、各節の内容をざっとでも眺めることをお勧めします。

データラングリングとは何か

「データラングリング」とは、整理されていない、あるいは磨かれていないデータソースを役に立つものに変身させることです。未加工のデータが手に入れられるソースをまず探し、その価値を判断します。データセットとしてどれくらい良質か、自分の目標にどれだけ関連性があるか、もっとよいデータソースがあるかといったことです。データをパース（意味を分析して理解すること）し、クリーンアップして、データセットが使えるものになったら、データを分析したり、発見したことをレポートとしてプレゼンテーションするために、Pythonスクリプトのようなツールや方法論を活用します。こうすることで、誰も顧みないようなデータでも、明確で実用的なものに変身させることができます。

暗礁に乗り上げたときには

とにかく悩まないようにしましょう。誰にでもあることです。繰り返しつまずく一連の流れのプログラミングプロセスをよく考えてみましょう。暗礁に乗り上げ、その問題を克服したときは、開発者としてもデータアナリストとしても成長し、教訓を学んだときです。ほとんどの人は、プログラミングをマスターしているわけではありません。問題を乗り越えるプロセスをマスターしているのです。

「山を動かす」テクニックはどのようなものでしょうか。まず、検索エンジンで答えを探すことです。多くの人々がすでに同じ問題にぶつかっていることがわかることがよくあります。役に立つ答が見つからない場合は、オンラインで質問をしてみましょう。オンラインとオフラインで効果的に質問をする方法は付録Bにまとめてあります。

質問をするのは大変なことです。しかし、学習のどの段階にいる場合でも、自分より大きなコーディングコミュニティに助けを求めることに怖気づいてはなりません。本書の著者のひとりが学習の初期に公開フォーラムで行った質問の1つは、その後多くの人々が参照するページになっています。

もう1つ、オンラインで質問を投稿する前に、「How to Ask Questions」（https://www.propublica.org/nerds/item/how-to-ask-programming-questions）を読むことをお勧めします。ほかの人たちがもっともよい形であなたを手助けできるように質問するための方法を説明しています。

最後に、現実世界での支援がどうしても必要な場合があります。たとえば、解決したい問題が多面的で、ウェブサイトやメーリングリストで簡単に質問したり答えたりできないような場合や、問題が哲学的なもので、議論や異なるアプローチによる作り直しが必要な場合などです。問題がどのようなものであれ、地域のPythonグループでは、あなたの疑問に答えられる人が見つかるはずです。地域のミートアップ（集まり）を探すときには、Meetup（http://www.meetup.com/）を試してみるとよいでしょう。あなたを支えてくれるコミュニティを探す方法について詳しくは、第1章で説明しています。

凡例

本書では、次のような表記法を使います。

ゴシック

新しい用語を示します。

等幅（`sample`）

プログラムリストに使われるほか、本文中でも変数、関数、データベース、データ型、環境変数、文、キーワードなどのプログラムの要素を表すために使われます。

斜体の等幅（*`sample`*）

ユーザーが指定した値に置き換えるべきテキストや、コンテキストによって決まる値に置き換えるべきテキストを示します。

ヒント、参考情報を示します。

一般的なメモを示します。

警告、注意を示します。

コード例の使い方

GitHubのhttps://github.com/jackiekazil/datawranglingにデータリポジトリを設定してあります。このリポジトリでは、いくつかのコード例で使ったデータが見つかります。リポジトリの問題を見つけた場合や、疑問がある場合は、https://github.com/jackiekazil/data-wrangling/issuesに投稿してください。

本書は、読者の仕事を助けるためのものです。全般的に、本書のサンプルコードは、読者のプログラムやドキュメントで使っていただいてかまいません。コードのかなりの部分を複製するというのでもない限り、弊社に許可を求める必要はありません。たとえば、本書の複数のコードチャンクを使ったプログラムを書くときには、許可はいりません。しかし、O'Reillyの書籍のサンプルのCD-ROM

を販売、流通させるときには、許可を求めてください。本書の文言を使い、サンプルコードを引用して質問に答えるときには、許可はいりません。しかし、本書のサンプルコードの大部分を製品のドキュメントに組み込む場合には、許可を求めてください。

出典を表記していただけるときには感謝しますが、出典の表記を要求するつもりはありません。出典を示す際は、通常、タイトル、著者、出版社、ISBNを入れてください。たとえば、『Data Wrangling with Python』Jacqueline Kazil、Katharine Jarmul著、O'Reilly、Copyright 2016 Jacqueline Kazil and Kjamistan Inc. 978-1-4919-4881-1（邦題『Pythonによるデータラングリング』オライリー・ジャパン、ISBN978-4-87311-794-2のようになります。

サンプルコードの使い方が公正使用の範囲を逸脱したり、上記の許可の範囲を越えるように感じる場合には、permissions@oreilly.comに英語にてお問い合わせください。

問い合わせ先

本書に関するご意見、ご質問などは、出版社にお問い合わせください。

株式会社オライリー・ジャパン
電子メール japan@oreilly.co.jp

本書には、正誤表、サンプル、およびあらゆる追加情報を掲載したWebサイトがあります。このページには以下のアドレスでアクセスできます。

http://www.oreilly.co.jp/books/9784873117942/（日本語）
http://shop.oreilly.com/product/0636920032861.do（英語）

謝辞

私たちふたりは、非常に熱心に私たちを支え、この仕事に心血を注いでくれた編集者のDawn SchanafeltとMeghan Blanchetteの両氏に感謝の気持ちを伝えたいと思います。また、コード例を完成させ、本書の読者について考える上で力になってくれたテクニカルエディタのRyan Balfanz、Sarah Boslaugh、Kat Calvin、Ruchi Parekhの各氏にも感謝しています。

Jackie Kazilは、励ましてくれることからカップケーキの差し入れまで、ありとあらゆることでこの冒険を支えてくれた夫のJoshに感謝しています。彼が支えてくれなければ、家庭は崩壊していたでしょう。また、パートナーとしてともに仕事をしてくれたKatharine（Kjam）にも感謝しています。本書はKjamがいなければ生まれなかったはずです。何年も離れ離れになっていましたが、またこのようにしていっしょに仕事をする機会が生まれたのはとても楽しいことでした。最後に、本書を完成させるために必要だった英語を除き、さまざまなスキルを与えてくれた母のLydieに感謝の言葉を捧げたいと思います。

Katharine Jarmulは、Unixを大文字で書き始めるかどうかについて声を出して考え、本を読み直し、またディベートするような時間をたくさん過ごし、執筆中においしいパスタを作ってくれたパートナーのAaron Glennに特別な感謝の気持ちを捧げたいと思います。また、終わりのない本の修正とドアベルに我慢してくれた4人の親たちに感謝したいと思います。本書についてのドイツ語での話に数え切れないほど付き合ってくれたHoffman夫人にも感謝しています。

目次

1章 Python入門

あなたがジャーナリスト、アナリスト、あるいはデータサイエンティストの卵なら、本書を手に取ったのは、プログラムを作成しデータを分析する方法を学びたいと思われたからでしょう。皆さんは発見したことをレポート、グラフ、要約統計などの形にまとめますが、それは、伝えたいことを説得力のある物語で相手に伝える「ストーリーテリング」を行いたいからです。

従来のストーリーテリングやジャーナリズムは、1つのストーリーを使って、発見全体に関連する側面やトレンドを描き出します。そのようなタイプのストーリーテリングでは、データは副次的な意味しか持ちません。しかし、Datacylsm（Broardway Books、http://dataclysm.org/）の著者でOkCupidの設立者のひとりでもあるChristian Ruddeなどのストーリーテラーは、データ自体が主題であり主題にならなければならないと言っています。

まず、掘り下げていきたいテーマをはっきりさせる必要があります。たとえば、さまざまな人々、あるいは社会のコミュニケーションの特徴を掘り下げてみたいのだとしたら、ウェブを使う人々の間で情報の共有がうまくいったときはどのようなものかといった具体的な問いから始めます。野球の過去の統計に関心があるのなら、ゲーム終了までの時間に変化はあるかどうかといった問いから始めます。

関心対象の分野がはっきりしたら、テーマをさらに深く掘り下げるために必要なデータを探す必要があります。人間の行動を調べる場合なら、人々がTwitter上でシェアすることは何かを調べ、Twitter API（https://dev.twitter.com/overview/api）からデータを引き出してきます。野球の歴史を調べたいなら、Sean LahmanのBaseball Database（http://www.seanlahman.com/baseball-archive/statistics/）が使えるでしょう。

Twitterや野球データベースは、あなたの問いに答えるためにフィルタリングし、分析すべき適当な大きなのデータの例です。テーマが地域の問題に触れる場合には、これよりも小さなデータセットでも同じくらい面白く、意味のある情報を引き出せます。それでは例について考えてみましょう。

本書の執筆中、著者のひとりは、出身の公立高校*1が卒業式への入場料として20ドルを徴収し、卒業式の特等席は1列200ドルの料金を取るという記事（http://bit.ly/grad_seating_charge）を読みました。

その記事には、「マナティ高校の卒業式には推計12,000ドルの経費がかかるが、財政困難に陥った学校区は今年は3,400ドルの寄付金の支出を取りやめた。この新料金は、卒業式の費用捻出のための努力の一環である」とありました。

記事は、学校区の予算と比べて卒業式の費用が高い理由は説明していますが、学校区がいつもの寄付金を支出できなくなった理由は説明していません。マナティ郡学校区が卒業生たちにいつもの寄付金さえ払えないくらい財政的に逼迫してしまったのはなぜかという疑問が残ります。

調査を始めたときの最初の疑問からは、問題の意味を明らかにする、より深い問いが導かれることがよくあります。たとえば、学校区はいったい何のためにお金を使ってきたのか、学校区の支出のパターンは経時的にどのように変化してきたのかといった問いです。

問題領域と答えたい問いがはっきりしてくると、探し出さなければならないデータが何かもはっきりします。上記のような問いを立てたあと、私たちが最初に探さなければならないデータセットは、マナティ郡学校区の予算と決算のデータです。

先に進む前に、問題の設定から最終的なストーリーまでのプロセス全体を簡単に見ておきましょう（**図1-1**参照）。

問いがはっきりしたら、データについての問いを立てられるようになります。私が伝えたいストーリーをもっともよく示してくれるデータセットはどれか、どのデータセットが問題を深く掘り下げているか、全体としてのテーマは何か、そのテーマに関連するデータセットは何か、誰がそのデータを追跡、または記録しているか、これらのデータセットは一般公開されているかなどです。

ストーリーテリングのプロセスを開始するときには、答えたい問いを調べることに力を注ぎましょう。すると、どのデータセットがもっとも役に立つかがわかります。この初期段階では、データ分析のために使うツールやデータラングリングのプロセスにとらわれ過ぎないようにしましょう。

＊1　アメリカの公立高校は、主として地方税で設立された公営の学校であり、子どもたちは、親にほとんど経済的負担をかけずに通い、教育を受けられるところです。

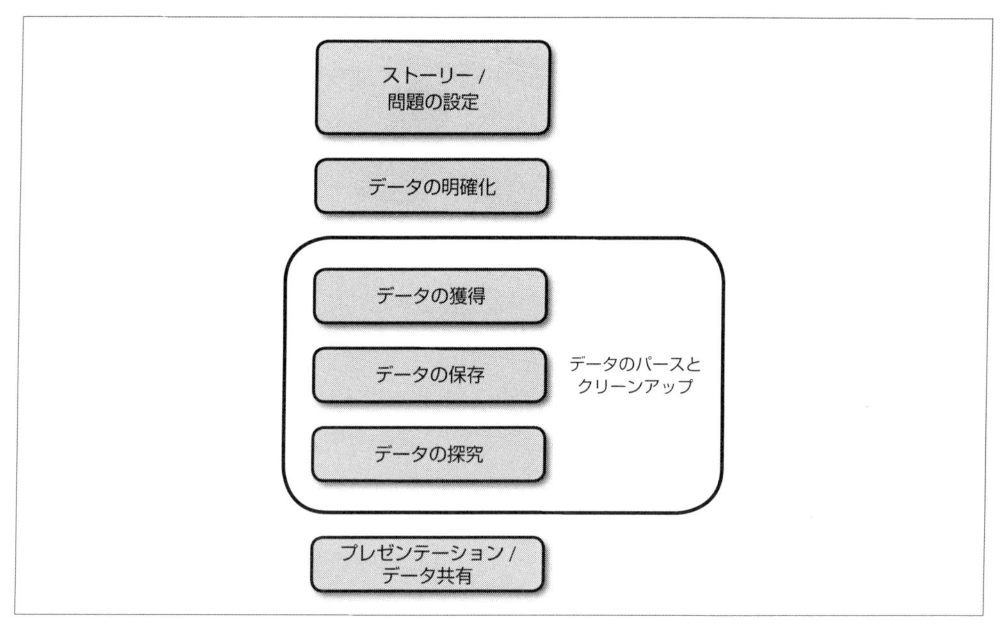

図1-1　データ処理のプロセス

データセットの探し方

検索エンジンを使ってデータセットを探しても、かならずしも最良のものが見つかるとは限りません。ウェブサイトを掘り下げてデータを探さなければならないことがあります。データがなかなか見つからず、入手が難しいことがわかっても諦めてはなりません。

テーマが調査や記事で取り上げられている場合や、特定の政府機関や組織がデータを集めているらしいときには、連絡先を探して研究者や機関に連絡を取り、データへのアクセス方法について礼儀正しく率直に尋ねてみましょう。データセットが政府部局（連邦、州、地方自治体）のものなら、情報自由法（https://en.wikipedia.org/wiki/Freedom_of_Information_Act_(United_States)）というデータを直接参照するための法的根拠があります[*1]。データの入手方法については第6章で詳しく説明します。

目的とするデータセットが明らかになり、入手できたら、データセットを使える形式にまとめる必要があります。第3章から第5章では、プログラムを使ってデータを入手し、データ形式を変換する

＊1　技術監修者注：情報自由法はアメリカ合衆国の法律です。日本には行政機関情報公開法という行政機関の保有する情報の公開に関する法律があります。

ためのさまざまなテクニックを学びます。第6章では、データの入手に関する対人交渉のための戦略を学ぶほか、法的な問題にも簡単に触れます。また、第3章から第5章では、CSV、Excel、XML、JSON、PDFファイルからデータを抽出する方法を学び、第11章から第13章ではウェブサイトやAPIからデータを抽出する方法を学びます。

略語のなかによくわからないものがあっても気にしないでください。読者が知らない専門用語についても、それらの方法と一緒に必要になったところできっちりと説明していくつもりです。

データを入手し、変換したら、データ探究の始まりです。ここでは、何が役に立ち、何を捨ててもよいかを考えながら、データが語りかけてくるストーリーを探します。グループ分けしたり、フィールドに現れるトレンドに注目したりして、データと格闘します。それから、データセットを組み合わせて、点と点を結び、大きなトレンドを探し出すとともに、矛盾を暴いていきます。このプロセスを通じて、データをどのようにクリーンアップして、データセットに潜んでいる問題を明確にして、解決する方法を学んでいきます。

データの読み取り、クリーンアップについては第7、8章で学びますが、そこではPythonだけではなく、その他のオープンソースのツールも使います。クリーンアップのためのスクリプトを書くか、既にある方法を使うかの判断は、作業中に出てくるデータの問題点について考えていくうちにわかっていくでしょう。第7章では、重複レコード、外れ値、データの整形上の問題など、よくあるデータエラーの解決方法を学びます。

どのようなストーリーを語っていくかがはっきりし、データをクリーンアップし、処理したら、Pythonを使ってデータをどのようにプレゼンテーションするかを考えます。複数の形式でストーリーテリングする方法やさまざまな発表方法の比較を学んでいきます。第10章では、ウェブサイトでデータをまとめ、プレゼンテーションするための基本的な方法を説明します。

第14章では、1度限りのプロジェクトの自動化の方法を取り上げます。プロセスを自動化すると、1度限りのスペシャルレポートになるはずだったものを毎年発行する定期レポートに変身させられます。プロジェクトを自動化すれば、ストーリーテリングのプロセスに磨きをかけることに集中することができますし、次のストーリーに取りかかることができます。少なくともコーヒーをもう1杯飲むことはできるでしょう。本書全体を通じて、メインで使うツールはプログラミング言語Pythonです。Pythonは、最初のデータ研究から、標準化、自動化まで、ストーリーテリングのプロセスのあらゆる部分で力を発揮してくれます。

1.1 なぜPythonなのでしょうか

多くのプログラミング言語がありますが、なぜこの本ではPythonを使うのでしょうか。これまでに、R、MATLAB、Java、C/C++、HTML、JavaScript、Rubyなどについては耳にしたことがあるでしょう。これらのプログラミング言語には、それぞれの得意な用途があり、データラングリングのために使えるものもあります。Excelでもデータラングリングを実践できます。ExcelでもPythonでも同じ出力結果となることもよくありますが、効率が違います。Excelでは歯が立たない場合もあります。私たちがほかのものではなくPythonを選んだのは、初心者にとってハードルが低く、単純で素直なやり方でデータラングリングを処理できるからです。

Pythonとその他の言語の専門的な分類、評価については、付録Aを読んでください。この説明が頭に入っていれば、自分がなぜPythonを使うのか、ほかのアナリストや開発者に話すことができます。新米開発者にとっては、Pythonの使いやすさは大きな力になるでしょう。自分のデータラングリングのツールボックスのなかで、本書は役に立つ参考書の1つになるはずです。

Pythonには、言語としての長所だけでなく、オープンで大きな力になってくれるコミュニティもあります。完璧なコミュニティはありませんが、Pythonのコミュニティは、初心者を支える環境を作るために努力しています。地域向けのチュートリアル、無料講習会、集まりなどに加えて、多くの人々を集めて問題を解決し、知識を共有する大きなカンファレンスが開催されています。

コミュニティが大きいことには明らかなメリットがあります。あなたの疑問に答えてくれる人、コードやモジュールの構造についてブレインストーミングを手伝ってくれる人、教えてくれる人、ベースとなるコードをシェアしてくれる人などがいるのです。詳しくは、付録Bを読んでください。

コミュニティがあるのは、人々が支えているからです。初めてPythonを始めた頃には、コミュニティに貢献することよりも、コミュニティから助けてもらうことの方が多いでしょう。しかし、優れたコミュニティには、専門家ではない人々から学べることがたくさんあります。自分の問題や解決方法をシェアすることをお勧めします。そうすれば、同じ問題に次に遭遇した人のために役に立ちます。また、オープンソースツールが対処しなければならないバグを見つけることもあります。

Pythonコミュニティの多くのメンバーは、今のあなたが持っているような新鮮な目をもう失っているかもしれません。Pythonコードを書き始めたら、自分はプログラミングコミュニティのメンバーだと考えるようにしましょう。あなたは、プログラミングを始めて20年になるような人々と同じ価値を持つ貢献をすることができます。

前置きはこれくらいにして、さっそくPythonを始めてみましょう。

1.2 Pythonを始めましょう

プログラミングを始めるときの最初の何歩かは、もっとも難しい歩みです（人間としての最初の何歩かと同じです）。新しい趣味やスポーツを始めたときのことを考えてみましょう。Python（あるいはほかのプログラミング言語）を始めたときには、同じような不安や居心地の悪さを感じます。運がよければ、最初の難しい段階を乗り越えるために力になってくれるすばらしいメンターに出会えますが、そうでなければ、同じような困難に見舞われます。最初の数歩のところをどのように過ごすかにかかわらず、難しい部分にぶつかったら、今がもっともつらい時期だということを忘れないようにしましょう。

本書が読者のガイドとして役立つようにしたいと思っていますが、Pythonのメンターとしての力を持ち、広い経験を積んでいる人に優るものはありません。これからの部分では、本書で取り上げられていない問題が出てきたときに見るべき参考書や場所についてのヒントを提供していきます。

高度で大変な設定でめげてしまわないように、最初はPython環境として最小限の設定を使うことにします。以下の節では、Pythonのバージョンを選び、Pythonをインストールし、外部コードやライブラリなど関連ツールを使うためのツールをインストールし、コードを書いて実行するためのコードエディタをインストールします。

1.2.1 Pythonのバージョンは3.6にします

どのバージョンを使うかを選ぶ必要があります。Pythonのバージョンとは、実際にはPythonインタープリタと呼ばれるもののバージョンのことです。インタープリタは、あなたのコンピュータでPythonコードを読み書きし、実行するためのプログラムです。Wikipedia（http://bit.ly/wikipedia_interpreter）では、次のように説明しています。

> コンピュータサイエンスにおいて、インタープリタとは、プログラミング言語またはスクリプティング言語で書かれた命令をあらかじめ機械語プログラムにコンパイルすることなく直接実行するコンピュータプログラムのことである。

誰もこの定義を暗記するようにとは言わないので、完全に理解できなくても気にする必要はありません。Jackieがプログラミングを始めたときに入門書を読んで全然わからないと思ったのがこの部分でした。彼女は「コンパイル」の意味がわからなかったのです。わからなかったのに、彼女はどのようにしてプログラムできるようになったのでしょうか。コンパイルについてはあとで説明しますが、さしあたり、上の定義は次のような意味だと思っておいてください。

> インタープリタとは、Pythonコードを読んで実行するコンピュータプログラムである。

Pythonには、Python 2.XとPython 3.Xの2種類のメジャーバージョンがあります。Python 2.XでもっとPython 2.7です。それに対し、Python 3.Xでもっとも新しいのはPython 3.6で、これはPythonのもっとも新しいバージョンでもあります。さしあたり、2.7用に書いたコードは、3.6では動作しないと思ってください。専門用語では、3.6は後方互換性を損なっていると言います。

実は、2.7でも3.6でも動作するようにコードを書くことはできますが、この本ではそれを要件とはしませんし、そもそもあまり重視しません。最初からこんなことにとらわれてしまうと、フロリダに住みながら雪道でどのように運転したらよいか心配するようなことになります。そのうちこのスキルが必要になるときがくるかもしれませんが、今はまだそのときではありません[*1]。

この本を読み進めていくと、自作コードとほかの（すばらしい）人々が書いたコードの両方を使うことになります。Python 2を使っている読者は、書き換えが必要になることがあります。目の前のコードをいちいち編集して書き換えるために時間を使っていたら、最初のプロジェクトを完成させるのはとてもむずかしくなってしまいます。

最初のコードは、大雑把なスケッチのようなものだと考えましょう。あとで戻ってくれば、改訂を繰り返して改良することができます。今はとにかくPythonのインストールを始めましょう。

1.2.2 手持ちのマシンにPythonをインストールします

Pythonはどのオペレーティングシステムでも動作します。それはいいのですが、どのオペレーティングシステムでも同じように設定できるわけではありません。ここでは、Pythonプログラミングでの人気度の順でMac OS XとWindowsの2大オペレーティングシステムを取り上げます。Mac OS XやLinuxを使っているなら、すでにPythonがインストールされているはずです。インストールをもっと完全なものにするために、ウェブでLinuxディストリビューションの名前と「advanced Python setup」を並べて検索することをお勧めします。

Pythonコードのインストールと実行については、OS XやLinuxの方がWindowsよりも少し簡単です。このような違いがある理由を深く理解したいなら、WindowsとUnixベースオペレーティングシステムの歴史を読むことをお勧めします。Unixに好感を持つ立場でまとめられているHadeel Tariq Al-Rayesの「Studying Main Differences Between Linux & Windows Operating Systems」（http://www.ijens.org/vol_12_i_04/126704-8181-ijecs-ijens.pdf）とMicrosoftの「Functional Comparison of UNIX and Windows」（https://technet.microsoft.com/en-us/library/bb496993.aspx）を読み比べてみてください。

Windowsを使う場合は、すべてのコードを実行できるはずです。しかし、Windows設定でも、コードコンパイラと追加のシステムライブラリをインストールし、環境変数を設定しなければならない場

＊1　技術監修者注：原著ではPython 2.7を扱っていますが、Python 3.6に書き換えました。

合があります。

Pythonを使えるようにマシンを設定するには、使用するオペレーティングシステムに合わせて指示に従ってください。最後に一連のテストを実行し、次の章に移る前に正しく設定されたシステムを確保するようにします。

1.2.2.1 Mac OS X

まず、マシンとやり取りするためのコマンドラインインターフェイスであるターミナル（http://en.wikipedia.org/wiki/Terminal_(OS_X)）を開いてください。PCが初めて登場したときには、マシンとやり取りするための方法はコマンドラインインターフェイスだけでしたが、今はほとんどの人々が広く普及していて扱いやすいグラフィカルインターフェイスのオペレーティングシステムを使っています。

ターミナルを見つける方法は2つあります。第1の方法は、OS XのSpotlightです。画面右上隅の虫眼鏡のアイコンをクリックして、「ターミナル」と入力します。そして、アプリケーションと書かれているところの横にあるオプションを選びます。

オプションを選ぶと、**図1-2**のような小さなウィンドウがポップアップします（Mac OS Xのバージョンによって表示は異なる場合があります）。

ターミナルは、ファインダからも起動できます。ターミナルは、ユーティリティフォルダにあります。アプリケーション→ユーティリティ→ターミナルです。

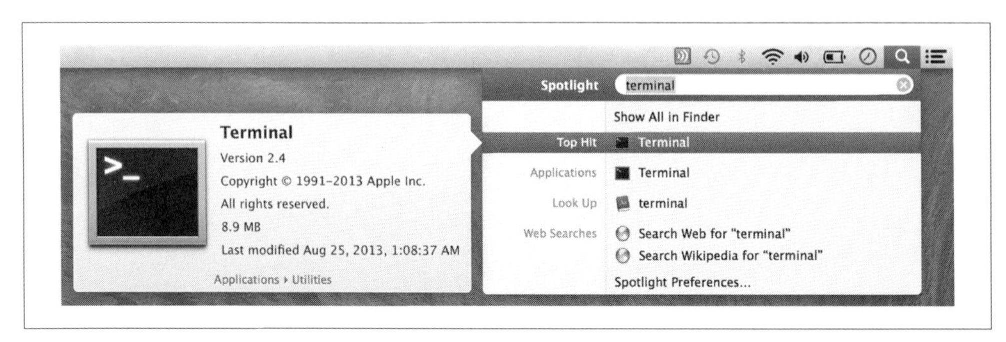

図1-2　Spotlightを使ったターミナルの検索（ここでは英語の例）

ターミナルを選択して起動すると、**図1-3**のような画面が表示されます。

Dock内など、便利な場所にターミナルを起動するためのショートカットを作っておくとよいでしょう。単純に今Dockにあるターミナルアイコンを右クリック（Mac OSでは[Control]キーを押したままマウスボタンをクリックすることです）して、オプション→Dockに追加を選択するだけです。ターミナルには、この本のコードを実行するたびにアクセスする必要があります。

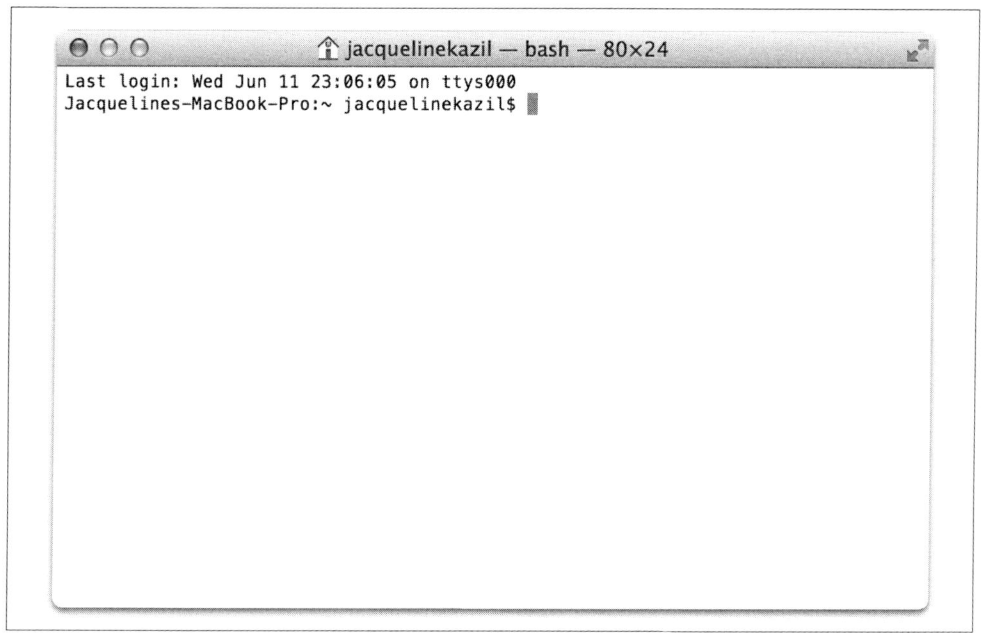

図1-3 新しく開いたターミナルウィンドウ

これで終わりですが、MacにはPython 2がプレインストールされています。そのため、Python 3のインストールと高度なライブラリを使えるように設定したい場合は、付録Dを読んでください。

1.2.2.2 Windows 8とWindows 10

WindowsにはPythonはインストールされていませんが、PythonにはWindows Installerパッケージ（https://www.python.org/downloads/windows/）があります。インストールする前に、自分のWindowsが32ビットか64ビットかを調べなければなりません（https://support.microsoft.com/ja-jp/help/15056/windows-7-32-64-bit-faq）。64ビットWindowsなら、Windows x86-64 executable installerをダウンロードします。そうでなければ、Windows x86 executable installerをダウンロードします。

インストーラをダウンロードしたら、それをダブルクリックし、指示に従っていけばインストールできます。「Install launcher for all users」のボックスをチェックして全ユーザーを対象としてインストールすることと、「Add Python 3.6 to Path」のボックスをチェックして、パスを追加することをお勧めします。「Install Now」をクリックするとインストールが始まります（**図1-4**参照）。

Pythonのインストールに成功したら、環境にPythonが追加されているかを確認しましょう。環境に追加されていれば、cmdユーティリティ（Windowsのコマンドラインインターフェイス）内からPythonにアクセスできるようになります。手元のマシンで「環境変数」を検索しましょう。「環境変数の編集」を選択し、「環境変数…」ボタンをクリックします。

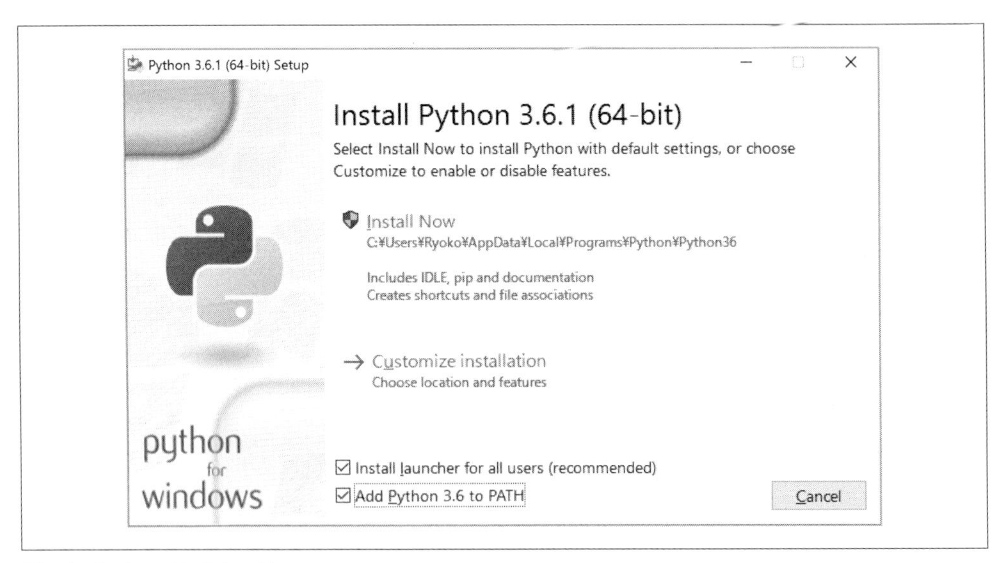

図1-4　Pythonインストーラ

図1-5　環境変数の確認

「システム環境変数」のリストをスクロールダウンし、「Path変数」を選択し、「編集」をクリックします（リストに「Path変数」がない場合は、「新規」をクリックして新しく作ります）。

Pathの値の先頭に次の内容があることを確認します。

```
C:\Python36;C:\Python36\Lib\site-packages\;C:\Python36\Scripts\;
```

Path変数の先頭は、**図1-6**のようになっているでしょう。確認が終わったら、「OK」をクリックして終了します。

図1-6　PythonのためのⅠ設定がされたPath

1.2.3 Pythonの試運転

これまでの操作でコマンドライン（ターミナルかcmd[*1]）にいて、Pythonを起動できる状態になっています。Macなら$、Windowsなら>で終わる行が表示されているでしょう。そのプロンプトの後ろにpythonと入力し、[Return]（または[Enter]）キーを押しましょう。

```
$ python
```

＊1　Windowsでcmdユーティリティを開くには、単純にコマンドプロンプトを探すか、「すべてのアプリ」を開き、「アクセサリ」を選択してから「コマンドプロンプト」を選択します。

Python 2とPython 3の両方をインストールしている場合は、python3と入力します。

```
$ python3
```

すべてが正しく動作していれば、図1-7のようなPythonプロンプト（>>>）が表示されるはずです。

```
$ python3
Python 3.6.0 (v3.6.0:41df79263a11, Dec 22 2016, 17:23:13)
[GCC 4.2.1 (Apple Inc. build 5666) (dot 3)] on darwin
Type "help", "copyright", "credits" or "license" for more information.
>>>
```

図1-7　Pythonプロンプト

このプロンプトが表示されない場合、Path環境変数が正しく設定され（前節に書かれているように）、すべてが正しくインストールされていることを確認してください。64ビットバージョンの場合、Pythonをアンインストールして（ダウンロードしてきたインストールMSIファイルを使えば、インストール方法等を変更、アンインストール、修復できます）、32ビットバージョンをインストールしなければならないかもしれません。それでも動作しなければ、インストール中に表示されたエラーを検索エンジンで調べるとよいでしょう。

>>>と$や>

Pythonプロンプトは、システムプロンプト（Mac/Linuxの$、Windowsの>）とは異なります。初心者は、デフォルトのターミナルにPythonコマンドを打ち込んだり、Pythonインタープリタにターミナルコマンドを入力するという間違いをしがちですが、そうするとエラーが返されます。エラーが返るようなら、このことを頭に入れて、Pythonコマンドを入力できるのはPythonインタープリタだけだということを確認してください）。
本来システムターミナルに入力すべきコマンドをPythonインタープリタに入力すると、NameErrorやSyntaxErrorが返されます。Pythonコマンドをシステムターミナルに入力すると、command not foundというbashエラーが返されます。

Pythonインタープリタが起動すると、役に立つ情報が表示されます。そのようなヒントのなかには、使っているPythonのバージョンも含まれています（図1-7はPython 3.6.0です）。コマンドやツールのなかには、Pythonのバージョンによって動作したりしなかったりするものがあるので、この情報は問題解決のために重要です。

では、import文を使ってPythonのインストール状況をテストしてみましょう。Pythonインタープリタに次のコマンドを入力してください。

```
import sys
import pprint
```

```
pprint.pprint(sys.path)
```

出力は、マシン内のディレクトリ（位置）のリストになっているはずです。このリストは、PythonがPythonファイルを探す位置を示します。これらのコマンドは、Pythonのインポートエラーを解決したいときに役立ちます。

出力例を見てみましょう（実際のリストはこれとは少し異なるはずです。

```
['',
 '/Library/Frameworks/Python.framework/Versions/3.6/lib/python36.zip',
 '/Library/Frameworks/Python.framework/Versions/3.6/lib/python3.6',
 '/Library/Frameworks/Python.framework/Versions/3.6/lib/python3.6/lib-dynload',
 '/Library/Frameworks/Python.framework/Versions/3.6/lib/python3.6/site-packages']
```

コードの実行に失敗すると、エラーが返されます。Pythonエラーのデバッグでもっとも簡単な方法は、エラーメッセージを読むことです。たとえば、`import sys`ではなく`import sus`と入力すると、次のような出力が返されるでしょう。

```
>>> import sus
Traceback (most recent call last):
  File "<stdin>", line 1, in <module>
ModuleNotFoundError: No module named 'sus'
```

`ModuleNotFoundError: No module named 'sus'`という最後の行を読んでください。この行は、Pythonに`sus`モジュールがないため、インポートでエラーが起こったことを知らせています。Pythonは、コンピュータ上のファイルを検索して、`sus`という名前のインポート可能なPythonファイルまたはフォルダを見つけられなかったのです。

この本のコードをそのまま入力するときにタイプミスをすると、構文エラーが返されるでしょう。次の例では、わざと`pprint.pprint`ではなく`pprint.print(sys.path())`と入力しています。

```
>>> pprint.print(sys.path())
Traceback (most recent call last):
  File "<stdin>", line 1, in <module>
AttributeError: module 'pprint' has no attribute 'print'
```

今のはわざとですが、本書執筆中に著者のひとりは実際にこのようなミスタイプをしました。エラーが起こっても、深刻にならずに気楽にエラーを修正してください。エラーは開発者としての学習プロセスの一部だと認めるようにしましょう。エラーが表示されても、あまり気にしないようにしてください。Pythonとプログラミングについて新しいことを学ぶチャンスだと思うようにします。

インポートエラーと構文エラーは、コードを開発しているときにもっともよく現れるものであり、もっとも簡単に修正できる問題でもあります。エラーにぶつかったときには、エラーメッセージをそのままウェブの検索エンジンに入れて、他の人の解決方法を探すことも役立ちます。

先に進む前に、Pythonインタープリタを終了してください。すると、ターミナルかcmdに戻ります。次のように入力すると終了します。

```
exit()
```

これでプロンプトは$(Mac/Linux)または>(Windows)に戻ります。次章ではもっとPythonインタープリタで遊びます。今は、pipというツールのインストールに進みましょう。

1.2.4 pipのインストール

pip(http://pip.readthedocs.org/en/latest/)は、シェア(共有や公開)されているPythonコードやライブラリを管理するためのコマンドラインツールです。プログラマは同じ問題を解決することになることがよくあります。そこで、ほかの人々を助けるために自分のコードをシェアする人々が出てくるのです。これは、オープンソフトウェアの文化の重要な部分の1つです。

pipはPython3.6ではデフォルトでインストールされています。しかしデフォルトでpipがインストールされないバージョンのPythonを使っている場合、pipをインストールする必要があります。

Macユーザーはターミナルで、単純なダウンロード可能なPythonスクリプトを実行すればpip(https://pip.pypa.io/en/latest/installing/#install-pip)をインストールできます。スクリプトをダウンロードしたのと同じフォルダに移動してから実行する必要があります。たとえば、Downloadsフォルダにスクリプトをダウンロードしたなら、ターミナルのなかでそのフォルダに移動します。Macの場合、[Command]キーを押しながら、Downloadsフォルダをターミナルにドラッグすれば簡単に移動できます。単純なbashコマンドを入力する方法もあります(bashの初歩については、付録Cをチェックしてください)。まず、ターミナルに次のコマンドを入力します。

```
cd ~/Downloads
```

このコマンドは、ホームフォルダのDownloadsサブフォルダに移動するように命令します。Downloadsフォルダにいることを確かめるために、ターミナルに次のコマンドを入力してください。

```
pwd
```

これは、ターミナルにカレントディレクトリ(今いるディレクトリ)を表示するように指示します。出力は、次のようなものになるでしょう。

```
/Users/your_name/Downloads
```

このような出力が表示されたら、次のコマンドを入力するだけでファイルを実行できます。

```
sudo python get-pip.py
```

sudoコマンドを実行しているので(制約された場所にパッケージをインストールするために、特別なコマンド実行権限を受けるという意味になります)、パスワードの入力を求められます。すると、パッケージをインストールしていることを示す一連のメッセージが表示されます。

Windowsでは、pipはすでにインストールされているでしょう（pipは、Windows用のインストールパッケージに含まれています）。それを確かめるために、cmdユーティリティのなかで、「`pip install ipython`」と入力してみてください。エラーが出る場合は、pipインストールスクリプト（get-pip.py）をダウンロードし、`cd C:\Users\YOUR_NAME\Downloads`コマンドを使ってDownloadsフォルダに移動します（*YOUR_NAME*の部分は、自分のマシンのホームディレクトリ名に置き換えてください）。そうすれば、`python get-pip.py`と入力するだけでダウンロードしたファイルを実行できます。すべてを適切にインストールするためには、マシンの管理者である必要があります。

pipを使うときには、マシンは指定されたコードパッケージやライブラリを探すためにPyPI（http://pypi.python.org）を参照し、自分のマシンにそれをダウンロードしてインストールします。そのため、ブラウザを使ってライブラリをダウンロードするという煩わしい作業が不要になります。

設定はほとんど完成です。最後にコードエディタをインストールしましょう。

1.2.5 コードエディタのインストール

Pythonを正しく実行するためには、特別なスペーシング、インデント、文字エンコーディングが必要になるので、Pythonコードを書くときにはコードエディタが必要になります。コードエディタはたくさんあります。本書の著者のひとりは、Sublime（http://www.sublimetext.com/）を使っています。このプログラムは無料ですが、一定期間が過ぎると、現在と将来の開発をサポートするためにわずかな料金を支払うようメッセージが表示されます。Sublimeは、http://www.sublimetext.com/からダウンロードできます。完全無料でクロスプラットフォームなテキストエディタとしては、Atom（https://atom.io/）もあります。

コードエディタにこだわりのある人たちがいます。私たちが勧めるエディタを使う必要はありませんが、Vim、Vi、Emacsについては、すでに使用している場合を除き、避けた方がよいでしょう。プログラミングの純粋主義者のなかには、コードを書くときにこれらのツールしか使わないという人がいます（著者のもうひとりはそうです）が、それはキーボードだけで（マウスでメニューを触らずに）エディタを操作できるからです。しかし、経験もないのにこれらのエディタのどれかを選ぶと、1度に2つのことを学習することになり、本書を読み通すのが大変になってしまうでしょう。

1度に1つのことを学ぶようにしましょう。エディタは、自在にコードを書けるものを見つけるまで、いくつか試してみてください。Python開発では、さまざまなファイルの種類をサポートして（Unicode、UTF-8をサポートするものを探してください）、使いやすいエディタを見つけることがもっとも大切です。

好みのエディタをダウンロード、インストールしたら、プログラムを起動してインストールが成功していることを確かめましょう。

1.2.6 オプション：IPythonのインストール

少し高度なPythonインタープリタをインストールしたいと思う方には、IPython（http://ipython.org/install.html）というライブラリをインストールすることをお勧めします。付録Fでは、IPythonの利点とユースケースをまとめ、インストール方法を説明します。繰り返しになりますが、これは必須というわけではありませんが、Pythonを始めるに当たって役に立つツールになり得ます。

1.3 まとめ

この章では、Pythonには2つのよく使われているバージョンがあることを学びました。また、データラングリングに乗り出すために必要な設定作業を終わらせました。

1. 私たちは、Pythonをインストール、テストしました。
2. pipをインストールしました。
3. コードエディタをインストールしました。

これは、Python開発を始めるために必要なもっとも基本的な設定です。Pythonとプログラミングについてもっと学べば、より複雑な設定を知ることになるでしょう。この章の目的は、設定作業に圧倒されないように、できる限りお手軽に始められるようにすることでした。より高度な設定を見てみたい方は、付録Dをチェックしてください。

本書を読み進めていくうちに、より高度な設定を必要とするツールを手に入れなければならなくなることがあります。そのときには、現在の基本的な設定からより複雑な設定を作るための方法を説明して行きます。Pythonを始めるためには、ここで説明したものだけがあれば十分です。

おめでとうございます。皆さんは、最初の設定を完成させ、最初のPythonコードを実行することに成功しました。次章では、Pythonの基本コンセプトの学習に入ります。

2章
Pythonの基礎

1章で自分のマシンでPythonを実行するための設定を終えたので、基本的なことを学ぶことにしましょう。第3章以降は、ここで説明する基本コンセプトを基礎として知識を積み上げていきますが、先に進むためにはまずいくつかのことを学ぶ必要があります。

前章では、数行のコードを使ってインストールの状態をテストしました。

```
import sys
import pprint
pprint.pprint(sys.path)
```

この章を読み終える頃には、これらの各行で何が起きているのかがわかり、コードが何をしているのかを説明するための用語も覚えるでしょう。また、Pythonのさまざまなデータ型を身に付け、Pythonの基本コンセプトを理解できているでしょう。

ここでは、3章以降に進むために知っておく必要のあることに焦点を絞り、スピーディに話を進めていきます。あとの章でも、必要なときに新しいコンセプトが登場します。このような方法を使えば、皆さんに興味を持ってもらえそうなデータセットや問題に新しいコンセプトを応用する形で学習を進められるでしょう。

先に進む前に、Pythonインタープリタを起動しておきましょう。この章全体でPythonコードを実行するためにこのPythonインタープリタを使います。この章のような入門の章はとかく斜め読みしがちですが、本に書かれているものを実際にタイプすることがいかに大切かはいくら強調しても足りないほどです。普通の言葉を学ぶのと同じように、実際にするべきことをして学ぶことがもっとも効果的です。本書の練習問題を入力してコードを実行すると、さまざまなエラーが起こるはずです。その問題をデバッグする(エラーを解決する)ことが知識の獲得に役立つのです。

Pythonインタープリタの学習

Pythonインタープリタを開始する方法は第1章で説明しました。復習しておくと、まずコマンドラインプロンプトを開いておかなければなりません。次に、pythonと入力します（付録Fで説明されているような形でIPythonをインストールした場合は、ipython）。

```
python
```

すると、次のような出力が表示されます（プロンプトがPythonインタープリタのプロンプトに変更されていることに注意しましょう）。

```
Python 3.6.0 (v3.6.0:41df79263a11, Dec 22 2016, 17:23:13)
[GCC 4.2.1 (Apple Inc. build 5666) (dot 3)] on darwin
Type "help", "copyright", "credits" or "license" for more information.
>>>
```

ここから先、この章で入力するものは、すべてPythonインタープリタに入力することが前提となっています。なお、特別な指定をせずにIPythonを使う場合には、プロンプトはIn [1]:のように表示されます。

2.1 基本データ型

この節では、Pythonの単純データ型を説明します。これらは、Pythonで情報を処理するときの基本構成要素の一部です。ここで学ぶデータ型は、文字列、整数、浮動小数点数、その他の非整数型です。

2.1.1 文字列

ここで学ぶ最初のデータ型は文字列です。文字列とは基本的にテキストのことであり、クォート（引用符）を使って示します。文字列には数字、英字、記号を使うことができます。次に示すものは、すべて文字列です。

```
'cat'
'This is a string.'
'5'
'walking'
'$GOObarBaz340 '
```

Pythonインタープリタにこれらの値を入力すると、インタープリタはそれを送り返してきます。プログラムは、「やあ、君が言っていることは聞こえているよ。君は、「cat」（または入力したもの）と言ったんだね」と言っているのです。

文字列の内容は、対応するクォートのなかに含まれている限り、何でもかまいません。クォートは、シングル、ダブルの両方のクォートが使えます。文字列の先頭に付けるクォートは、末尾につけるクォートと同じでなければなりません（シングル、ダブルのどちらのクォートでも）。

```
'cat'
"cat"
```

上の例は、どちらもPythonにとっては同じ意味です。どちらの場合でも、Pythonは、シングルクォート付きでcatと返します。コードのなかでは習慣としてシングルクォートを使うという人もいれば、ダブルクォートの方が好きだという人もいます。どちらを使う場合でも、大切なのは、コードの内容が自分のスタイルに合っていることです。個人的にはシングルクォートを使う方が好きです。ダブルクォートなら、いっしょに[Shift]キーを押します[*1]。シングルクォートのほうが楽です。

2.1.2 整数と浮動小数点数

私たちが学ぶ第2、第3のデータ型は、Pythonの数値の処理方法である整数と浮動小数点数です。整数から始めましょう。

2.1.2.1 整数

整数という言葉は数学の授業で聞いたはずですが、思い出せるようにするために言っておくと、整数というのは端数（小数点とそれより小さい数）のない数です。いくつか例を見てみましょう。

```
10
1
0
-1
-10
```

これらをPythonインタープリタに入力すると、インタープリタは入力した通りのものを返してきます。

前節の文字列の例で'5'というものがありました。クォートで囲んだ数値を入力すると、Pythonはそれを文字列として処理します。次の例で、第1の値と第2の値は同じではありません。

```
5
'5'
```

それを確かめるために、次のようなものをインタープリタに入力してください。

```
5 == '5'
```

＊1 訳注：アメリカのキーボード配列の場合。日本のキーボードでは位置が違うので、どちらも[Shift]キーを押さなければ入力できません。

`==`は、2つの値が等しいかどうかをテストします。このテストからの戻り値は真か偽です。この戻り値も別のPythonデータ型で、ブール型と言います。ブール型についてはあとで説明しますが、ここでも簡単に説明しておきましょう。ブール型は、ある文が`True`（真）か`False`（偽）かを教えてくれます。前の文では、整数の`5`と文字列の`'5'`が等しいかどうかをPythonに尋ねました。Pythonは何を返したでしょうか。どうすれば文が`True`を返すようにすることができるでしょうか（ヒント：両方とも整数にするか文字列にしてテストしてみましょう）。

数値を文字列として保存するような人がいるのだろうかと思われたかもしれません。確かに、これは間違いの例になっていることがあります。たとえば、クォートなしの`5`として保存すべきところなのに、文字列の`'5'`を保存しているような場合です。しかし、フォームのフィールドに実際に人間に入力してもらっていて、文字列か数値が含まれているような場合もあります（たとえば、調査では回答としてfive、5、Vなどと入力するかもしれません）。これらはどれも数ですが、表現が違います。このような場合は、とりあえず文字列として保存しておいてから、改めて処理をします。

数値を文字列として保存する理由としてもっともよくあるのは、意図的なもので、たとえば郵便番号を保存するときです。アメリカの郵便番号は5桁の数字です。ニューイングランド州など、北東地域のいくつかの場所では、郵便番号の先頭は0になっています。Pythonインタープリタにボストンの郵便番号をどれでも文字列と整数の両方の形で入力してみてください。どうなったでしょうか。

```
'02108'
02108
```

2番目の例は`SyntaxError`となります（`invalid token`として最後の8を指しています）。これはほかの多くの言語でもそうですが、Pythonでは「トークン」とは特別な単語、記号、識別子などのことです。この場合、Pythonは、入力された数値の先頭が0なので、Pythonのルールに従って02108を8進法の整数として解釈しようとしたのに、8という8進法としては使えない数字にぶつかったので、それは無効だと言っているのです。本書では8進法を使わないので、この説明がわからなくても気にする必要はありませんが、普通の10進整数を入力するときには、先頭に0を入れないようにするということは覚えておいてください[*1]。

＊1　よくわからないまま進むのはいやだという方は、続きを読んでみてください。しかし、本書では8進法を使わないので、わからなくてもこのあとの説明を読むために困ることはありません。普通、整数は9の次が10、99の次が100のように、10、10×10（10の2乗で100）、10×10×10（10の3乗で1,000）…で位が上がっていきます。これを10進法と言います。8進法は、8、8×8（8×8で64）、8×8×8（8×8×8で512）…ごとに位が上がっていきます。ですから、7の次が10になり、77の次が100になります。77と言っても、10進の七十七ではないので注意してください。7×8＋7で63のことです。つまり、8進の100は8×8＝64です。Pythonインタープリタに`02107`を入力してみてください。`1095`が返ってくるはずです。これは、2×8×8×8＋1×8×8＋0×8＋7ということです。

2.1.2.2 浮動小数点数、固定小数点数、その他の整数ではない数値

Pythonに端数の入った数を処理させる方法はいくつかあります。これは非常に紛らわしいことで、個々の非整数型がどのような仕組みになっているかを知らなければ、大きな丸め誤差が発生します。

Pythonで非整数値を使うと、デフォルトでその値は浮動小数点数として扱われます。浮動小数点数は、現在使用しているバージョンのPythonの組み込み浮動小数点型を使います。そのため、Pythonが格納するのは、数値の近似値です。近似値というのは、ある程度まで正確という程度の値でしかありません。

次の2つの数値をPythonインタープリタに入力したときの違いに注意しましょう。

```
2
2.0
```

最初の数値は整数ですが、第2の数値は浮動小数点数です。これらの数値がどのように働き、Pythonがそれをどのように評価するかをもう少し詳しく学ぶために、ちょっと数学を使ってみましょう。Pythonインタープリタに次のように入力してください。

```
2/3
```

どうなったでしょうか。0が返されてきました。しかし、予想していたのは、0.6666666666666666とか0.6666666666666667といったものではなかったでしょうか。問題は2も3も整数で、この場合、整数だけでは分数にした結果を表現できないことです。では、片方を浮動小数点数にしてみましょう。

```
2.0/3
```

今度はもっと正確な0.6666666666666666という答えが返ってきました。どちらかの数字を浮動小数点数にすると、答えも浮動小数点数になるのです。

すでに触れたように、Pythonの浮動小数点数は精度に関して問題を起こす可能性があります（http://docs.python.jp/3/tutorial/floatingpoint.html、https://docs.python.org/3/tutorial/floatingpoint.html）*1。浮動小数点数は高速に算術演算あるいは計算処理を実現しますが、まさにそのために精度が低いのです。

Pythonは、人間や電卓とは数字に対する考え方がちょっと違います。Pythonインタープリタで次の2つの例を試してみてください。

```
0.3
0.1 + 0.2
```

＊1　技術監修者注：チュートリアルを書籍化した『Pythonチュートリアル第3版』（オライリー・ジャパン）も参考になります。

1行目は0.3を返します。2行目も0.3を返すと思ったかもしれませんが、実際に返されるのは0.30000000000000004です。0.3と0.30000000000000004は等しくありません。ここの細かい意味に興味のある読者は、Pythonのドキュメントを読んでください（http://docs.python.jp/3/tutorial/floatingpoint.html、https://docs.python.org/3/tutorial/floatingpoint.html）。

本書では、全体を通じて精度が問題になるときにはdecimalモジュール（またはライブラリ）を使います（https://docs.python.jp/3/library/decimal.html）。モジュールとは、自分で使うためにインポートする（よそから取り込んでくる）コードを集めたもの（ライブラリ、すなわち図書館のようなもの）です。decimalモジュールは、数値（整数と非整数、固定小数点数）が予測可能な形で（つまり、数学の授業で学んだ通りに）動作するようにします。

次の例では、1行目はdecimalモジュールからgetcontextとDecimalをインポートします。2～3行目はgetcontextとDecimalを使って、浮動小数点数でテストしたのと同じ計算をします。

```
from decimal import getcontext, Decimal
getcontext().prec = 1
Decimal(0.1) + Decimal(0.2)
```

このコードを実行すると、Decimal('0.3')を返します。そして、print Decimal('0.3')と入力すると、0.3を返します。これこそ、最初に予想していた値です（0.30000000000000004ではなく）。

では、コードを順に詳しく見てみましょう。

```
from decimal import getcontext, Decimal  # ❶
getcontext().prec = 1  # ❷
Decimal(0.1) + Decimal(0.2)  # ❸
```

❶ decimalモジュールからgetcontextとDecimalをインポートします。

❷ 丸め精度を小数第1位に設定します。decimalモジュールは、丸めや精度のほとんどの設定をデフォルトの**コンテキスト**に格納しています。この行は、小数第1位までの精度を使うようにコンテキストを変更します。

❸ 2つの固定小数点数（値が0.1のものと0.2のもの）を加算します。

getcontext().precの値を変えるとどうなるのでしょうか。実際に変えてみて最終行を改めて実行してみましょう。ライブラリに指示した精度によって小数第何位まで表示されるかが変わることがわかるはずです。

先ほど説明したように、データラングリングを進めていくと、細かいさまざまな数学的問題に直面します。必要とされる数学に対するアプローチはさまざまですが、decimal型を使えば、非整数を使うときの精度が上がります。

Pythonの数値

数値型による精度の違いは、Python言語を使っていて煩わしいことの1つです。本書では、データラングリングの学習を進めていく過程でさらにほかの数学、数値ライブラリについて学んでいきます。今知りたいと思う読者のために、基礎的なレベルを越えた数学を駆使するようになったときに使うことになるPythonライブラリを紹介しておきましょう。

`decimal` (https://docs.python.jp/3/library/decimal.html)
: 固定小数点数と浮動小数点数の算術計算。

`math` (https://docs.python.jp/3/library/math.html)
: C言語の標準ライブラリで定義された数学関数へのアクセス。

`numpy` (https://docs.scipy.org/doc/numpy/reference/routines.math.html)
: Pythonで科学技術計算を行うための基本パッケージ。

`sympy` (http://docs.sympy.org/latest/index.html)
: 数式処理のためのPythonライブラリ。

`mpmath` (http://mpmath.org/)
: 任意の精度で実数、複素数の算術演算を行うためのPythonライブラリ。

今までに文字列、整数、浮動小数点数/固定小数点数を学びました。次節では、これらの基本データ型を部品とするさらに複雑なデータ型について学びましょう。

2.2 データコンテナ

この節では、複数のデータポイントを格納するデータコンテナを説明します。しかし、注意しなければならないのは、こういったコンテナの多くもデータ型だということです。Pythonは、一般的なコンテナとして、変数、リスト、辞書を持っています。ただし、変数はデータ型ではなく、変数のデータ型は格納しているもののデータ型です。

2.2.1 変数

変数は、文字列、数値、ほかのデータコンテナなどの値を格納、保存するための手段です。変数には、何を格納しているのかを説明する文字列による名前（小文字で書かれていたり、アンダースコアを挟んだ複数の単語という形がよく使われます）が付けられます。

単純な変数を作ってみましょう。Pythonインタープリタで次の行を入力してください。

```
filename = 'budget.csv'
```

書かれている通りに正しく入力したら、インタープリタは何も返しません。これは、Pythonインタープリタに文字列を入力したときとは異なります。Pythonインタープリタに単純に`'budget.csv'`と入力すると、インタープリタは同じように`'budget.csv'`を表示します。

変数を作るときには、変数の値としてプログラムが通常出力するはずのものを代入します。新しい変数を作ったときに何も返されないのはそのためです。この例では、変数は`filename`という名前で、変数の値は入力した文字列（`'budget.csv'`）です。

オブジェクト指向プログラミング

オブジェクト指向プログラミング（略してOOP）のことを聞いたことがあるかもしれません。Pythonはオブジェクト指向プログラミング言語です。OOPで「オブジェクト」と呼ばれるのは、この章で学んだ文字列、整数、浮動小数点数など、あらゆるデータ型のものです。

本文の例では、オブジェクトは文字列で、`filename`に格納されています。Pythonで定義するすべての変数は、Pythonオブジェクトです。Pythonでは、あとで必要になるデータを格納するためにオブジェクトを使います。これらのオブジェクトは、性質が異なり、実行できる動作が異なることがよくありますが、どれもオブジェクトです。

たとえば、個々の整数オブジェクトは、`+`記号を使ってほかの整数に加算することができます。Pythonをさらに学ぶ過程で、これらのオブジェクトとそれを支えるデータ型についてもっと多くのことを学びます。その結果として、オブジェクト指向プログラミングのよさを感じるようになっていきます。

文字列を作って`filename`という変数に代入したとき、私たちは一般的な変数名の原則に従っていました。これらのルールを記憶しなければならないとまでは思わなくてかまいません。しかし、新しい変数を定義したあと、コードにエラーが発生するなら、次のことに注意してください。

- アンダースコアは使えますが、ハイフンは使えません。
- 数字は使えますが、変数名の先頭を数字で始めることはできません。
- 読みやすくするために、単語には小文字を使い、単語の間はアンダースコアで区切ります。

次のコードを試してみましょう。

```
1example = 'This is going to break.'
```

何が起きたのでしょうか。どんな誤りを犯したというのでしょうか。これは、第2のルールを破ったために、構文エラー（`SyntaxError`）になったのです。

Pythonの変数名についてのルールを破らない限り、変数にはほとんどどんな名前でも付けることができます。たとえば、次のようなものでもエラーは起こりません。

```
horriblevariablenamesarenotdescriptiveandtoolong = 'budget.csv'
```

しかし、この変数名は長すぎてわかりやすくありません。また、アンダースコアがないので読みづらくなっています。どのようなものがよい変数名なのでしょうか。先に進む前に考えてみましょう。6か月後に、内容を全部忘れてしまったコードを理解するために役立つ名前とはどのようなものでしょうか。

次の例は、もっと適切な変数名、catsです。変数の値は、前の例のようにファイル名でなくてもかまいません。変数にはさまざまな値を格納でき、さまざまな名前を付けられます。ここでは、飼っている猫の数を数えることにしましょう。そこで、cats変数には整数を代入します。

```
cats = 42
```

Pythonスクリプトが飼い猫の数を覚えていてくれるなら、正確な値をいちいち覚えている必要はありません。ただ、catsという変数に値が格納されていることを覚えていればよいのです。インタープリタでcatsを呼び出したり、コードの別の部分でcatsを使えば、かならず今飼っている猫の数が返されます。

変数を呼び出すとは、Pythonに変数の値を尋ねることです。catsを呼び出してみましょう。インタープリタにcatsと入力すると42が返されるでしょう。filenameと入力すると'budget.csv'という文字列が返されるでしょう。手元のPCで試してみてください。

```
>>> cats
42
>>> filename
'budget.csv'
>>>
```

存在しない変数名を入力すると（または、どちらかの綴りを間違えると）、次のようなエラーが返されます。

```
>>> dogs
Traceback (most recent call last):
  File "<stdin>", line 1, in <module>
NameError: name 'dogs' is not defined
```

以前も触れたように、何が間違っていてどう修正すればよいのかを知るために、エラーの読み方を学ぶのは大切なことです。この例では、dogsは定義されていないと言っています。これは、dogsという名前の変数を定義していないという意味です。私たちがdogsという変数を定義していないため、Pythonは私たちが何を呼び出せと言っているのかわからないのです。

最初の例で、'budget.csv'のクォートを書き忘れた場合も、同じエラーが返されます。

```
filename = budget.csv
```

返されるエラーは、`NameError: name 'budget' is not defined`です。これは、Pythonからは`budget.csv`が文字列だとは見えないために起こるエラーです。文字列はかならずクォートで括られていることを思い出してください。クォートがないと、Pythonはそれを別の変数として解釈しようとします。この練習から得られるもっとも大きな教訓は、エラーがどの行を指しているかに注意し、何が間違っていたのかを確かめるということです。`dogs`の例では、エラーメッセージは1行目（`line 1`）に誤りがあると言っています。コード行がもっとたくさんあれば、エラーはたとえば`line 87`に現れるでしょう。

今までに示してきた例は、どれも短い文字列または整数でした。変数には、長い文字列、それも何行にもなるような特に長いものも格納できます。私たちが例として短い文字列を使ったのは、長い文字列は入力が面倒だからです。

でも、長い文字列を格納する変数を試してみましょう。この文字列にはシングルクォートが含まれていることにも注意してください。そのため、ダブルクォートで囲む必要があります。

```
recipe = "A recipe isn't just a list of ingredients."
```

`recipe`と入力すると、格納された長い文字列が出力されます。

```
>>>recipe
"A recipe isn't just a list of ingredients."
```

また、変数に格納できるデータ型は文字列や整数に限られません。変数は、Pythonのあらゆるデータ型を格納できます。以降の節では、まだ取り上げていないデータ型を説明していきます。

2.2.2 リスト

リストは、共通の関係を持つ値のグループです。Pythonのリストは、通常の言語でリストを使うのと同じように使えます。Pythonでは、角かっこ内（`[]`）にアイテムを並べてカンマで区切れば、それらのアイテムのリストを作ることができます。

Pythonで食料品のリストを作りましょう。

```
['milk', 'lettuce', 'eggs']
```

このリストは、変数ではなく文字列から構成されています。それは、単語がクォートで囲まれていることからもわかるでしょう。変数なら、クォートで囲まれていません。

[Return]キーを押すと、Pythonは次のように返します。

```
['milk', 'lettuce', 'eggs']
```

これで最初のPythonリストとなる文字列のリストができました。Pythonのどのデータ型のリストでも作ることができますし、データ型が混ざっているリスト（たとえば浮動小数点数と文字列）も作ることができます。整数と浮動小数点数のリストを作りましょう。

```
[0, 1.0, 5, 10.0]
```

次に、変数にリストを格納して、あとからも使えるようにします。変数を使えば、同じデータを何度も繰り返し入力しなくて済みます。手でいちいちデータを入力していると、間違いやすいですし、リストの要素（アイテム）が5,000個もある場合にはあまり効率がよくありません。先ほども触れたように、変数は、コンテナ（何とも適切な名前です）に値を格納する手段です。

Pythonインタープリタで、次のコードを試してみてください。

```
shopping_list = ['milk', 'lettuce', 'eggs']
```

[Return]キーを押すと、何も起こらなかったかのように、新しい行が表示されます。先ほどはリストがエコーバックされてきたのにどうしたのでしょうか。今回は、Pythonはリストをshopping_list変数に格納しています。Pythonプロンプトにshopping_listと入力して変数を呼び出すと、次のように出力されます。

```
shopping_list
['milk', 'lettuce', 'eggs']
```

リストは変数も格納できます。動物の保護施設で世話をしている動物の数を表す変数があったとします。

```
cats = 2
dogs = 5
horses = 1
```

次のようにすれば、これらの動物の数を表す変数をリストにまとめられます。

```
animal_counts = [cats, dogs, horses]
```

Pythonインタープリタにanimal_countsと入力すると、Pythonは次の値を返すでしょう。

```
[2, 5, 1]
```

変数は、私たちのために情報を格納しています。変数名を入力すると、Pythonは変数に格納されている値を返します。

リストのリストも作れます。動物の名前のリストがあったとします。

```
cat_names = ['Walter', 'Ra']
dog_names = ['Joker', 'Simon', 'Ellie', 'Lishka', 'Fido']
horse_names = ['Mr. Ed']
```

```
animal_names = [cat_names, dog_names, horse_names]
```

Pythonインタープリタにanimal_namesと入力すると、Pythonは次の値を返します。

```
[['Walter', 'Ra'], ['Joker', 'Simon', 'Ellie', 'Lishka', 'Fido'], ['Mr. Ed']]
```

リストのリストを作るためにこれらの名前をいちいち入力する必要はありませんでした。元の変数（cat_names、dog_names、horse_names。これらはどれもリストです）にもまだアクセスできます。たとえば、cat_namesと入力すれば、['Walter', 'Ra']という値が返されます。

リストは以上です。次は、これよりも少し複雑なデータを格納する「辞書」に移りましょう。

2.2.3 辞書

辞書は、変数やリストよりも複雑ですが、辞書という名前はぴったりです。Python辞書は、古くからある言葉の辞書、単語の定義を知るために使う参考書のように考えることができます。Pythonの辞書では、探す単語に相当するものは**キー**（key）と呼ばれ、言葉の意味や定義に相当するものは**値、バリュー**（value）と呼ばれます。Pythonでは、キーは値を指すものです。

では、動物の話に戻りましょう。animal_numbersには、世話をしている動物の種類別の数がまとめられたリストが格納されていますが、どの数字がどの動物の数なのかがわかりません。辞書を使えば、それがわかるようになります。

次の例では、動物の種類をキー、種類ごとの動物の数を値として使っています。

```
animal_counts = {'cats': 2, 'dogs': 5, 'horses': 1}
```

キーを使って値にアクセスしたいときには、辞書のキーにアクセスします（普通の辞書では単語からそれについての意味を調べるように）。Pythonでこのルックアップ（検索）を実行するには（たとえば、犬の数を知りたいものとしましょう）、次のように入力します。

```
animal_counts['dogs']
```

すると5と表示されるでしょう。これは、辞書を作るときに、'dogs'というキーには5という値をセットしていた（'dogs': 5）からです。ここからもわかるように、キーに対応する値を格納したいときには、辞書はとても役に立ちます。辞書は、活用次第では非常に強力にもなります。そこで、少し時間をかけてリストと辞書の使い方を説明します。

先ほどの動物名のリストでは、どの名前のリストがどの動物のものなのかがよくわかりませんでした。猫の名前はどのリストなのか、犬の名前や馬の名前はどのリストなのかがわからなかったのです。しかし、辞書を使えば、それをはっきりさせることができます。

```
animal_names = {
    'cats': ['Walter', 'Ra'],
    'dogs': ['Joker', 'Simon', 'Ellie', 'Lishka', 'Fido'],
    'horses': ['Mr. Ed']
```

```
    }
```

同じ値を格納するために、変数を増やして次のように書くこともできます。

```
cat_names = ['Walter', 'Ra']  # ❶
dog_names = ['Joker', 'Simon', 'Ellie', 'Lishka', 'Fido']
horse_names = ['Mr. Ed']

animal_names = {
    'cats': cat_names,  # ❷
    'dogs': dog_names,
    'horses': horse_names
    }
```

❶ 猫の名前のリスト（文字列のリスト）としてcat_names変数を定義します。

❷ cat_names変数を使って、辞書の'cats'キーの値として名前リストを渡しています。

どちらのバージョンも、構造が少し異なりますが[*1]、同じ辞書を作ります。Pythonの理解が深まっていくと、定義する変数を増やすと役に立つときと、あまり役に立たないときを見分けられるようになります。しかし、今の段階では、定義されている変数（cat_namesやdog_namesのようなもの）をたくさん使えば、新しい変数（animal_namesのようなもの）が簡単に作れることがわかればよいでしょう。

Pythonには、スペース（空白の数）と整形（字下げなど）との間にはルールがあるので、このコードのように辞書を整形する必要はありません。しかし、コードはできる限り読みやすくすべきです。読みやすいコードを書くと、同僚の開発者やあなた自身が感謝するでしょう。

2.3　さまざまなデータ型ができること

個々の基本データ型は、さまざまなことをすることができます。今までに学んだデータ型とそれらに指示できる動作の種類をまとめると、次のようになります。

- 文字列
  - 大文字と小文字の変換
  - 文字列の末尾のスペースの除去
  - 文字列の分割

＊1　第2の例は書き換えられるオブジェクトを使用するので、両者はまったく同じ辞書だとは言えません。付録Eを読むと、その違いを詳しく知ることができます。

- 整数と固定小数点数
  - 加算と減算
  - 単純な数学計算
- リスト
  - リストの要素の追加、削除
  - リストの末尾要素の削除
  - 要素の順序変更
  - リストのソート
- 辞書
  - キー/バリューペアの追加
  - キーの新しい値の設定
  - キーによる値のルックアップ

このリストでは、変数を意図的に外しています。変数ができることは、格納しているものによって異なります。たとえば、変数が文字列なら、文字列ができるすべてのことができます。変数がリストなら、リストだけができる別のことができます。

文法にたとえるとデータ型は名詞、データ型ができることは動詞と考えられます。ほとんどの場合、データ型ができることはメソッドと呼ばれます。データ型のメソッドにアクセスする、つまりデータ型に何かをさせるためには、ドット記法（`.`）を使います。たとえば、`foo`という名前の変数に文字列を代入した場合、`foo.strip()`と入力すれば、その文字列の`strip`メソッドを呼び出せます。それでは、メソッドがどのように動作するのかを見てみましょう。

文字列のメソッドを呼び出すときの動作は、すべてのPythonインストールが共有するデフォルトPythonライブラリの一部です（スマホにプレインストールされているデフォルトアプリとよく似ています）。こういったメソッドは、Pythonを実行するすべてのマシンにあるもので、すべてのPython文字列が同じメソッドを共有できます（すべての携帯電話が電話をかけられ、すべてのiPhoneがiMessageを送れるように）。Pythonの標準ライブラリ（http://docs.python.jp/3.6/library/index.html、https://docs.python.org/3/library/、stdlibとも呼ばれます）には、今使っているPythonのデータ型を含め、膨大な組み込みメソッドと基本データ型が含まれています。

2.3.1 文字列メソッド：文字列ができること

では、最初の変数であるfilenameを使ってみましょう。もともとは、filename = 'budget.csv'というコードでこの変数を定義していました。これは便利な形ですが、ものごとはいつも便利な形になっているとは限りません。例をいくつか見てみましょう。

```
filename = 'budget.csv          '
```

今度のfilenameには、余分なスペースがたくさん入っています。おそらく取り除かなければなりません。Python文字列のstripメソッドを使えば、スペースを削除できます。stripは、文字列の先頭と末尾から不要な空白文字を取り除く組み込み関数です。

```
filename = 'budget.csv          '
filename = filename.strip()
```

変数に値を再代入しなければ（つまりfilenameにfilename.strip()の出力をセットしなければ）、filenameに加えた変更は保存されません。

Pythonインタープリタにfilenameと入力すると、スペースが取り除かれているのがわかります。

今度はファイル名をすべて大文字にしなければならないものとします。Python文字列の組み込みメソッドのupperを使えば、すべての文字を大文字に変換できます。

```
filename = 'budget.csv'
filename.upper()
```

出力から、ファイル名が大文字に変換されていることがわかるでしょう。

```
'BUDGET.CSV'
```

しかし、今回は大文字にした文字列をfilename変数に再代入していません。インタープリタでもう1度filenameを呼び出すとどうなるでしょうか。出力は相変わらず'budget.csv'のままです。変数自体を書き換えたくないけれども、1度限りの目的で変換したいときには、upperなどのメソッドは、変数自体を書き換えずに書き換えた文字列を返してくるので、安心して使うことができます。

同じ変数名を使って戻り値を格納し、変数に再代入をしたいときにはどうすればよいでしょうか。次のコードでは、filename変数を大文字に変換したものに変更しています。

```
filename = 'budget.csv'  # ❶
filename = filename.upper()  # ❷
```

❶ この行以降でfilenameを呼び出したら、出力は'budget.csv'になります。

❷ この行以降でfilenameを呼び出したら、出力は'BUDGET.CSV'になります。

このコードは圧縮して1行で実行できます。

```
filename = 'budget.csv'.upper()
```

何行のコードにするのかは、個人的なスタイルや好みの問題にもよります。自分にしっくりくる形を選びつつ、コードが明解で読みやすくわかりやすいものにしましょう。

この節で試したのは、stripとupperの2つの文字列メソッドだけでしたが、組み込みの文字列メソッドはほかにもたくさんあります。あとでデータラングリングの作業で文字列を操作するときに、それらのメソッドについても学びます。

2.3.2 数値メソッド：数値ができること

整数と浮動/固定小数点数は、数学オブジェクトです。40 + 2と入力すれば、Pythonは42を返します。計算結果を変数に格納したい場合には、文字列の例の場合と同じように変数に代入します。

```
answer = 40 + 2
```

これで、answerと入力すれば、42と出力されます。整数でできることの大半は予想がつきますが、Pythonインタープリタに自分がどんな数学をしたいのかを理解させるために特別な書き方が必要な場合もあります。たとえば、42の2乗を計算したい場合には、42**2と入力します。

整数、浮動小数点数、固定小数点数は、ほかにも多くのメソッドを持っています。そのうちの一部は、データラングリングを学ぶ過程で取り上げます。

加算と減算

文字列やリストなどのデータ型にも加算が行えます。次のコードを試してみてください。

```
'This is ' + 'awesome.'
```

次の計算もお願いします。

```
['Joker', 'Simon', 'Ellie'] + ['Lishka', 'Turtle']
```

減算をしようとするとどうなるでしょうか。次の行が生成するエラーは何を教えてくれるのでしょうか。

```
['Joker', 'Simon', 'Ellie', 'Lishka', 'Turtle'] - ['Turtle']
```

TypeError: unsupported operand type(s) for -: 'list' and 'list'というエラーが返されるはずです。これは、Pythonのリストが加算をサポートしているものの、減算をサポートしていないことを示しています。これは、個々の型がどのメソッドをサポートすべきかについてPythonの開発者たちが下した選択です。リストの減算の方法を知りたい場合には、Pythonリストのremoveメソッドのドキュメント（http://docs.python.jp/3/tutorial/datastructures.html、http://docs.python.jp/3/tutorial/datastructures.html）を参照してください。

2.3.3 リストメソッド：リストができること

リストには、かならず押さえておくべきメソッドがいくつかあります。

まず、空リストを次のように定義します。

```
dog_names = []
```

インタープリタにdog_namesを入力すると、[]が返されます。これは、Pythonの空リストの表示方法です。本章の前の部分では、この変数に名前をまとめて格納していましたが、ここでは最後の行で定義し直しているので、現在は空リストです。組み込みのappendメソッドは、リストにアイテムを追加します。それでは、この変数を使ってリストにJokerを追加してみましょう。

```
dog_names.append('Joker')
```

これでdog_namesと入力すると、リストは['Joker']という1個の要素を返すようになりました。

それでは、次のようなリストになるまでappendメソッドを呼び出してリストを構築してください。

```
['Joker', 'Simon', 'Ellie', 'Lishka', 'Turtle']
```

次に、間違えて猫の名前である'Walter'を追加してしまったとします。

```
dog_names.append('Walter')
```

これは、Pythonリストの組み込みメソッド、removeを使って取り除くことができます。

```
dog_names.remove('Walter')
```

リストにもこれ以外に多数の組み込みメソッドがありますが、appendとremoveは、それらのなかでも特によく使われるものです。

2.3.4 辞書メソッド：辞書ができること

便利な辞書メソッドの一部を学ぶために、最初から動物数の辞書を組み立ててみましょう。

次の例は、まず空の辞書を作っています。そして、キーを追加し、そのキーに対応する値を定義しています。

```
animal_counts = {}
animal_counts['horses'] = 1
```

辞書へのオブジェクトの追加（animal_counts['horses']）は、リストへのオブジェクトの追加とは少し異なります。これは辞書がキーと値の2つを持つからです。この場合のキーは'horses'、値は1です。

では、動物数辞書の残りの部分を作りましょう。

```
animal_counts['cats'] = 2
animal_counts['dogs'] = 5
animal_counts['snakes'] = 0
```

Pythonインタープリタでanimal_countsと入力すると、{'horses': 1, 'cats': 2, 'dogs': 5, 'snakes': 0}という辞書が返されるようになりました（Python辞書は順序を格納しないため、出力は少し異なるかもしれませんが、同じキーと値が含まれているはずです）。

ここで操作しているのは非常に小さな例ですが、プログラミングはいつもそんなに都合のよいものではありません。世界に生息するあらゆる動物の動物数辞書を想像してみましょう。私たちはプログラマなので、このanimal_counts辞書が格納するすべての動物の種類まではわかりません。しかし、大規模で内容がよくわからない辞書を相手にするときに辞書メソッドを使えば、辞書についての情報を集めることができます。次のコマンドは、辞書が持つすべてのキーを返します。

```
animal_counts.keys()
```

本書の例題をここまで実践してきているなら、インタープリタでこれを入力すると、次のようなキーリストが返されるはずです。

```
['horses', 'cats', 'dogs', 'snakes']
```

これらのキーのどれかを選べば、対応する値を辞書から取り出すことができます。次のルックアップ（検索）は、犬の数を返します。

```
animal_counts['dogs']
```

この行の出力は5です。必要なら、この値を新変数に保存すれば、いちいちルックアップを繰り返す必要はなくなります。

```
dogs = animal_counts['dogs']
```

dogs変数を直接入力すると、Pythonは5を返すようになりました。

これらは辞書でできるもっとも基本的なことの一部です。文字列やリストと同様に、辞書についてはこれから複雑な問題をコード化するときにもっと多くのことを学びます。

2.4 役に立つツール：type、dir、help

Pythonの標準ライブラリには、手持ちのデータ型やオブジェクトが何で、それらがあれば何ができるのか（つまり、それらのメソッドは何か）を調べるために役立つ組み込みツールが含まれています。この節では、Python標準ライブラリの一部として含まれている3つのツールについて学びます。

2.4.1 type

typeは、オブジェクトのデータ型が何かを返します。Pythonコードのなかで使うときには、変数をtype()で囲みます。たとえば、変数名がdogsなら、Pythonプロンプトにtype(dogs)と入力します。これは、変数を使ってデータを保存しているときに、その変数にどのような型のデータが格納されているのかを調べることができます。たとえば、この章の前の方で使った郵便番号の例について考えてみましょう。

ここでは、20011という値を2つの異なる形で使っています。1行目は郵便番号を文字列として表現しているのに対し、2行目は整数として表現しています。

```
'20011'
20011
```

これらの値を変数に格納すると、これらはさらにわかりにくくなり、文字列を使ったのか整数を使ったのかが思い出せなくなってしまうかもしれません。

これらの値を組み込みメソッドのtypeに渡せば、オブジェクトのデータ型が何かがわかります。次のコードを試してみてください。

```
type('20011')
type(20011)
```

第1行はstr、第2行はintを返します。では、typeにリストを渡したらどうなるでしょうか。変数ならどうでしょうか。

エラーを解決したいときや、誰かほかの人のコードを操作したいとき、オブジェクトのデータ型がわかれば非常に役立ちます。リストからほかのリストを引いたときのことを思い出しましょう（32ページのコラム「**加算と減算**」参照）。実は、文字列から文字列を引くこともできません。このように、'20011'という文字列は、20011という整数とはメソッドやユースケースが大きく異なります。

2.4.2 dir

dirは、組み込みメソッドと属性のリストを返し、特定のデータ型ができるすべてのことを調べるために使えます。'cat,dog,horse'という文字列でdirを試してみましょう。

```
dir('cat,dog,horse')
```

とりあえず、返されたリストの冒頭にあるもの（ダブルアンダースコアで始まる文字列）は無視しましょう。これらはPythonが使う内部メソッド（プライベートメソッド）です。

もっとも役に立つメソッドは、返されたリスト出力の第2の部分に含まれています。それらのメソッドの多くは明らかで、名前からわかるものもあります。この章の前の方で使った文字列メソッドも含まれていることがわかります。

```
['...',
 '__sizeof__',
 '__str__',
 '__subclasshook__',
 'capitalize',
 'casefold',
 'center',
 'count',
 'encode',
 'endswith',
 'expandtabs',
 'find',
 'format',
 'format_map',
 'index',
 'isalnum',
 'isalpha',
 'isdecimal',
 'isdigit',
 'isidentifier',
 'islower',
 'isnumeric',
 'isprintable',
 'isspace',
 'istitle',
 'isupper',
 'join',
 'ljust',
 'lower',
 'lstrip',
 'maketrans',
 'partition',
 'replace',
 'rfind',
 'rindex',
 'rjust',
 'rpartition',
 'rsplit',
 'rstrip',
 'split',
 'splitlines',
 'startswith',
 'strip',
 'swapcase',
 'title',
```

```
  'translate',
  'upper',
  'zfill']
```

'cat,dog,horse'という文字列は文字列に格納されたリストのように見えますが、実際には1つの値です。しかし、次のようにPython文字列の組み込みメソッド、splitを使えば、カンマ文字のところで区切って文字列を小さな部品に分割することができます。

```
'cat,dog,horse'.split(',')
```

Pythonはリストを返します。

```
['cat', 'dog', 'horse']
```

では、このリストからdirメソッドを呼び出してみましょう。

```
dir(['cat', 'dog', 'horse'])
```

文字列ほどメソッドは多くありませんが、一部を試してみましょう。まず、リストを変数に代入します。変数にリストを代入する方法はもう知っていると思いますが、例を示します。

```
animals = ['cat', 'dog', 'horse']
```

では、animals変数を使って、リストのdirを使って探し出した新しいメソッドを試してみましょう。

```
animals.reverse()
animals.sort()
```

1行実行するたびに、animalsの値を表示すれば、メソッドがリストをどのように変更しているかがわかります。どのような出力になると思いましたか。それは、あなたが想像したものと同じでしたか。整数や浮動小数点数でもdirを試してみましょう（ヒント：dirは、渡されるオブジェクトは1個だけだという前提で動作するので、dir(1)やdir(3.0)を試してみましょう。予想外のメソッドが含まれていたでしょうか）。

このように、dirを使えば個々のデータ型の組み込みメソッドについてヒントが得られます。これらのメソッドは、Pythonでデータラングリングを進めるときに役に立ちます。ここで少し時間を割いて、表示されたメソッドのなかで面白そうなものを実際に試してみましょう。また、ほかのデータ型のメソッドもテストしてみましょう。

2.4.3　help

この章で取り上げる第3のお役立ちメソッドは、helpです。このメソッドは、オブジェクト、メソッド、モジュールのドキュメントを返します。もっとも、ドキュメントはかなり専門的に（ときには暗号のように）書かれていることが多いのですが。それでは、前節で使ったsplitメソッドのヘルプを見てみましょう。かっこ内の文字列をどの文字のところで区切るべきかを指定することを知らない場合、Python文字列のsplitメソッドが何を求めているのかはどうすればわかるのでしょうか。splitの使い方がわからないふりをして、','を渡さずに呼び出してみましょう。

```
animals = 'cat,dog,horse'
animals.split()
```

このコードは、次のように返します。

```
['cat,dog,horse']
```

よく見なければ、正しそうに見えますが、実際にはPythonは文字列を読み込み、リストに格納しただけで、カンマを使って文字列を単語に分割したわけではありません。組み込みのsplitメソッドは、デフォルトではカンマではなくスペースのところで文字列を分割するのです。メソッド呼び出しにカンマ文字列(',')を渡して、カンマのところで区切るようにPythonに指示します。

メソッドがどのように動作するのかについて理解を深めるために、helpにsplitを渡してみましょう。animals変数はリストに変換してあるので、まずこれを再定義します。文字列に戻してから、splitの動作を調べましょう。

```
animals = 'cat,dog,horse'
help(animals.split)  # ❶
```

❶ 末尾の丸かっこの組animals.splitのみをhelpメソッドに渡しています。helpメソッドには、あらゆるオブジェクト、メソッド、モジュールを渡せますが、ここに示すように、メソッドを渡すときには末尾の丸かっこはつけません。

Pythonは次の出力を返します。

```
split(...) method of builtins.str instance
    S.split(sep=None, maxsplit=-1) -> list of strings

    Return a list of the words in S, using sep as the
    delimiter string.  If maxsplit is given, at most maxsplit
    splits are done. If sep is not specified or is None, any
    whitespace string is a separator and empty strings are
    removed from the result.*1
```

説明の最初の行は、S.split([sep [,maxsplit]]) -> list of stringsとなっています。この部分は、文字列(S)には、第1オプション引数(関数に渡せるもの)としてsep、第2オプション引数としてmaxsplitを渡せるメソッド(split)がある、と読みます。引数名を囲む角かっこ([])は、

*1 訳注：意味は「sepを区切り文字として使い、文字列Sのなかの単語のリストを返します。maxsplitを指定すると、高々maxsplit個までしか分割しません。sepが指定されていないか、Noneなら、すべての空白文字列が区切り文字となり、空文字列は結果から取り除かれます」

それらの引数がオプションで必須ではないことを示します。このメソッドは、文字列のリストを返し(->)ます。

そのあとの説明の最初の行は、`"Return a list of the words in the string S, using sep as the delimiter string."`(sepを区切り文字として使い、文字列Sのなかの単語のリストを返します)となっています。sepは、**区切り文字**(separator、delimiter)として使われるsplitメソッドの引数です。区切り文字とは、フィールドを分割するために使われる文字または文字列のことで、たとえばカンマ区切りのファイルでは、カンマが区切り文字になります。私たちが作った文字列でも単語はカンマで区切られているので、カンマはこの文字列の区切り文字でもあります。

ドキュメントを読み終えたら(矢印やスクロールアップ、ダウンキーを使って)、qと入力するとヘルプ画面を終了できます。

このヘルプでは、特に区切り文字が指定されていなければ、スペースまたは空白文字がデフォルトの区切り文字になることも説明されています。`'cat dog horse'`という文字列を渡していれば、`split`メソッドの`()`のなかに区切り文字を渡す必要はなかったということです。このように、組み込みの`help`メソッドを使えば、メソッドから何が求められているのか、解決したい問題に合っているかどうかについて多くのことがわかります。

2.5 今までの復習

それでは、新しいスキルを試してみましょう。次のことを試してみてください。

1. 文字列、リスト、辞書を作ってください。
2. `dir`メソッドを使ってこれらのデータ型で使えるメソッドを調べてください。
3. エラーが投げられるまで、見つけた組み込みメソッドを実行してみてください。
4. `help`でメソッドのドキュメントを読んでください。そのメソッドが何をするのか、別の動作をさせるために何をしなければならないのかを調べてください。

お疲れさま。これでプログラムの書き方がわかりました。プログラミングは、すべてを暗記することではありません。何かがおかしくなったときに、問題を解決することです。

2.6 今までに学んだことの意味

この章の冒頭では、章末までに次の3行の意味がわかるようにすると約束しました。

```
import sys
import pprint
```

```
pprint.pprint(sys.path)
```

これまでに得た知識をもとに、この3行を分解していきましょう。「**2.1.2.2 浮動小数点数、固定小数点数、その他の整数ではない数値**」でdecimalライブラリをインポートしました。ここでも、Pythonの標準ライブラリから何らかのモジュール(sysとpprint)をインポートしているようです。

これらについてヘルプ情報を見ましょう(まず、ライブラリをインポートするのを忘れないようにしてください。インポートしないとhelpがエラーを返します)。pprintの方が簡単なので、そちらから見ることにします。

```
>>>import pprint
>>>help(pprint.pprint)

Help on function pprint in module pprint:

pprint(object, stream=None, indent=1, width=80, depth=None, *, compact=False)
    Pretty-print a Python object to a stream [default is sys.stdout].
```

すばらしい。pprint.pprint()のドキュメントによれば、このメソッドは、渡されたものを読みやすい表示にして出力するそうです。

前章で学んだように、sys.pathはPythonがモジュールを探す場所を示します。では、sys.pathのデータ型は何でしょうか?

```
import sys
type(sys.path)
```

リストです。リストの使い方ならわかります。さらに、リストをpprint.pprintに渡せば、pprint.pprintは見やすいように表示するということもわかりました。そこで、動物名を格納しているリストのリストでこれを試してみましょう。まず名前を追加して、乱雑なリストにします。

```
animal_names = [
    ['Walter', 'Ra', 'Fluffy', 'Killer'],
    ['Joker', 'Simon', 'Ellie', 'Lishka', 'Fido'],
    ['Mr. Ed', 'Peter', 'Rocket','Star']
    ]
```

では、animal_namesをpprintしてみましょう。

```
pprint.pprint(animal_names)
```

次のような出力が返されます。

```
[['Walter', 'Ra', 'Fluffy', 'Killer'],
 ['Joker', 'Simon', 'Ellie', 'Lishka', 'Fido'],
 ['Mr. Ed', 'Peter', 'Rocket', 'Star']]
```

以上をまとめると、もとの3行のコードがそれぞれ行うことは次の通りです。

```
import sys  # ❶
import pprint  # ❷
pprint.pprint(sys.path)  # ❸
```

❶ Pythonのsysモジュールをインポートします。

❷ Pythonのpprintモジュールをインポートします。

❸ pprint.pprintにリストであるsys.pathを渡し、リストが明解で読みやすい形で表示されるようにします。

pprint.pprintに辞書を渡すとどうなるでしょうか。きれいに整形された辞書が出力されるでしょう。

2.7 まとめ

データ型とコンテナは、Pythonがデータをどのように理解し、どのように保存するかに関係します。この章で学んだ型は主なものだけで、ほかにもさまざまな型があります。**表2-1**にそれをまとめました。

表2-1 データ型

名前	例
文字列	'Joker'
整数	2
浮動小数点数	2.0
リスト	['Joker', 'Simon', 'Ellie', 'Lishka', 'Fido']
辞書	{'cats': 2, 'dogs': 5, 'horses': 1, 'snakes': 0}

データ型のなかには、ほかのデータ型のなかに格納できるものがあります。リストは、文字列、整数、両者を混合したものを格納できます。また、この章で作ったanimal_namesのように、リストは、リストのリストにもなり得ます。Pythonのことをもっと知れば、これらのデータ型についても、どのように動作するか、データラングリングの目的のためにどのように利用できるかなど、もっと多くのことがわかります。

この章では、組み込みメソッドとPythonのオブジェクトでできることについても学びました。また、オブジェクトのデータ型を明らかにしたり、オブジェクトやデータ型で何ができるかを知るためのPythonの簡単なツール、メソッドについても学びました。**表2-2**に、これらのツールをまとめました。

表2-2 ヘルパーツール

例	できること
`type('Joker')`	`'Joker'`というオブジェクトの種類（データ型）を返す。
`dir('Joker')`	`'Joker'`というオブジェクトができるすべてのこと（メソッド）をまとめたリストを返す。
`help('Joker'.strip)`	特定のメソッド（この場合は`'Joker'`の`strip`）についての説明を返す。メソッドの使い方の理解を深められる。

次章では、さまざまな種類のファイルの開き方、この章で学んだPythonデータ型のデータの格納の方法を学びます。ファイルのデータをPythonオブジェクトに変換することによって、Pythonの力が解き放たれ、データラングリングは簡単な仕事になります。

3章
機械が読み出すためのデータ

データはさまざまな形式、さまざまな種類のファイルに格納できます。ファイル形式のなかには、機械が簡単に処理できるようにデータを格納するものもあれば、人間が読みやすいようにデータを格納するものもあります。Microsoft Word文書は後者の例、CSV、JSON、XMLは前者の例です。この章では、機械が簡単に処理できるファイルの読み方を説明し、第4章と第5章では人間が読むファイルのことを取り上げます。

機械が簡単に理解できるようにデータを格納するファイル形式は、一般に**マシンリーダブル**（machine readable：機械可読）と呼ばれます。よく使われるマシンリーダブル形式には、次のものがあります。

- CSV（カンマ区切りファイル、comma-separated values）
- JSON（JavaScript Object Notation）
- XML（Extensible Markup Language）

話したり文章を書いたりするときには、これらのデータ型は一般に短い方の名前で呼ばれます（たとえば、CSV）。本書でもこの略語を使っていきます。

企業や政府機関でデータを探したり、データの提供を求めたりするとき、この章で説明する形式のデータがあればそれが最高です。こういった形式のデータは、人間が読みやすい形式のものよりも、Pythonスクリプトで取り込みやすく、使いやすい上、一般にデータウェブサイトで簡単に見つかります。

コードの家を作りましょう

この章のサンプルコードをフォローするためには、自分のPCのローカルにファイルを保存する必要があります。まだなら、Pythonコードとデータファイルを保存するフォルダを作るようにしてください。そして、「data_wrangling」のようなわかりやすい名前を付けましょう。

さらに、そのフォルダの下に本書関連のコードのためのサブフォルダを作ります（たとえば、「code」）。ファイルを整理し、わかりやすい名前を付けるために役立ちます。

この方法に従うなら、~/Projects/data_wrangling/codeのようなフォルダになるでしょう。

Unixベースシステム（LinuxとMax）では、~記号はホームディレクトリのことであり、~を指せばコマンドラインで簡単にホームディレクトリにアクセスできます。

Windowsでは、ホームディレクトリは、Usersフォルダの下にあるので、パスはC:\Users\<your_name>\Projects\data_wranglingのようになります。

では、本書のデータリポジトリ（https://github.com/jackiekazil/data-wrangling）に行き、サンプルコードをダウンロードしてプロジェクトフォルダに移動しましょう。本文では、読者が書いたPythonコードを格納するフォルダと同じフォルダにリポジトリから得たデータが格納されていることを前提として話を進めていきます。そうすれば、ファイルの配置を気にせず、Pythonにデータをインポートすることに専念できます。

3.1 CSVデータ

私たちが最初に学ぶマシンリーダブルなファイル形式は、CSVです。CSVファイル、または略してCSVは、カンマでデータをカラム（列）に区切るファイルです。ファイル自体には、.csvという拡張子が付けられます。

TSV（tab-separated values）と呼ばれる別の種類のデータも、CSVの一種として分類されることがあります。TSVとCSVの違いは、カンマではなくタブでカラムを区切っているところだけです。TSVファイルには.tsvという拡張子が付けられますが、.csvが使われている場合もあります。Pythonでは、.tsvと.csvは基本的に同じように動作します。

ファイルの拡張子が.tsvなら、それはたぶんTSVデータでしょう。拡張子が.csvなら、それはおそらくCSVデータですが、TSVデータかもしれません。データをインポートする前に、どのような形式のデータを扱おうとしているのかを知るために、ファイルを開いて内容を確認するようにしましょう。

この章のCSVデータのサンプルとしては、WHO（世界保健機関）のデータを使います。WHOは、さまざまなファイル形式で優れたデータセットを多数提供しています（http://apps.who.int/gho/data/node.main）。サンプルとして選んだのは、世界の国別平均寿命データです。平均寿命データのウェブページ（http://bit.ly/life_expectancy_data）に行くと、このデータセットの異なるバージョンがあります。この例では、CSV（テキストのみ）を使います（http://bit.ly/life_expectancy_csv）。

テキストエディタ[*1]でファイルを開くと、**表3-1**のような値を格納する行があるでしょう。

表3-1　2つのサンプルデータ[*2]

CSVヘッダー	サンプルレコード1	サンプルレコード2
Indicator（指標）	Life expectancy at age 60 (years)（60歳のときの平均余命）	Life expectancy at birth (years)（平均寿命）
PUBLISH STATES（公開状況）	Published（公開）	Published（公開）
Year（年）	1990	1990
WHO region（管轄地域）	Europe（ヨーロッパ）	Americas（アメリカ）
World Bank income group（世界銀行所得分類）	High-income（高所得）	Lower-middle-income（低位中所得）
Country（国）	Czech Republic（チェコ共和国）	Belize（ベリーズ）
Sex（性別）	Female（女性）	Both sexes（両性）
Display Value（表示値）	19	71
Numeric（数値）	19.00000	71.00000
Low	値なし	価なし
High	値なし	価なし
Comments	値なし	価なし

データを読みやすくするためにフィールドを絞り込んで作ったデータのサンプルを示します。テキストエディタでCSVファイルを開くと、これと似た感じのものが表示されます。

```
"Year","Country","Sex","Display Value","Numeric"
"1990","Andorra","Both sexes","77","77.00000"
"2000","Andorra","Both sexes","80","80.00000"
"2012","Andorra","Female","28","28.00000"
"2000","Andorra","Both sexes","23","23.00000"
"2012","United Arab Emirates","Female","78","78.00000"
"2000","Antigua and Barbuda","Male","72","72.00000"
"1990","Antigua and Barbuda","Male","17","17.00000"
"2012","Antigua and Barbuda","Both sexes","22","22.00000"
"2012","Australia","Male","81","81.00000"
```

このファイルは、ExcelやGoogleスプレッドシートなどの表計算プログラムで表示することもできます。これらのプログラムは、個々のデータを別々の行に表示します。

3.1.1 CSVデータのインポート方法

データのことがわかったので、Pythonでファイルを開き、Pythonが理解できる形式にデータを変換しましょう。次のわずかなコードで実行できます。

＊1　この章の課題を進めるためには、優れたテキストエディタが必要です。まだテキストエディタをインストールしていない場合は、「1.2.5　コードエディタのインストール」の指示に従ってください。

＊2　サンプルデータには太字で示したデータが含まれています。

```
import csv

csvfile = open('data-text.csv', 'r', encoding='utf8')
reader = csv.reader(csvfile)

for row in reader:
    print(row)
```

各行について説明しましょう。前章では、コーディングはすべてPythonインタープリタで行いましたが、コードが長く複雑になってきたときには、1つのファイルにコードをまとめてそのファイルを実行した方が簡単です。コードの説明が終わったら、.pyファイル（Pythonファイル）にコードを保存し、コマンドラインからこのファイルを実行します。

スクリプトの第1行は、csvというライブラリ（https://docs.python.jp/3/library/csv.html）をインポートします。

```
import csv
```

ライブラリとは、Pythonプログラムのなかで使えるコードのパッケージです。ここでインポートしたいcsvライブラリは、Pythonインストールに標準ライブラリ（stdlib）の一部として付属しています。ファイルにライブラリをインポートすれば、ライブラリに含まれているコードを使うことができます。ライブラリがなければ、このスクリプトはずっと長くなっていたでしょう、csvライブラリがヘルパー関数を提供してくれるので、複雑な処理を実行するためのコードをあまり書かなくて済むのです。

コードの第2行は、スクリプトと同じフォルダにあるはずのdata-text.csvファイルをopen関数に渡しています。

```
csvfile = open('data-text.csv', 'r', encoding='utf8')
```

関数は、呼び出されたときにタスクを実行するコードです。第2章で学んだPythonデータ型のメソッドと非常によく似ています。関数はときどき1つ以上の入力を受け付けることがあります。関数は、引数に基づいて処理を行います。関数は出力を返すこともあります。出力は保存したり使ったりすることができます。

openは、Pythonの組み込み関数（http://docs.python.jp/3/library/functions.html、https://docs.python.org/3/library/functions.html）です。ファイルを開くという処理は非常によく行われるので、Pythonの中心的な開発チームは、すべてのPythonインストールにこの関数を追加すべきだと考えたのです。open関数を使うときには、第1引数としてファイル名を渡し（ここでは'data-text.csv'を使っています）、そのあとでオプションでファイルをどのモードで開くかを指定します（ここでは

'r'を使っています)[*1]。openのドキュメント(http://docs.python.jp/3/library/functions.html#open)には、'r'はファイルを読み出し専用でテキストモードで開くという意味だと書かれています。よく使われるモードとしては書き込み('w'、またはバイナリモードでの書き込み'wb')があります。

ファイルを読み出したいときには、読み出しモードで開きます。ファイルに書き込むつもりなら、ファイルを書き込みモードで開きます。

この関数の出力は、csvfile変数に格納します。csvfileは、値として開いているファイルを保持しています。

次の行では、csvモジュールのreader関数にcsvfileを渡しています。この関数は、csvモジュールに対して、オープンしたファイルをCSVとして読み出すよう指示します。

```
reader = csv.reader(csvfile)
```

csv.reader(csvfile)関数の出力は、reader変数に格納されます。reader変数に格納されるのは、開かれたファイルに対するPython CSVリーダーです。このCSVリーダーを使えば、単純なPythonコマンドを使ってファイル内のデータを簡単に見ることができます。コードの最後の部分は、forループと呼ばれるものです。

forループは、Pythonオブジェクトを繰り返し処理するための方法で、よくリストとともに使われます。forループは、Pythonに対し、「このリストに含まれている1つ1つのものについて、何かをせよ」と指示します。forループでforのすぐ後ろに書かれるのは、リスト(またはその他の反復処理できるオブジェクト)内の個々のオブジェクトを格納することになる変数です。そこで、この変数には、自分やほかの人がコードを読んで理解できるように、意味のわかる名前を付けることが大切です。

第2章の無効トークンエラーを覚えているでしょうか。Pythonでは、forは特別なトークンの1つで、forループの作成のためにしか使えません。トークンは、インタープリタに入力したりスクリプトに書いたりしたコードをマシンが実行できるものに変換するときに力を発揮します。

Pythonインタープリタで次のサンプルコードを実行してみましょう。

```
dogs = ['Joker', 'Simon', 'Ellie', 'Lishka', 'Fido']
for dog in dogs:
    print(dog)
```

＊1　技術監修者注：原著ではバイナリモード'rb'でファイルを開いていますが、Python 3ではエラーになります。CSVを解析する際は'r'または'rt'をモードに指定し、encodingにファイルの文字コードを指定します。

このforループでは、個々の犬の名前をforループ変数のdogに格納しています。forループの個々のイテレーション（反復処理の1回分。インデントした位置に書きます。インデントがないとIndentationErrorになります）は、犬の名前（dog変数に格納されているもの）を表示します。forループがすべての犬の名前（またはリストの要素）を処理すると、コードは実行を終了します。

IPythonでのインデントされたコードブロックの終了方法

IPythonターミナルでforループなどのインデントされるブロックを書くときには、プロンプトがインデントされたブロックのスタイルである...から新しいInプロンプトに戻っていることを確認しましょう。インデントを元に戻すためにもっとも簡単なのは、最後のインデントされた行を入力し終えたところで、空の[Return]キーを押すことです。ループの反復処理が終わったあとのコードを入力するときには、かならずプロンプトがInになっていることを確認しましょう。

```
In [1]: dogs = ['Joker', 'Simon', 'Ellie', 'Lishka', 'Fido']
In [2]: for dog in dogs:
   ...:     print(dog)  # ❶
   ...:  # ❷
Joker
Simon
Ellie
Lishka
Fido
In [3]:  # ❸
```

❶ IPythonが自動インデントされたプロンプトをスタートさせます（...:の後ろに4個のスペースが続くもの）。

❷ 空行のままで[Return]キーを押し、インデントされたブロックを終了させ、コードを実行させます。

❸ IPythonがループコードを終了すると、新しいプロンプトが表示されます。

CSVを読み出すために使うコードの場合、readerオブジェクトは、データ行を格納するPythonコンテナです。readerを対象とするforループのなかでは、row変数の内容は各行のデータです。インデントされた次の行は、個々のCSV行を表示するようPythonに指示しています。

```
for row in reader:
    print(row)
```

データのインポートと反復処理ができるようになったので、いよいよ本格的にデータを調査していきましょう。

3.1.2 コードのファイルへの保存 ── コマンドラインからの実行

開発者としてコードを操作していると、作業中のコードのごく一部でも、あとで見直して使うために保存しておきたいと思うようになるでしょう。邪魔が入っても、コードを整理して保存できれば、シームレスに作業を続けられます。

それでは、今までのコードをまとめてファイルに保存し、実行しましょう。コードは次のようになっているはずです（まだなら、テキストエディタを開き、新しいファイルを作って、次のコードを入力してください）。

```
import csv

csvfile = open('data-text.csv', 'r', encoding='utf8')
reader = csv.reader(csvfile)

for row in reader:
    print(row)
```

大文字と小文字の区別、スペースの挿入、改行に注意してください。各行のスペースの数が異なっていたり、奇妙なところが大文字になっていると、コードは動作しません。今までしてきたように、行のインデントには4個のスペースを使って正確にコードを書きましょう。Pythonは大文字と小文字を区別し、インデントを使って構造を示すので、これは重要なことです。

テキストエディタを使ってコードを.pyファイル（拡張子が.pyのPythonのファイル）として保存しましょう。正確なファイル名は、import_csv_data.pyのようになるはずです。

データファイルのdata-text.csvは、先ほどPythonファイルを保存したのと同じフォルダに置いてください。ファイルをほかの位置に配置したければ、新しいファイル位置に合わせてコードを更新する必要があります。

異なる場所のファイルの開き方

現在のコードでは、open関数にファイルのパスを渡すために、次のようにしています。

```
csvfile = open('data-text.csv', 'r', encoding='utf8')
```

しかし、データがdataというサブフォルダにあるなら、その位置を参照するようにスクリプトを書き換える必要があります。つまり、上のコードではなく、次のコードを使う必要があるということです。

```
open('data/data-text.csv', 'r', encoding='utf8')
```

上の例では、私たちは次のようなファイル構造を使うことになります。

```
data_wrangling/
`-- code/
    |-- import_csv_data.py
    `-- data/
        `-- data-text.csv
```

ファイルの場所を探すのに苦労していて、MacやLinuxを使っているなら、コマンドラインを開き、次のコマンドを使ってフォルダをたどっていってください。

コマンド	動作
ls	ファイルのリストを返す。
pwd	現在の位置を示す。
cd ../	親ディレクトリに移動する。
cd ../../	2レベル上に移動する。
cd data	今いるフォルダに含まれているdataというフォルダに移動する。

コマンドライン上でのファイルの位置探しの詳細とWindowsユーザーのための説明については、付録Cを参照して下さい。

ファイルを保存したら、コマンドラインを使って実行することができます。まだならコマンドラインを開き（ターミナルかcmd）、ファイルがあるフォルダに移動してください。ファイルは~/Projects/data_wrangling/codeに格納したものとします。Macのコマンドラインでこの位置に移動するには、cd（ディレクトリ変更、change directory）コマンドを使います。

```
cd ~/Projects/data_wrangling/code
```

正しい位置に移動したら、Pythonファイルを実行できます。私たちは今までPythonインタープリタを使ってコードを実行してきましたが、今はimport_csv_data.pyというファイルにコードを保存してあります。コマンドラインからPythonファイルを実行するには、単純にpython3、スペース、ファイル名と入力します。

```
python3 import_csv_data.py
```

出力はリストの塊のように見えるでしょう。次のようなデータですが、これよりもずっと大量です。

```
['Healthy life expectancy (HALE) at birth (years)', 'Published', '2012',
 'Western Pacific', 'Lower-middle-income', 'Samoa', 'Female', '66',
 '66.00000', '', '', '']
['Healthy life expectancy (HALE) at birth (years)', 'Published', '2012',
 'Eastern Mediterranean', 'Low-income', 'Yemen', 'Both sexes', '54',
```

```
 '54.00000', '', '', '']
['Healthy life expectancy (HALE) at birth (years)', 'Published', '2000',
 'Africa', 'Upper-middle-income', 'South Africa', 'Male', '49', '49.00000',
 '', '', '']
['Healthy life expectancy (HALE) at birth (years)', 'Published', '2000',
 'Africa', 'Low-income', 'Zambia', 'Both sexes', '36', '36.00000', '', '', '']
['Healthy life expectancy (HALE) at birth (years)', 'Published', '2012',
 'Africa', 'Low-income', 'Zimbabwe', 'Female', '51', '51.00000', '', '', '']
```

このような出力ではない場合は、立ち止まってエラーをよく読みましょう。エラーは、あなたの間違いかもしれないことについてどのように言っているでしょうか。エラーを検索して、ほかの人たちが同じエラーをどのようにして解決したかを調べてみましょう。エラーを乗り越えるための方法についてもっと教えてほしい場合には、付録Eを見てください。

ここからは、多くのコードについて、コードエディタで作業をしてファイルを保存し、それをコマンドラインから実行するということを繰り返していきます。Pythonインタープリタは、コードの一部を試すためのツールとして役に立ちますが、コードが長く複雑になってくると、プロンプトでメンテナンスするのは難しくなっていきます。

これから書くコードの多くでも同じですが、今コードを書いている問題には、たいてい別の解き方があります。csv.reader()は、ファイルの各行をデータのリストとして返すもので、初心者にもわかりやすいソリューションになっています。私たちは、このスクリプトに少し変更を加え、CSV行のリストをCSV行の辞書にします。こうすると、データセットを調べていく上で、データを読んだり、比較したり、理解したりすることが少し楽になります。

テキストエディタで、第4行のreader = csv.reader(csvfile)をreader = csv.DictReader(csvfile)に書き換えましょう。新しいコードは次のようになるでしょう。

```
import csv

csvfile = open('data-text.csv', 'r', encoding='utf8')
reader = csv.DictReader(csvfile)

for row in reader:
    print(row)
```

ファイルを保存してから改めて実行すると、個々のレコードが辞書になります。辞書のキーは、CSVファイルの最初の行です。その他の行は、すべて値になります。出力行の例を見てみましょう。

```
{
    'Indicator': 'Healthy life expectancy (HALE) at birth (years)',
    'Country': 'Zimbabwe',
    'Comments': '',
    'Display Value': '49',
```

```
        'World Bank income group': 'Low-income',
        'Numeric': '49.00000',
        'Sex': 'Female',
        'High': '',
        'Low': '',
        'Year': '2012',
        'WHO region': 'Africa',
        'PUBLISH STATES': 'Published'
    }
```

CSVデータのPythonへのインポートに成功しました。これは、ファイルに保存されているデータを取り出してPythonが理解し、操作できる形式（辞書）に変換できたということです。forループを使ったことにより、データが見やすくなり、目でチェックできました。また、csvの2つのリーダーを使い、データをリスト形式でも辞書形式でも表示できました。データセットの調査と分析には再びこのライブラリを使います。しかし、その前にJSONのインポート方法を説明しておきましょう。

3.2 JSONデータ

JSONは、データ転送でもっともよく使われている形式の1つです。クリーンで読みやすく、パース（プログラムによる構文解析を含む読み取り）がしやすいので好まれています。JSONはウェブサイトがページのJavaScriptにデータを送るときに使っているデータ形式でもあります。多くのサイトがJSONに対応したAPIを持っており、それについては第13章で詳しく見ていきます。この節では、引き続き国別平均寿命データを使います。WHOは、このデータをJSON形式では公開していませんが、本書のためにJSONバージョンを作りました。データはコードリポジトリ（https://github.com/jackiekazil/data-wrangling）にあります。

ファイルが.jsonという拡張子を持つ場合、それはおそらくJSONデータです。拡張子が.jsなら普通はJavaScriptですが、ごくまれに誤ってJSONファイルにこの拡張子が使われていることがあります。

コードエディタでJSONファイルを開くと、個々のデータレコードがPythonの辞書と非常によく似た形になっていることに気付くでしょう。各行がキーと値になっていて両者は:で区切られており、個々のエントリは,で区切られています。そして1つのレコードは波括弧で囲まれています。次に示すのは、JSONファイルのサンプルレコードです。

```
[
  {
    "Indicator":"Life expectancy at birth (years)",
    "PUBLISH STATES":"Published",
    "Year":1990,
```

```
      "WHO region":"Europe",
      "World Bank income group":"High-income",
      "Country":"Andorra",
      "Sex":"Both sexes",
      "Display Value":77,
      "Numeric":77.00000,
      "Low":"",
      "High":"",
      "Comments":""
    },
  ]
```

整形の方法によっては、JSONファイルは辞書そのもののように見えることがあります。この例では、個々のエントリはPython辞書（{と}で定義されます）で、辞書はリスト（[と]で定義されます）にまとめられています。

3.2.1 JSONデータのインポート方法

Pythonでは、JSONファイルのインポートは、CSVファイルのインポートよりもさらに簡単です。次に示すコードは、JSONデータファイルを開き、ロード、インポート、表示します。

```
import json  # ❶

json_data = open('data-text.json').read()  # ❷

data = json.loads(json_data)  # ❸

for item in data:  # ❹
    print(item)
```

❶ Pythonの`json`ライブラリ（https://docs.python.jp/3/library/json.html）をインポートします。これを使ってJSONを処理します。

❷ Python組み込みの`open`関数を使ってファイルを開きます。ファイル名はdata-text.jsonです（これが`open`関数の第1引数になっています）。このコード行は、さらにオープンファイルの`read`メソッドを呼び出してファイルを読み出し、`json_data`変数に保存します。

❸ `json.loads()`を使ってJSONデータをPythonにロードします。出力は`data`変数に書き込まれます。

❹ `for`ループを使ってデータを反復処理し、個々の要素を表示します。それがこのサンプルの出力になります。

コマンドラインから`python import_json_data.py`を実行すると、出力は、JSONファイル内の各レコードを辞書で表したものになります。それは、CSVの最終的な出力とほぼ同じものになるはずです。忘れずにデータファイルをコードファイルのフォルダにコピーするか、位置に合わせてデータファイルのファイルパスを変更しておきます。

コードファイルを保存してコマンドラインから実行する方法は、CSVの節で学んだ通りです。このサンプルについても、空ファイルからコードファイルを作ってみましょう。

作業を簡単にまとめると次のようになります。

1. コードエディタ内で新しいファイルを作ります。
2. コードを格納するフォルダにimport_json_data.pyという名前でファイルを保存します。
3. コードを格納したフォルダにデータファイルを移動（またはコピー）します（コード内で使う名前に合わせてファイル名を変更します。本書はdata-text.jsonという名前を使います）。
4. コードエディタに戻ります。コードエディタには、まだimport_json_data.pyが残っているはずです。

それでは、コードを読んでCSVのインポートファイルと比較しましょう。まず、Python組み込みのjsonライブラリをインポートします。

```
import json
```

次に、すでにお馴染みのopen関数を使ってdata-text.jsonファイルを開き、オープンファイルのreadメソッドを呼び出します。

```
json_data = open('data-text.json').read()
```

CSVファイルのときには、readを使いませんでした。この違いは何なのでしょうか。CSVのサンプルではファイルを読み出し専用モードで開きましたが、JSONサンプルではファイルの内容をjson_data変数に読み込んでいます。CSVサンプルではopen関数はオープンファイルのオブジェクトを返していましたが、JSONサンプルではファイルを開いて読み出しているため、文字列データが作られています。この違いは、jsonライブラリとcsvライブラリで入力の処理方法が異なることによるものです。CSVリーダーに文字列を渡そうとすると、エラーが投げられます。それに対し、jsonのloads関数にオープンファイルを渡そうとすると、エラーが投げられます。

幸い、Pythonでは文字列をファイルに書き込んだり（たとえば、CSVリーダーを使わなければならないのに文字列しか持っていない場合）、ファイルの内容を文字列に読み出したりするのは簡単です。Pythonからすれば、閉じられているファイルは開かれ、読み出されるのを待っているただのファイル名文字列に過ぎません。ファイルからデータを取り出し、文字列に変え、その文字列を関数に渡すといったことは、Pythonなら数行のコードで書くことができます。

JSONファイルを格納したディレクトリでPythonインタープリタに次のように入力すると、各バージョンが出力するオブジェクトがどのような型のものかがわかります。

```
filename = 'data-text.json'
type(open(filename, 'rb'))  # csvコードに似ています
type(open(filename).read()) # jsonコードに似ています
```

Pythonの`json`ライブラリの`load`関数は、ファイルではなく文字列を受け付けます。それに対し、Pythonの`csv`ライブラリの`reader`関数は、オープンファイルを受け付けます。スクリプトの次の行は、`loads`関数を使ってJSON文字列をPythonにロードします。この関数の出力は、`data`という変数に割り当てられます。

```
data = json.loads(json_data)
```

データの確認のために、各要素を反復処理してその内容を表示します。これはどうしても必要な部分ではありませんが、データの内容を表示して、適切な形式で格納されていることを確かめることができます。

```
for item in data:
    print(item)
```

ファイルを書き終えたら、保存して実行することができます。ここからもわかるように、Pythonでは、JSONファイルを開いて辞書のリストに変換するのはとても簡単です。次節では、もっとカスタマイズされたファイル処理を見てみます。

3.3 XMLデータ

XMLは、人間と機械の両方にとってリーダブルになるように整形されることがよくあります。しかし、このデータセットでは、XMLファイルよりもCSV、JSONファイルの方がはるかに確認しやすく理解しやすいでしょう。しかし、データは同じなので、わかりやすいはずです。平均寿命データ（http://bit.ly/life_expectancy_data）のXMLバージョン（http://bit.ly/life_expectancy_xml）をダウンロードし、この章のコンテンツを保存してあるフォルダに保存してください。

ファイルの拡張子が.xmlなら、それはXMLデータでしょう。拡張子が.htmlや.xhtmlでも、XMLパーサーで読み取れることがあります。

ほかのデータでも行ったように、コードエディタでファイルを開いて中身を見てみましょう。ファイルをスクロールすると、CSVのサンプルでも見たお馴染みのデータが表示されます。しかし、XML形式では**タグ**（tag）と呼ばれるものを使っているため、随分印象が異なります。

XMLはマークアップ言語で、整形されたデータを格納する文書構造を持っています。XMLドキュメントは、基本的に特別な整形が施されたデータファイルに過ぎません。

次に示すのは、これから操作するXMLデータの例です。この例では、<Observation />、<Dim />、<Display />といったものはすべてタグです。タグ（またはノード）は、データを階層構造にして格納します。

```
<GHO ...>
    <Data>
        <Observation FactID="4543040" Published="true"
        Dataset="CYCU" EffectiveDate="2014-03-27" EndDate="2900-12-31">
            <Dim Category="COUNTRY" Code="SOM"/>
            <Dim Category="REGION" Code="EMR"/>
            <Dim Category="WORLDBANKINCOMEGROUP" Code="WB_LI"/>
            <Dim Category="GHO" Code="WHOSIS_000002"/>
            <Dim Category="YEAR" Code="2012"/>
            <Dim Category="SEX" Code="FMLE"/>
            <Dim Category="PUBLISHSTATE" Code="PUBLISHED"/>
            <Value Numeric="46.00000">
                <Display>46</Display>
            </Value>
        </Observation>
        <Observation FactID="4209598" Published="true"
        Dataset="CYCU" EffectiveDate="2014-03-25" EndDate="2900-12-31">
            <Dim Category="WORLDBANKINCOMEGROUP" Code="WB_HI"/>
            <Dim Category="YEAR" Code="2000"/>
            <Dim Category="SEX" Code="BTSX"/>
            <Dim Category="COUNTRY" Code="AND"/>
            <Dim Category="REGION" Code="EUR"/>
            <Dim Category="GHO" Code="WHOSIS_000001"/>
            <Dim Category="PUBLISHSTATE" Code="PUBLISHED"/>
            <Value Numeric="80.00000">
                <Display>80</Display>
            </Value>
        </Observation>
    </Data>
</GHO>
```

XMLファイルでは、値は2つの場所のどちらかに格納できます。1つは、<Display>46</Display>のように2つのタグの間に置くもので、これは<Display>タグの値が46だということです。もう1つは、<Dim Category="COUNTRY" Code="SOM"/>のようにタグの属性とするもので、これはCategory属性の値が"COUNTRY"、Code属性の値が"SOM"だということです。XMLの属性は、特定のタグのために補助情報を格納するもので、1つのタグのなかに入れ子になっています。

JSONではキー/バリューのペアでデータを格納していたのに対し、XMLでは、ペアだけでなく、3つ、4つのグループでも格納することができます。XMLタグと属性は、JSONのキーと同じようにデータを持っています。もう1度Displayタグを確認すると、このタグの値はタグの開いている部分と閉じている部分の間にあります。Dimノードには値を持つ2つの属性（CategoryとCode）があります。XMLは、個々のノードが複数の属性を格納できるような構造に作られています。HTMLに詳しいなら、HTMLとXMLには密接な関連性があるため、見覚えがある感じがするでしょう。HTMLとXMLは、どちらもノード（またはタグ）のなかに属性を持つことができ、どちらもマークアップ言語（https://ja.wikipedia.org/wiki/マークアップ言語、https://en.wikipedia.org/wiki/Markup_language）です。

XMLのタグを構成し、属性に名前を付けるためのよく知られた標準がありますが、XMLの構造のかなりの部分はそのXMLを設計、または作成した人（または機械）によります。異なるソースのデータセットを使う場合、それらの間に一貫性があると思ってはなりません。XMLのベストプラクティスについては、IBMが優れた論考を公開しています（http://www.ibm.com/developerworks/library/x-eleatt/）。

3.3.1 XMLデータのインポート方法

データの性質については理解できたので、Pythonで使える形にファイルをインポートしましょう。次のコードは、XML形式からPythonにデータを変換します。

```
from xml.etree import ElementTree as ET

tree = ET.parse('data-text.xml')
root = tree.getroot()

data = root.find('Data')

all_data = []

for observation in data:
    record = {}
    for item in observation:

        lookup_key = list(item.attrib.keys())[0]  # *1
```

＊1 技術監修者注：辞書のkeys()メソッドはPython 2系ではリストを返しましたが、Python 3系ではdict_keysオブジェクトを返すようになりました。インデックスアクセスするためにはdict_keysオブジェクトをリストに変換する必要があります。

```
            if lookup_key == 'Numeric':
                rec_key = 'NUMERIC'
                rec_value = item.attrib['Numeric']
            else:
                rec_key = item.attrib[lookup_key]
                rec_value = item.attrib['Code']

            record[rec_key] = rec_value

        all_data.append(record)

    print(all_data)
```

このコードはCSVやJSONの例と比べて少し複雑です。

コードを細かく見ていきましょう。まず、コードエディタで新規ファイルを作成し、import_xml_data.pyという名前を付けて、コードを格納しているディレクトリに保存します。また、本書のリポジトリではなく、WHOのサイトから直接データをダウンロードした場合は、保存したXMLファイルの名前をdata-text.xmlに変え、新コードと同じディレクトリに格納します。

まず、組み込みライブラリの一部で、XMLをパースするために使うElementTree（https://docs.python.org/3/library/xml.etree.elementtree.html）をインポートしましょう。

```
from xml.etree import ElementTree as ET
```

以前も触れたように、1つの問題に複数の解き方があることがよくあります。この章ではElementTreeを使いますが、ほかにもlxml（http://lxml.de/）、minidom（https://docs.python.org/3/library/xml.dom.minidom.html）といったライブラリがあります。
3つとも同じ問題を解くために使えるので、ライブラリのどれかを使うよいサンプルが見つかったときには、ほかのライブラリも使ってデータを探ってみることをお勧めします。Pythonについて学びながら、自分がもっともわかりやすいと感じるライブラリを選んでください（多くの場合は、偶然のようでもそれが最良の選択になっています）。

このimport文は、今までになかったコンポーネント、ETがあります。ここではElementTreeをインポートしていますが、それをETとして参照しています。短くした理由は私たちが面倒くさいことが嫌いで、ライブラリを使うたびにElementTreeと入力するのは避けたいからです。このような省略は、長い名前のクラスや関数をインポートするときには広く行われていることですが、どうしてもしなければならないものではありません。asは、私たちがElementTreeという意味でETを使いたいと思っていることをPythonに知らせます。

次に、ETクラスのparaseメソッドを呼び出します。このメソッドは、渡されたファイル名に含まれているデータをパースします。同じフォルダに配置されたファイルをパーシングするので、ファイル名にファイルパスは不要です。

```
tree = ET.parse('data-text.xml')
```

parseメソッドは、あるPythonオブジェクトを返し、それを通常はtree変数に格納します。XMLが話題になっているときに**ツリー**（木）と言えば、Pythonが理解し、パースできるように格納されたXMLオブジェクト全体のことです。

ツリー（およびツリーに格納されているデータ）をどのように巡回するのかを知るためには、まずツリーのルート（根）からスタートします。ルートとは最初のXMLタグのことです。ツリーのルートからスタートしたいときには、getroot関数を呼び出します。

```
root = tree.getroot()
```

少し時間を割き、前の文の後ろにprint(root)を追加してルートを表示すると、XMLツリーのルート要素をPythonの表現で見ることができます（<Element 'GHO' at 0x1079e79d0>のような形で表示されます*1）。これから、ElementTreeがXMLドキュメントのルート、すなわちもっとも外側のタグは、GHOというタグ名のXMLノードだと判定していることがわかります。

ルートはわかりましたが、表示したいデータのアクセス方法が必要です。この章のCSVとJSONの節のデータを分析すれば、どのデータを見るべきかがわかります。XMLツリーをたどって同じデータを抽出します。自分が何を探しているのかを理解するためには、XMLツリー全体の構造と形式を理解する必要があります。次の図では、使っているXMLファイルを圧縮し、データを取り除いているので、コアとなる構造だけが表示されています。

```
<GHO>
    <Data>
        <Observation>
            <Dim />
            <Dim />
            <Dim />
            <Dim />
            <Dim />
            <Dim />
            <Value>
                <Display>
                </Display>
            </Value>
        </Observation>
        <Observation>
            <Dim />
```

＊1　Pythonオブジェクトに付けられた16進数を表す長い文字列は、Pythonがメモリアドレス情報を示すときのやり方です。データラングリングではこの情報は不要なので、メモリアドレスが私たちのものと違っていても、無視してください。

```
                <Dim />
                <Dim />
                <Dim />
                <Dim />
                <Dim />
                <Value>
                    <Display>
                    </Display>
                </Value>
            </Observation>
        </Data>
    </GHO>
```

この構造から、データの「行」がObservationタグに格納されているのがわかります。そして、データ行のデータは、ObservationノードのなかのDim、Value、Displayノードのなかに格納されています。

今まで3行のコードを実行してきました。Pythonを使ってこれらのノードを抽出する方法を調べるために、現在のコードの末尾にprint(dir(root))を追加し、コードファイルを保存してコマンドラインで実行してみましょう。

```
python3 import_xml_data.py
```

root変数が持つすべてのメソッドと属性が表示されます。コードは次のようになるでしょう。

```
from xml.etree import ElementTree as ET

tree = ET.parse('data-text.xml')
root = tree.getroot()

print(dir(root))
```

ファイルを実行すると、次のような出力が表示されます。

```
$ python3 parse_xml.py
['__class__', '__copy__', '__deepcopy__', '__delattr__', '__delitem__', '__dir__',
'__doc__', '__eq__', '__format__', '__ge__', '__getattribute__', '__getitem__',
'__getstate__', '__gt__', '__hash__', '__init__', '__le__', '__len__', '__lt__',
'__ne__', '__new__', '__reduce__', '__reduce_ex__', '__repr__', '__setattr__',
'__setitem__', '__setstate__', '__sizeof__', '__str__', '__subclasshook__',
'append', 'clear', 'extend', 'find', 'findall', 'findtext', 'get',
'getchildren', 'getiterator', 'insert', 'items', 'iter', 'iterfind',
'itertext', 'keys', 'makeelement', 'remove', 'set']
```

ここで、私たちのファイルは大きすぎてとても開くことはできず、しかしファイルの構造はわからないものとしましょう。大きなXMLデータセットでは、そういうことはよくあります。どうすればよいでしょうか。まずdir(root)を実行してrootオブジェクトのメソッドを調べます。すると、Observationノードの子ノードを見るために使えるかもしれないgetchildrenメソッドが見つかります。しかし、最新のドキュメント（http://docs.python.jp/3/library/xml.etree.elementtree.html#xml.etree.ElementTree.Element.getchildren、http://docs.python.jp/3/library/xml.etree.elementtree.html#xml.etree.ElementTree.Element.getchildren）とStack Overflowの質問（http://bit.ly/get_subelements）を読むと、getchildrenメソッドはサブ要素を返してくるものの、非推奨になっています。使いたいと思っているメソッドが非推奨になっているか、将来非推奨になる可能性がある場合には、ライブラリの作者が代わりに指示しているものを使うようにすべきです。

メソッド、クラス、関数が**非推奨**になっているということは、その機能がライブラリやモジュールの将来のリリースから取り除かれる予定だという意味です。そのため、非推奨のメソッドやクラスは使わないようにします。ドキュメントをよく読めば、作者が何を使うべきかを説明しているはずです。

ドキュメントによれば、ツリーのルートノードのサブ要素を見たいときには、list(root)を使うべきだとされています。非常に大きなファイルを扱う際、ルートの直接のサブ要素が見られれば、出力行の多さに圧倒されることなく、データとその構造を考えることができます。

次の行を取り除き、

```
print(dir(root))
```

次の行を追加してみましょう。

```
print(list(root))
```

コマンドラインからもう1度ファイルを実行します。すると、Elementオブジェクトのリストである次のような出力が得られるでしょう（ここでいうElementとは、XMLノードのことです）。

```
$ python3 parse_xml.py
[<Element 'QueryParameter' at 0x101a7c318>,
<Element 'QueryParameter' at 0x101a85ae8>,
<Element 'QueryParameter' at 0x101a85b38>,
<Element 'QueryParameter' at 0x101a85b88>,
<Element 'QueryParameter' at 0x101a85bd8>,
<Element 'QueryParameter' at 0x101a85c28>,
<Element 'Copyright' at 0x101a85c78>,
<Element 'Disclaimer' at 0x101a85d68>,
<Element 'Metadata' at 0x101a85e08>,
<Element 'Data' at 0x101d2cea8>]
```

リストには、QueryParameter、Copyright、Disclaimer、Metadata、Dataという名前のElementオブジェクトが含まれています。これらの要素を順に処理して内容を探っていけば、欲しいデータの抽出方法が徐々にわかっていきます。

XMLツリーに格納されているデータを探すときには、Dataからスタートするとよいでしょう。Data要素が見つかったので、このサブ要素を重点的に探ってみましょう。Data要素を取り出すための方法はいくつかありますが、ここではfindメソッドを使うことにします。root要素のfindメソッドを使えば、タグ名を使ってサブ要素を検索できます。そして、そのElementの子を取り出せば、次にすべきことがわかります。

次の行を取り除き、

```
print(list(root))
```

次の行を追加してみましょう。

```
data = root.find('Data')

print(list(data))
```

findallメソッドも使えます。findとfindallの違いは、findが最初にマッチした要素を返すのに対し、findallはマッチするすべての要素を返すことです。'Data' Elementが1つしかないことを知っているので、findallではなく、findを使うことができます。Elementが複数ある場合には、findallメソッドを使ってマッチする要素のすべてのリストを手に入れてからそれぞれを反復処理すべきところです。

新しいコードを追加したコードファイルを実行すると、Observation要素の目も眩むようなリストが表示されます。これが現在のデータポイントです。多くの情報が出力されますが、最後の文字が]なので、全体がリストであることはわかります。]はリストの末尾を象徴的に示しています。

では、データリストを反復処理しましょう。個々のObservationはデータ行なので、その内部にはもっと多くの情報があるはずです。要素を1つ1つ反復処理すればどのようなサブ要素があるかがわかります。PythonのElementオブジェクトがあれば、リストのときと同じようにすべてのサブ要素を反復処理できます。そこで、まずObservationを反復処理し、個々のObservation要素のなかでサブ要素を反復処理します。これは、ループのなかでループを使う初めての例になります。

XMLは、ノード、サブノード、属性にデータを格納しているので、データがどのように構造化されているかだけではなく、Pythonがデータをどのように見ているかについて十分な手がかりが得られるまで、ノードとサブノード（または要素とサブ要素）を探り続けた方がよいことがよくあるでしょう。

次の行を取り除き、

```
print(list(data))
```

次の行を追加してみましょう。

```
for observation in data:
    for item in observation:
        print(item)
```

そしてファイルを実行します。

出力は、大量のDim、Value要素になるはずです。これらの要素に何が格納されているかを探りましょう。PythonのElementオブジェクトに含まれるデータを表示する方法は複数あります。すべてのElementオブジェクトが持つ属性の1つにtextがあります。これはノードのなかに含まれているテキストのことです。

次の行を取り除き、

```
print(item)
```

次の行を追加してみましょう。

```
print(item.text)
```

そしてファイルを実行します。

どうなったでしょうか。大量のNoneという値が返されたはずです。これらの要素のタグの間にはテキストがないので、こういうことになったのです。データサンプルで<Dim />がどのような構造になっているのかを見てみましょう。たとえば、次の通りです。

```
<Dim Category="YEAR" Code="2000"/>
```

Pythonでは、item.textが役に立つのは、次のように要素がノード内にテキストを持っている場合だけです。

```
<Dim Category="YEAR">2000</Dim>
```

第2の例のような要素であれば、item.textは2000を返します。

XMLデータはさまざまな形を取ります。私たちが探している情報がXMLのなかにあることは間違いありません。ただ、最初に探した場所になかっただけです。調査を続けていきましょう。

次に見るべき場所は子要素です。子要素とは、親要素のサブ要素のことです。子要素があるかどうかを見てみましょう。次の行を取り除き、

```
print(item.text)
```

次の行を追加します。

```
print(list(item))
```

変更後のコードを実行すると、一部の要素（すべてではありません）には子があることがわかります。これらはValue要素です。データサンプルでValue要素がどのような構造になっているのかを見てみましょう。

```
<Value>
    <Display>
    </Display>
</Valuc>
```

これらの子要素の内容も調べたいなら、`Observation`の要素を調べるために書いているループと同じようなループを書く必要があります。

Pythonの`Element`要素に対して呼び出せるメソッドはもう1つあります。`attrib`メソッドは各ノードの属性を返します。XMLの構造を見て私たちもすでにわかっていることですが、ノードがタグの間に値を持たない場合には、タグのなかに属性を持っているのが普通です。

ノードのなかにどのような属性が含まれているのかを見るために、次の行を取り除き、

```
print(list(item))
```

次の行を追加しましょう。

```
print(item.attrib)
```

コードを実行すると、一連の辞書という形で属性のなかに含まれていたデータが表示されます。

```
{'Category': 'PUBLISHSTATE', 'Code': 'PUBLISHED'}
{'Category': 'COUNTRY', 'Code': 'ZWE'}
{'Category': 'WORLDBANKINCOMEGROUP', 'Code': 'WB_LI'}
{'Category': 'YEAR', 'Code': '2012'}
{'Category': 'SEX', 'Code': 'BTSX'}
{'Category': 'GHO', 'Code': 'WHOSIS_000002'}
{'Category': 'REGION', 'Code': 'AFR'}
{'Numeric': '49.00000'}
```

CSVのサンプルですべてのレコードを辞書にまとめたので、この出力を同じような形式にまとめてみましょう。ただし、WHOはXMLデータセットとCSVデータセットとで同じデータを提供しているわけではないので、XMLデータ辞書は少し異なるものになります。データを同じ形式にしていくといっても、キー名の違いは無視します。キーの違いはデータの使い方に影響を与えたりはしません。

ここで、もう1度CSVリーダーから得られたレコードの例を見ておきましょう。

```
{
    'Indicator': 'Healthy life expectancy (HALE) at birth (years)',
    'Country': 'Zimbabwe',
    'Comments': '',
    'Display Value': '51',
    'World Bank income group': 'Low-income',
    'Numeric': '51.00000',
    'Sex': 'Female',
    'High': '',
    'Low': '',
```

```
    'Year': '2012',
    'WHO region': 'Africa',
    'PUBLISH STATES': 'Published'
}
```

XMLデータから取り出すサンプルレコードの目標がこれです。XMLツリーのパースを完了するまでに、先ほどの出力を次の形式に変換します。

```
{
    'COUNTRY': 'ZWE',
    'GHO': 'WHOSIS_000002',
    'Numeric': '49.00000',
    'PUBLISHSTATE': 'PUBLISHED',
    'REGION': 'AFR',
    'SEX': 'BTSX',
    'WORLDBANKINCOMEGROUP': 'WB_LI',
    'YEAR': '2012'
}
```

High、Lowフィールドがないことに注意してください。XMLデータセットにはこれらのフィールドがないのです。あれば、新しい辞書のキーとして追加していたところです。Display Valueもありませんが、これはNumericと同じなので、入れないことにしました。

現在のところ、コードは次のようになっているはずです。

```
from xml.etree import ElementTree as ET

tree = ET.parse('data-text.xml')
root = tree.getroot()

data = root.find('Data')

for observation in data:
    for item in observation:
        print(item.attrib)
```

目標のデータ構造を作るためには、まず個々のレコードのために空辞書を作る必要があります。この辞書にキーと値を追加していき、各レコードをリストに追加すれば、最終的にすべてのレコードのリストが完成します（CSVデータと同様のもの）。

では、最初に空辞書と空リストを追加しましょう。forループの直前（ループの外）に新しいall_data = []という行を追加します。そして、forループの先頭に新しいrecord = {}という行を追加します。

```
all_data = []

for observation in data:
```

```
record = {}
for item in observation:
    print(item.attrib)
```

次に、各行のキーと値をどうするかを決め、それをレコードの辞書に追加します。個々のattrib呼び出しは、次のように1つ以上のキーと値のペアを返しました。

```
{'Category': 'YEAR', 'Code': '2012'}
```

私たちの辞書では、このなかのCategoryキーの値（ここではYEAR）をキーにして、Codeキーの値（ここでは2012）をそのキーに対応する値にするとよさそうです。第2章でも説明したように、辞書のキーはルックアップのために簡単に使えるもの（YEARのように）、バリューはそのキーに対応する値（2012のように）にします。すると、先ほどの行は、次のように書き換えるべきでしょう。

```
'YEAR': '2012'
```

コードのprint(item.attrib)をprint(list(item.attrib.keys()))に書き換え、実行してみましょう。

```
for item in observation:
    print(list(item.attrib.keys()))
```

すると、個々の属性辞書のキーが出力されます。新しい辞書のキーと値を作るために、まずもとの辞書のキーをチェックしたいというわけです。得られた出力は、['Category', 'Code']と['Numeric']の2種類です。1つずつ処理方法を考えることにしましょう。最初の調査から、CategoryとCodeの2つを持つ要素では、Categoryの値を新しい辞書要素のキー、Codeの値をバリューとしなければならないことがわかっています。

そこで、list(item.attrib.keys())の後ろに[0]を追加します。

```
for item in observation:
    lookup_key = list(item.attrib.keys())[0]
    print(lookup_key)
```

これは**インデックス参照**（添字参照、indexing）と呼ばれます。こうするとリストの最初の要素が返されます。

リストのインデックスの扱い方

Pythonでリストなどのシーケンス（要素が連続的に収められているリスト、文字列などのオブジェクト）に数字のインデックスを付けて参照するということは、そのリストのn番目の要素を取り出すということです。Pythonでは、インデックスは0から始まります。つまり、先頭の要素には0番、第2の要素には1番、第3の要素には2番のインデックスが付けられるのです。attribが返すリストには、1個か2個の要素が含まれており、ここで必要なのは先頭要素なので、[0]を追加しているのです。

前章で使った犬の名前の例を使って試してみましょう。

```
dog_names = ['Joker', 'Simon', 'Ellie', 'Lishka', 'Fido']
```

リストからEllieを取り出したい場合、リストの第3要素がほしいということになります。インデックスは0から始まるので、この要素は次のようにして取り出します。

```
dog_names[2]
```

Pythonインタープリタで試してみてください。また、Simonも取り出してみてください。インデックスとして負数を指定するとどうなるでしょうか（ヒント：負数にすると、後方からさかのぼります）。

コードを実行すると、出力は次のようになります。

```
Category
Category
Category
Category
Category
Category
Category
Numeric
```

キー名が得られたので、対応する値もルックアップできます。新しい辞書のキーとして使うためにCategoryキーの値が必要です。内側のforループでrec_keyという新しい変数を作り、そこにitem.attrib[lookup_key]から返された値を格納します。

```
for item in observation:
    lookup_key = list(item.attrib.keys())[0]
    rec_key = item.attrib[lookup_key]
    print(rec_key)
```

以上の変更を加えて、コマンドラインからコードを実行しましょう。

```
PUBLISHSTATE
COUNTRY
WORLDBANKINCOMEGROUP
YEAR
SEX
GHO
```

```
REGION
49.00000
```

これはどれも新しい辞書のキーになりそうです。ただし、最後のものは別ですが。これは最後の要素がCategoryではなくNumericの値だからです。私たちの用途に合わせてこのデータを使いたいのなら、if文を使って数値の要素のために特別な処理を用意する必要があります。

Pythonのif文

もっとも基本的な形のif文は、コードの流れ（フロー）を制御するための手段です。if文を使うときには、コードに対して「この条件を満たすときには、この文を実行せよ」と言うのと同じです。

if文にはelseをともなう形もあります。このif-else文は、条件を満たすときにはifの後に続く文、そうでないときはelseの後に続く文を実行せよ」という意味になります。

ifやif-elseでは、比較演算子として==が使われているのをよく見かけます。=は変数に値を代入するのに対し、==は2つの値が等しいかどうかをテストします。また、!=は、2つの値が等しくないかどうかをテストします。これらの演算子は、どちらもブール型のTrueまたはFalseを返します。

Pythonインタープリタで次の例を試してみてください。

```
x = 5

if x == 5:
    print('x is equal to 5.')
```

何が見えたでしょうか。x == 5はTrueとなるので、テキストが表示されます。次のコードも試してみましょう。

```
x = 3

if x == 5:
    print('x is equal to 5.')
else:
    print('x is not equal to 5.')
```

xは3と等しく、5とは等しくないので、elseブロックの方のprint文が表示されるでしょう。Pythonでif、if-else文を使えば、論理とコードの流れを適切に処理できます。

lookup_keyがNumericなら、値（Categoryキーの場合のように）ではなく、Numericをキーとして使いたいところです。コードを次のように書き換えましょう。

```
for item in observation:

    lookup_key = list(item.attrib.keys())[0]

    if lookup_key == 'Numeric':
        rec_key = 'NUMERIC'
    else:
        rec_key = item.attrib[lookup_key]

    print(rec_key)
```

書き換えたあとのコードを実行すると、すべてのキーがキーらしくなります。では、新辞書に格納する値を取り出してキーと対応付けましょう。Numericの場合は簡単で、もとの辞書のNumericキーに対応する値を使えばよいだけです。コードに次のような変更を加えます。

```
if lookup_key == 'Numeric':
    rec_key = 'NUMERIC'
    rec_value = item.attrib['Numeric']
else:
    rec_key = item.attrib[lookup_key]
    rec_value = None

print(rec_key, rec_value)
```

更新後のコードを実行すると、Numericに対するrec_valueが正しく対応付けられていることがわかります。たとえば、次の通りです。

```
NUMERIC 49.00000
```

それ以外のキーに対しては、rec_valueはNoneになっています。Pythonでは、Noneはいわゆるnull値を表すために使われます。ここに本来の値を入れましょう。もともとの各レコードは、{'Category': 'YEAR', 'Code': '2012'}のようにCategoryキーとCodeキーを持っていることを思い出してください。この種の要素では、Codeキーの値をrec_valueとして格納します。rec_value = Noneの部分を次のようなif-else文になるように書き換えましょう。

```
if lookup_key == 'Numeric':
    rec_key = 'NUMERIC'
    rec_value = item.attrib['Numeric']
else:
    rec_key = item.attrib[lookup_key]
    rec_value = item.attrib['Code']

print(rec_key, rec_value)
```

コードを実行すると、rec_keyとrec_valueの値が表示されます。これらから辞書を作りましょう。

```
    if lookup_key == 'Numeric':
        rec_key = 'NUMERIC'
        rec_value = item.attrib['Numeric']
    else:
        rec_key = item.attrib[lookup_key]
        rec_value = item.attrib['Code']

    record[rec_key] = rec_value  # ❶
```

❶ record辞書に個々のキーと値を追加します。

さらに、個々のレコードをall_dataリストに追加します。「**2.3.3 リストメソッド：リストができること**」で説明したように、リストのappendメソッドを使えば、リストに値を追加できます。レコードは、ループの外側のループの末尾で追加する必要があります。個々のサブ要素のすべてのキーが揃うのはそのときなのです。最後に、ファイルの末尾にprint文を追加して、データを表示します。

XMLツリーを辞書に変換する完全なコードは、次のようになります。

```
from xml.etree import ElementTree as ET

tree = ET.parse('data/data/chp3/data-text.xml')
root = tree.getroot()

data = root.find('Data')

all_data = []

for observation in data:
    record = {}
    for item in observation:

        lookup_key = list(item.attrib.keys())[0]

        if lookup_key == 'Numeric':
            rec_key = 'NUMERIC'
            rec_value = item.attrib['Numeric']
        else:
            rec_key = item.attrib[lookup_key]
            rec_value = item.attrib['Code']

        record[rec_key] = rec_value

    all_data.append(record)

print(all_data)
```

このコードを実行すると、CSVサンプルのものとよく似た各レコードの辞書を要素とする長いリストが表示されます。

```
{'COUNTRY': 'ZWE', 'REGION': 'AFR', 'WORLDBANKINCOMEGROUP': 'WB_LI',
'NUMERIC': '49.00000', 'SEX': 'BTSX', 'YEAR': '2012',
'PUBLISHSTATE': 'PUBLISHED', 'GHO': 'WHOSIS_000002'}
```

このように、XMLからデータを抽出するのは、CSVやJSONよりも少し複雑でした。CSV、JSONファイルでも、この章で示したように簡単に処理できないことはありますが、XMLファイルよりは簡単に処理できるのが普通です。しかし、ここでXMLデータを見て、手探りでデータを調べていったことを通じて、皆さんは空リストと空辞書を作ってそれらにデータを入れていく体験をして、Python開発者として成長することができました。また、XMLのツリー構造からデータを抽出する方法を調べる過程でデバッグのスキルも磨くことができました。これらは、もっと優れたデータラングラーになりたい皆さんにとって貴重な経験になったはずです。

3.4 まとめ

Pythonでマシンリーダブルなデータ形式を処理できるようになることは、データラングラーにとって必須のスキルの1つです。この章では、CSV、JSON、XML形式のファイルを説明しました。**表3-2**に、WHOデータを格納するさまざまなファイルをインポート、操作するために使ったライブラリをまとめました。

表3-2　ファイルの種類と拡張子

ファイルの種類	拡張子	Pythonライブラリ
CSV、TSV	.csv、.tsv	csv（https://docs.python.jp/3/library/csv.html、https://docs.python.org/3/library/csv.html）
JSON	.json、.js	json（http://docs.python.jp/3/library/json.html、https://docs.python.org/3/library/json.html）

この章では、Pythonの新しい概念も学びました。今のあなたは、PythonインタープリタからPythonコードを実行する方法も、新しいファイルにコードを保存してコマンドラインから実行する方法も知っているはずです。また、`import`を使ってファイルをインポートする方法、Pythonでローカルファイルシステムのファイルを読み書きする方法も学びました。

そのほかに、プログラミングの新しい概念として、ファイル、リスト、ツリーの反復処理のための`for`ループ、特定の条件が満たされたかどうかの評価によってどのコードを実行するかを決める`if-else`文の使い方も学びました。**表3-3**にこの章で学んだ新しい関数や制御構造をまとめました。

表3-3 新しく学んだPythonプログラミングの概念

概念	目的
import (http://bit.ly/python_import)	Pythonの空間へのモジュールのインポート
open (http://bit.ly/python_open)	Pythonコードのなかでローカルシステムのファイルを開くための組み込み関数
for ループ (http://bit.ly/basic_for_loops)	反復実行されるコード
if-else 文 (http://bit.ly/simple_if_statements)	特定の条件が満たされたときに限りコードを実行する制御構造
比較演算子 == (http://bit.ly/python_comparisons)	2つの値が等しいかどうかのテスト
シーケンスのインデックス参照 (http://bit.ly/python_sequence_types)	シーケンス（文字列、リストなど）のn番目の要素の参照方法

最後に、この章では、さまざまなコードファイル、データファイルを作り、保存できるようになりました。この章のすべての課題を実際にしてみた読者は、3個のコードファイルと3個のデータファイルを持っているはずです。この章の最初の方で説明しましたが、コードの整理のためのお勧めの方法があります。まだその通りにしていない場合には、今すぐ整理しましょう。次に示すのは、ファイルのまとめ方の一例です。

```
data_wrangling/
    code/
        ch3_easy_data/
            import_csv_data.py
            import_xml_data.py
            import_json_data.py
            data-text.csv
            data-text.xml
            data-json.json
        ch4_hard_data/
            ...
```

では、難しいデータ形式を扱う次章に移りましょう。

4章 Excelファイルの操作

前章のデータとは異なり、この5章以降のデータは、ちょっとした作業を加えなければPythonに簡単にインポートすることはできません。第4章と第5章では、ExcelファイルとPDFという2種類のファイルを見て、新しい種類のファイルに出会ったときに従うとよい一般的な考え方を示します。

本書のここまでの部分で学んだデータインポートのソリューションは、標準的なものでした。この章では、実際に行うたびに大きく異なるプロセスについて学びます。プロセスは前章よりも難しくなりますが、役に立つ情報を抽出し、Pythonで使える形式に変換するという最終的な目標は同じです。

第4章と第5章で使うサンプルは、UNICEFの世界の子どもが置かれた状況レポートの2014年版(http://www.unicef.org/sowc2014/numbers/)です。このデータは、PDFとExcelの2つの形式で公開されています。

これらのより難しい形式のファイルからデータを抽出しなければならないときには、誰かが自分のことを憎んでいるのではないかと思うくらい苦しい作業になることがあります。しかし、ほとんどの場合は、データを含めたファイルを作った人が、それをマシンリーダブルな形式でもリリースすることの重要性を知らないだけです。

4.1 Pythonパッケージのインストール

先に進む前に、外部のPythonパッケージ(ライブラリ)をインストールする方法を学ぶ必要があります。今までは、Pythonをインストールしたときに標準でついてくるPythonライブラリを使ってきました。第3章で`csv`、`json`パッケージをインポートしましたが、これらはPythonインストールに付属する標準ライブラリに含まれているパッケージです。

Pythonには頻繁に使われるライブラリが付属しています。しかし、ライブラリの多くは小さな目的のためなので、Pythonとは別に明示的にインストールする必要があります。これは、利用できるPythonライブラリをすべて収めてマシンが膨れ上がるのを防ぐためでもあります。

Pythonパッケージは、PyPI(https://pypi.python.org/pypi)というオンラインディレクトリに集められています。PyPIには、パッケージ本体とメタデータやドキュメントが格納されています。

この章では、Excelファイルを扱います。PyPIページでは、Excel関連のライブラリを検索し、該当するパッケージのダウンロードリンク付きリストを表示することができます（http://bit.ly/excel_packages）。これは、どのパッケージを使うべきかを調べるための方法の1つになります。

本書では、これからパッケージをインストールするときにはpipを使います。pip（https://pip.pypa.io/en/latest/installing/#install-pip）にはさまざまなインストール方法がありますが、第1章ですでにインストールしています。

まず、Excelデータを評価します。そして、そのための`xlrd`（https://pypi.python.org/pypi/xlrd/0.9.3）というパッケージをインストールします。パッケージをインストールするには、pipを次のように使います。

```
pip install xlrd
```

パッケージを削除するには、`uninstall`コマンドを使います。

```
pip uninstall xlrd
```

インストール、アンインストールを試してから、もう1度`xlrd`をインストールしてください。こうすると、pipコマンドがどのようなものかをつかめるでしょう。pipは本書全体で使うほか、自分のデータラングラーとしてのキャリア全体で使うことになる重要なツールです。

パッケージはたくさんあるのになぜ`xlrd`を選んだのでしょうか。Pythonライブラリの選択は、完全なプロセスではありません。さまざまな選び方があります。しかし、どれが正しいライブラリかを見極めるために試行錯誤を重ねることに躊躇しないでください。スキルを磨いて候補が絞られてきたら、自分にとって意味のあるものを使うことです。

まずお勧めしたいのは、ウェブを検索し、ほかの人々がどのライブラリを勧めているかを調べることです。「parse excel using python」（http://bit.ly/parse_excel_using_python）を検索すると、検索結果の上位に`xlrd`ライブラリが現れます（日本語なら「Python Excel 読み込み」：http://bit.ly/2bkLnmy）。

しかし、正解はいつも簡単にわかるわけではありません。第13章では、Twitterライブラリを例としてライブラリの選択プロセスについてもっと詳しく学びます。

4.2 Excelファイルのパース

Excelシートからもっとも簡単にデータを抽出しようと思うなら、Excelになる前のデータが手に入るかどうかを見つける方がよい場合があります。パースするのが正解ではないときです。パースを始める前に、次のことを自問自答してみましょう。

- 他の形式のデータを探しましたか。同じソースからほかの形式のデータが公開されている場合があります。

- 電話を使ってほかの形式のデータがあるかどうかを調べてみましたか。詳しくは第6章を読んでください。
- ExcelのシートからCSV（またはドキュメントリーダー）にエクスポートしてみましたか。Excelシートの1枚か数枚のシートにデータが書き込まれているだけなら、これがよい方法になることがあります。

これらの方法をすべて試した上で、必要なデータが得られていないなら、Pythonを使ってExcelファイルをパースしなければいけません。

4.3 パースの実際

Excelファイルのパースのために私たちが使うことにしたのは`xlrd`ライブラリです。このライブラリはPythonでExcelファイルを操作するためのライブラリシリーズの一部です（http://www.python-excel.org/）。

Excelファイル処理のメインライブラリは、次の3つです。

`xlrd`
: Excelファイルの読み出し

`xlwt`
: Excelファイルへの書き込みと整形

`xlutils`
: Excel関連のより高度な操作のためのツール（`xlrd`と`xlwt`も必要です）

これらを使いたいなら、別々にインストールする必要がありますが、この章で使うのは`xlrd`だけです。私たちはExcelファイルをPythonに読み込もうとしているので、先に進む前に`xlrd`をインストールしておく必要があります。

```
pip install xlrd
```

次のエラーが返されるようなら、pipはまだインストールされていません。

```
-bash: pip: command not found
```

インストール方法については、**「1.2.4 pipのインストール」**かhttps://pip.pypa.io/en/latest/installing/を参照してください。

それでは、以下のことを行って、このExcelファイルのための作業環境（または似たもの）を設定しましょう。

1. Excelの作業のためのフォルダを作ります。
2. parse_excel.pyという新しいPythonファイルを作り、1で作ったフォルダに格納します。
3. 本書のリポジトリ（https://github.com/jackiekazil/data-wrangling）からSOWC 2014 Stat Tables_Table 9.xlsxというExcelファイルを入手して、同じフォルダに入れます。

このディレクトリでターミナルに次のコマンドを入力し、コマンドラインからスクリプトを実行します。

```
python parse_excel.py
```

この章が終わるまでに、このExcelファイルに格納されている児童労働や児童婚についてのデータをパースするスクリプトを完成させます。

スクリプトを書くためには、まずxlrdをインポートし、PythonのなかでExcelワークブックを開かなければなりません。開いたファイルは、book変数に格納します。

```
import xlrd

book = xlrd.open_workbook('SOWC 2014 Stat Tables_Table 9.xlsx')
```

CSVとは異なり、Excelブックは複数のタブ、シートを持つことができます。データを抽出するために、必要なデータが書かれているシートだけを取り出します。

シートの数がわずかならインデックスで見当がつきますが、大量のシートがあるときにはそれではわからなくなってしまいます。そこで、book.sheet_by_name(*somename*)コマンドを使います。*somename*というのは、アクセスしたいシートの名前です。

ワークブックに含まれているシートの名前をチェックしましょう。

```
import xlrd

book = xlrd.open_workbook('SOWC 2014 Stat Tables_Table 9.xlsx')

for sheet in book.sheets():
    print(sheet.name)
```

私たちが探しているシートはTable 9です。スクリプトでこのシートを取り出します。

```
import xlrd

book = xlrd.open_workbook('SOWC 2014 Stat Tables_Table 9.xlsx')
sheet = book.sheet_by_name('Table 9')

print(sheet)
```

このコードを実行すると、エラーが起こって次の情報が残されます。

```
xlrd.biffh.XLRDError: No sheet named <'Table 9'>
```

こういうことになると、本当に困惑してしまうかもしれません。問題は、見えるものと実際の情報とに違いがあることです。

Excelワークブックを開いてシート名をダブルクリックしてその文字列を選択すると、末尾にスペースが1つ余分についていることがわかります。このスペースは表示をただ見ている人には見えないものです。第7章では、Pythonでこの問題を解決する方法を学びます。さしあたりは、このスペースを反映させた形でコードを書き換えましょう。

次の行を編集し、

```
sheet = book.sheet_by_name('Table 9')
```

次のように書き換えます。

```
sheet = book.sheet_by_name('Table 9 ')
```

これでスクリプトはエラーを出さずに動作するようになります。次のような出力が生成されるでしょう。

```
<xlrd.sheet.Sheet object at 0x102a575d0>
```

では、sheetで何ができるのかを探っていきましょう。sheet変数への代入文のあとに次の行を追加してスクリプトを実行してください。

```
print(dir(sheet))
```

返されたリストのなかに、nrowsという属性があるはずです。この属性を使えば、すべての行を反復処理できます。print(sheet.nrows)を実行すると、行数が返されます。

今すぐ次のコードを確かめてみましょう。

```
print(sheet.nrows)
```

303が返されたはずです。各行を反復処理するということは、forループが必要だということです。「**3.2.1　CSVデータのインポート方法**」で学んだように、forループはリストの要素を反復処理します。そこで、私たちは303を303回反復処理できるリストに変換する必要があります。

range()について

Pythonには役に立つ組み込み関数があると第2章と第3章で述べました。rangeはそのようなものの1つです。range（http://docs.python.jp/3.6/library/functions.html#func-range）関数は、引数として数値を受け取り、その数の要素を持つrangeオブジェクトを返します。

range()関数の仕組みを確かめるために、Pythonインタープリタを起動し、次のコードを試してみましょう。

```
range(3)
```

出力は、次のようになるでしょう。

```
range(0, 3)
```

rangeオブジェクトが返されました。このオブジェクトを反復処理すれば、3回繰り返されるforループを作れます。

rangeについて注意すべきことをまとめておきます。

- 返されるリストの先頭は0になります。これは、Pythonがリストの要素を数えるときに0から始めるからです。1から始まるリストが必要なら、範囲の先頭と末尾を設定します。たとえば、range(1, 4)はrange(1, 4)を返します。また、末尾の数字はリストに含まれないことに注意してください。[1, 2, 3]というリストを得るために、末尾を4にしなければならなかったのはそのためです。
- Python 2.7には、xrangeという別の関数もあります。わずかな違いがありますが、非常に大きなデータセットを処理しない限り気付かないでしょう。xrangeの方が高速なのです。ただし、Python 3系ではxrangeは廃止されてrangeが同等の振る舞いをするようになりました。

range関数を追加すれば、303という数値をforループが反復処理できるリストに変換できます。すると、スクリプトは次のようになります。

```
import xlrd

book = xlrd.open_workbook('SOWC 2014 Stat Tables_Table 9.xlsx')
sheet = book.sheet_by_name('Table 9 ')

for i in range(sheet.nrows):  # ❶
    print(i)  # ❷
```

❶ range(303)リストのインデックスiを反復処理します。それは1ずつインクリメントされた303個の整数になります。

❷ iを出力します。0から302までの整数になるはずです。

ここから、数値をただ出力するのではなく、各行をルックアップして、その内容を引き出す必要があります。ルックアップでは、iを使ったインデックス参照によってn番目の行を取り出します。

行の値を取り出すためには、row_valuesを使います。row_valuesは、先ほどのdir(sheet)が返したメソッドの1つです。row_valuesのドキュメント（http://bit.ly/xlrd_row_values）から、このメソッドはインデックスを受け付け、そのインデックスに対応する行の値を返すことがわかります。そこで、forループを次のように書き換えて、スクリプトを実行してみましょう。

```
for i in range(sheet.nrows):
    print(sheet.row_values(i))  # ❶
```

❶ 行の値をルックアップするためのインデックスとしてiを使っています。このコード行はシートの行数だけ繰り返されるforループに含まれているので、シートの各行についてrow_valuesメソッドを呼び出すことになります。

このコードを実行すると、各行のリストが表示されます。次に示すのは、表示されるデータの一部です。

```
['', u'TABLE 9. CHILD PROTECTION', '', '', '', '', '', '', '', '', '', '',
'', '', '', '', '', '', '', '', '', '', '', '', '', '', '', '', '', '', '',
'', '', '', '', '', '', '', '', '', '', '', '', '']
['', '', u'TABLEAU 9. PROTECTION DE L\u2019ENFANT', '', '', '', '', '', '',
'', '', '', '', '', '', '', '', '', '', '', '', '', '', '', '', '', '', '',
'', '', '', '', '', '', '', '', '', '', '', '', '', '', '', '', '']
['', '', '', u'TABLA 9. PROTECCI\xd3N INFANTIL', '', '', '', '', '', '', '',
'', '', '', '', '', '', '', '', '', '', '', '', '', '', '', '', '', '', '',
'', '', '', '', '', '', '', '', '', '', '', '', '', '', '']
['', '', '', '', '', '', '', '', '', '', '', '', '', '', '', '', '', '', '',
'', '', '', '', '', '', '', '', '', '', '', '', '', '', '', '', '', '', '',
'', '', '', '', '', '']
['', u'Countries and areas', '', '', u'Child labour (%)+\n2005\u20132012*',
'', '', '', '', '', u'Child marriage (%)\n2005\u20132012*', '', '', '',
u'Birth registration (%)+\n2005\u20132012*', '', u'Female genital mutilation/
cutting (%)+\n2002\u20132012*', '', '', '', '', '', u'Justification of wife
beating (%)\n 2005\u20132012*', '', '', '', u'Violent discipline
(%)+\n2005\u20132012*', '', '', '', '', '', '', '', '', '', '', '', '', '',
'', '', '', '']
```

各行の内容が表示できたので、必要な情報だけに絞り込みましょう。どの情報が必要でどのようにして取得するかは、Windows上のMicrosoft Excel、Mac上のNumbersのようにExcelファイルを表示できるプログラムでファイルを開いて実際に確認した方が簡単にわかります。スプレッドシートの第2タブには、ヘッダー行が多数含まれています。

ここでは、英語のテキストを取り出そうとしています。しかし、少し難しいことをしてみたいなら、フランス語やスペイン語のヘッダーと国名を引き出すようにするとよいでしょう。

第2タブで抽出できる情報を見て、もっともよいまとめ方を考えましょう。ここで示すのは1つの例であり、これとは違うデータ構造を使ったほかの方法が多数考えられます。

この課題では、児童労働と児童婚の統計を引き出そうとしています。次に示すのは、データの構造化の方法の一例です。ここからは、このデータ構造を作業のためのサンプルとして使います。

```
{
    u'Afghanistan': {
        'child_labor': {
            'female': [9.6, ''],  # ❶
            'male': [11.0, ''],
            'total': [10.3, '']},
        'child_marriage': {
            'married_by_15': [15.0, ''],
            'married_by_18': [40.4, '']
        }
    },
    u'Albania': {
        'child_labor': {
            'female': [9.4, u' '],
            'male': [14.4, u' '],
            'total': [12.0, u' ']},
        'child_marriage': {
            'married_by_15': [0.2, ''],
            'married_by_18': [9.6, '']
        }
    },
    ...
}
```

❶ Excelでデータを確認すると、一部の数値は丸められているかもしれません。Excelは、元の数字を丸めてしまうことがよくあるのです。本書で示していく値は、Pythonを使ってセルをパースしたときに得られる数値です。

出力をどのような形式にすべきかを考えてからデータの例を書いていくと、コーディングの時間を節約できます。データの整形方法がはっきりしていれば、「そこにたどり着くためにどうすればよいか」を自問自答すれば道が見えます。次にどうすればよいか手詰まりになった感じがしたときに、これは特に効果的です。

データを取り出すために使うPythonの言語要素は2つあります。第1のものは入れ子構造のforループ、つまりforループのなかにもう1つのforループが含まれている形です。

各行の各セルを出力するために入れ子構造のforループを使います。

```
for i in range(sheet.nrows):
    row = sheet.row_values(i)  # ❶

    for cell in row:  # ❷
        print(cell)  # ❸
```

❶ データ1行分のリストを取り出し、それをrow変数に格納します。こうするとコードが読みやすくなります。

❷ リストの各要素を反復処理します。リストの要素は、データ行の各セルを表します。

❸ セルの値を出力します。

入れ子構造のforループを含むコードを実行すると、出力がもうよくわからないものになっていると感じるでしょう。そこで、Excelファイルを調べるときの第2のメカニズム、カウンタを使ってみることにします。

カウンタについて

カウンタは、プログラムのフロー制御の手段です。カウンタを使えば、if文を追加し、ループのイテレーションごとにカウントを1つずつ増やしていくことにより、forループを制御できます。カウントが選んだ値よりも大きくなったら、forループは反復処理を終了します。インタープリタで次のサンプルコードを試してみてください。

```
count = 0  #❶

for i in range(1000):  # ❷
    if count < 10:  # ❸
        print(i)
    count += 1  # ❹

print('Count: ', count)  # ❺
```

❶ count変数に0を代入します。

❷ 0から999までの数値を要素とするループを作ります。

❸ countが10よりも小さいかどうかをテストし、10より小さいならiを出力します。

❹ countを1つ増やし、イテレーションごとにカウントが大きくなるようにします。

❺ 最終的なカウントを出力します。

コードにカウンタを追加して、各行を出力してどの情報を取り出したらよいかを考えましょう。カウンタをどこに配置するかに注意してください。forループのなかでカウンタを初期化すると、無限ループになってしまいます。

forループを次のように書き換えましょう。

```
count = 0
for i in range(sheet.nrows):
    if count < 10:
        row = sheet.row_values(i)
        print(i, row)  # ❶

    count += 1
```

❶ iと行を出力し、どの行番号にどの情報が含まれているかがわかるようにします。

最終的な出力をどのようにしたいかを見返すと、大切なのは国名が何行目から含まれているかだということがわかります。国名は、私たちの出力辞書の第1キーになる予定です。

```
{
    u'Afghanistan': {...},
    u'Albania': {...},
    ...
}
```

count < 10という形でカウンタが含まれるスクリプトを実行すると、まだ国名が含まれている行に達していないことがわかります。

必要なデータに到達するために数行を読み飛ばしているので、どの行番号からデータ収集をはじめなければならないかをはっきりさせなければなりません。先ほどのコードから、国名が始まるのは10行目よりもあとだということがわかります。しかし、先頭行を調べるためにどうすればよいのでしょうか。

答えは次のコードに書かれていますが、答えを見る前に、国名が始まる行から出力を始めるようにカウンタを書き換えてみてください（やり方はいくつもあるので、答えが次のコードと少し異なっていてもそれはかまいません）。

正しい行番号がわかったら、その行よりもあとの値を取り出すために、if文を追加する必要があります。その行よりもあとのデータだけを操作するということです。

正しく動作するようになったら、コードはたとえば次のようなものになるでしょう。

```
count = 0

for i in range(sheet.nrows):
    if count < 20:  # ❶
        if i >= 14:  # ❷
```

```
        row = sheet.row_values(i)
        print(i, row)
    count += 1
```

❶ 最初の20行を反復処理して、どの行から国名が始まるかを調べます。

❷ このif文により、国名が含まれている行から出力を開始します。

コードを実行すると、次のような出力が得られるでしょう。

```
14 ['', u'Afghanistan', u'Afghanistan', u'Afganist\xe1n', 10.3, '', 11.0, '',
9.6, '', 15.0, '', 40.4, '', 37.4, '', u'\u2013', '', u'\u2013', '',
u'\u2013', '', u'\u2013', '', 90.2, '', 74.4, '', 74.8, '', 74.1, '', '', '',
'', '', '', '', '', '', '', '', '', '']
15 ['', u'Albania', u'Albanie', u'Albania', 12.0, u' ', 14.4, u' ', 9.4,
u' ', 0.2, '', 9.6, '', 98.6, '', u'\u2013', '', u'\u2013', '', u'\u2013',
'', 36.4, '', 29.8, '', 75.1, '', 78.3, '', 71.4, '', '', '', '', '', '', '',
'', '', '', '', '', '']
16 ['', u'Algeria', u'Alg\xe9rie', u'Argelia', 4.7, u'y', 5.5, u'y', 3.9,
u'y', 0.1, '', 1.8, '', 99.3, '', u'\u2013', '', u'\u2013', '', u'\u2013', '',
u'\u2013', '', 67.9, '', 87.7, '', 88.8, '', 86.5, '', '', '', '', '', '', '',
'', '', '', '', '', '']
.... more
```

この各行を辞書形式に変換します。変換によって、あとの章でデータを使ってほかのことをするときにデータが私たちにとって意味のあるものになります。

出力をどのような構造にしたいかについて取り組んだ以前のサンプルを調べると、辞書が必要で国名をキーとして使おうとしていることがわかります。国名を引き出すためには、インデックス参照が必要になります。

インデックス参照について

第3章でも説明しましたが、インデックス参照とは、リストなどのオブジェクトのコレクションから要素を取り出すための方法です。私たちがパースしているExcelファイルの場合、`sheet.row_values()`に`i`を渡すと、`row_values`メソッドが`i`をインデックスとして使います。Pythonインタープリタでインデックス参照を実際に試してみましょう。

まず、サンプルリストを作ります。

```
x = ['cat', 'dog', 'fish', 'monkey', 'snake']
```

2番めの要素を取り出したいなら、次のようにインデックスを指定すればリストではなく要素を参照できます。

```
>>>x[2]
'fish'
```

これが思っていた結果と異なるなら（異なりますよね）、Pythonは0から順番を数えることを思い出しましょう。そこで、人間が2番目の要素と思っているものを得るためには、インデックス1を使って参照しなければならないことになります。

```
>>>x[1]
'dog'
```

負のインデックスも使えます。

```
>>>x[-2]
'monkey'
```

正のインデックスと負のインデックスの違いは何でしょうか。正のインデックスは先頭から数えるのに対し、負のインデックスは末尾から数えます。

インデックス参照に関連して、**スライシング**という役に立つ処理もあります。スライシングを使えば、ほかのリストやシーケンスから要素を切り取ること（スライス）ができます。たとえば、次の例を見てください。

```
>>>x[1:4]
['dog', 'fish', 'monkey']
```

範囲と同様に、スライスは最初の数値から始まります（「以上」）が、第2の数値は「未満」と読みます。

第1、第2の数字のどちらかを省略すると、スライスは端までを含むことになります。

```
x[2:]
['fish', 'monkey', 'snake']

x[-2:]
['monkey', 'snake']

x[:2]
['cat', 'dog']

x[:-2]
['cat', 'dog', 'fish']
```

スライシングはほかのシーケンスでもリストと同じように動作します。

私たちのコードに辞書を追加し、各行から国名を取り出して、辞書のキーとして追加しましょう。`for`ループを次のように書き換えてください。

```
count = 0
data = {}  # ❶

for i in range(sheet.nrows):
    if count < 20:
        if i >= 14:
            row = sheet.row_values(i)
            country = row[1]  # ❷
            data[country] = {}  # ❸
    count += 1

print(data)  # ❹
```

❶ データを格納する空辞書を作ります。

❷ row[1]は、反復処理している各行から国名を取り出します。

❸ data[country]はdata辞書にキーとしてcountryを追加します。値としてはほかの辞書を設定します。あとでここに必要なデータを追加していきます。

❹ dataを出力し、現状を確認します。

現時点での出力は、次のようなものになるでしょう。

```
{u'Afghanistan': {}, u'Albania': {}, u'Angola': {}, u'Algeria': {},
u'Andorra': {}, u'Austria': {}, u'Australia': {}, u'Antigua and Barbuda': {},
u'Armenia': {}, u'Argentina': {}}
```

ここからは、行のその他の値の意味を明らかにして、辞書の適切な位置に格納していきます。

すべての値を取り出してExcelシートを見ながらチェックしようとすると、エラーがたくさん出るでしょう。これは悪いことではなく、問題を解決するために自分で道を切り開いているということですから、むしろ望ましいことです。

まず、データを格納できる場所を用意するために、空っぽのデータ構造を作りましょう。また、データ行が14行目から始まることはもうわかっているので、カウンタを取り除きましょう。rangeは先頭と末尾を指定できるので、14から始めてファイルの最後まで数え続ければよいのです。新しいコードは次のようになります。

```
data = {}

for i in range(14, sheet.nrows):  # ❶
    row = sheet.row_values(i)
    country = row[1]

    data[country] = {  # ❷
```

```
        'child_labor': {  # ❸
            'total': [],  # ❹
            'male': [],
            'female': [],
        },
        'child_marriage': {
            'married_by_15': [],
            'married_by_18': [],
        }
    }
print(data['Afghanistan'])  # ❺
```

❶ forループが14行目から数え始めるようにすればカウンタが使われている部分はすべて取り除くことができます。この行は、値14からループを開始し、私たちのデータセットのために不要な行を自動的に読み飛ばします。

❷ 辞書を複数行に展開し、ほかのデータポイントを指定できるようにします。

❸ child_laborキーを作り、値としてほかの辞書が入ることを指定します。

❹ この辞書には、格納するデータの各部の意味を説明する文字列が含まれています。個々のキーに対する値はリストになっています。

❺ Afghanistanというキーに対応する値を出力します。

Afghanistanに対する出力データは次のようになります。

```
{
    'child_labor': {'total': [], 'male': [], 'female': []},
    'child_marriage': {'married_by_18': [], 'married_by_15': []}
}
```

では、データを入れていきましょう。インデックスを使えば各行の各列にアクセスできるので、上のリストにはシートの値を入れていくことができます。シートを見てどの列がdataのどの部分に対応しているかがわかったら、次のようにしてdata辞書にデータを入れていくことができます。

```
data[country] = {
    'child_labor': {
        'total': [row[4], row[5]],  # ❶
        'male': [row[6], row[7]],
        'female': [row[8], row[9]],
    },
    'child_marriage': {
        'married_by_15': [row[10], row[11]],
        'married_by_18': [row[12], row[13]],
    }
}
```

❶ 個々のヘッダーについて2つのセルが使われているので、私たちのコードは両方の値を格納していきます。この行の場合、第5、第6列に児童労働の男女合計のデータが格納されていますが、Pythonのインデックスは0から始まることがわかっているので、4、5というインデックスを使っています。

コードを再び実行すると、次のような出力が得られます。

```
{
    'child_labor': {'female': [9.6, ''], 'male': [11.0, ''], 'total': [10.3, '']},
    'child_marriage': {'married_by_15': [15.0, ''], 'married_by_18': [40.4, '']}}
}
```

先に進む前に、レコードをいくつか出力し、辞書の数値と比較しましょう。インデックスが1つずれて辞書全体が台無しになるようなことは簡単に起こります。

最後に、データのプレビューのために、print文ではなく、pprintを使うことができます。辞書などの複雑なデータ構造では、pprintの方が出力がはるかに見やすくなります。ファイルの末尾に次のコードを追加して、整形された出力でプレビューできるようにしましょう。

```
import pprint  # ❶
pprint.pprint(data)  # ❷
```

❶ pprintライブラリをインポートします。通常、import文はファイルの冒頭に書きますが、ここでは作業を単純にするためにここに置いています。この2行はスクリプトにとって本質的な部分ではなく、不要になったときには簡単に削除できるようにしたいということです。

❷ pprint.pprint()関数にdataを渡しています。

出力をスクロールして見てみると、大部分はよい感じだと思うでしょう。しかし、いくつか場違いなレコードが含まれています。

スプレッドシートを見てみると、国別レコードの最終行はジンバブエだということがわかります。国名が'Zimbabwe'と等しくなるときを探して、そこで終了したいところです。終了するためには、コードにbreak文を追加します。forループを途中で中止して、スクリプトのそのあとの部分につなげたいときにはbreakを使います。forループの末尾に次のコードを追加して、コードを実行しましょう。

```
if country == 'Zimbabwe':  # ❶
    break  # ❷
```

❶ countryが'Zimbabwe'なら…

❷ forループから抜け出します。

breakを追加したあと、NameError: name 'country' is not defined errorというエラーが出てしまった場合には、インデントをチェックしてください。このif文は、forループのなかでスペース4個分インデントされていなければなりません。
コードを少しずつ書いていくと、このような問題を見つけやすくなります。トラブルシューティングのためにforループのなかでcountryのような変数がどのような値になっているかを知りたい場合には、スクリプトがエラーを起こして終了する前に、forループ内にprint文を追加して、値を確認しましょう。そうすれば、何が起きているかについての手がかりが得られるはずです。

これで、このスクリプトの出力は、最終目標と同じになりました。最後に、コードのドキュメントを作るために、コメントを追加します。

コメント

コードにコメントを追加するのは、自分がなぜそのようなコードを書いたかを将来の自分(とほかの人々)が理解できるようにするためです。コードにコメントを追加するには、コメントの前に#を追加します。

```
# これはPythonのコメントです。Pythonはこの行を無視します。
```

次の形式を使えば、複数行のコメントが書けます。

```
"""
    複数行コメントはこの形式で書きます。
    本当に長いコメントを書かなければならない場合や
    元のものよりも長い説明を挿入したいときには
    このタイプのコメントを使います。
"""
```

スクリプトは、次のようになるでしょう。

```
"""
    児童労働と児童婚のデータをパースするためのスクリプト。  # ❶
    このスクリプトで使われているExcelファイルの入手先は次の通り。
    http://www.unicef.org/sowc2014/numbers/
"""

import xlrd
```

```
book = xlrd.open_workbook('SOWC 2014 Stat Tables_Table 9.xlsx')

sheet = book.sheet_by_name('Table 9 ')

data = {}
for i in range(14, sheet.nrows):
    # 国別データが始まるのは14行目から  # ❷

    row = sheet.row_values(i)

    country = row[1]

    data[country] = {
        'child_labor': {
            'total': [row[4], row[5]],
            'male': [row[6], row[7]],
            'female': [row[8], row[9]],
        },
        'child_marriage': {
            'married_by_15': [row[10], row[11]],
            'married_by_18': [row[12], row[13]],
        }
    }
    if country == 'Zimbabwe':
        break

import pprint
pprint.pprint(data)  # ❸
```

❶ 複数行コメントでこのスクリプトで何が行われているのかを一般的に説明しています。

❷ 1行コメントで最初からではなく14行目から始める理由を説明しています。

❸ この2行は、データの単純なパースを越えてデータ分析に進むときに削除できますし、削除すべきです。

これで、前章のデータと同じような出力を作ることができました。次章では、一歩先に進んで、PDFから同じデータをパースします。

4.4　まとめ

Excel形式は、マシンリーダブルなデータの一種という中間的な位置にあります。Excelファイルは、プログラムから読み出すことを考えて作られたものではありませんが、十分パースできます。

この標準的ではない形式を処理するために、私たちは外部ライブラリをインストールする必要がありました。ライブラリは2通りの方法で探すことができます。PyPI（Python package index、 https://pypi.python.org/pypi）を使うか、チュートリアルやhow-toを検索してほかの人々がどうしたかを調べるかです。

インストールしたいライブラリがはっきりしたら、pip installコマンドでインストールします。ライブラリをアンインストールするには、pip uninstallコマンドを使います。

この章では、xlrdライブラリを使ってExcelファイルをパースする方法のほか、Pythonプログラミングのコンセプトもいくつか新しく学びました。**表4-1**にそれをまとめました。

表4-1　この章で学んだPythonプログラミングのコンセプト

コンセプト	目的
range （http://bit.ly/python_range）	数値から連続する数値のリストを作る。例：range(3)は、0から2を返すイテレータであるrange(0, 3)を出力する。
1ではなく0から始まる順番	これは、マシン独特の方法として意識すべき。プログラミング全体を通じて使われている。範囲、インデックス参照、スライシングを使うときには、これに注意することが大切。
インデックス参照とスライシング （http://bit.ly/cutting_slicing_strings）	文字列やリストから特定のサブセットを取り出したいときに使う。
カウンタ	forループを制御するためのツールとして使う。
入れ子構造のforループ	リストのリスト、辞書のリスト、辞書の辞書のようなデータ構造のなかにさらにデータ構造が入っているときの反復処理で使われる。
pprint	きれいに整形された出力をターミナルに表示するための方法。複雑なデータ構造を使ってプログラムを書いているときに役に立つ。
break	breakを使えば、forループを途中で抜け出すことができる。ループをそこで中止し、スクリプトの次の部分に移る。
コメント	コードにコメントを付けるのは、あとで見たときに何が行われているのかを理解できるようにするために大切。

次章では、PDFを掘り下げます。研究上の問題に答えるために必要なデータを探すためのさまざまな方法を見つけることや、手持ちのデータの代わりに使えるものを探すことの重要性を学ぶつもりです。

5章 PDFとPythonによる問題解決

データをPDFでしか公開しないのは犯罪的ですが、ほかのオプションがない場合があります。この章では、PDFのパースの方法と、コードのトラブルシューティングの方法を学びます。

この章では、インポートのような基本概念から始めてより複雑な概念も導入し、スクリプトの書き方を説明します。この章全体を通じて、コードによって問題について考え、格闘するためのさまざまな方法を学びます。

5.1 PDFは使わないで！

この章で使うデータは前章と同じですが、PDF形式になっています。通常、パースが難しいデータをわざわざ使ったりしないものですが、いつも理想的な形式のデータばかり相手にできるとは限らないので、あえてこのデータを使っています。この章で使うPDF形式ファイルは、本書のGitHubリポジトリにあります（https://github.com/jackiekazil/data-wrangling）。

PDFデータのパースを始める前に考えなければならないことがいくつかあります。

- ほかの形式のデータを探しましたか。オンラインで見つからない場合は、電話やメールも試してみましょう。
- 文書内のデータのコピー＆ペーストを試してみましたか。PDFデータを簡単に選択、コピーしてスプレッドシートにペーストできることがあります。しかし、いつもできるとは限りませんし、スケーラビリティもありません（つまり、大量のファイルやページに対してすばやくこの作業ができるわけではないということです）。

どうしてもPDFを相手にしなければならないときのために、PythonでPDFデータをパースする方法も知っている必要があります。それでは始めましょう。

5.2 プログラムによるPDFのパース

PDFは、1つ1つの形式が予測不能なため、Excelファイルよりもパースが難しい形式です（一連のPDFファイルがあるときには、おそらく一貫した形式になっているはずなので、パースも楽になるでしょう）。

PDFツールは、PDFからテキストへの変換を含め、PDF文書をさまざまな形で操作します。私たちが本書を執筆している間にも、Danielle CervantesがNICARというジャーナリスト向けのリストサーブでPDFツールについての対話を始めたところです。そのなかに、次のようなPDFパースツールのリストが掲載されていました。

- ABBYY PDF Transformer
- Able2ExtractPro
- Acrobat Professional
- Adobe Reader
- Apache Tika
- CogniviewのPDF2XL（PDF to Excel Converter）
- Cometdocs
- Docsplit
- Nitro Pro
- PDF XChange Viewer
- `pdfminer`
- `pdftk`
- `pdftotext`
- Poppler
- Tabula
- Tesseract OCR
- Xpdf
- Zamzar

これらのツールのほか、PDFはさまざまなプログラミング言語でもパースできます。もちろん、Pythonもそのなかに含まれています。

Pythonのようなツールを知っているからといって、それがいつも最良のツールだとは限りません。さまざまなツールがあるときには、仕事のその部分（たとえばデータ抽出）ではほかのツールの方が使いやすい場合があります。先に進む前に、偏見のない頭でさまざまなオプションを調査しましょう。

「**4.1 Pythonパッケージのインストール**」で触れたように、Pythonパッケージを探すための便利な場所としてPyPIがあります。PyPIで「PDF」を検索すると（http://bit.ly/pdf_packages）、**図5-1**のようなさまざまな結果が返されます。

Package	Weight*	Description
PDF 1.0	11	PDF toolkit
PDFTron-PDFNet-SDK-for-Python 5.7	11	A top notch PDF library for PDF rendering, conversion, content extraction, etc
agenda2pdf 1.0	9	Simple script which generates a book agenda file in PDF format, ready to be printed or to be loaded on a ebook reader
aws.pdfbook 1.1	9	Download Plone content views as PDF
buzzweb2pdf 0.1	9	An Open Source tool to convert HTML documentation with an index page into a single PDF.
ckanext-pdfview 0.0.1	9	View plugin for rendering PDFs on the browser
cmsplugin-pdf 0.5.1	9	A reusable Django app to add PDFs to Django-CMS.
collective.pdfjs 0.4.3	9	pdf.js integration for Plone
collective.pdfLeadImage 0.2	9	Automatically creates contentleadimage from pdf cover
collective.pdfpeek 2.0.0	9	A Plone 4 product that generates image thumbnail previews of PDF files stored on ATFile based objects.
collective.sendaspdf 2.10	9	An open source product for Plone to download or email a page seen by the user as a PDF file.
django-easy-pdf 0.1.0	9	Django PDF views, the easy way

図5-1　PyPIのPDFパッケージ

それぞれのライブラリについての詳しい情報を知ろうと思ってこの表を見ても、PDFのパースはこれだというものがすぐにわかるわけではありません。「parse pdf」などを検索すると（http://bit.ly/parse_pdf_packages）、もっと多くのオプションが出てきますが、やはりこれが一番だということはすぐにはわかりません。

ライブラリやソリューションを探しているときには、公開日に注目しましょう。投稿、質問などが遠い過去のものであればあるほど、古くなって使いものにならなくなっている可能性が高くなります。過去2年以内のものを探し、必要ならそこからさらに過去に延ばしていくようにしましょう。

私たちは、さまざまなチュートリアル、ドキュメント、ブログポスト、このような記事（http://bit.ly/manipulating_pdfs_python）を見た上で、`slate`ライブラリ（https://pypi.python.org/pypi/slate）を試してみることにしました。

`slate`は、私たちが必要としていたことに関してはうまく動作しましたが、いつもそうとは限らないでしょう。複数のオプションがあるときには、誰かがそれは「ベスト」ツールではないと言ったとしても、自分にとって意味のあるものを使うようにしましょう。どのツールがベストかは意見が分かれる問題です。プログラミングの方法を学んでいるときの**ベスト**ツールとは、もっともわかりやすいツールのことです。

5.2.1 slateを使ったファイルのオープンと読み出し

私たちはこの問題ではslateライブラリを使うことにしたので、インストールに進みましょう。コマンドラインで次のコマンドを実行します。現状ではslateはPython 2系しか対応していません。今回はslate3kというPython 3に対応したslateを準備したのでそれをインストールします。

```
pip install slate3k
```

slateをインストールしたら、次のようなスクリプトを書いてparse_pdf.pyとして保存することができます。PDFファイルと同じフォルダに配置するか、ファイルパスを修正するのを忘れないでください。このコードは、ファイルの最初の2ページを表示します。

```
import slate3k as slate  # ❶

pdf = 'data/data/chp5/EN-FINAL Table 9.pdf'  # ❷

with open(pdf, 'rb') as f:  # ❸
    doc = slate.PDF(f)  # ❹

for page in doc[:2]:  # ❺
    print(page)
```

❶ slate3kライブラリをインポートし、slateという名前を割り当てます。

❷ ファイルパスを格納する文字列変数を作ります。スペースと大文字/小文字が完全に一致するようにしてください。

❸ Pythonのopen関数にファイル名文字列を渡し、Pythonがファイルを開けるようにします。Pythonはf変数としてファイルを開きます。なお、Windowsでは、open(pdf)ではなく、open(pdf, 'rb')としてください。

❹ fという名前のオープンファイルをslate.PDF(f)に渡し、slateがPDFをPythonで使える形式にパースできるようにします。

❺ コードが動作していることを確かめるために、docの最初の2ページを反復処理し、出力します。

通常、pipはすべての依存ファイルをインストールします。しかし、それはパッケージマネージャが依存ファイルの正しいリストを持っているかどうかにかかっています。このライブラリやほかのライブラリを使っていてImportErrorが出た場合には、次の行を読んでどのパッケージがインストールされていないかをチェックしてください。このコードを実行したときに、ImportError: No module named pdfminer.pdfparserというメッセージが返されたときには、slateをインストールしたときに、必須ファイルでありながらpdfminerが正しくインストールされていないということです。正しくインストールするためには、pip install --upgrade --ignore-installed slate==0.3 pdfminer==20110515を実行します（https://github.com/timClicks/slate/issues/5の

slateのイシュートラッカーに書かれている通り。なお、ビジュアル環境を使っている場合はこれでかまいませんが、そうでなければ先頭にsudoを付けて、sudo pip install --upgrade --ignore-installed slate==0.3 pdfminer==2011051としてください）。

それでは、スクリプトを実行してPDFに含まれているデータと比較しましょう。

最初のページは次の通りです。

```
TABLE 9Afghanistan 10  11  10  15  40  37  -  -  -  -  90  74  75  74Albania
12  14  9  0  10  99  -  -  -  36  30  75  78  71Algeria 5 y 6 y 4 y 0  2  99
-  -  -  -  68  88  89  87Andorra -   -  -  -  -  100 v -  -  -  -  -  -  -  -
-Angola 24 x 22 x 25 x -  -  36 x -  -  -  -  -  -  -  -  -Antigua and Barbuda
-   -   -    -  -  -  -  -  -  -  -  -  -  -Argentina 7 y 8 y 5 y -  -  99 y
-  -  -  -  -  -  -  -Armenia 4  5  3  0  7  100  -  -  -  20  9  70  72
67Australia -   -   -    -  -  100 v -  -  -  -  -  -  -  -  -Austria -   -
-    -  -  100 v -  -  -  -  -  -  -  -  -Azerbaijan 7 y 8 y 5 y 1  12  94  -  -
-  58  49  75  79  71Bahamas -   -   -    -  -  -  -  -  -  -  -  -  -  -
-Bahrain 5 x 6 x 3 x -  -  -  -  -  -  -  -  -  -  -  -Bangladesh 13    18
8    29  65  31  -  -  -  -  33 y -  -  -Barbados -   -   -    -  -  -  -  -  -
-  -  -  -  -  -Belarus 1    1    2    0  3  100 y -  -  -  4  4  65 y 67 y 62
yBelgium -   -   -    -  -  100 v -  -  -  -  -  -  -  -  -Belize 6    7    5
3  26  95  -  -  -  -  9  71  71  70Benin 46    47    45    8  34  80  13  2 y
1  14  47  -  -  -Bhutan 3  3  3  6  26  100  -  -  -  -  68  -  -  -Bolivia (
Plurinational    State of) 26 y 28 y 24 y 3  22  76 y -  -  -  -  16  -  -
-Bosnia and Herzegovina 5    7    4    0  4  100  -  -  -  6  5  55  60
50Botswana 9 y 11 y 7 y -  -  72  -  -  -  -  -  -  -  -  -Brazil 9 y 11 y 6 y
11  36  93 y -  -  -  -  -  -  -  -Brunei Darussalam -   -   -    -  -  -  -
-  -  -  -  -  -  -Bulgaria -   -   -    -  -  100 v -  -  -  -  -  -  -  -
-Burkina Faso 39  42  36  10  52  77  76  13  9  34  44  83  84  82Burundi
26    26    27    3  20  75  -  -  -  44  73  -  -  -Cabo Verde 3 x,y 4 x,y 3
x,y 3  18  91  -  -  -  16 y 17  -  -  -Cambodia 36 y 36 y 36 y 2  18  62  -
-  -  22 y 46 y -  -  -Cameroon 42    43    40    13  38  61  1  1 y 7  39
47  93  93  93Canada -   -   -    -  -  100 v -  -  -  -  -  -  -  -  -Central
African Republic  29    27    30    29  68  61  24  1  11  80 y 80  92  92
92Chad 26    25    28    29  68  16  44  18 y 38  -  62  84  85  84Chile 3 x 3
x 2 x -  -  100 y -  -  -  -  -  -  -  -  -China -   -   -    -  -  -  -  -
-  -  -  -  -Colombia 13 y 17 y 9 y 6  23  97  -  -  -  -  -  -  -  -Comoros
27 x 26 x 28 x -  -  88 x -  -  -  -  -  -  -  -  -Congo 25    24    25    7  33
91  -  -  -  -  76  -  -  -TABLE 9    CHILD PROTECTIONCountries  and
areasChild labour (%)+ 2005-2012*Child marriage (%) 2005-2012*Birth
registration (%)+ 2005-2012*totalFemale genital mutilation/cutting (%)+
2002-2012*Justification of  wife beating (%) 2005-2012*Violent discipline (%)+
2005-2012*prevalenceattitudestotalmalefemalemarried by 15married by
18womenagirlsbsupport for the practicecmalefemaletotalmalefemale78      THE
STATE OF THE WORLD' S CHILDREN 2014 IN NUMBERS
```

PDFを確認すると、ページの行のパターンは簡単にわかるはずです。このページのデータ型をチェックしましょう。

```
for page in doc[:2]:
    print(type(page))  # ❶
```

❶ print pageをprint(type(page))に変更

スクリプトを実行すると、次のような出力が返されます。

```
<type 'str'>
<type 'str'>
```

そういうわけで、slateのpageは長い文字列だということがわかります。文字列メソッドが使えることがわかったので、これは役に立つ情報です（文字列メソッドを思い出したい場合は、第2章を見てください）。

全体として、このファイルは読むのが難しいファイルではありませんでした。ファイルが格納しているのは表だけで、本文テキストはほとんどなかったので、slateはかなり適切にページをパースできました。しかし、表がテキストのなかに埋め込まれていて、必要なデータに達するまで、行を読み飛ばさなければならない場合があります。行を読み飛ばさなければならない場合には、1行ごとに1ずつインクリメントされるカウンタを作り、表の範囲を見つけ、83ページのコラム「**インデックス参照について**」のテクニックを使って必要なデータだけを取り出すというExcelのサンプルのパターンが使えます。

私たちの最終目標は、PDFからExcelファイル出力と同じ形式のデータを手に入れることです。そのためには、文字列を分解して各行を取り出さなければなりません。このようなときには、新しい行が始まる場所を見分けるためのパターンを探そうというように考えます。このように言うと簡単に聞こえるかもしれませんが、実際にはかなり複雑なことです。

大きな文字列を操作するときには、正規表現（RegEx）がよく使われます。正規表現と正規表現検索の書き方に慣れていない場合には、これは難しいアプローチかもしれません。難しい問題に取り組む意欲があり、Pythonの正規表現について詳しく学びたい場合には、「**7.2.6 正規表現マッチング**」を参照してください。しかし、ここでの目的のためには、もっと単純なアプローチでデータを抽出しようと思います。

5.2.2 PDFからテキストへの変換

まず、PDFをテキストに変換してからそれをパースします。非常に大きなファイル、多くのファイルを相手にするときには、この方法の方がよいでしょう（先ほどのスクリプトは、実行されるたびにslateライブラリ内でPDFをパースします。大きなファイルを使うときや大量のファイルを使うときには、これでは時間がかかり、メモリも消費します）。

PDFをテキストに変換するためには、pdfminerを使います。まず、インストールしましょう。pdfminerもPython 2までしかサポートしておらず、Python 3用にはpdfminer3kがあるので、こちらを使います。

```
pip install pdfminer3k
```

pdfminer3kをインストールすると、PDFファイルをテキストに変換するpdf2txt.pyというコマンドが使えるようになります（Windowsを使っている方は、EN-FINAL\ Table\ 9.pdfの部分を"EN-FINAL Table 9.pdf"に変えてください）。

```
pdf2txt.py -o en-final-table9.txt EN-FINAL\ Table\ 9.pdf
```

第1引数（-o en-final-table9.txt）は作成したいテキストファイル、第2引数（EN-FINAL\ TABLE\ 9.pdf）はPDFファイルです。大文字/小文字の区別とファイル名のなかのスペースの数を正しく指定してください。Mac/Linuxでは、スペースの前にバックスラッシュ（\）を入れる必要があります。これを**エスケープ**（escaping）と呼びます（Windowsの場合は、ファイル名全体をダブルクォート""で囲みます）。エスケープにより、スペースが名前の一部であることがマシンに伝わります。

[Tab]キーを使った自動補完

ターミナルでは[Tab]キーがとても重宝します。今実行したコマンドの第2引数では、ENと入力したあとで[Tab]キーを2回押してください。ほかに該当するファイルがなければ、マシンはファイル名の続きを自動的に補ってくれます。該当するファイルが複数ある場合には、警告音とともに可能なオプションのリストが返されます。これは、面倒な文字を含む長いフォルダ/ファイル名を入力するときにとても役に立ちます。

次のことを試してみましょう。ホームディレクトリに移動してください（Unixベースシステムならcd ~/、WindowsならホームディレクトリのあるドライブでCd %HOMEPATH%）。ホームディレクトリの下のDocumentsディレクトリに移動したいものとします。cd D+[Tab]+[Tab]と入力してみましょう。どうなったでしょうか。ホームディレクトリのDで始まるほかのフォルダやファイルはどうなったのでしょうか（Downloadsなど）。

次に、cd Doc+[Tab]+[Tab]を試してみましょう。今度はDocumentsが自動補完されたはずです。

このコマンドを実行すると、en-final-table9.txtというファイルにPDFのテキストバージョンが格納されます。

では、新しいファイルをPythonに読み込みましょう。前のスクリプトと同じフォルダに次のような内容の新しいスクリプトファイルを作り、parse_pdf_text.pyという名前（または自分にとってわかりやすい名前）を付けてください。

```
pdf_txt = 'data/data/chp5/en-final-table9.txt'
openfile = open(pdf_txt, 'r')

for line in openfile:
    print(line)
```

テキストを1行ずつ読み、各行を表示することができるということは、テキスト形式の表があるということです。

5.3 pdfminerを使ったPDFのパース

PDFは扱いづらいということで悪名が高いので、コード内で問題を解決し、基本的なトラブルシューティングを行う方法を学びましょう。

まず、最終的なデータセットのキーになる国名を集めたいと思います。テキストファイルを開くと、8行目までは国名ではないことがわかります。8行目の内容は、and areasです。

```
5    TABLE 9     CHILD PROTECTION
6
7    Countries
8    and areas
9    Afghanistan
10   Albania
11   Algeria
12   Andorra
```

テキストファイルから、これはほぼ一貫したパターンだということがわかります（ただし、and areasのあとに空行が入り込んでいる箇所が2つあるので、その空行はテキストファイルから取り除いてください）。そこで、and areasで始まる行を検出すると、データ収集プロセスを開始するスイッチとして機能する変数を作ります。

この変数はTrue/Falseのいずれかの値を取る**ブール変数**で、forループ内でand areasで始まる行が検出されると、Trueにセットされます。

```
country_line = False  # ❶
for line in openfile:

    if line.startswith('and areas'):  # ❷
        country_line = True  # ❸
```

❶ デフォルトでは、行は国の行ではないので、country_lineにFalseをセットします。

❷ and areasで始まる行を探します。

❸ country_lineにTrueをセットします。

次に探さなければならないのは、ブール変数をいつFalseに戻したらよいかです。少し時間を割いてテキストファイルからパターンを探りましょう。国名リストが終わるところは何に注目すればわかるでしょうか。

次のファイルの抜粋から、空行が含まれていることがわかります。

```
45    China
46    Colombia
47    Comoros
48    Congo
49
50    total
51    10
52    12
```

しかし、Pythonで空行を見分けるにはどうすればよいのでしょうか。少し回り道ですが、country_lineにTrueがセットされているときに、データ行をPython的に表現して出力するコードを追加しましょう（ここで使っている文字列の整形については、「7.2.2　データの整形」を参照してください）。

```
country_line = False
for line in openfile:
    if country_line:  # ❶
        print('%r' % line)  # ❷

    if line.startswith('and areas'):
        country_line = True
```

❶ forループの前のイテレーションでcountry_lineにTrueがセットされたなら…

❷ …Python的な行の表現を出力します。

出力から、すべての行の末尾に\nが追加されていることがわかります。

```
45    'China \n'
46    'Colombia \n'
47    'Comoros \n'
48    'Congo \n'
49    '\n'
50    'total\n'
51    '10 \n'
52    '12 \n'
```

この\nは、行の終わりを示す記号で、改行文字と呼ばれるものです。country_line変数をオフにするためにこれを使います。country_lineがTrueなのに、行が\nと等しければ、ここで国名は終わっているということなので、country_lineにFalseをセットします。

```
country_line = False
for line in openfile:

    if country_line:  # ❶
        print(line)

    if line.startswith('and areas'):
        country_line = True
    elif country_line:
        if line == '\n':  # ❷
            country_line = False
```

❶ country_lineがTrueなら、国名が表示されるはずなので、行を出力します。and areasテストの直後の結果を出力をしたくないので、最初にこれを実行します。and areas行からではなく、国名だけを表示したいからです。

❷ country_lineがTrueで行が改行のみなら、国名リストの部分は終わったということなので、country_lineにFalseをセットします。

ここでコードを実行すると、すべての行が返された国名になっているらしい出力が得られます。これが最終的に私たちの国名リストになります。では、次に収集したいデータのためのマーカーを探して同じことをしましょう。私たちが探しているデータは児童労働と児童婚の数値です。児童労働のデータから始めましょう。男女計と男子、女子の数値が必要ですが、男女計から始めます。

児童労働の男女計データを探すために、先ほどと同じのパターンに従います。

1. True/Falseを使うオン/オフスイッチを作ります。
2. スイッチをオンにする開始マーカーを探します。
3. スイッチをオフにする終了マーカーを探します。

テキストから、開始マーカーはtotalだということがわかります。テキストファイルの50行目に最初のtotal行があります[*1]。

```
45    China
46    Colombia
47    Comoros
48    Congo
49
50    total
```

＊1 テキストエディタには、行番号を表示するオプションや特定の行番号にジャンプするためのショートカットがあるはずです。これらの機能の使い方がよくわからない場合は、Googleで検索してみましょう。

```
51    10
52    12
```

終了マーカーは、この場合も改行文字の\nです。これは71行にあります。

```
68    6
69    46
70    3
71
72    26  y
73    5
```

このロジックをコードに追加し、printで結果をチェックしましょう。

```
country_line = total_line = False  # ❶
for line in openfile:

    if country_line or total_line:  # ❷
        print(line)

    if line.startswith('and areas'):
        country_line = True
    elif country_line:
        if line == '\n':
            country_line = False

    if line.startswith('total'):  # ❸
        total_line = True
    elif total_line:
        if line == '\n':
            total_line = False
```

❶ total_lineにFalseをセットします。

❷ country_lineかtotal_lineがTrueなら、どのデータを取り込もうとしているのかを見るために行を出力します。

❸ total_lineが始まる場所をチェックし、total_lineにTrueをセットします。この行の後ろは、country_lineのときと同じ形になります。

この時点では、コードに冗長性があります。単に変数、オン/オフスイッチが異なるだけで同じコードを繰り返しているということです。冗長性のないコードの書き方を考えましょう。Pythonでは、繰り返される動作を実行するために関数を使うことができます。つまり、重複する動作をいちいち書き込まずに、その動作を関数にまとめ、必要なときにその関数を呼び出して仕事をさせるのです。PDFの各行をテストしなければならないときには、代わりに関数を使うことができます。

初めて関数を書くときには、関数をどこに書くかがわからなくなることがあります。関数のコードは、関数呼び出しの箇所よりも前に書かなければなりません。こうすることにより、Pythonは関数が何をすべきかを知ることができるのです。

これから書く関数にはturn_on_offという名前を付け、4個までの引数を取ることができるようにします。

- lineは、評価したいデータ行です。
- statusは、オンかオフか（TrueかFalseか）を表すブール変数です。
- startは、セクションの開始位置を検出するために探すものです。これが見つかると、状態はオン、Trueになります。
- endは、セクションの終了位置を検出するために探すものです。これが見つかると、状態はオフ、Falseになります。

forループの上に、空の関数を追加しましょう。関数が何をするものかについての説明を追加しておくことを忘れないでください。これは、あとで関数を見たときに、コードを解読しなくても済むようにするためです。こういった説明をdocstringと呼びます。

```
def turn_on_off(line, status, start, end='\n'):  # ❶
    """
    この関数は、行が特定の領域の先頭または末尾を表すものに  # ❷
    なっているかどうかをチェックする。行がそのようなものなら、
    statusをオン/オフする（True/Falseをセットする）。

    """
    return status  # ❸

country_line = total_line = False
for line in openfile:
    .....
```

❶ この行は関数の先頭行で、4個の引数を取ることを示しています。最初の3つ（line、status、start）は必須で、デフォルト値がないためかならず指定するようにします。最後のendは改行文字というデフォルト値を持っています（私たちのファイルでは、そういうパターンになっているらしいので）。関数を呼び出すときに異なる値を渡せば、デフォルト値はオーバーライドする（デフォルト値を取り消して別の値にする）ことができます。

❷ 関数にはかならず説明（docstring）を書き、何をするものなのかがわかるようにしましょう。完全なものである必要はありません。何か書くようにします。あとでいつでも書き換えることがで

きます[*1]。

❸ return文は、関数の適切な終了方法です。この場合、status（TrueまたはFalse）を返します。

デフォルト値を持つ引数はかならず最後に

関数を書くときには、デフォルト値を持たない引数は、デフォルト値を持つ引数よりも手前に並べなければなりません。先ほどの例で、end='\n'が最後の引数になっているのはそのためです。デフォルト値を持つ引数は、キーワードと値のペア（つまり*value_name=value*）のような形式で書かれるので見分けられます。このとき、=記号の後ろには、デフォルト値が指定されます（この例では、'\n'）。

Pythonは、関数が呼び出されると、引数を評価します。国名行を見分けるための関数呼び出しでは、次のような呼び出しになります。

```
turn_on_off(line, country_line, 'and areas')
```

このときは、デフォルトのend値を利用します。デフォルトとは異なり、改行2個を指定したい場合には、次のようにします。

```
turn_on_off(line, country_line, 'and areas', end='\n\n')
```

次に、statusにはデフォルトでFalseをセットすることにしたとします。どのような変更が必要になるでしょうか。

元の関数の第1行は、次の通りです。

```
def turn_on_off(line, status, start, end='\n'):
```

これを次の2つのうちのどちらかに変更します。

```
def turn_on_off(line, start, end='\n', status=False):
def turn_on_off(line, start, status=False, end='\n'):
```

status引数は、このように必須引数の後ろに移さなければなりません。新しい関数を呼び出すとき、endとstatusについてはデフォルトを使うことも、オーバーライドすることもできます。

```
turn_on_off(line, 'and areas')
turn_on_off(line, 'and areas', end='\n\n', status=country_line)
```

＊1　訳注：なお、このように日本語でコメントを書くときには、コードファイルの冒頭に、Unicodeを使うことを宣言する# -*- coding: utf-8 -*-行を追加してください。これがないとエラーが出ます。

> 誤って、必須引数よりも前にデフォルトを持つ引数を並べてしまうと、PythonはSyntaxError: non-default argument follows default argument（非デフォルト引数がデフォルト引数の後ろに並べられている）というエラーを投げます。このことはいちいち覚えている必要はありませんが、エラーを見たときに、どういう意味なのかはわかるようにしておいてください。

では、forループから関数にコードを移しましょう。新しいturn_on_off関数には、country_lineの操作のために書いたロジックを持ち込みます。

```
def turn_on_off(line, status, start, end='\n'):
    """
        この関数は、行が特定の領域の先頭または末尾を表すものに
        なっているかどうかをチェックする。行がそのようなものなら、
        statusをオン/オフする（True/Falseをセットする）。
    """

    if line.startswith(start):  # ❶
        status = True  # ❷
    elif status:
        if line == end:  # ❸
            status = False
    return status  # ❹
```

❶ 領域の先頭行を見分けるために探しているものをstart変数に置き換えます。

❷ オン/オフスイッチの名前をstatus変数に置き換えます。

❸ 領域の最終行を見分けるために探しているものをend変数に置き換えます。

❹ 同じロジックに基づいて判定した状態を返します（領域外ならFalse、領域内ならTrue）。

では、この関数を呼び出すようにforループを書き換え、スクリプトの現在の形をチェックしましょう。

```
pdf_txt = 'data/data/chp5/en-final-table9.txt'
openfile = open(pdf_txt, "r")

def turn_on_off(line, status, start, end='\n'):
    """
        この関数は、行が特定の領域の先頭または末尾を表すものに
        なっているかどうかをチェックする。行がそのようなものなら、
        statusをオン/オフする（True/Falseをセットする）。
    """
    if line.startswith(start):
        status = True
```

```
    elif status:
        if line == end:
            status = False
    return status

country_line = total_line = False  # ❶

for line in openfile:
    if country_line or total_line:  # ❷
        print('%r' % line)

    country_line = turn_on_off(line, country_line, 'and areas')  # ❸
    total_line = turn_on_off(line, total_line, 'total')  # ❹
```

❶ Pythonの構文では、=記号がこのように連続しているところでは、すべての変数に最後の値が代入されるという意味になります。この行は、country_lineとtotal_lineの両方にFalseを代入します。

❷ オンの状態のときには行とそのデータを残します。Pythonのorは、orの前後のどちらかがTrueなら、全体がTrueになるという意味です。この行は、country_lineかtotal_lineがTrueなら条件が満たされて、行が表示されます。

❸ 国名領域の判定のために関数を呼び出しています。country_line変数は、関数が返してきた状態をキャッチし、次のforループのために状態を更新しています。

❹ 男女計領域の判定のために関数を呼び出しています。国名領域のための前行と同じように動作します。

では、国名と男女計をリストにまとめましょう。それから2つのリストを国名がキー、男女計が値の辞書にまとめます。こうすれば、データをクリーンアップしなければならないかどうかを判断するためのトラブルシューティングのために役に立ちます

2つのリストを作るためのコードは、次のようになります。

```
countries = []  # ❶
totals = []  # ❷
country_line = total_line = False
for line in openfile:

    # ❸
    if country_line:
        countries.append(line)  # ❹
    elif total_line:
        totals.append(line)  # ❺

    country_line = turn_on_off(line, country_line, 'and areas')
    total_line = turn_on_off(line, total_line, 'total')
```

❶ 空の国名リストを作ります。

❷ 空の男女計リストを作ります。

❸ if country_line or total_line文を取り除いたことに注意して下さい。この下で、2つの変数を別々に処理しています。

❹ 国名行なら、国名リストに国名行を追加します。

❺ 国名について行ったのと同じように男女計を集めます。

次に、国名と男女計を結合するために、2つのデータセットをジッパーでつなげるように結合します。zip関数は、個々のリストから要素を順に1つずつ取り出してペアを作っていきます。すべての要素をペアにすると制御を返してきます。zipしたリストをdict関数に渡せば、リストを辞書に変換できます。

スクリプトの末尾に次のコードを追加しましょう。

```
import pprint  # ❶
test_data = dict(zip(countries, totals))  # ❷
pprint.pprint(test_data)  # ❸
```

❶ pprintライブラリをインポートします。このライブラリは、複雑なデータ構造を読みやすく表示します。

❷ test_dataという変数を作ります。この変数は、国名と男女計をzipし、辞書に変換したものになります。

❸ pprint.pprint()にtest_dataを渡してきれいに表示します。

ここでスクリプトを実行すると、次のような辞書が得られます。

```
{'\n': '49 \n',
 ' \n': '\xe2\x80\x93 \n',
 '   Republic of Korea \n': '70 \n',
 '   Republic of) \n': '\xe2\x80\x93 \n',
 '   State of) \n': '37 \n',
 '   of the Congo \n': '\xe2\x80\x93 \n',
 '   the Grenadines \n': '60 \n',
 'Afghanistan \n': '10 \n',
 'Albania \n': '12 \n',
 'Algeria \n': '5 y \n',
 'Andorra \n': '\xe2\x80\x93 \n',
 'Angola \n': '24 x \n',
 'Antigua and Barbuda \n': '\xe2\x80\x93 \n',
 'Argentina \n': '7 y \n',
 'Armenia \n': '4 \n',
 'Australia \n': '\xe2\x80\x93 \n',
......
```

データが見にくいので、クリーンアップをしましょう。データのクリーンアップについては、第7章で詳しく説明しますが、ここでは文字列をまともに読めるものにするために必要なことだけをします。各行をクリーンアップする関数を作って、forループの上のほかの関数の近くに配置しましょう。

```
def clean(line):
    """
        改行、スペース、特殊文字を取り除く。
    """
    line = line.strip()  # ❶
    line = line.replace('\xe2\x80\x93', '-')  # ❷
    line = line.replace('\xe2\x80\x99', '\'')

    return line  # ❸
```

❶ 行の末尾から空白（スペースと\n）を取り除き、出力をlineに代入して、lineがクリーンアップされた文字列になるようにします。

❷ 特殊文字を普通の文字に置換します。

❸ クリーンアップされた文字列を返します。

今行ったばかりのクリーンアップでは、メソッド呼び出しを次のように結合することができます。

```
line = line.strip().replace(
    '\xe2\x80\x93', '-').replace('\xe2\x80\x99s', '\'')
```

しかし、Pythonコードは、1行が80字を超えないように整形すべきです。これは推奨であって規則ではありませんが、行をこの長さに保てば、コードが読みやすくなります。

では、forループ内でclean_line関数を呼び出しましょう。

```
for line in openfile:
    if country_line:
        countries.append(clean(line))
    elif total_line:
        totals.append(clean(line))
```

この状態でスクリプトを実行すると、最終目標にかなり近い表示になります。

```
{'Afghanistan': '10',
 'Albania': '12',
 'Algeria': '5 y',
 'Andorra': '-',
 'Angola': '24 x',
 'Antigua and Barbuda': '-',
 'Argentina': '7 y',
```

```
    'Armenia': '4',
    'Australia': '-',
    'Austria': '-',
    'Azerbaijan': '7 y',
  ...
```

しかし、リストを確認すると、このアプローチではまだすべてのデータを十分にパースできていないことがわかります。なぜそんなことになっているのかを明らかにする必要があります。

どうやら、国名の長さが1行を超えているときには、レコードが2つに分割されてしまうようです。これは、ボリビアのデータからわかります。`'Bolivia (Pluri national': '', and 'State of)': '26 y',.`というレコードがあります。

データをどのように表示すべきかを知るために、PDF自体を表示して参考にすることができます。PDFでこの行を表示すると、**図5-2**のようになります。

Bhutan	3	3	3
Bolivia (Plurinational State of)	26 y	28 y	24 y
Bosnia and Herzegovina	5	7	4
Botswana	9 y	11 y	7 y
Brazil	9 y	11 y	6 y

図5-2 PDFのボリビアのデータ

PDFは、アリスの不思議な国に出てくるウサギの穴のような存在になることがあります。処理するPDFごとに、巧妙な処理が必要になります。私たちはこのPDFを1度パースしているだけですが、それでも手作業のチェックをたくさんしています。これが定期的にパースしなければならないPDFなら、時間をかけてパターンを見つけ出し、プログラム内でそのパターンに対応するとともに、コードのチェック、テストを作って正確なインポートを実現する必要があります。

この問題の解決方法は2種類考えられます。男女計が空白の行をチェックするためのプレースホルダーを作って、これとあとのデータ行を結合するか、どの国のレコードが複数行にまたがっているかを管理するかです。私たちのデータセットはそれほど大きなものではないので、第2の方法を試すことにします。

複数行にまたがる国名の第1行のリストを作り、このリストを使って各行をチェックします。リストは、`for`ループの前に配置してください。必要に応じて見つけやすく変更しやすいように、参照されるデータは、よくスクリプトの冒頭近くに配置されます。

では、2行国名リストにBolivia (Plurinationalを追加しましょう。

```
double_lined_countries = [
    'Bolivia (Plurinational',
]
```

そして、前の行がdouble_lined_countriesリストに含まれているかどうかをチェックするために、forループを書き換えます。そのため、まずprevious_line変数を作ります。そして、forループの末尾でprevious_line変数に値をセットします。ループの次のイテレーションで行を結合することについてはあとで説明します。

```
countries = []
totals = []
country_line = total_line = False
previous_line = ''  # ❶

for line in openfile:
    if country_line:
        countries.append(clean(line))
    elif total_line:
        totals.append(clean(line))

    country_line = turn_on_off(line, country_line, 'and areas')
    total_line = turn_on_off(line, total_line, 'total')

    previous_line = line  # ❷
```

❶ previous_line変数を作り、空文字列をセットします。

❷ forループの末尾でprevious_line変数に現在の行をセットします。

これでprevious_line変数ができ、previous_lineがdouble_lined_countriesに含まれているかどうかをチェックして、前の行と現在の行を結合すべきときはいつかを調べられるようになりました。そして、countriesリストには新しく結合した行を追加します。さらに、名前の前半がdouble_lined_countriesリストに含まれている行は、countriesリストに追加されないようにします。

コードにこれらの変更を反映させましょう。

```
if country_line:  # ❶
    if previous_line in double_lined_countries:
        line = ' '.join([clean(previous_line), clean(line)])  # ❷
        countries.append(line)
    elif line not in double_lined_countries:  # ❸
        countries.append(clean(line))
```

❶ このロジックは国名だけに関係することなので、if country_lineの部分に追加します。

❷ previous_lineがdouble_lined_countriesリストに含まれている場合は、previous_lineと現在の行を結合してline変数に代入します。joinは、文字列のリストを結合する関数で、この場合は結合される文字列の間にスペースを挿入します。

❸ 行がdouble_lined_countriesリストに含まれていなければ、その行をcountriesリストに追加します。ここではelifを使っていますが、これはPythonでelse ifと言うための方法です。if-elseとは異なるフローを組み込みたい場合には、このツールが便利です。

ここでスクリプトを実行すると、'Bolivia (Plurinational State of)'は結合されるようになります。あとは、すべての国がcountriesに含まれるようにする作業が必要です。私たちのデータセットは小さいので手作業で処理しますが、データセットがもっと大きい場合には自動化することになるでしょう。

データチェックの自動化

手作業でデータをチェックすべきときとPythonで自動化すべきときをどのように見分けたらよいのでしょうか。考えるための手がかりを示しておきます。

- 日常的にデータを繰り返し自分でパースしている場合は、自動化しましょう。
- データセットが大きい場合は、おそらく自動化すべきでしょう。
- データセットがそれほど大きくなく、データを1度しかパースしないなら、両方の可能性が考えられます。私たちの例では、データセットがかなり小さいので、自動化しません。

PDFビュアでPDFを見て、2行になっている国名をすべてチェックしましょう。

```
Bolivia (Plurinational State of)
Democratic People's Republic of Korea
Democratic Republic of the Congo
Lao People's Democratic Republic
Micronesia (Federated States of)
Saint Vincent and the Grenadines
The former Yugoslav Republic of Macedonia
United Republic of Tanzania
Venezuela (Bolivarian Republic of)
```

しかし、Pythonから見える国名はこうではないことがわかっています。そこで、Pythonから見た国名を表示し、それをリストに追加する必要があります。

```
if country_line:
    print('%r' % line)  # ❶
    if previous_line in double_lined_countries:
```

❶ Python内での表現を出力するために、print('%r')を追加します。

スクリプトを実行し、該当行をPythonの表現でdouble_lined_countriesリストに追加します。

```
double_lined_countries = [
    'Bolivia (Plurinational \n',
    'Democratic People\xe2\x80\x99s \n',
    'Democratic Republic \n',
    'Micronesia (Federated \n',
    #... uh oh.
]
```

この出力には、Lao People's Democratic Republicが含まれていませんが、PDFには2行で掲載されています。PDFのテキストバージョンに戻り、何が起きたのかを調べてみましょう。

テキストを見て、問題の原因がわかったでしょうか。turn_on_off関数を見てみましょう。このテキストとの関係でturn_on_offはどのように動作するでしょうか。

問題は、私たちがマーカーとして探していたand areasの直後の空行（\n）です。ここで作ったテキストファイルから、1343行の後ろにルールから逸脱した空行があることがわかるでしょう。

```
...
1341 Countries
1342 and areas
1343
1344 Iceland
1345 India
1346 Indonesia
1347 Iran (Islamic Republic of)
...
```

これは、私たちの関数が正しく動作しなかったということです。この問題の解決方法はさまざまです。ここでは、オン/オフのコードが意図した通りに動作するようにロジックを追加することにします。国名の収集を始めたら、少なくとも1つの国名を集めるまで国名収集モードをオフにできないようにするのです。言い換えれば、まだ国名を集めていなければ、収集をオフにできないようにします。この問題の解決には、prev_lineも使えます。turn_on_offでprev_lineが探していたand areas\n（厳密には、改行も必要です）ではないことをチェックします。

```
def turn_on_off(line, status, start, prev_line, end='\n'):
    """
        この関数は、行が特定の領域の先頭または末尾を表すものに
        なっているかどうかをチェックする。行がそのようなものなら、
        前の行が'and areas'でない限り、statusをオン/オフする
        (True/Falseをセットする)。
    """
    if line.startswith(start):
```

```
        status = True
    elif status:
        if line == end and prev_line != 'and areas\n':  # ❶
            status = False
    return status
```

❶ lineがendと等しくなく、prev_lineがand areasと等しくなければ、データの収集を終了することができます。ここで使っている!=は、Pythonで「等しくない」かどうかをテストするための方法です。==と同様に、!=もブール値を返します。

また、turn_on_offにprevious_lineを渡すように書き換える必要もあります。

```
country_line = turn_on_off(line, country_line, 'and areas', previous_line)
total_line = turn_on_off(line, total_line, 'total', previous_line)
```

それでは、私たちが取り組んでいたもともとの仕事に戻りましょう。2行の国名のリストを作って、両方の行を1つにまとめられるようにすることです。私たちはここで止まっていました。

```
double_lined_countries = [
    'Bolivia (Plurinational \n',
    'Democratic People\xe2\x80\x99s \n',
    'Democratic Republic \n',
]
```

PDFを確認すると、次の2行国名はLao People's Democratic Republicです。スクリプトの出力を見ながら、そこからあとを追加しましょう。

```
double_lined_countries = [
    'Bolivia (Plurinational \n',
    'Democratic People\xe2\x80\x99s \n',
    'Democratic Republic \n',
    'Lao People\xe2\x80\x99s Democratic \n',
    'Micronesia (Federated \n',
    'Saint Vincent and \n',
    'The former Yugoslav \n',
    'United Republic \n',
    'Venezuela (Bolivarian \n',
]
```

リストを上のようにしてスクリプトを実行すると、出力に2行国名が入るようになります。スクリプトの末尾にpprint文を追加して、国名リストを表示できるようにしましょう。

```
import pprint
pprint.pprint(countries)
```

さて、国名リストのためにかなり時間を使ってきたので、この問題のほかの解決方法に気づいたのではないでしょうか。いくつかの2行国名の第2行を見てみましょう。

```
'   Republic of Korea \n'
'   Republic \n'
'   of the Congo \n'
```

共通点は何でしょうか。先頭にスペースが3つあることです。行の先頭が3個のスペースになっているかどうかをチェックするコードを書いた方が効率がよいかもしれません。しかし、データ収集時にデータセットに含まれる一部のデータを取りこぼしていたことがわかったのは、今まで説明してきた方法を取ってきたおかげです。コーディングスキルが上がっていくと、同じ問題を解決する別の方法を見つけ、どれがもっともよいかを判断できるようになっていきます。

では、男女計と国名が揃っているかどうかをチェックしましょう。pprint文を次のように書き換えてください。

```
import pprint
data = dict(zip(countries, totals))  # ❶
pprint.pprint(data)  # ❷
```

❶ zip(countries, totals)を呼び出して、countries、totalsリストを結合します。すると、2つのリストはタプルのリストになります。次にdict関数にタプルを渡して、タプルを辞書に変換します。

❷ 作ったばかりのdata変数を表示します。

タプルとは丸かっこ内に要素をカンマで区切って並べた形のもので、Pythonの組み込み型の1つです。リストと似ていますが、要素がイミュータブル（変更不能）なところが異なります。詳しくは付録Eの **「E.7 イミュータブルなオブジェクトの変更」** を参照してください。

表示されるのは、国名をキー、男女計を値とする辞書です。これは私たちの最終的なデータ形式ではありません。今までに集めてきたデータを見るために、こうしてみただけです。出力は、次のようになるでしょう。

```
{'': '-',
 'Afghanistan': '10',
 'Albania': '12',
 'Algeria': '5 y',
 'Andorra': '-',
 'Angola': '24 x',
 ...
}
```

これをPDFと比較すると、最初の2行国名のところで値がおかしくなることがわかります。数値は、Birth registration（出生登録）欄のものになっています。

```
{
 ...
 'Bolivia (Plurinational State of)': '',
 'Bosnia and Herzegovina': '37',
 'Botswana': '99',
 'Brazil': '99',
 ...
}
```

PDFのテキストバージョンから、国名が2行になっている国のところでは、数値の間に空行が入っていることがわかります。

```
6
46
3

26 y
5
9 y
```

国名収集のときに2行国名を計算に入れたのと同じように、男女計のデータの収集でも2行国名を計算に入れなければなりません。データ行に空行が含まれている場合、それを取り込まないようにします。そうすれば、集めた国名に対応するデータだけを収集できます。コードを次のように書き換えましょう。

```
for line in openfile:
    if country_line:
        print('%r' % line)
        if previous_line in double_lined_countries:
            line = ' '.join([clean(previous_line), clean(line)])
            countries.append(line)
        elif line not in double_lined_countries:
            countries.append(clean(line))

    elif total_line:
        if len(line.replace('\n', '').strip()) > 0:  # ❶
            totals.append(clean(line))


    country_line = turn_on_off(line, country_line, 'and areas', previous_line)

    total_line = turn_on_off(line, total_line, 'total', previous_line)

    previous_line = line
```

❶ 今までの経験から、PDFは空行として改行を使うことがわかっています。この行では、コードは改行を空文字列に置き換え、空白を取り除いています。そのあとで、文字列がまだ1字以上になっているかどうかをテストします。1字以上あれば、そこにデータがあるということであり、データ（totals）リストに追加できます。

更新後のコードを実行すると、最初の2行国名のところでやはりおかしなことになります。今回もBirth registrationの数値を取り出してきていますが、最初の2行国名のところの値になっています。その後の値も間違っています。テキストファイルに戻り、何が起きているのかを明らかにしましょう。PDFのその列の数値から、同じパターンがテキストバージョンの1251行目にあることがわかります。

```
1250
1251    total
1252    -
1253    5 x
1254    26
1255    -
1266    -
```

テキストバージョンをよく見ると、`Birth registration`列のタイトルが`total`になっていることがわかります。

```
266    Birth
267    registration
268    (%)+
269    2005-2012*
270    total
271    37
272    99
```

現状では、男女計の数値を集めている関数は`total`行を探しているため、国名の次の行に達する前にこの列が児童労働の男女計のデータとして拾われてしまいます。また、`Violent discipline (%)`の列も空行に続いて`total`行を持っています。これは私たちが集めようとしている`total`と同じパターンです。

このように次々にバグが現れるということは、大きなロジックに問題があるということです。このスクリプトは、**オン/オフ**スイッチを使うところから始めているので、土台の問題を解決するには、そこのロジックからやり直す必要があります。たぶん、列名を集めて整理することにより、正しい列を判定するための最良の方法を突き止める必要があります。「ページ」の切り替えを判定する方法が必要になるかもしれません。手っ取り早い問題解決の方法を探し続ける限り、エラーは出続けるでしょう。

スクリプトには、必要以上に時間をかけないようにしましょう。大きなデータセットに長期に渡って何度も実行できる持続可能なプロセスを作りたいなら、すべてのステップを慎重に考えるだけの時間を確保したいところです。

プログラミングとはこういうものです。コードを書き、デバッグし、コードを書き、デバッグするということの繰り返しです。どんなに経験を積んだプログラマでも、コードにエラーを取り込んでしまうことはあります。コーディングを学ぶときには、こういうときには気持ちが萎えることがあります。「なんでうまくいかないんだろう。私には向いていないんじゃないか」と思ってしまうかもしれませんが、そうではありません。プログラミングは、ほかのあらゆるものと同じように、練習が必要なのです。

私たちの今のやり方がうまくいっていないことは明らかです。テキストファイルについて今わかっていることから考えると、私たちは、ファイルが各セクションの先頭と末尾をテキストで定義しているという誤った思い込みからスタートしてしまったと言うことができます。新しい出発点からこのファイルをさらに操作するのもよいのですが、それよりも誤りを正して求めている通りのデータを得るために、ほかの問題解決方法を探ってみることにしましょう。

5.4 問題解決のための方法

自分のPythonコーディング能力の限界に挑戦しながらPDFスクリプトをパースするために試せることがいくつかあります。まず、今までのコードを改めて見てみましょう。

```
# -*- coding: utf-8 -*-

pdf_txt = 'data/data/chp5/en-final-table9.txt'
openfile = open(pdf_txt, "r")

double_lined_countries = [
    'Bolivia (Plurinational \n',
    'Democratic People\xe2\x80\x99s \n',
    'Democratic Republic \n',
    'Lao People\xe2\x80\x99s Democratic \n',
    'Micronesia (Federated \n',
    'Saint Vincent and \n',
    'The former Yugoslav \n',
    'United Republic \n',
    'Venezuela (Bolivarian \n',
]

def turn_on_off(line, status, prev_line, start, end='\n', count=0):
    """
```

```
        この関数は、行が特定の領域の先頭または末尾を表すものに
        なっているかどうかをチェックする。行がそのようなものなら、
        前の行が'and areas'でない限り、statusをオン/オフする
        (True/Falseをセットする)。
    """
    if line.startswith(start):
        status = True
    elif status:
        if line == end and prev_line != 'and areas':
            status = False
    return status

def clean(line):
    """
    コードから不要な改行、スペース、特殊文字を取り除く。
    """
    line = line.strip('\n').strip()
    line = line.replace('\xe2\x80\x93', '-')
    line = line.replace('\xe2\x80\x99', '\'')

    return line

countries = []
totals = []
country_line = total_line = False
previous_line = ''

for line in openfile:
    if country_line:
        if previous_line in double_lined_countries:
            line = ' '.join([clean(previous_line), clean(line)])
            countries.append(line)
        elif line not in double_lined_countries:
            countries.append(clean(line))

    elif total_line:
        if len(line.replace('\n', '').strip()) > 0:
            totals.append(clean(line))

    country_line = turn_on_off(line, country_line, previous_line,
                               'and areas')
    total_line = turn_on_off(line, total_line, previous_line,
                             'total')
    previous_line = line

import pprint
data = dict(zip(countries, totals))
```

```
pprint.pprint(data)
```

私たちが直面している問題にはさまざまな解決方法があります。以下の節では、その一部を紹介します。

5.4.1 実践：テーブル抽出で使える別のライブラリのテスト

私たちは、このPDFからテキストへの変換で悩んだあとで、テーブル抽出のためにpdfminer以外に使えるライブラリを探しに行きました。そして、もう使われていないと推定される（元のメンテナによる最後の更新から2年以上たっている）pdftables（http://pdftables.readthedocs.org/）を見つけました。

必要なライブラリのインストール（http://bit.ly/pdftables_install）は、単純にpip install pdftablesとpip install requestsを実行するだけでできました。メンテナがドキュメントを整備しきれていなかったため、ドキュメントやREADME.mdのなかのサンプルのなかには、あからさまに動作しないものがありました。それでも、私たちは、必要なデータの入手に使える「オールインワン」の関数を見つけることができました。

```
from pdftables import get_tables

all_tables = get_tables(open('EN-FINAL Table 9.pdf', 'rb'))

print(all_tables)
```

このコードのためにpdf_table_data.pyという新しいファイルを作り、実行してみましょう。抽出したいと思っていたデータとよく似た感じのデータが得られるはずです。ヘッダーがすべて完全に変換されているわけではないものの、all_tables変数にはすべての行が含まれているように見えます。ヘッダー、データ列、注の抽出を詳しく見ていきましょう。

お気付きのようにall_tablesは、リストのリスト（行列）です。すべての行が含まれており、行の行もあります。表というのは、要するに列と行なので、たぶん、これは表の抽出ではよい考え方だと思います。get_tables関数は、各ページを1つの表として返し、個々の表は列のリストを内蔵する行のリストという形になっています。

私たちの最初のステップは、列のために使えるタイトルを見つけることです。最初の数行を見て、列のヘッダーを格納しているものを探してみましょう。

```
print(all_tables[0][:6])
```

次の出力では、最初のページの最初の6行だけを見ています。

```
... [u'',
  u'',
  u'',
```

```
 u'',
 u'',
 u'',
 u'Birth',
 u'Female',
 u'genital mutila',
 u'tion/cutting (%)+',
 u'Jus',
 u'tification of',
 u'',
 u'',
 u'E'],
[u'',
 u'',
 u'Child labour (%',
 u')+',
 u'Child m',
 u'arriage (%)',
 u'registration',
 u'',
 u'2002\u201320',
 u'12*',
 u'wife',
 u'beating (%)',
 u'',
 u'Violent disciplin',
 u'e (%)+ 9'],
[u'Countries and areas',
 u'total',
 u'2005\u20132012*male',
 u'female',
 u'2005married by 15',
 u'\u20132012*married by 18',
 u'(%)+ 2005\u20132012*total',
 u'prwomena',
 u'evalencegirlsb',
 u'attitudessupport for thepracticec',
 u'2male',
 u'005\u20132012*female',
 u'total',
 u'2005\u20132012*male',
 u'female'],...
```

タイトルは最初の3つのリストに含まれており、**ごちゃごちゃしている**ことがわかります。しかし、printの出力から、実際には行はかなりクリーンな状態になっていることがわかります。PDFと比較しながら手作業でタイトルを設定していくと、次のようにクリーンなデータセットができます。

```
headers = ['Country', 'Child Labor 2005-2012 (%) total',
           'Child Labor 2005-2012 (%) male',
           'Child Labor 2005-2012 (%) female',
           'Child Marriage 2005-2012 (%) married by 15',
           'Child Marriage 2005-2012 (%) married by 18',
           'Birth registration 2005-2012 (%)',
           'Female Genital mutilation 2002-2012 (prevalence), women',
           'Female Genital mutilation 2002-2012 (prevalence), girls',
           'Female Genital mutilation 2002-2012 (support)',
           'Justification of wife beating 2005-2012 (%) male',
           'Justification of wife beating 2005-2012 (%) female',
           'Violent discipline 2005-2012 (%) total',
           'Violent discipline 2005-2012 (%) male',
           'Violent discipline 2005-2012 (%) female']  # ❶

for table in all_tables:
    for row in table:
        print(zip(headers, row))  # ❷
```

❶ 国名を含むすべての見出しを1つのリストにまとめます。このリストと行をzipすれば、データの位置を揃えることができます。

❷ zipメソッドでヘッダーと各行を結合します。

コードの出力から、一部の行ではヘッダーと値が合っているものの、国別データの行ではない行も多数あることがわかります（以前、表内にスペースや改行がどっさり含まれていたときと同じように）。

今までに学んできたことをもとにテストを追加して、この問題をプログラム内で解決しましょう。私たちは、一部の国のデータが複数行になっていることを知っています。ファイルがダッシュ（–）を使って欠損値を示しているため、完全な空行は実際にはデータ行ではないことも知っています。今までのprintの出力から、各ページのデータは5行目からスタートすることも知っていますし、最後の行がジンバブエだということも知っています。これらの知識を組み合わせると何が得られるのかを見てみましょう。

```
for table in all_tables:
    for row in table[5:]:  # ❶
        if row[2] == '':  # ❷
            print(row)
```

❶ 各ページで必要な行だけを取り出します。つまり、インデックス5以降のスライスだけを取り出します。

❷ 空データに見えるものがあるときに、その行に何が含まれているのかを見てみます。

コードを実行すると、リスト全体にランダムに国名の一部ではない空行が撒き散らされていることがわかります。先ほどのスクリプトで抱えていた問題の原因はおそらくこれです。国名を結合し、その他の空行をスキップしてみましょう。また、ジンバブエのためのテストコードも追加しましょう。

```
first_name = ''

for table in all_tables:
    for row in table[5:]:
        if row[0] == '':  # ❶
            continue
        if row[2] == '':
            first_name = row[0]  # ❷
            continue
        if row[0].startswith('   '):  # ❸
            row[0] = '{} {}'.format(first_name, row[0])
        print(zip(headers, row))  # ❹
        if row[0] == 'Zimbabwe':
            break  # ❺
```

❶ データ行のインデックス0がないということは、国名がなく、空行だということです。次のコード行は、forループの次のイテレーションを開始させるPythonのcontinueキーワードを使って、その行を読み飛ばします。

❷ データ行のインデックス2がないということは、おそらく2行国名の前半部分だということです。このコード行はfirst_name変数に国名の前半部分を保存します。次の行は、次のデータ行の処理に進みます。

❸ データ行の先頭がスペースなら、それは2行国名の後半部分だということがわかっています。前半部分に後半部分を結合します。

❹ 私たちの仮説が正しければ、ヘッダーとデータを対応付け、結果を出力して人間の目で確かめることができます。この行は、continueで処理を中止した行を除いて各イテレーションで実行されます。

❺ ジンバブエに達したら、この行でforループを終了します。

ほとんどのデータはよく見えますが、異常なものがまだ少しあります。たとえば、次のものを見てみましょう。

```
[('Country', u'80 THE STATE OF T'),
('Child Labor 2005-2012 (%) total', u'HE WOR'),
('Child Labor 2005-2012 (%) male', u'LD\u2019S CHILDRE'),
('Child Labor 2005-2012 (%) female', u'N 2014'),
('Child Marriage 2005-2012 (%) married by 15', u'IN NUMBER'),
('Child Marriage 2005-2012 (%) married by 18', u'S'),
('Birth registration 2005-2012 (%)', u''),
.....
```

国名が入るべき冒頭の部分にページ番号が入っています。国名の最初が数字になっているような国があるでしょうか。断じてありません。そこで、行頭が数字かどうかのテストをして不良データを取り除きましょう。不良データは78ページから82ページに対応するこの種の5個のレコードだけです。また、2行国名は正しく表示されていません。どうやらpdftablesは、行頭のスペースを自動的にクリーンアップしてインポートしているようです。なんたること！ そこで、直前の行がfirst_nameを含んでいたかどうかをテストするコードを追加します。

```
from pdftables import get_tables
import pprint

headers = ['Country', 'Child Labor 2005-2012 (%) total',
           'Child Labor 2005-2012 (%) male',
           'Child Labor 2005-2012 (%) female',
           'Child Marriage 2005-2012 (%) married by 15',
           'Child Marriage 2005-2012 (%) married by 18',
           'Birth registration 2005-2012 (%)',
           'Female Genital mutilation 2002-2012 (prevalence), women',
           'Female Genital mutilation 2002-2012 (prevalence), girls',
           'Female Genital mutilation 2002-2012 (support)',
           'Justification of wife beating 2005-2012 (%) male',
           'Justification of wife beating 2005-2012 (%) female',
           'Violent discipline 2005-2012 (%) total',
           'Violent discipline 2005-2012 (%) male',
           'Violent discipline 2005-2012 (%) female']

all_tables = get_tables(open('EN-FINAL Table 9.pdf', 'rb'))

first_name = ''
final_data = []

for table in all_tables:
    for row in table[5:]:
        if row[0] == '' or row[0][0].isdigit():
            continue
        elif row[2] == '':
            first_name = row[0]
            continue
        if first_name:  # ❶
            row[0] = u'{} {}'.format(first_name, row[0])
            first_name = ''  # ❷
        final_data.append(dict(zip(headers, row)))
        if row[0] == 'Zimbabwe':
            break
```

```
pprint.pprint(final_data)
```

❶ first_nameに空ではない文字列が含まれている場合には、行内の国名の部分を操作します。

❷ first_nameを空文字列にして、次のイテレーションでこの部分が実行されないようにします。

これでインポートデータが完成しました。Excelからのインポートと完全に一致させるためには、まだ少しデータ操作が必要になりますが、PDFのデータ行を保存することはできました。

pdftablesはアクティブにサポートされておらず、開発者は有料サービス（https://pdftables.com/）として新製品を提供しています。サポートされていないコードに依存するのは危険であり、pdftablesがいつまでも残っていて動作することを当てにすることはできません[*1]。しかし、オープンソースコミュニティに所属しているからには、与える部分が必要です。pdftablesのようなプロジェクトがオープンソースであり続け、成長し、繁栄するように、適切なプロジェクトを選んで、開発に貢献したり、製品を宣伝したりすることをお勧めしたいと思います。

次節以降では、手作業のクリーンアップを含め、PDFデータをパースするためのほかのオプションを見ていきます。

5.4.2 実践：データの手作業によるクリーンアップ

今まで見て見ぬふりをしていた話題に触れましょう。この章全体を通じて、なぜPDFのテキストバージョンに編集を加えて処理しやすくしなかったのだろうと思っていた方がいらっしゃるかもしれません。もちろん、そういう方法もあります。それは、この種の問題を解決するためのさまざまな方法の1つです。私たちはPythonのさまざまなツールを使ってこのファイルを処理するように読者に促してきただけなのです。いつもPDFを手作業で編集できるとは限りません。

処理が難しいPDFや問題のあるほかのファイル形式を操作するときには、テキストファイルを抽出して、手作業でデータラングリングするのも十分に可能な選択肢です。その場合、手作業による操作にどれくらいの時間を費やしてもよいのかを推計し、その推計に従うように努力するとよいでしょう。

データのクリーンアップの自動化については、第8章でも詳しく説明します。

5.4.3 実践：ほかのツール

PDFをパースするためのPythonライブラリを探し始めたとき、ほかの人々がこのタスクのために何を使っているのかを調べるためにWeb検索をして見つけたのがslateでした。slateは使いやす

＊1 メンテナンス、サポートされているアクティブなGitHubフォーク（https://github.com/drj11/pdftables/network）があるようです。PDFの表をパースしたいときのために、このプロジェクトには注目し続けることをお勧めします。

そうでしたが、カスタムコードが必要でした。

ほかにどのようなものがあるのかを調べるときには、「parsing pdfs python」ではなく、「extracting tables from pdf」を検索しましたが、その方が表の抽出の問題に対する多くのソリューションが見つかりました（そのなかには、複数のツールを評価するhttp://bit.ly/extract_data_from_pdfのようなブログポストもありました）。

私たちが使っているような小さなPDFでは、Tabula（http://tabula.technology/）を使ってみるのも1つの手です。Tabulaは常に解決策となるわけではありませんが、よい特徴をいくつも備えています。

Tabulaを使うには、次のようにします。

1. Tabula（http://bit.ly/extract_data_from_pdf）をダウンロードします。
2. ダブルクリックしてアプリケーションを起動します。すると、ブラウザ内でツールが起動します。
3. 児童労働PDFをアップロードします。

そして、Tabulaが読み取るコンテンツの選択範囲を調整します。ヘッダー行を取り除くと、Tabulaは各ページのデータを識別し、自動的にその部分を強調表示します。まず、取り出したい表を選択します（図5-3参照）。

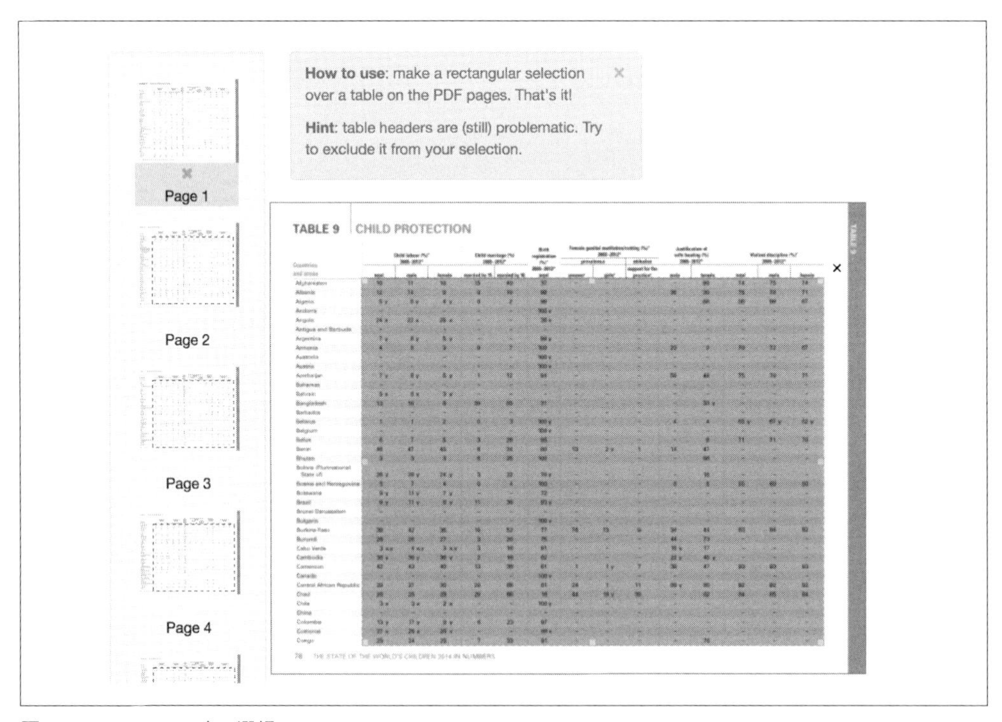

図5-3 Tabulaでの表の選択

次に、データをダウンロードします（図5-4参照）。

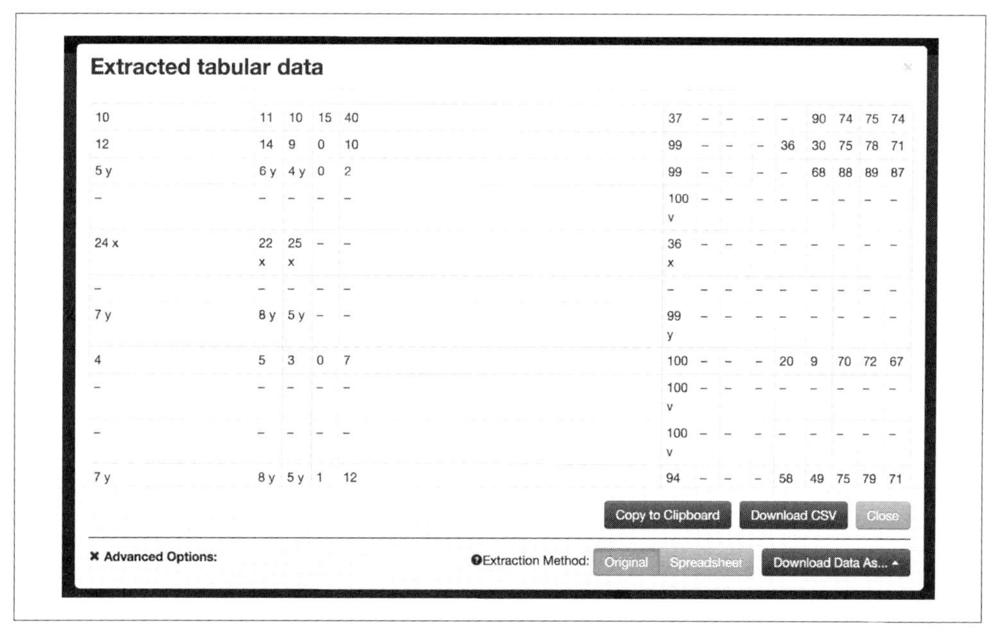

10	11	10	15	40	37	–	–	–	–	90	74	75	74
12	14	9	0	10	99	–	–	–	36	30	75	78	71
5 y	6 y	4 y	0	2	99	–	–	–	–	68	88	89	87
–	–	–	–	–	100 v	–	–	–	–	–	–	–	–
24 x	22 x	25 x	–	–	36 x	–	–	–	–	–	–	–	–
–	–	–	–	–	–	–	–	–	–	–	–	–	–
7 y	8 y	5 y	–	–	99 y	–	–	–	–	–	–	–	–
4	5	3	0	7	100	–	–	–	20	9	70	72	67
–	–	–	–	–	100 v	–	–	–	–	–	–	–	–
–	–	–	–	–	100 v	–	–	–	–	–	–	–	–
7 y	8 y	5 y	1	12	94	–	–	–	58	49	75	79	71

図5-4　Tabulaのダウンロード画面

Download CSVをクリックすると、図5-5のようなものが表示されます。

10	11	10	15	40	37	–	–	–	–	90	74	75	74
12	14	9	0	10	99	–	–	–	36	30	75	78	71
5 y	6 y	4 y	0	2	99	–	–	–	–	68	88	89	87
–	–	–	–	–	100 v	–	–	–	–	–	–	–	–
24 x	22 x	25 x	–	–	36 x	–	–	–	–	–	–	–	–
–	–	–	–	–	–	–	–	–	–	–	–	–	–
7 y	8 y	5 y	–	–	99 y	–	–	–	–	–	–	–	–
4	5	3	0	7	100	–	–	–	20	9	70	72	67
–	–	–	–	–	100 v	–	–	–	–	–	–	–	–
–	–	–	–	–	100 v	–	–	–	–	–	–	–	–
7 y	8 y	5 y	1	12	94	–	–	–	58	49	75	79	71
–	–	–	–	–	–	–	–	–	–	–	–	–	–
5 x	6 x	3 x	–	–	–	–	–	–	–	–	–	–	–
13	18	8	29	65	31	–	–	–	–	33 y	–	–	–
–	–	–	–	–	–	–	–	–	–	–	–	–	–
1	1	2	0	3	100 y	–	–	–	4	4	65 y	67 y	62 y
–	–	–	–	–	100 v	–	–	–	–	–	–	–	–
6	7	5	3	26	95	–	–	–	–	9	71	71	70
46	47	45	8	34	80	13	2 y	1	14	47	–	–	–

図5-5　CSV形式のデータ

完璧ではありませんが、pdfminerから得られるデータよりはクリーンです。

難しいのは、Tabulaで作ったCSVのパースです。私たちがパースしたほかのCSV（第3章参照）とは異なり、少し煩雑です。わからなくなったら、それは脇において第7章を読んでから戻ってみてください。

5.5 一般的ではないファイルの種類

本書の今までの部分では、CSV、JSON、XML、Excel、PDFファイルを取り上げてきました。PDFデータはパースが楽ではありませんが、データラングリングはこれ以上悪くならないと思うようにしてください。実際には悪くなることがあるのですけど。

それでも、耳寄りな話があります。皆さんが直面するような問題のなかで、今までに誰も解決したことがないようなものはありません。Pythonやもっと大きいオープンソースコミュニティに支援やヒントを求めれば、たとえもっとアクセスしやすいデータセットを探すようにしなければならないということを学んだだけだったとしても、かならず大きな意味があります。

データが次のような性質を持つ場合、問題が起こるかもしれません。

- ファイルが古いシステムであまり一般的でないファイル形式を使って作られている場合。
- ファイルがプロプライエタリシステムで作られている場合。
- ファイルが手持ちのプログラムで開けない場合。

一般的でないファイルの種類に関連した問題は、単純に今までに学んできたことを基礎として解決していきます。

1. ファイルの種類を明らかにします。拡張子では簡単にわからない場合には、`python-magic`ライブラリ（https://pypi.python.org/pypi/python-magic/0.4.6）を使いましょう。
2. インターネットで「how to parse <file extension> in Python（Python <拡張子> パース方法）」を検索します。このとき、<拡張子>の部分は、実際のファイル拡張子を指定します。
3. 自明なソリューションがない場合には、テキストエディタでファイルを開いたり、Pythonの`open`関数でファイルを読み出したりしてみましょう。
4. 文字が特殊なものなら、Pythonエンコーディングについて勉強しましょう。Pythonの文字エンコーディングについては学び始めたばかりだという場合には、PyCon 2014の講演「Character encoding and Unicode in Python（Pythonにおける文字のエンコーディングとUnicode）」（http://bit.ly/fischer_nam_pycon2014）を見てください。

5.6 まとめ

PDFなどのパースしにくいファイル形式は、皆さんが仕事で目にするファイル形式のなかでも最悪のものです。これらの形式のデータを見つけた場合、まず行うべきは、別の形式で同じデータを入手できないかどうかを調べることです。私たちの例では、PDFの図では数値が丸められていたので、CSV形式のデータの方が正確でした。形式が未加工のものに近ければ近いほど、精度が高く、コードでパースしやすい可能性が高くなります。

他の形式でデータを入手できない場合には、次のプロセスを試してみるようにします。

1. データ型を明らかにする。
2. インターネットで同じ問題にアプローチしたほかの人がいないかどうかをチェックする。データのインポートに役立つツールがあるかもしれない。
3. 自分にとってもっともわかりやすいツールを選ぶ。それがPythonなら、自分にとってもっとも役に立ちそうなライブラリを選択する。
4. データを使いやすい形式に変換する。

この章では、**表5-1**にまとめたライブラリとツールについて学習しました。

表5-1 新しいPythonライブラリとツール

ライブラリまたはツール	目的
slate	スクリプトを実行するたびに、PDFをパースしてメモリ内の文字列に変換する。
pdfminer	PDFをテキストに変換し、テキストファイルをパースできるようにする。
pdftables	pdfminerを使ってまずテキストへのパースを行い、次に行を対応付けて表を見つける。
Tabula	PDFデータをCSVに展開するためのインターフェイスを提供する。

新しいツールについて学んだほか、いくつかの新しいPythonプログラミング概念のことを学びました。**表5-2**にそれをまとめました。

表5-2 新しいPythonプログラミングの概念

コンセプト	目的
文字のエスケープ（http://learnpythonthehardway.org/book/ex10.html）	エスケープは、Mac、LinuxなどのUnix系のシステムで、バックスラッシュ（\を前に置くことによってファイルパス、ファイル名にスペースなどの特殊文字が含まれていることをマシンに知らせる。たとえば、コマンドラインでスペースの前に\を置いてエスケープすると、そのスペースがパラメータの区切りを表すのではなく、ファイル名の一部であることを示せる。
\n	\nは、行末、またはファイル内の新しい行を示す記号。
elif（https://docs.python.jp/3/tutorial/controlflow.html）	if-else文を書くときに、第2、第3の条件を書くことができる。もし〜なら（if）…、でなくてもし〜なら（elif）…、でなくてもし〜なら（elif）、以上のどの条件にもあてはまらないなら（else）…という形。
関数（http://bit.ly/python_functions）	Pythonの関数は、コードの部品を実行するために使われる。再利用可能なコードを関数にすると、同じコードの繰り返しを避けられる。

コンセプト	目的
zip（http://bit.ly/python_zip）	zipは2つのイテラブルな（反復処理できる）オブジェクトを引数として取るPythonの組み込み関数で、両方の要素からタプルを作り、タプルのリストを出力する。
タプル（http://bit.ly/python_tuple）	タプルはリストと似ているが、イミュータブル（値を更新できないという意味です）。タプルを更新したい場合は、新しいオブジェクトとして格納しなければならない。
dictによる変換（http://bit.ly/python_dict）	dictはPythonの組み込み関数で、入力を辞書に変換しようとする。適切に使うためには、入力がキーバリューペアに見えるものでなければならない。

次章では、データの獲得と保存を取り上げます。別の形式でデータを獲得する方法について、さらに深い知恵を身につけてください。第7章と第8章では、データのクリーンアップを取り上げます。これも、PDF処理の複雑さにうまく対処するために役立つでしょう。

6章 データの獲得と格納

調査する最初のデータセットを見つけることは、自分の問いに応えるという目標を達成するためのステップとしてはもっとも重要でしょう。第1章で触れたように、時間をかけて自分の問題を十分理解し、必要にして十分なデータであり、さらにほかの人々にとっても面白いと感じられるような豊かな問題に取り組みましょう。

しかし、すでに面白いと思うデータセットを見つけているものの、それを使ってどうしても解きたいと思うような問題がないという場合があります。データソースについてまだよく知らず、信頼できるわけではない場合には、少し時間をかけて調査をすべきです。このデータは適切か、更新されているのか、現在公表されているものや将来の更新に頼ってよいのか、といったことを自問自答しましょう。

この章では、あとで使うためのデータを手に入れられるのはどこなのかをまとめておきたいと思います。データベースを使ったことがない読者のために、いつ、どのようにしてデータベースを使うべきかを解説するとともに、自分のデータを格納するための単純なデータベースの設定方法も示します。データベースをすでによくご存知の読者や自分のデータソースがデータベースだという読者のためには、Pythonの基本的なデータベース接続構造を説明します。

まだデータセットが決まっていなくても心配する必要はありません。私たちは、本書のリポジトリ(https://github.com/jackiekazil/data-wrangling)にある、自由に使えるサンプルを使っていきます。

実際に手を動かして学習効果を高めるために、本書全体を通じて、学んだことを応用できる問題を用意しておくことを強くお勧めします。以前から調査、研究するつもりだった問題でも、本書で探っていくデータに関連した問題でもかまいません。選んだ問題が単純なら、自分でコードを書きながら学習するのがベストです。

6.1　すべてのデータが同じように作られているわけではないこと

目に入るデータセットはすべて正確で品質の高いものだと考えたいのは山々ですが、データセットは私たちの期待に沿うようなものばかりではありません。今使っているデータセットでも、調査を進めたあとは、できの悪いものだということが明らかになるかもしれないのです。実際にデータラングリング問題の自動化された解決法を探っていくと、データのよしあしを判定し、手持ちのデータに問題解決の能力があるかどうかを調べるために役立つPythonツールが見つかるでしょう。それらのツールについては、第7章と第8章でPythonを使ったデータのクリーンアップ、データの探究を説明するときや第14章で自動化を取り上げるときに、さらに説明します。

新しいデータを見つけたときには、データを信用してよいかどうか、情報ソースは信頼できるところなのかどうかを判断するために、データの「におい」をテストすることをお勧めします。次のことを自問自答してみてください。

- 著者、製作者は、疑問や不安を感じたときに連絡が取れる相手か。
- そのデータは定期的に更新され、エラーチェックされているように見えるか。
- そのデータには、どのようにして獲得したか、どのようなタイプのサンプルを使ったかといった情報がついているか。
- このデータセットを確認、チェックできるほかのデータソースはあるか。
- テーマに関する自分の知識から見て、このデータは本当らしいか。

これらの問いのうち、少なくとも3個に「イエス」と答えられるなら、正しい方向に進んでいると言えるでしょう。それに対し、2個以上の答えが「ノー」なら、信頼できると言えるデータを見つけるために検索を続ける必要があります。

データを収集、公開した著者や組織と連絡を取り、情報提供を求めるべき場合があります。適切な相手に電話したりメールを送ったりすると、上記の問いに対する答えを明らかにしたり、データソースがどのくらい信頼できるかを証明したりするために役立つことがよくあります。

6.2　事実確認

データの事実確認は面倒で消耗する作業になることもありますが、自分のレポートの正しさを保証するためには特に重要です。データセットにもよりますが、事実確認のためには次のような作業をします。

- ソースに連絡を取り、彼らが使った最新方法、リリースを確認する。
- 比較できるほかのよいソースの有無を調べる。

- よいソースや本物の情報について専門家に電話などで直接話を聞く。
- データソースやデータセットが信頼できるものかどうかを判断するために、自分のテーマをさらに詳しく調査、研究する。

購読者専用の出版物や教育用アーカイブにアクセスできる図書館や大学は、事実確認のためにとても役に立ちます。LexisNexis（http://lexisnexis.com）、CQ Press Library（http://library.cqpress.com）、JSTOR（http://jstor.org）、コーネル大学arXivプロジェクト（http://arxiv.org）、Googleの学術検索（http://scholar.google.com/）などのツールにアクセスできれば、ほかの人々がそのテーマについて何を研究し、どのようなことを言っているかを調べられます。

事実確認では、グーグル検索も役に立ちます。ある人が公開ソースからデータを取得していると主張している場合、その主張の事実確認をした人や主張の証拠を持っている人が別にいる可能性があります。オンラインで公開されているものの評価では自分自身の判断力を駆使する必要があります。ソースは本物か、議論に説得力が感じられるか、つじつまが合っているか、証明はしっかりしているか。頭のなかでこれらの問いに対する自分の答えを吟味しましょう。

政府部局は膨大なデータセットを抱えています。地元の都市、州、国などで起こっている現象を研究したい場合、電話かメールで役に立つデータセットを持っている人を見つけられるのが普通です。また、世界各国の国勢調査部局は、定期的に国勢調査データを発表しているので、どのような問いに答えるかで困っているときにまず見てみるとよいでしょう。

最初のデータセットを確認し、事実調査したら、スクリプトで処理するのも、データの将来的な有効性を確認するのも簡単になっているはずです。スクリプトを書いたり、データを自動更新したりするために、本書を通じて（特に第14章で）学ぶヒントを活用することもできるでしょう。

6.3　読みやすさ、クリーンさ、持続性

データセットがまったく読み取れる代物ではないように見えても、希望はまだ残っています。第7章で学ぶことを使えば、コードでデータをクリーンアップすることができます。データが運よくマシンによって作られたものであれば、マシンが読み出せる可能性は高くなります。「現実の生活」からデータを獲得しようというときの方が難しくなります。第5章で見たように、PDFやあまり一般的ではないデータ形式は処理が難しくなりますが、まったく操作できないわけではありません。

読み取りにくいデータの読み取りではPythonを使えば役に立ちますが、読みにくいということ自体が、データソースの出所の悪さを示している場合があります。データが膨大でマシンによって生成されたものなら、それはよくあることです。データベースのダンプがきれいなものであったためしはありません。しかし、データが人間のソースによるものなのに読み取りにくいのであれば、データのクリーンさ、正しさの問題かもしれません。

データがすでにクリーンアップされているかどうかが問題になることもあります。データがどのようにして収集、報告、更新されているかを詳しく尋ねれば、クリーンアップ済みかどうかは見分けられます。

- データはどれくらいクリーンですか。
- 統計的なエラー率を示したり、誤っているエントリやデータの報告ミスを修正した人はいますか。
- 更新が公開されたり、あなたのもとに送られることになっていますか。
- データの収集でどのような方法が使われ、それらの方法はどのように確認されていますか。

データソースが標準的で厳格な調査、収集方法を採用している場合、今後何年もほとんど修正せずにデータのクリーンアップや報告のためのスクリプトを再利用できるでしょう。そういったシステムは、通常定期的に変わったりはしません（変更は時間とコストがかかるので）。クリーンアップ処理をスクリプトにまとめたら、翌年のデータも簡単に処理でき、直接データ分析に進むことができます。

データのクリーンさや読みやすさだけでなく、データがどれくらい長持ちするかも大切です。定期的に収集、更新されるデータを扱っているでしょうか。データはどのような日程で公開、更新されていますか。組織がデータをどのような頻度で更新するかを知っていれば、今後何年にも渡ってそのデータが使えるかどうかが判断しやすくなります。

6.4 データをどこで探すかということ

ソースの確認方法やPDFパーサーの書き方が1つに限らないのと同じように、データの見つけ方もたくさんあります。この節では、オンライン、オフラインの両方の探し方をまとめておきます。

6.4.1 電話の使い方

データファイルを見て、自問自答してみましょう。このデータはどこで得られたのでしょうか。Excel、PDF、Wordで作成されたファイルは一般に人間が介在し、その人はデータソースからデータを入手しています。

データを集めてきた人が誰かがわかれば、未加工のデータを入手できるかもしれません。この未加工データは、CSVやデータベースのようなパースしやすいファイル形式にまとめられている場合があります。収集者が収集の方法や更新のタイムラインについての質問に答えてくれる場合もあります。

データファイルから作成者を見つけるための手がかりをまとめておきます。

- ファイル内から連絡先情報を探す。

- 署名欄を探す。名前がなければ社名を探す。
- ウェブで文書のファイル名とタイトルを検索する。
- ファイルのメタデータを見る（Windowsではファイルを右クリックして「プロパティ」を選択、Macでは「情報を見る」を選択）。

見つかった人にはとにかく連絡を取ってみましょう。連絡先がファイルを作った人でなければ、単純に作成者を知っているかどうかを尋ねればよいのです。恥ずかしがらないようにしましょう。彼らの研究テーマや業績にあなたが関心を示せば、彼らはやる気が出るし、うれしくなるでしょう。

広報担当者とうまく付き合う方法

ファイルが会社などの組織によって作られたもので、広報担当者に話を通さなければならない場合には、作業に遅れが出てしまいます。伝言ゲームのことを思い出してください。ひとりが別のひとりに何かを話し、その人がまた別の人に聞いた話を伝えるということを繰り返していくと、わけのわからない話になってしまいます。

このようなコミュニケーションの効率を上げるためにできることは2つあります。1つは、信頼関係の構築です。競争関係がなければ、計画している仕事をシェアし、データソースとしてその会社の名前を出したいと言いましょう。すると、あなたはその会社の仕事の間接的な支持者になり、情報のシェアに協力的になるでしょう。もう1つは、広報担当者に電話会議か担当者立ち会いの議論を持ちかけることです。メールスレッドを重ねるのではなく、電話で話すことにより、質問に対してタイムリーに正確な答えをもらうことができるでしょう。

連絡を取るべき相手が見つかったら、電話をかけるか直接会いにいきましょう。メールは誤解を招きやすく、通常は無駄に長いやり取りになります。何を尋ねるべきかを考えるときの手がかりになる質問例をまとめておきます。

- この資料の6ページから200ページまでのデータはどのようにして入手されたのですか。
- JSON、CSV、XML、データベースなど、ほかの形式で見ることはできますか。
- どのようにしてデータを集めたのですか。
- データの収集方法を説明していただけませんか。
- 略語はどのような意味なのでしょうか。
- このデータは更新されますか。いつどのような形ですか。
- 情報を追加できる人はいますか。

あなたの時間的制約やプロジェクトの目的次第では、質問に対する回答を待っている間にデータの探究を始めた方がよい場合があります。

6.4.2 アメリカ連邦政府のデータ

アメリカ国内の現象を研究したい場合は、すぐにアクセスできるデータのオンライン公開を促進するというオバマ政権の最近の政策により、政府部局の定期的な報告書類に簡単にアクセスできるようになりました。Data.gov (http://data.gov) には、嵐のデータ (https://catalog.data.gov/dataset/ncdc-storm-events-database)、卒業率と中退率 (http://bit.ly/grad_dropout_rates_2011-12)、絶滅危惧種データ (http://bit.ly/endandered_density)、犯罪統計 (http://bit.ly/total_crime_index) など、面白そうなデータセットがたくさんあります。

アメリカ合衆国全体のデータだけでなく、州や地方公共団体も、データを公開するための独自サイトを持っています。いくつかをまとめておきます。

- 教育関連データ (http://datainventory.ed.gov/InventoryList)
- 選挙結果 (http://www.fec.gov/pubrec/electionresults.shtml)
- 国勢調査結果 (http://census.ire.org/)
- 環境データ (http://www.epa.gov/enviro/about-data)
- 労働統計 (http://bls.gov)

リストが公開されているのに見つからない情報があれば、担当部局に電話をかけて、データの提供を求めるのを躊躇してはなりません。政府部局の多くは、一般からの情報公開請求を処理するインターンや担当者を抱えています。

FOIA How-To

アメリカでは、地方公共団体、州政府、連邦政府にFOIA (情報公開法) に基づく情報公開請求を提出できます。請求の方法は単純でわかりやすいものになっています。探している情報がどのようなものか、それをどれくらい具体的に説明できるかによって、得られる情報は大きく変わってきます。

合衆国政府は、特定の部局に対して請求を提出し、その請求の状況を把握するために使えるFOIAのウェブサイト (http://bit.ly/foia_online) を開設しています。しかし、ほとんどの部局は、それぞれのサイトにFOIA請求の提出方法についての指示を掲載しています。請求には、自分の連絡先、必要としている記録の説明、製作費用がかかる場合に支払う用意のある額などを書かなければなりません。

不必要に範囲を狭めたりせずに、探している記録について具体的に説明しようと努力するのはよい習慣です。容易に想像できることですが、説明が広すぎれば、膨大な記録が返されてくることになるでしょう（整理が必要になり、場合によっては料金を払わなければなりません）。逆に、絞り込み過ぎれば、研究テーマに光を当てられる重要な記録を見落とすことになります。もちろん、最初の請求から得られた情報に基づいて、何度でもFOIA請求を提出することはできます。楽しみの半分は、ここにあります。

アメリカ以外の国の政府部局から情報を入手したい場合には、Wikipediaの「Freedom of information laws by country」（http://bit.ly/foi_laws）に世界中の情報公開法についてのすばらしいリストが掲載されています。アメリカのFOIAの詳細については、電子フロンティア財団（EFF、Electronic Frontier Foundation）の記事（https://www.eff.org/issues/transparency/foia-how-to）を見てください。

6.4.3 世界中の国、都市の情報公開

政府が持っているデータの入手方法は、どの国を調査したいか、その国に住んでいるかどうかによってまちまちです。私たちが知っているのはアメリカの政策なので、ここからのリストがあらゆる可能性を網羅するものだと主張するつもりはありません。本書で触れられていない有用な公開情報で、皆さんがシェアしたいと思うものがあれば、是非私たちに知らせてください。

政府提供のデータセットでも、特にその政府が人権侵害の歴史を抱えているようなところであれば、事実確認をすることをお勧めします。どのようなデータに接するときでも判断力を最大限に駆使し、掲載されている連絡先に電話、メールをしてデータの収集方法を問い合わせることを躊躇してはなりません。

6.4.3.1 EUとイギリス

EUやイギリスのデータに関心がある場合には、利用できるデータポータルがたくさんあります。次に示すサイトは、組織やオープンデータの熱心な推進者が開設しているものなので、探しているデータセットがある場合には、サイトのオーナーに直接連絡を取ることができます。

- Public Data EU（http://publicdata.eu/）
- Open Data Europa（http://open-data.europa.eu）
- Linked Open Data Around-The-Clock（http://latc-project.eu/）
- UK Government Data（http://data.gov.uk/）

6.4.3.2 アフリカ

アフリカ諸国のデータが必要なら、データを収集して開発者向けのAPIを構築しようというプロジェクトが多数進められています。アフリカ諸国の多くは、それぞれのオープンデータポータルを

使っています（Google検索でたいてい見つかります）。この地域の役に立つプロジェクトの一部を紹介します。

- Africa Open Data (http://africaopendata.org/)
- Code for South Africa (http://code4sa.org/)
- Code for Africa (http://www.codeforafrica.org/)
- Open Data for Africa (http://opendataforafrica.org/)

6.4.3.3 アジア

アジア諸国では、ほとんどの国がオープンデータソースサイトを運営しています。魅力的なデータセットを持つ一部の国のサイトと組織が開設している地域データサイトを紹介します。

- Open Cities Project (http://www.opencitiesproject.org/)
- Open Nepal (http://data.opennepal.net/)
- National Bureau of Statistics of China (http://www.stats.gov.cn/english/)
- Open Data Hong Kong (https://opendatahk.com/)
- Indonesian Government Open Data (http://data.go.id/)
- オープンデータカタログサイト (http://www.data.go.jp/)

6.4.3.4 EU以外のヨーロッパ、中央アジア、インド、中東、ロシア

中央アジア、EU非加盟の中欧、中東の諸国は、それぞれのオープンデータサイトを運営しています。ここではそれらの一部を紹介していますが、対象の地域、国々が絞り込めていて、それぞれの国語で書かれたデータにアクセスしたい場合には、語学力が重要になるでしょう（しかし、Google Chromeは自動的にウェブページを翻訳しようとするため、それぞれの国の言語を知らなくても、役に立つデータを見つけられる場合があります）。

- Russian Government Data Website (http://data.gov.ru/)
- PakReport—Pakistan Open Data and Maps (http://pakreport.org/)
- Open Data India (http://www.data.gov.in/)
- Turkey Open Statistics (http://www.turkstat.gov.tr/)

6.4.3.5 南米とカナダ

南米の多くの国々はそれぞれのオープンデータサイトを持っており、検索で簡単に見つけられます。カナダもオープンデータポータルで統計情報を提供しています。ここでは一部のサイトを紹介していますが、オンラインで検索をかけて、関心のあるセクター、政府の情報を探してみることをお勧めします。

- Canada Statistics (http://www.rdc-cdr.ca/datasets-and-surveys)
- Open Canada (http://open.canada.ca/en)
- Open Data Brasil (http://dados.gov.br/)
- Open Data Mexico (http://datos.gob.mx/)
- Open Data Latin America (http://www.opendatalatinoamerica.org/)
- Developing in the Caribbean (http://developingcaribbean.com/)

6.4.4 各種機関、NGO(非政府組織)のデータ

各種機関(地域のものも、国際的なものも)は、気候変動、国際ビジネスや国際貿易、国際輸送などに関する州や国の境界を越えたデータセットの重要な供給源です。政府が収集していないデータを調査テーマとする場合(宗教に関する詳細なデータ、薬物使用、コミュニティベースのサポートネットワークなど)や、政府が情報ソースとして信頼性がないとかオープンデータポータルを持っていないという場合には、NGOやオープンデータ組織が必要なデータを提供している場合があります。一部をここに掲載しますが、データのオープンな交換、アクセスのために戦っているサイトはもっとたくさんあります。

- United Nations Open Data (http://data.un.org/)
- United Nations Development Program Data (http://open.undp.org/)
- Open Knowledge Foundation (https://okfn.org/)
- 世界銀行データ (http://data.worldbank.org/)
- WikiLeaks (https://wikileaks.org/)
- International Aid and Transparency Datasets (http://www.iatiregistry.org/)
- DataHub (http://datahub.io/)
- Population Reference Bureau (http://www.prb.org/DataFinder.aspx)

6.4.5 教育と大学のデータ

世界中の大学、大学院は絶えず研究調査を進め、データセットを公開しており、生物科学の進歩から地域文化と近隣の生態系の相互依存関係まで、ありとあらゆるテーマを扱っています。教育の分野で取り上げられないテーマは考えにくく、大学は最新の話題のデータを入手できるすばらしい場所になっています。ほとんどの研究者は、誰かが自分のテーマに関心を持っているという話を聞けば喜ぶので、適切な学部学科、研究者に直接連絡を取って情報を求めることをお勧めします。

- Lexis Nexis (http://lexisnexis.com)
- Google Scholar search (http://scholar.google.com)

- コーネル大学のarXivプロジェクト（http://arxiv.org）
- UCI Machine Learning Datasets（http://archive.ics.uci.edu/ml/）
- Common Data Set Initiative（http://www.commondataset.org/）

6.4.6 医療および科学データ

大学と同様に、科学や医療の研究機関は、広範囲のデータを蓄えている宝庫です。科学研究を見ても圧倒されてしまうかもしれませんが、恐れないでください。研究のために使われたデータセットが見つけられた場合、そのなかでは論文の専門用語は使われていないのが普通です。特定の研究者や研究が頭のなかにあるなら、直接連絡を取ることをお勧めします。次のリストは、一部の集約サイトをまとめたものです。

- Open Science Data Cloud（https://www.opensciencedatacloud.org/publicdata/）
- Open Science Directory（http://www.opensciencedirectory.net/）
- WHO（世界保健機関）データ（http://www.who.int/gho/database/en/）
- Broad Institute Open Data（http://www.broadinstitute.org/scientific-community/ data）
- Human Connectome Project（neuro pathway mapping）（http://www.humanconnectomeproject.org/）
- UNC's Psychiatric Genomics Consortium（http://www.med.unc.edu/pgc/）
- Social Science Datasets（http://3stages.org/idata/）
- CDC Medical Data（http://www.cdc.gov/nchs/fastats/）

6.4.7 クラウドソーシングデータとAPI

公的なデータよりもクラウドソーシングの方が自分のアイデアや疑問に対してよい答えを与えられるのなら、インターネットとそのフォーラム、サービス、ソーシャルメディアアウトレットの多くを活用すれば、独自の問いを作り、若干のデータマイニングの助けを借りてそれに答えることができます。TwitterやInstagramなどのサービスは、数十億ものユーザーを抱え、使いやすいAPI（アプリケーションプログラミングインターフェイス）を備えていることを誇っています。APIとは、ソフトウェアがほかのシステムとやり取りするためのプロトコル、ツールです。私たちの場合、通常ならウェブベースのAPIを使ってウェブ要求を送り、サービスからデータを送り返してもらいます。APIアクセスなら、通常は1時間未満で設定を済ませると、あとは簡単な操作で数百万ものレコードを引き出せます。

APIについては第13章でもう少し深く見ていきます。今の段階では、**表6-1**にまとめたAPIアクセスの基本的な利点と欠点を頭に入れておけばよいでしょう。

表6-1 APIアクセスの意義

長所	短所
使えるデータにすぐアクセスできる。	大規模APIシステムはデータの信頼性に欠ける（選択にバイアスがかかっている）。
膨大な量のデータがある。	データが重過ぎる。
ストレージの心配が不要。サービスのストレージにあるデータにアクセスするだけで済む。	アクセスできることに依存しており、いつでも使えるという信頼性に欠ける—APIの限界やダウンタイムに左右される。

表6-1からもわかるように、利点と欠点が共存しています。使いたいAPIが見つかったら、そのAPIをどのように使うか、アクセスできないときにどうするかについて、いくつかルールを作っておきましょう（ダウンタイムの問題を避けるために、レスポンスをローカルに格納しておいた方がよいかもしれません）。時間をかけて十分な量のレスポンスを集めれば、研究から選択上のバイアスをある程度取り除くために役立つ場合があります。

ソーシャルウェブサービス以外でも、自分の疑問点やアイデアを投稿してクラウドソースからの応答を求めることができるサイトがたくさんあります。テーマに関する専門的なフォーラムに行くか、独自チャネルで調査を投稿して回覧してもらうかは、自分で決めることですが、独自の問いや方法を使うときには、グループの規模やサンプリングエラーを考慮しなければならないことに注意します。具体例を引用しながら独自調査の書き方について詳しく説明してくれる本としては、ウィスコンシン大学の調査ガイド（http://bit.ly/survey_guide）がよい出発点になります。

その他のクラウドソーシングされたデータについては、次のものを見てください。

- Gallup Polls（http://www.gallup.com/home.aspx）
- European Social Survey（http://www.europeansocialsurvey.org/data/）
- Reuters Polls（http://polling.reuters.com/）

利用できるデータの量は膨大であり、ノイズを取り除いてどのような問いなら答えられるか、問いに答えるためにどうすればよいかについてよい考えを見つけるのは決して簡単な仕事ではありません。問いに答えるために役立つデータをどのようにして探せばよいかについて、具体的なイメージが湧くように、いくつかケーススタディを見てみましょう。

6.5 ケーススタディ：データ収集の例

どのようにデータ収集を始めたらよいかについてのイメージをつかむために、いくつかの異なる問題領域を見てみましょう。

6.5.1 エボラ

西アフリカのエボラ危機について調査したいものとします。どこから始めたらよいでしょうか。まず手始めに、Googleで「Ebola crisis data」を検索してみましょう。エボラウィルスの流行を監視している国際機関がたくさんあることがわかります。それらの機関は、自由に使えるツールを多数提供してくれています。

まず、WHO（世界保健機関）の状況報告（http://bit.ly/who_ebola_reports）があります。WHOのサイトには、症例数と死亡者数についての情報、影響を受けた地域を示す対話的マップ、対策の主要な評価指標などについての情報があり、毎週更新されているように見えます。データはCSVとJSONで提供されており、情報ソースは本物で信頼性があり、定期的に更新されています。

しかし、最初に見つかった結果に満足せずに、ほかにどのようなソースがあるかを探っていきます。検索を続けると、cmriversというユーザーが運営しているGitHubリポジトリが見つかります（https://github.com/cmrivers/ebola）。ここには、さまざまな政府やメディアによる未加工のデータが集められています。ユーザーが誰かがわかっていて、書かれている連絡先を通じて接触することができるので、これらの情報ソースが最後に更新された時期を確かめたり、データ収集方法について質問したりすることができます。データ形式は私たちが処理方法を知っているもの（CSV、PDFファイル）なので、問題はないはずです。

さらに調べていくと、「安全な埋葬のためにどのような予防措置が取られているのだろうか」といった特定の問題に関心が絞り込まれてくるかもしれません。すると、Sam Libby（https://data.hdx.rwlabs.org/user/libbys）が管理している安全で威厳のある葬儀についてのレポート（http://bit.ly/burial_teams）が見つかります。すばらしい。聞きたいことがあれば、Samに直接連絡を取ることができます。

最初の段階の情報ソースリストとしてはまずまずのものができました。信頼できる機関によるデータだということを確認し、調査の進行とともにその他の情報について教えてもらえる人を見つけました。では、ほかの事例を見てみましょう。

6.5.2 鉄道の安全性

アメリカの鉄道の安全性に関心があるものとします。答えたい問題は、「鉄道の安全に影響を与えるマイナス要因は何か」だとしましょう。まず、鉄道の安全性に関する先行研究を調べることになるでしょう。すると、鉄道の安全と運行の確保を主管する連邦鉄道管理局（FRA）に行き当たります。FRAウェブサイト（https://www.fra.dot.gov）で報告書やファクトシートを確認すると、ほとんどのものが、事故はずさんな保線作業、すなわちヒューマンエラーによって起きていることを示していることがわかります。

そこで、鉄道事故の人間的な側面に関心を持つようになり、さらに情報を掘り下げていきます。FRAには、鉄道会社の従業員と安全についての報告書が多数あります。たとえば、鉄道労働者の睡眠パターンについての報告書などがあり（http://bit.ly/work_sleep_sched_data）、どのようなメカニズムでヒューマンエラーが起こるかについてヒントが得られます。また、鉄道会社の従業員を対象とする薬物、アルコール検査の全米統一規則についての情報も見つかります（http://bit.ly/fra_drug_

alcohol_testing)。

それらからさらに多くの疑問が湧いてきて、本当に知りたいことが絞り込まれていきます。たぶん、今知りたいと思っているのは、「飲酒を原因とする鉄道事故はどれくらいの頻度で起きているのか」とか「鉄道技術者はどれくらいの頻度で働き過ぎになったり、疲れた状態で仕事をしたりしているのか」といった問題でしょう。調査の初期で使える信頼性の高いデータセットが見つかり、調査の進展に合わせて情報提供を求めるためのFRAの連絡先がわかりました。

6.5.3 サッカー選手の収入

次は、サッカーの選手たちの収入に関心を持ったとします。選手たちはどれくらい稼いでいるのか、個々の選手がチームに与える影響はどれくらい大きなものなのかといったことです。

検索を始めると、データがばらばらなので1つのリーグに焦点を絞るべきだということがわかります。そこで、調査対象としてイングランドのプレミアリーグを選んだとしましょう。すると、今まで名前を聞いたこともないようなサイトで、プレミアリーグのクラブが支払っている年俸の一覧表が見つかります（http://bit.ly/epl_salaries_by_club）。この表を作った人は、チームごとに各選手の年俸をまとめたリストも作っていることがわかります（http://bit.ly/2014_man_city_salaries）。データの出所がどこで、そのソースにどれくらいの信ぴょう性があるのかを確かめるために、ページに書かれている著者に連絡を取ってさらに情報を集めるようにすべきでしょう。

CM収入の情報も探すと、年収がもっとも高い選手たちのCM収入と年俸を示すStatistica（現在Quest社が扱っている統計ソフトウェア）のグラフが見つかります（http://bit.ly/2014_soccer_player_earnings）。この場合も、最新の数字で比較できるようにするために、ソースに連絡を取り、CM収入の最新データがあるかどうかを確かめることになるでしょう。

収入データは手に入ったので、高収入の選手たちにどれだけの価値があるのかについての統計を見てみたいところです。プレミアリーグのウェブサイト（https://www.premierleague.com/stats/top/）には選手たちの統計データが載っています。ウェブスクレイピング（詳しくは第11章参照）で得られるデータはこれだけですが、ソースを信頼できることはわかっています。選手の統計情報を探すと、アシスト数上位の選手のデータがあります（http://bit.ly/espn_epl_top_assists）。ペナルティキックの統計もあります（http://bit.ly/epl_2015-16_penalties）。ここでも、簡単ではありませんが、ソースの正しさを調査したいところです。

これで、個々のサッカー選手のゴール、レッドカード、PKが1ついくらかを分析できるようになりました。

6.5.4 児童労働

最後に、本書のこれからの章で答えていく問いについて触れておきましょう。私たちは国際的な児童労働の犯罪を調べていきます。国際的なテーマについて考えるときには、すぐに国際機関のことが思い浮かびます。

私たちは、児童労働を専門に扱っているUNICEFのオープンデータサイトを見つけました（http://data.unicef.org/child-protection/child-labour.html）。実際、UNICEFは、世界中の婦人と児童の幸福と現状についてのデータセットを持っています（http://www.childinfo.org/mics.html）。これらのデータセットは、「早婚は児童労働の割合に影響を与えているか」といった問いに答えるために役立ちます。

政府によるデータを探すと、世界中の児童労働についてアメリカ労働省が毎年出している報告書があります（http://www.dol.gov/ilab/reports/child-labor/）。このデータはUNICEFのデータセットと比較対照すると効果的です。

また、国際労働機関（ILO）の児童労働に関するトレンド報告もあります（http://bit.ly/child_labour_trends08-12）。ILOの報告書には多数のデータセットに対するリンクがあり、児童労働についての過去のデータを知りたいときに役立つはずです。

私たちは、次章以降で使うために複数のデータセットを集めました。それらはデータリポジトリ（https://github.com/jackiekazil/data-wrangling）に含まれているので、皆さんもそれを使って本に書かれているのと同じことをすることができます。

問題を絞って資料を見つける方法については十分見てきたので、次はデータの保存について考えましょう。

6.6 データの保存：いつ、なぜ、どのように

必要なデータが見つかったら、それを保存しておく場所が必要です。クリーンでアクセスしやすくマシンリーダブルな形式でデータを入手できることもありますが、そうでない場合は、格納するための方法を考えるべきです。CSVやPDFから最初にデータを抽出したときに使うべきデータ格納ツールについてはあとで取り上げます。完全に処理し、クリーンアップするのを待ってからデータを格納すべき場合もあります（詳しくは第7章で説明します）。

どこにデータを格納したらよいのか

最初の問いは、抽出元のファイルとは別の場所にデータを格納すべきかどうかです。この問いに答えるために自問自答すべき項目を挙げておきましょう。

- マシンをクラッシュさせることなく、単純なドキュメントビューア（たとえばMicrosoft Word）でデータセットを開けますか。
- データに適切なラベルが付けられ整理されていて、個々の情報を簡単に取り出せるようになっていますか。

- 作業中複数のノートPCやデスクトップを使わなければならなくなったときに、データを簡単に格納、移動できますか。
- データはリアルタイムでAPIを介してアクセスできますか。つまり、必要になったときに要求すればデータを入手できますか。

これらの問いに対する答えがすべてイエスであれば、データを別の場所に保存することなど考えなくてもたぶんよいでしょう。ノーが混ざるようなら、データベースやフラットファイルにデータを格納すべきです。すべての問いに対する答えがノーなら、どうかこの先を読み続けてください。あなたのための解決策を説明します。

手元のデータセットの形式がばらばらで、あっちのファイル、こっちのレポートをかき集めたものだとします。一部は簡単にダウンロード、アクセスできるものの、一部はコピーしたりウェブスクレイピングしたりしなければならないというような場合です。データセットをクリーンアップして結合する方法は、第7章と第9章で説明しますが、さしあたり、共有の場所にデータを格納する方法を説明しておきましょう。

複数のマシンから集めたデータセットを使うつもりなら、かならずネットワークかインターネット（クラウドコンピューティングへようこそ！）に格納するか、外部ハードディスクやUSBディスクに保存すべきです。それぞれが別の場所やマシンからデータにアクセスしなければならないチームでデータを操作する場合には、このことを頭に入れておいてください。1台のマシンで作業する場合には、データバックアップの方法をかならず用意すべきです。せっかく獲得しクリーンアップするために数か月もかけたデータも、ノートPCを紛失してなくなってしまっては最悪です。

6.7 データベース：簡単な紹介

データベースは、愛用することも避けることも学ぶべき存在です。あなたは、開発者として、学生時代から社会に出たあとまで、さまざまなタイプのデータベースを使ったことがあるでしょう。この節は、データベースを包括的に俯瞰しようというものではありません。データベースの基本概念を簡潔に紹介したいと思っています。すでにデータベースをよく知っており、頻繁に使っているなら、この節は駆け足で通り過ぎて、ほかのストレージソリューションとそういうものを使うべきタイミングについての議論に進んでください。

Siriを使って電話番号を調べたことがありますか。Googleで検索をしたことがありますか。TwitterやInstagramでハッシュタグをクリックしたことがありますか。これらはどれも、データベース（または一連のデータベースやデータベースキャッシュ）に単純な検索をかけて応答が返ってきたところを表しています。知りたいこと（YouTubeにネコのMaruのどんな新作ビデオがあるか）があり、特定のデータベース（YouTube検索）に問い合わせをして、応答（検索結果のリスト）が返されるということです。

以下の節では、データベースの2種類の主要タイプについて、それぞれの長所、短所を比較対照しながら説明します。データラングリングのためにどうしてもデータベースを使わなければならないということはありません。しかし、データラングリングとデータ分析に上達してくると、データベースの知識を持ち、データベースを活用できるようになっていることがより重要になり、データ格納/分析能力を上達させるためにも役立ちます。

データベースに関心のある読者のために、ここではPythonを使ったデータベース操作の方法について簡単に説明します。しかし、このテーマを完全に説明するだけの時間はとうていありません。この節にどれくらいの興味を感じたかに合わせて、詳しい情報、ビデオ、チュートリアルなどを探すことをお勧めします。

6.7.1 リレーショナルデータベース：MySQLとPostgreSQL

リレーショナルデータベースは、さまざまなソースから入手し、相互関連性がまちまちなデータを格納するときにきわめて役に立ちます。リレーショナルデータベースは名前の通りの存在で、データが家系図のような関係を持つときには、MySQLなどのリレーショナルデータベースは効果的に使えるでしょう。

リレーショナルデータベースは、データセットを直接呼び出すために一意な識別子を使うのが普通です。SQLでは、通常それをIDと呼びます。ほかのデータはこれらのIDを使ってつながりを見つけ、マッチさせます。これらのデータセットのつながりを利用すると、**結合**（JOIN）と呼ばれるものを作ることができます。1度に多くの異なるデータセットからデータを集めてきてつなぎ合わせることです。具体的な例を見てみましょう。

私には、非常にすばらしい友人がいます。名前はMeghanで、髪は黒く、ニューヨーク・タイムズで働いています。余暇には、ダンスに行ったり、料理をしたり、コードの書き方を教えたりしています。私が友人のデータベースを持っていて、SQLを使って友人の属性を表現していたとすると、以上の情報を次のようにまとめるでしょう。

```
**friend_table:（基本データ） # ❶
friend_id  # ❷
friend_name
friend_date_of_birth
friend_current_location
friend_birthplace
friend_occupation_id

**friend_occupation_table:（職業）
```

```
friend_occupation_id
friend_occupation_name
friend_occupation_location

**friends_and_hobbies_table:（趣味）
friend_id
hobby_id

**hobby_details_table:（趣味の詳細情報）
hobby_id
hobby_name
hobby_level_of_awesome
```

❶ 私の友人データベースでは、個々のセクション（**がつけられているもの）がテーブルになります。リレーショナルデータベースでは、テーブルは、特定のテーマ、オブジェクトについての情報を格納します。

❷ テーブルが格納している個々の情報部品は、フィールドと呼ばれます。この場合、friend_idフィールドは、friend_tableに含まれる一人ひとりの友人を一意に識別するIDを格納しています。

このデータベースには、私は「Meghanの趣味は何だったっけ？」と尋ねることができます。この情報にアクセスするには、データベースに次のように話していきます。「友だちのMeghanを探しているんだけど、彼女はニューヨークに住んでいて、誕生日はこの日なの。彼女のIDわかる？」すると、誕生日SQLデータベースは、このクエリー（問い合わせ）に対して彼女のfriend_idを返します。すると、私はfriend_and_hobbies_table（このテーブルは、友人のIDから趣味のIDを導き出すことができます）にこのfriend_idに対応する趣味は何かを尋ねることができます。データベースは、3つの新しいhobby_idのリストを返してくるでしょう。

これらのIDは数値なので、私はその意味を知りたいと思うでしょう。hobby_details_tableに「このhobby_idの詳細について教えて」と頼むと、データベースは「わかりました。1つはダンス、もう1つは料理、最後の1つはコーディングの方法を人に教えることです」と答えてきます。友だちの特徴を指定するだけで、彼女の趣味は何かという難問が解決できたのです。

リレーショナルデータベースを設定してデータを書き込むためには、非常に多くの手順が必要です。しかし、データセットがさまざまな関係を表現していて複雑になっていれば、それらを結合してほしい情報を取り出してくるための手順はわずかで済みます。リレーショナルデータベースを構築するときには、私たちが友人データベースでしたのと同じように、関係と属性を洗い出すために時間をかけるようにすべきです。

リレーショナルデータベースのスキーマでは、自分がデータをどのように使うことが多いかを考えて、データをどのようにマッチさせたいかを決めます。私たちは、職業を使えば友だちを見つけるために役立つと考えたので、友人テーブルに職業IDを入れたのです。

もう1つ注意しなければならないのは、関係には複数の異なる種類があるということです。たとえば、私には料理を趣味とする友人がたくさんいるかもしれません。これを多対多関係と呼びます。ペットのテーブルを追加すると、多対一という別の種類の関係を追加することになります。これは、友人たちは複数のペットを飼っていても、個々のペットはひとりの友人だけに所属するということです。`friend_id`を使えば、その友人が飼っているすべてのペットを導き出すことができます。

SQLとリレーショナルデータベースをもっと学んでみたいと思う読者には、時間をかけてSQLに取り組むことをお勧めします。出発点としては、Learn SQL The Hard Way (http://sql.learncodethehardway.org/) とSQLZOO (http://sqlzoo.net) がよいでしょう。PostgreSQLとMySQLでは構文にわずかな違いがありますが、基礎はどちらも同じであり、どちらを学ぶかは個人的な好みの問題です。

6.7.1.1 MySQLとPython

MySQLをよく知っており(あるいは学んでおり)、MySQLデータベースを使いたいと思う場合には、簡単な接続のためのPythonバインディングが用意されています。PythonでMySQLにアクセスするための手順は2つです。まず、MySQLドライバをインストールします。次に、Pythonを使って認証情報(ユーザー名、パスワード)とホスト、データベース名を送ります。Stack Overflowには、両方を取り上げたすばらしいやり取り(http://bit.ly/mysql_python)が含まれています[*1]。

6.7.1.2 PostgreSQLとPython

PostgreSQLをよく知っており(あるいは学んでおり)、PostgreSQLデータベースを使いたいと思う場合にも、簡単な接続のためのPythonバインディングが用意されています。必要な手順も2つで、ドライバをインストールしてからPythonに接続します。

Python用のPostgreSQLドライバはたくさんあります(https://wiki.postgresql.org/wiki/Python)が、もっとも人気があるのはPsycopg (http://initd.org/psycopg/) です。Psycopgのインストールページ(http://initd.org/psycopg/docs/install.html) はPsycopgを動かすための詳細を説明しています。また、PostgreSQLサイト(https://wiki.postgresql.org/wiki/Psycopg2_Tutorial) には、PythonとPsycopgの使い方についての長い説明が掲載されています。

6.7.2 非リレーショナルデータベース:NoSQL

データベースを使うのはやぶさかではないものの、あらゆる関係を洗い出すということを考えると憂鬱になるかもしれません。それは、まだデータがどのようにつながっているかについてきちんと理解できていないということかもしれませんが、手持ちのデータがフラットデータ(つまり、かならず

---

*1 Python 3で使えるMySQLドライバとしてはmysqlclientとPyMySQLなどがあります。Python 2系でよく使われていたMySQL-pythonは現時点ではPython 3未対応です。

しも対応関係のない関係性の薄いデータ）だからなのかもしれません。また、SQLを学ぶことにそれほど興味を持てないという場合もあるでしょう。幸い、そのような場合に適したデータベースがあります。

NoSQLデータベースは、フラットな形式（通常はJSON）でデータを格納します。第3章で説明したように、JSONは情報の単純なルックアップの形式になっています。前節の私の友人についてのデータに戻り、友人についての情報をさらに掘り下げる形でルックアップできるようなノードにデータが格納されていたらどうなるでしょうか。たとえば、次のような形になるでしょう。

```
{
    'name': 'Meghan',
    'occupation': { 'employer': 'NYT',
                    'role': 'design editor',
                  },
    'birthplace': 'Ohio',
    'hobbies': ['cooking', 'dancing', 'teaching'],
}
```

このように、テーブルを作らなくても、友人のすべての属性を単純なリストにまとめられます。

では、リレーショナルデータの利点は何なのだろうかと尋ねたくなるかもしれません。誰に尋ねるかによって、答えは大きく変わるでしょう。これは、コンピュータサイエンスの世界のなかで、また開発者たちの間で、熱い論争が繰り広げられているテーマなのです。私たちの意見では、データが膨大な関係のネットワークという構造にまとめられているときに、SQLは高速なルックアップのために多くの前進を成し遂げたと思います。同時に、非リレーショナルデータベースは、スピード、可用性、複製の作成の分野で多くの前進を成し遂げています。

結局、2つのうちのどちらか片方を身に付けることに特に強い関心がある場合は、自分のデータセットをどのような形にまとめるかを今決めるのではなく、これから学習することに基づいて判断すべきだということです。片方からもう片方にマイグレーション（システムの移行）が必要になった場合、どちらの方向についても、マイグレーションを助けてくれるツールはあります*1。

6.7.2.1 MongoDBとPython

すでに非リレーショナルデータベース構造のデータがある場合や、実践によって学習したい場合、Pythonを使ってNoSQLデータベースに接続するのは非常に簡単です。選択肢は多数ありますが、MongoDB（http://mongodb.org/）はよく使われるNoSQLデータベースの1つです。MongoDBを使うには、まずドライバ（http://docs.mongodb.org/ecosystem/drivers/python/）をインストールしてか

＊1 SQLとNoSQLの間でのマイグレーションについて詳しいことを学びたい場合は、Foursquareのリレーショナルデータベースから NoSQLデータベースへのマイグレーションについて書かれたMatt Asayの文章（http://bit.ly/migrate_rdb_nosql）を読むとよいでしょう。また、逆方向のマイグレーションについては、Quoraの記事（http://bit.ly/migrate_mongodb_mysql）があります。

ら、Pythonを使って接続をします。PyCon 2012では、「Getting Started with MongoDB」(http://bit.ly/pycon2012_presentations) というすばらしいプレゼンテーションがありました。MongoDBについてとPythonを使ったMongoDBへの接続方法を初めて学習するときには、このプレゼンテーションが役に立つでしょう。

6.7.3 Pythonによるローカルデータベースの設定

Pythonでデータベースアクセスを始めるためにもっとも簡単な方法の1つは、手っ取り早く準備を整えてくれる単純なライブラリを利用することです。本書の目的では、Dataset (http://dataset.readthedocs.org/en/latest/) をお勧めします。Datasetはラッパーライブラリで、Pythonコードを操作したいデータベースのコードに変換することによって高速開発をサポートします。

すでにSQLite、PostgreSQL、MySQLデータベースがある場合、クイックスタートガイド (http://bit.ly/dataset_quickstart) に従えばすぐにそれらに接続できます。まだそのようなデータベースを持っていない場合は、Datasetが新しいデータベースを作ってくれます。

まず最初にしなければならないのは、Datasetのインストール (http://bit.ly/dataset_install) です。すでにpipを使っているなら、ただ`pip install dataset`と入力するだけのことです。

次にどのバックエンドを使うかを決めなければなりません。すでにPostgreSQLやMySQLを使っている場合は、データベースの適切な構文に従って新しいデータベースを設定します。まだデータベースを持っていない場合には、SQLiteを使うことにして説明を続けます。まず、自分のOSに合ったSQLiteバイナリをダウンロードしてください (http://www.sqlite.org/download.html)。次に、ダウンロードファイルを開いて、インストールの指示に従ってください。

ターミナルを開き、Pythonデータラングリングスクリプトを格納しているプロジェクトフォルダに移動し、次のように入力します。

```
sqlite3
```

`sqlite>`というプロンプト表示され、SQLの入力を求めてきます。これで自分のマシンで`sqlite3`が動作していることを確認できました。次に`.open data_wrangling.db`と入力しデータベースファイルを作成します。

```
sqlite> .open data_wrangling.db
```

データベースファイルを作成したら、`.q`と入力してSQLiteターミナルを終了します。終了したら、カレントディレクトリのファイルリストを見てください。data_wrangling.dbというファイルがあるはずです。それがあなたのデータベースです。

SQLiteをインストールし、最初のデータベースが実行されたら、Datasetでそれを操作できるようにします。Pythonシェルで次のコードを実行してみましょう。

```
import dataset

db = dataset.connect('sqlite:///data_wrangling.db')

my_data_source = {
  'url':
  'http://www.tsmplug.com/football/premier-league-player-salaries-club-by-club/',
  'description': 'Premier League Club Salaries',
  'topic': 'football',
  'verified': False,
} # ❶

table = db['data_sources']  # ❷
table.insert(my_data_source)  # ❸

another_data_source = {
  'url':
  'http://www.premierleague.com/content/premierleague/en-gb/players/index.html',
  'description': 'Premier League Stats',
  'topic': 'football',
  'verified': True,
}

table.insert(another_data_source)

sources = db['data_sources'].all()  # ❹

print(list(sources)) *1
```

❶ 保存したいデータのPython辞書を作ります。サッカー選手の収入についての調査で得られた情報ソースを保存しています。テーマ（topic）、説明（description）、URL、データが確認済みかどうか（verified）についての情報を追加しています。

❷ data_sourcesという名前の新しいテーブルを作ります。

❸ 新しいテーブルに最初のデータソースを挿入します。

❹ data_sourcesテーブルに格納したすべてのデータソースを表示します。

これであなたは初めてSQLiteを使ってリレーショナルテーブルを設定し、Pythonによるデータベース操作をしたことになります。本書を読み進めていくうちに、データベースにさらにデータやテーブルを追加できるようになります。すべてのデータを1か所に格納しておくと、データを整理された状態に保ち、研究を緊密に保つことができます。

＊1　Python 3ではsourcesをprintすると`<dataset.persistence.util.ResultIter object at 0x103d9b748>`のように表示されるため、sourcesの内部がわかるようにlistに変換しています。

6.8　単純なファイルを使うべきとき

データセットが小さい場合は、データベースでなく単純なファイルの方が効果的でしょう。実際にデータを保存する前に第7章を見て、サニタイジングテクニックを使いつつ、CSVなどの単純なファイル形式を使えば完璧です。CSVのインポートに使った（「3.2.1　CSVデータのインポート方法」参照）`csv`モジュールにも、使いやすいライタークラスがあります（http://bit.ly/writer_objects）。

単純なファイルを使うときに主として考えるべきことは、アクセスのしやすさとバックアップです。これらのニーズに対応するためには、共有ネットワークドライブかクラウドベースサービス（Dropbox、Box、Amazon、Google Driveなど）にデータを格納すればよいでしょう。これらのサービスを使うということは、バックアップオプション、管理機能、ファイル共有機能もあるということです。「しまった、データファイルを上書きした」ということが起きたときに、これがとても役に立ちます。

6.8.1　クラウドストレージとPython

使っているクラウドストレージソリューションによっては、Pythonでデータにアクセスするための最良の方法を調査した方がよいでしょう。Dropboxは、優れたPythonサポートを持っており、PythonによるAPIの使い方を示したページ（http://bit.ly/python_core_api）を読めば、最初の手順はわかるでしょう。Google Driveは少し複雑ですが、Pythonクイックスタートガイド（https://github.com/googledrive/python-quickstart）を見れば、最初の手順を理解するために役立つでしょう。ほかにもGoogle Drive用のPython APIラッパーはいくつか作られており、たとえばPyDrive（https://github.com/googledrive/PyDrive）は、Pythonをあまり知らなくてもGoogle Driveを使えます。Google Drive上のスプレッドシート管理では、GSpread（https://github.com/burnash/gspread）を強くお勧めします。

独自のクラウドサーバーを持っている場合、それに接続するための最良の方法を調査しなければならないかもしれません。Pythonは、組み込みのURL要求、FTP（File Transfer Protocol）機能を標準ライブラリとして持っており、公式ドキュメントに記述されています。またSSH/SCP（Secure Shell/Secure Copy）もサードパーティパッケージを使うことで利用できます。第14章でも、クラウドサービス管理のための便利なライブラリを紹介します。

6.8.2　ローカルストレージとPython

もっとも単純でわかりやすいデータの格納方法は、ローカルストレージです。ローカルファイルシステムのドキュメントは、1行のPythonコード（`open`コマンド、http://docs.python.jp/3.6/library/functions.html#open、https://docs.python.org/3/library/functions.html#open参照）で開くことができます。組み込みの`file.write`メソッド（http://docs.python.jp/3.6/library/stdtypes.html#bltin-file-objects、http://bit.ly/file_write_method）を使えば、データを操作しながらファイルを更新した

り、新しいファイルに保存したりすることができます。

6.9 その他のデータストレージ

今までに取り上げてきたのとはまったく異なる新しくて面白いデータの格納方法がたくさん作られています。ユースケース次第では、使おうとしているデータの格納方法としてもっとよいものがあるかもしれません。面白いものをいくつか紹介します。

HDF（階層化データ形式、Hierarchical Data Format）

HDFは、ファイルベースのスケーラブルなデータソリューションで、ファイルシステム（ローカルでもそれ以外でも）に大規模なデータセットを高速に格納できます。すでにHDFをご存知なら、PythonにはHDF5ドライバのh5py（http://www.h5py.org/）があり、PythonをHDF5に接続します。

Hadoop

Hadoopは、ビッグデータの分散ストレージシステムで、クラスタにまたがる形でデータを格納、処理することができます。すでにHadoopをよく知っている、あるいは使っているということなら、ClouderaがHadoopのためのPythonフレームワークのガイド（http://bit.ly/py-hadoop）を提供しており、そのなかには初心者向けの優れたサンプルコードが含まれています。

6.10 まとめ

これで、どのようにして役に立つデータを見つけるか、どのようにしてデータにアクセスし、保存するかというプロジェクトでぶつかる問題のなかでも特に大きなものを解決できました。獲得した情報ソースと最初のデータセットの正しさに自信を持てたのではないでしょうか。バックアップとデータストレージのしっかりとしたプランも立てられたと思います。

この章で磨いたスキルは、頭に浮かんだ疑問を掘り下げるためにデータサイトでほんの数時間を使うような場合を含め、将来のデータセットできっと役に立ちます。

あなたは、次のことに自信を持てるようになっているはずです。

- 見つけたデータセットの値や用途を確かめること
- 電話をかけてより多くの情報を入手すること
- 疑問に答えるために最初にデータを探す場所を決めること
- データを安全で簡単に格納する方法を使うこと
- 見つけたデータの正しさをチェックすること
- データのリレーショナルモデルを作ること

また、表6-2にまとめたことも学びました。

表6-2 Pythonの新しいコンセプトとライブラリ

コンセプト/ライブラリ	目的
リレーショナルデータベース（MySQLやPostgreSQLなど）	リレーショナルデータの簡単な格納
非リレーショナルデータベース（MongoDBなど）	データのフラットな格納
SQLite（https://www.sqlite.org/）の設定と利用	単純なプロジェクトに適した簡単に使えるSQLベースのストレージ
Dataset（https://dataset.readthedocs.org/en/latest/）のインストールと利用	簡単に使えるPythonデータベースラッパー

あとの章に進んだときには、これらのスキルをすべて動員してさらにほかのスキルも使っていくことになります。次章では、データを分析してその結果を世界に向けてシェアするために、データをクリーンアップし、データのなかのコードでうまく操作できない部分を見つけ、コードを完全なスクリプト、プログラムに近付けていくためのあらゆることを学びます。

7章 データのクリーンアップ：調査、マッチング、整形

データのクリーンアップは地味な作業ですが、データラングリングでは非常に重要な部分です。データクリーンアップのエキスパートになるためには、正確さと研究対象の分野についての健全な知識が必要です。データを適切にクリーンアップし、組み立てる方法を知っていれば、同じ分野のライバルに対して大きな差を付けられます。

Pythonは、データのクリーンアップ向きに設計されています。パターンに基づいて関数を組み立てることができ、反復作業を取り除いてくれます。今までのコードでもすでに紹介したように、スクリプトとコードで反復作業の問題を解決すると、手作業で何時間もかかる仕事が、スクリプトの1回の実行で終わらせることができます。

この章では、データのクリーンアップと整形でPythonがどのように役立つかを見ていきます。また、Pythonを使ってデータセットのなかの重複や誤りを探す方法も学びます。なお、クリーンアップについての学習、特にクリーンアップの自動化とクリーンアップされたデータの保存については、次章でも引き続き学びます。

7.1 データをクリーンアップする理由

データのなかには、手元に届いたときにすでに適切に整形され、すぐに使える状態になっているものがあります。もしそういうものが手に入ったら、ラッキーだと思ってください。ほとんどのデータは、たとえクリーンアップされていても、整形の不一致や読みにくさといった問題を抱えているものです（たとえば、略語や見出しのずれ）。複数のデータセットのデータを使っているときには、特にこのような問題が起こりやすくなります。データの形を整え、標準化するための作業に時間を使わなければ、データが適切に結合され、役に立つことはまずないでしょう。

データをクリーンアップすると、保存、検索、再利用がしやすくなります。第6章で説明したように、先にクリーンアップしてあれば、適切なモデルにデータを格納するのははるかに簡単になります。たとえば、データセットのなかの列やフィールドのなかに特定の

データ型（日付、数値、メールアドレスなど）で保存すべきものが含まれていたとします。どのようなデータが必要かを標準化し、適合しないものをクリーンアップしたり削除したりすれば、データは一貫性を保ち、あとでデータセットのなかの宝と言うべきものを見つけ出さなければならなくなったときに、面倒な仕事をしなくて済みます。

自分が発見したことを発表し、データを公表しようと思うなら、クリーンアップされたバージョンを公表したいところです。そうすれば、ほかのデータラングラーたちがそのデータを簡単にインポートし、分析することができます。完成したデータセットとともに、クリーンアップ、正規化のためにどのような作業をしたのかについての説明を添えて未加工のデータを公表するのもよい方法でしょう。

データのクリーンアップを進めるときには、自分とほかの人々のために、実施した手順を記録したいところです。それにより、データセットと研究のなかでのデータセットの利用形態の正当性を正確に主張することができます。プロセスをドキュメンテーションすれば、新しいデータが届いたときにも同じ作業を確実に再現することができます。

データ操作のためにIPythonを使っている場合には、強力なツールがあります。IPythonには、ロギングを開始するための`%logstart`（http://ipython.readthedocs.io/en/stable/interactive/magics.html?highlight=logstart#magic-logstart）、セッションをあとで利用できるように保存するための`%save`（http://ipython.readthedocs.io/en/stable/interactive/magics.html?highlight=logstart#magic-save）といったマジックコマンドがあります。これを使うと、Pythonターミナルで単にハッキングするだけでなく、スクリプトの構築を始められるのです。Pythonの知識がしっかりしてくると、スクリプトを磨いてほかの開発者と共有できるようになります。IPythonについては、付録Fをチェックしてください。

それでは、データクリーンアップの基礎から始めましょう。まず、データに書式を与え、複数のデータセットを適切にマッチングさせる方法を学びます。

7.2 データクリーンアップの基礎

今までの章のコードを実際に試してきた読者は、すでにデータクリーンアップの概念の一部を使っています。第4章では、Excelデータシートからデータをインポートし、そのデータを表現する辞書を作りました。データクリーンアップとは、データを変形、標準化して新しいデータ形式にまとめることです。

すでに児童労働についてのUNICEFのデータセットを調査しているので（「6.5.4 児童労働」参照）、未加工のUNICEFデータに挑戦してみましょう。ほとんどのUNICEF報告書が集めている未加工のデータセットは、MICS（複数指標クラスター調査、Multiple Indicator Cluster Surveys、 http://mics.unicef.org/surveys）と呼ばれるものです。この調査は、世界中の婦人と児童の生活条件の研究を助けるために、UNICEFの職員とボランティアが実施している家庭レベルの調査です。私たちは、最新の調査に目を通しながら、ジンバブエの最新MICSから分析用のデータを抜き出しました。

分析を始めるために、UNICEFに研究教育目的でのアクセスを請求し、1日ほど待って許可を得てから、未加工のデータセットをダウンロードすることができました。MICSのほとんどの生データは、SPSS形式の.savファイルに格納されています。SPSSは、社会科学者たちがデータの格納、分析のために使っているプログラムです（SPSS社はIBMの一部門）。社会科学分野の統計では非常に優れたツールですが、私たちのようにPythonでデータを操作するためのニーズにはあまり向いていません。

SPSSファイルをPythonで使える形式に変換するために、オープンソースのPSPP（https://www.gnu.org/software/pspp/）を使ってデータを表示し、次にいくつかの単純なRコマンドを使ってSPSSデータをPythonで使いやすい.csvファイルに変換しました（http://bit.ly/spss_to_csv）。Pythonを使ってSPSSファイルを操作する優れたプロジェクトもありますが（https://pypi.python.org/pypi/savReaderWriter）、Rコマンドを使うのと比べて設定と作業に手間がかかります。本書のリポジトリ（https://github.com/jackiekazil/data-wrangling）には、アップデートされたCSVファイルが含まれています。

それでは、このファイルの内容を見るところからデータクリーンアップを始めましょう。クリーンアップは、単純に目で見た分析から始めることが多いのです。ファイルを掘り下げてみたら、何が見つかるでしょうか。

7.2.1 データクリーンアップのための値の確認

データクリーンアップは、見つかったフィールドと見える限りでの不統一を把握するところからはじまります。データがもっとクリーンに見えるようにするところからクリーンアップを始めると、データを正規化する過程で乗り越えなければならない最初の問題がかなり見えてきます。

mn.csvファイルを見てみましょう。このファイルには未加工データが含まれており、見出しとしてはコード（頭文字語）が使われています。この見出しには簡単に翻訳できる意味がありそうです。mn.csvファイルの列見出しを見てみましょう。

```
"","HH1","HH2","LN","MWM1","MWM2", ...
```

これらはそれぞれ調査に含まれている質問かデータを表している略語で、もっと人間が読んでわかりやすいものに変えたいところです。Googleで検索すると、これらの見出しのわかりやすい値は、世界銀行サイト内のMICSデータをシェアするためのページ（http://bit.ly/selected_papua_mics2011）にまとめられています。

まず時間を割いて、世界銀行サイトの略語リストのようにクリーンアップのために役立つデータがあるかどうかを調べましょう。データを作成した組織に電話をかけて、使いやすい略語リストを持っているかどうかを尋ねるという手もあります。

第11章では本格的に学ぶウェブスクレイピングのスキルを活用して、世界銀行サイトから短い見出しとその英語版、質問本文を並べたCSVを入手しました。この新しい見出しデータは、本書のリポジトリに追加してあります。この見出しデータと調査データをマッチングさせて、質問と答えが読めばわかるようにしたいと思います。そのための方法を何種類か見てみましょう。

7.2.1.1　見出しの書き換え

見出しを読みやすくする方法でもっとも当たり前でわかりやすいのは、単純に短い見出しを長い英語による見出し、私たちが理解できる見出しに単純に置き換えることです。Pythonで見出しを置き換えるためにはどうすればよいのでしょうか。まず、第3章で学んだcsvモジュールを使ってmn.csv、mn-headers.csvの2つのファイルをインポートする必要があります。この章以降では、スクリプトかターミナル（IPythonなど）でどんどんコードを書いて下さい。そうすると、ファイルに保存する前にデータを操作できます。

```
from csv import DictReader

data_rdr = DictReader(open('data/unicef/mn.csv', 'rt'))
header_rdr = DictReader(open('data/unicef/mn_headers.csv', 'rt'))

data_rows = [d for d in data_rdr]  # ❶
header_rows = [h for h in header_rdr]

print(data_rows[:5])  # ❷
print(header_rows[:5])
```

❶ イテラブル（反復処理可能）なDictReaderオブジェクトを新しいリストに書き出し、データを保存して再利用できるようにしています。リスト内包表記を使っているので、読みやすく明解な1行のコードでこれを表現できます。

❷ データの一部だけを表示しています。Pythonリストのsliceメソッドを使って、新しいリストの先頭5要素だけを表示し、内容がどのようなものなのかイメージをつかみます。

このコードの4行目は、Pythonの**リスト内包表記**（list comprehension）と呼ばれるものを使っています。Pythonのリスト内包表記は、次のような形式になっています。

```
[expression for x in iter_x]
```

リスト内包表記は、リストの角かっこで囲まれます。そして、イテラブルオブジェクト（*iter_x*）

を取り、その個々の要素（*x*、行や値）について*expression*（たとえば、*x*を引数とする関数呼び出し、*func(x)*）を実行し、その結果を新リストの要素にします。ここでは、現状の行を見たいだけなので、リスト内包表記の*expression*の部分では特別なことをせず、ただ値をリストに残しています。あとの章では、イテラブルオブジェクトの個々の要素を関数に渡してデータをクリーンアップしたり変更したりしてからリストに書き込む機能を利用します。リスト内包表記は、Pythonの読みやすく使いやすい構文と言われているもののすばらしい例です。forループを使っても同じことは書けますが、コード量がずっと多くなってしまいます。

```
new_list = []
for x in iter_x:
    new_list.append(func(x))
```

このように、リスト内包表記を使えば、コードを何行分も短くすることができ、しかもパフォーマンスが高くなり、メモリを効率よく使えるようになります。

さて、見出しを読みやすくしたいので、data_rowsに含まれている見出しを読みやすい見出しに置き換えたいところです。先ほどのコードの出力からもわかるように、header_rowsの各要素には、短い見出しと長い見出しの両方が含まれています。短い見出しはNameキーの値、長い読みやすい見出しはLabelキーの値として格納されています。

```
for data_dict in data_rows:  # ❶
    for dkey, dval in data_dict.items():  # ❷
        for header_dict in header_rows:  # ❸
            for hkey, hval in header_dict.items():
                if dkey == hval:  # ❹
                    print 'match!'
```

❶ データレコードの個々の要素を反復処理します。この反復処理では、2つの辞書のキーや値を使って見出しをマッチングさせています。

❷ 辞書になっている調査データ行の個々の要素（キーと値）を反復処理し、すべてのキーを読みやすい見出しに置き換えます（データ行辞書の個々のキーバリューペアを取り出すために、Python辞書のitemsメソッドを使っています）。

❸ 見出し行データを反復処理して、読みやすいラベルを取り出します。最高速が得られる方法ではありませんが、すべてを確実に処理できます。

❹ データ行辞書のキー（MWB3、MWB7、MWB4、MWB5…）と見出し辞書の値でマッチするものが見つかったら、マッチしたということを表示します。

このコードを実行すると、match!という行がたくさん表示されます。同じようなロジックを使って見出しを読みやすいものに変更できないでしょうか。見出し行のリストで短い見出しを見つけるのは簡単ですが、それは長い見出しが含まれる行を見つけたというだけです。データ行のキーとヘッダー行の値をマッチングさせて置き換える方法を見てみましょう。

```
new_rows = []  # ❶

for data_dict in data_rows:
    new_row = {}  # ❷
    for dkey, dval in data_dict.items():
        for header_dict in header_rows:
            if dkey in header_dict.values():  # ❸
                new_row[header_dict.get('Label')] = dval  # ❹
    new_rows.append(new_row)  # ❺
```

❶ クリーンアップされた行を格納する新しいリストを作ります。

❷ 各行のための新しい辞書を作ります。

❸ ここでは、見出し行データのすべてのキーと値を反復処理する代わりに、辞書のvaluesメソッドを使っています。このメソッドは、辞書に含まれている値だけから構成されたリストを返します。この行では、オブジェクトがリストのメンバーかどうかをテストするPythonのinメソッドも使っています。このコードでは、オブジェクトとは調査データ行のキー、すなわち短い略語であり、リストは見出し行辞書のすべての値です（そのなかには短い略語も含まれています）。この行がTrueなら、マッチングする行があったということです。

❹ マッチングを見つけるたびに、new_row辞書に要素を追加します。この行は、見出し行のNameキーの値の短い略語に代わって、Labelキーの値の読みやすい英語を辞書のキーとします。辞書の値は、調査データ行の値をそのまま使います。

❺ 今作成した新しいクリーンアップ済みの辞書を新しいリストに追加します。次のデータ行に進む前にすべてのマッチが同じ辞書に格納されるように注意してインデントしてあります。

新しいリストの最初の要素を表示すると、データが読みやすくなっていることがわかります。

```
In [8]: new_rows[0]
Out[8]: {
    'AIDS virus from mother to child during delivery': 'Yes',
    'AIDS virus from mother to child during pregnancy': 'DK',
    'AIDS virus from mother to child through breastfeeding': 'DK',
    'Age': '25-29',
    'Age at first marriage/union': '29',...
```

関数のインデントが正しくなっているかどうかを見分ける簡単な方法を1つ紹介しましょう。それは、同じインデントレベルのほかの行を見てみることです。ほかのコードは論理的にこのステップにあってよいのか、プロセスの次のステップに移るのはいつかということを常に考えるようにしてください。

データクリーンアップ問題のよいソリューションはかならずしも1つだけではありません。そこで、別のテクニックで読みにくい見出しの問題を解決することができるかどうかを考えてみましょう。

7.2.1.2 質問と回答のzip

読みにくい見出しの問題は、Pythonのzipメソッドでも解決できます。

```
from csv import reader  # ❶

data_rdr = reader(open('data/unicef/mn.csv', 'rt'))
header_rdr = reader(open('data/unicef/mn_headers.csv', 'rt'))

data_rows = [d for d in data_rdr]
header_rows = [h for h in header_rdr]

print(len(data_rows[0]))  # ❷
print(len(header_rows))
```

❶ 今度は、DictReaderではなく、単純なリーダークラスを使っています。この単純なリーダーは、各行のために辞書ではなくリストを作ります。zipを使いたいので、辞書ではなくリストが必要なのです。こうすれば、見出しの値のリストとデータ値のリストをzipできます。

❷ 以上のコードで見出しと調査データのリストが作られているので、両者の長さが同じになっているかどうかを確かめます。

おっと。lengthの出力から、調査データと見出しとで長さが一致しないことがわかります。調査データには159行しかないのに、見出しには210種類の見出しがあります。MICSはほかの国々ではもっと多くの質問項目を使っているか、ジンバブエのデータセットに含まれているものよりも多くの質問を選べるようになっているかなのでしょう。

どの見出しが調査データで使われていて、どの見出しが省略されているかをさらに調べてみる必要があります。見出しの不一致を見つけるために、両方のデータを見比べてみましょう。

```
In [22]: data_rows[0]
Out[22]: ['',
  'HH1',
  'HH2',
  'LN',
  'MWM1',
  'MWM2',
  'MWM4',
  'MWM5',
  'MWM6D',
  'MWM6M',
  'MWM6Y',
... ]
```

```
In [23]: header_rows[:2]
Out[23]: [
  ['Name', 'Label', 'Question'],
  ['HH1', 'Cluster number', '']]
```

ここまででははっきりしているのは、data_rowsの第2の行とheader_rowsの第1の見出しをマッチングさせなければならないことです。どの見出しがデータにマッチしないかがわかったら、それをheader_rowsから取り除き、データを正しくzipできるようにしましょう。

```
bad_rows = []

for h in header_rows:
    if h[0] not in data_rows[0]:  # ❶
        bad_rows.append(h)  # ❷

for h in bad_rows:
    header_rows.remove(h)  # ❸

print(len(header_rows))
```

❶ 見出し行の第1要素（見出しの短い方のバージョン）が調査データの第1行（すべての短い見出し）に含まれているかどうかをテストします。

❷ 調査データに含まれない見出し行を新しいbad_rowsリストに追加します。次のステップでは、これを使って削除すべき行を判断します。

❸ リストのremoveメソッドを使ってリストから特定の行を削除します。このメソッドは、リストから削除したい1行（または複数行）を特定できるときに役に立ちます。

これで両者が一致するところまでだいぶ近づきました。調査データ行には159種の値があるのに対し、見出しリストには150種の値があります。それでは、見出しリストにこれら9行の見出しがない理由を突き止めましょう。

```
all_short_headers = [h[0] for h in header_rows]  # ❶

for header in data_rows[0]:  # ❷
    if header not in all_short_headers:  # ❸
        print('mismatch!', header)  # ❹
```

❶ Pythonのリスト内包表記を使って、見出し行の第1要素だけを集めてすべての短い見出しのリストを作ります。

❷ 調査データの見出しを反復処理して、クリーンアップ後の見出しリストに含まれていないものはどれかをチェックします。

❸ 短い見出しリストに含まれていない見出しを抜き出します。

❹ printを使って短い見出しリストに含まれていない見出しを表示します。同じ行に手っ取り早く2つの文字列を表示しなければならないときには、間にカンマ（,）をはさんで2つを並べると、スペースを間にはさんだ形で両者が結合されます。

このコードを実行すると、次のように出力されます。

```
mismatch!
mismatch! MDV1F
mismatch! MTA8E
mismatch! mwelevel
mismatch! mnweight
mismatch! wscoreu
mismatch! windex5u
mismatch! wscorer
mismatch! windex5r
```

この出力と私たちの現在のデータについての知識から考えると、一致しなかった見出しのうち、修正したいものはごく一部（大文字で書かれているもの）だけだということがわかります。小文字の見出しは、UNICEF内部で使われているもので、私たちが自分たちの調査のために用意している質問とは合いません。

MDV1F、MTA8E変数は、世界銀行サイトから見出しデータを集めるために作ったウェブスクレイパーが見つけなかったものであり、SPSSビューアを使って意味を調べる必要があります（もう1つの方法は、これらの行を省略して先に進むことです）。

未加工のデータを使える形式にクリーンアップするということが、不必要なデータやクリーンアップが難しいデータを省略することを意味する場合があります。もちろん、省略する理由は、面倒だからということではなく、データが自分の問題にとって本質的な意味を持つかどうかで判断します。

SPSSビューアを開くと、MDV1Fは「"If she commits infidelity: wife beating justified"（妻が不貞を働いたときには、妻の殴打が許される）」というラベルと家庭内暴力に関するもっと長い質問群に対応することがわかります。ここでは関係性によるその他の虐待に関心があるので、これは入れておいた方がよいでしょう。MTA8Eの方は、人がどのような種類のタバコを吸っているかについての別の質問群に対応することがわかります。そこでmn_headers_updated.csvという新しいファイルに両方とも追加することにします。

それでは、更新後の見出しファルを使ってもとのコードをもう1度試してみましょう。

全体をよく見て、若干の変更を加え、見出しとデータをzipできるようにしましょう。次のスクリプトは大量のメモリを必要とするため、RAMが4GB未満なら、セグメンテーションフォルトを緩和するために、IPythonのターミナルかノートブックで実行することをお勧めします。

```
from csv import reader

data_rdr = reader(open('data/unicef/mn.csv', 'rt'))
header_rdr = reader(open('data/unicef/mn_headers_updated.csv', 'rt'))

data_rows = [d for d in data_rdr]
header_rows = [h for h in header_rdr if h[0] in data_rows[0]]  # ❶

print(len(header_rows))

all_short_headers = [h[0] for h in header_rows]

skip_index = []  # ❷

for header in data_rows[0]:
    if header not in all_short_headers:
        index = data_rows[0].index(header)  # ❸
        skip_index.append(index)

new_data = []

for row in data_rows[1:]:  # ❹
    new_row = []
    for i, d in enumerate(row):  # ❺
        if i not in skip_index:  # ❻
            new_row.append(d)
    new_data.append(new_row)  # ❼

zipped_data = []

for drow in new_data:
    zipped_data.append(zip(header_rows, drow))  # ❽
```

❶ リスト内包表記を使ってマッチしないヘッダーをすばやく削除しています。このように、リスト内包表記のなかではif文も使えます。ここでは、見出し行ファイルから見出し行のリストを作っていますが、リストに要素が追加されるのは、見出し行の先頭要素（短い見出し）が調査データ冒頭の見出しリストに含まれている場合に限られます。

❷ 調査データ内の残しておくつもりのないデータのインデックスをまとめるためのリストを作ります。

❸ Pythonリストのindexメソッドを使って、見出しが見出しリストに含まれていないため読み飛ばすデータのインデックスを返します。次の行は、見出しにマッチするものがないデータ行のインデックスを保存し、そのデータ行を読み飛ばせるようにします。

❹ 調査データのうちデータ行だけ（先頭行以外のすべて）が含まれるスライスを作り、その要素を

反復処理します。

❺ 読み飛ばすデータ行のインデックスを取り出すためにenumerate関数を使っています。この関数は、イテラブルオブジェクト（この場合は調査データ行1行分のリスト）を受け付け、各要素の位置を示す数値のインデックスと要素のデータを返します。for文のiには第1の値（インデックス）、dには要素のデータが代入されます。

❻ インデックスが読み飛ばしたいインデックスのリストに含まれていないかどうかをチェックします。

❼ データ行の各要素（「列」）をすべて処理して新しいデータ行を作ったら、new_dataリストに新エントリとしてその新データ行を追加します。

❽ 各行をzipし（この時点では見出しと調査データがぴったりとマッチするようになっています）、zipped_dataという新しいリストに追加します。

ここで新しいデータセットの行を出力して、期待通りのものができているかどうかを確かめます。

```
In [16]: list(zipped_data[0])
Out[16]:
[(['HH1', 'Cluster number', ''], '1'),
 (['HH2', 'Household number', ''], '17'),
 (['LN', 'Line number', ''], '1'),
 (['MWM1', 'Cluster number', ''], '1'),
 (['MWM2', 'Household number', ''], '17'),
 (['MWM4', "Man's line number", ''], '1'),
 (['MWM5', 'Interviewer number', ''], '14'),
 (['MWM6D', 'Day of interview', ''], '7'),
 (['MWM6M', 'Month of interview', ''], '4'),
 (['MWM6Y', 'Year of interview', ''], '2014'),
 (['MWM7', "Result of man's interview", ''], 'Completed'),
 (['MWM8', 'Field editor', ''], '2'),
 (['MWM9', 'Data entry clerk', ''], '20'),
 (['MWM10H', 'Start of interview - Hour', ''], '17'),
....
```

すべての質問と回答がタプルにまとまり、すべての行がマッチングした見出しのすべてのデータを持っています。すべてが正しいことを確認するために、最終行を見てみましょう。

```
(['TN11',
  'Persons slept under mosquito net last night',
  'Did anyone sleep under this mosquito net last night?'],
 'NA'),
(['TN12_1',
  'Person 1 who slept under net',
  'Who slept under this mosquito net last night?'],
 'Currently married/in union'),
```

```
([' TN12_2',
  'Person 2 who slept under net',
  'Who slept under this mosquito net last night?'],
 '0'),
([' TN12_3',
  'Person 3 who slept under net',
  'Who slept under this mosquito net last night?'],
 '0'),
([' TN12_4',
  'Person 4 who slept under net',
  'Who slept under this mosquito net last night?'],
 '0'),
(['wscore', 'Wealth index score', ''], '1.60367010204171'),
(['windex5', 'Wealth index quintiles', ''], '5')]
```

これは少しおかしな感じです。どこかできちんとマッチしていないところがあったように見えます。新しく学んだzipメソッドを使って、見出しが正しくマッチングしているかどうかをチェックしましょう。

```
data_headers = []

for i, header in enumerate(data_rows[0]):  # ❶
    if i not in skip_index:  # ❷
        data_headers.append(header)

header_match = zip(data_headers, all_short_headers)  # ❸

print(list(header_match))
```

❶ 統計データの見出しを反復処理します。

❷ if...not in...を使っているのでskip_indexに含まれていないインデックスだけがTrueを返します。

❸ 新しい見出しリストをzipして、ずれを目で見てチェックできるようにします。

なるほど。エラーに気付いたでしょうか。

```
....
 ('MHA26', 'MHA26'),
 ('MHA27', 'MHA27'),
 ('MMC1', 'MTA1'),
 ('MMC2', 'MTA2'),
....
```

ここまではすべてがマッチしているのに、ここからは見出しファイルと調査データファイルとで質問の順序が異なるようです。zipメソッドは、すべての行が同じ順序で現れることを前提としているため、データセットをマッチさせるためには、zipメソッドを使う前に見出しを並べ替えなければならないのです。次のコードではそれをしています。

```
from csv import reader

data_rdr = reader(open('data/unicef/mn.csv', 'rt'))
header_rdr = reader(open('data/unicef/mn_headers_updated.csv', 'rt'))

data_rows = [d for d in data_rdr]
header_rows = [h for h in header_rdr if h[0] in data_rows[0]]

all_short_headers = [h[0] for h in header_rows]

skip_index = []
final_header_rows = []  # ❶

for header in data_rows[0]:
    if header not in all_short_headers:
        index = data_rows[0].index(header)
        skip_index.append(index)
    else:  # ❷
        for head in header_rows:  # ❸
            if head[0] == header:  # ❹
                final_header_rows.append(head)
                break  # ❺

new_data = []

for row in data_rows[1:]:
    new_row = []
    for i, d in enumerate(row):
        if i not in skip_index:
            new_row.append(d)
    new_data.append(new_row)

zipped_data = []

for drow in new_data:
    zipped_data.append(list(zip(final_header_rows, drow)))  # ❻
```

❶ 正しく並べられた見出し行を格納するための新しいリストを作ります。

❷ else文を使って、マッチしている列だけを組み込みます。

❸ マッチが見つかるまでheader_rowsを反復処理します。

❹ 短い見出しを使って、質問と回答（調査データ）が一致しているかどうかをテストします。マッチのテストのために==を使っています。

❺ マッチが見つかると、breakを使ってfor head in header_rowsループを抜け出します。こうすると結果を損なわずに、スピードアップできます。

❻ 新しいfinal_header_rowsリストと調査データを正しい順序でzipします[*1]。

新しいコードを実行し、最初のエントリの最後の部分を見てみましょう。

```
([ 'TN12_3',
  'Person 3 who slept under net',
  'Who slept under this mosquito net last night?'],
 'NA'),
([ 'TN12_4',
  'Person 4 who slept under net',
  'Who slept under this mosquito net last night?'],
 'NA'),
([ 'HH6', 'Area', ''], 'Urban'),
([ 'HH7', 'Region', ''], 'Bulawayo'),
([ 'MWDOI', 'Date of interview women (CMC)', ''], '1372'),
([ 'MWDOB', 'Date of birth of woman (CMC)', ''], '1013'),
([ 'MWAGE', 'Age', ''], '25-29'),
```

今度は見出しと回答がマッチしているようです。コードの明析度はもっと改善できそうです。しかし、少なくともデータのほとんどを残して2つのデータセットを結合でき、しかも比較的高速になる方法を見つけることができました。

データをどれだけ完全なものにしなければならないか、プロジェクトのクリーンアップの要求に見合う作業はどの程度かは、かならず考える必要のあることです。データの一部だけを使うのなら、データ全体を残す必要はないでしょう。しかし、研究の主要な情報ソースとしてデータセットを使うなら、データセットを完全なものにするために時間と労力をかける意味があります。

この節では、データセットのどの部分に問題があり、クリーンアップが必要かを判断するための新しいツールと方法を学び、私たちの問題解決テクニックをPythonに乗せて、修正を実現しました。最初の方法（見出しのテキストの置換）では、列が減り、足りない見出しデータがあることがわかりませんでした。しかし、最終的に得られたデータセットには必要な列が揃っています。それで十分ですし、最初の方法よりも高速でコードも短くなりました。

データをクリーンアップするときには、次のような問いについて考えましょう。すべてのデータを残すことがどうしても必要か。もしそうなら、どれくらいの時間をかけてもよいか。必要な情報をす

＊1 技術監修者注：zipped_dataは以降で何度もループなどで使用します。zip関数はzip objectを返しますが、これはイテレータなので一度しかループで使えません。そのためlist関数でzip objectをlist objectに変換しています。

べて残した上で、適切にクリーンアップできる簡単な方法はあるか。それは繰り返すことができるか。これらの問いに答えれば、データセットのクリーンアップの方向性がはっきりするでしょう。

これで扱いやすいよいデータリストが得られました。次は、別のクリーンアップをしましょう。

7.2.2　データの整形

データクリーンアップのもっとも一般的な形の1つは、読めないデータ（型）、読みづらいデータ（型）を適切に読める形式に書き換えることです。特に、データ付きの報告書やダウンロード可能ファイルを作らなければならないときには、マシンリーダブルからヒューマンリーダブルへの変換には注意を払う必要があります。そして、APIでデータを操作できるようにしなければならないときには、特別な整形を施したデータ型が必要になることがあります。

Pythonは、文字列や数値を整形するための方法を山ほど用意しています。すでに第5章では、結果をデバッグ、表示するために、オブジェクトのPython内での表現を印字可能な文字列で表示する%rを使っています。Pythonは、それぞれ文字列と数値を表現する%s、%dという文字列フォーマッタも持っています。

オブジェクトを文字列やPython内の表現に変換するためのより高度な方法として、formatメソッドがあります。Pythonのドキュメント（http://docs.python.jp/3.6/library/stdtypes.html#str.format、https://docs.python.org/3/library/stdtypes.html#str.format）で示されているように、このメソッドは文字列を定義し、そのなかの引数、キーワード引数としてデータを組み込むことができます。formatを詳しく見ていきましょう。

```
for x in zipped_data[0]:
    print('Question: {}\nAnswer: {}'.format(  # ❶
        x[0], x[1]))  # ❷
```

❶ formatは{}を使ってどこにデータを挿入するかを示し、\nで行を区切るために改行文字を入れることを示します。

❷ ここで質問/回答タプルの第1の値と第2の値を渡します。

すると、次のような出力が得られます。

```
Question: ['MMT9', 'Ever used internet', 'Have you ever used the internet?']
Answer: Yes
Question: ['MMT10', 'Internet usage in the last 12 months', 'In the last 12 months,
have you used the internet?']
Answer: Yes
```

これではまだ読みにくいのでもう少しクリーンアップしましょう。出力から、質問タプルのインデックス0の位置には見出しの短い略語、インデックス1には質問の説明が含まれていることがわかります。よいタイトルとなりそうな配列の第2の部分（インデックス1）だけを使うことにしましょう。

```
for x in zipped_data[0]:
    print('Question: {[1]}\nAnswer: {}'.format(  # ❶
        x[0], x[1]))
```

❶ リストの要素を1つに絞り込むformatのインデックス構文を使って、出力を読みやすくしています。

出力を見てみましょう。

```
Question: Frequency of reading newspaper or magazine
Answer: Almost every day
Question: Frequency of listening to the radio
Answer: At least once a week
Question: Frequency of watching TV
Answer: Less than once a week
```

これで出力はとても読みやすくなりました。すばらしい。それでは、formatメソッドが用意しているその他のオプションの一部を見てみましょう。UNICEFのデータセットはあまり数値データを使っていないので、ここではサンプルデータを使ってさまざまなタイプの数値の整形オプションを見てみましょう。

```
example_dict = {
    'float_number': 1324.321325493,
    'very_large_integer': 43890923148390284,
    'percentage': .324,
}

string_to_print = "float: {float_number:.4f}\n"  # ❶
string_to_print += "integer: {very_large_integer:,}\n"  # ❷
string_to_print += "percentage: {percentage:.2%}"  # ❸

print(string_to_print.format(**example_dict))  # ❹
```

❶ 辞書を使い、キーで辞書の値にアクセスしています。キー名とパターンは:で区切られています。.4fと指定するとPythonは数値を浮動小数点数（f）に変換し、小数点以下4桁まで（.4）を表示します。

❷ 同じ形式（キー名とコロン）で千倍ごとにカンマ（,）を挿入しています。

❸ 同じ形式（キー名とコロン）で小数点以下2桁まで（.2）表示し、パーセント記号（%）を挿入しています。

❹ 長い文字列から呼び出されているformatメソッドにデータ辞書を渡し、**を使ってアンパックしています。Python辞書をアンパックすると、キーバリューペアが展開された形で送られます。この場合、アンパックされたキーと値はformatメソッドに送られます。

formatメソッドのなかで不要なスペースを削除し、データを長さによって位置合わせし、数式を計算する方法については、Pythonの書式指定メソッドのドキュメントとサンプル（http://docs.python.jp/3.6/library/string.html#formatstrings、http://bit.ly/format_string_syntax）を参照してください。

文字列と数値のほか、Pythonでは日付も簡単に整形できます。Pythonのdatetimeモジュールには、すでに持っている（または生成した）日付を整形するためのメソッドや任意の日付表示形式を読み込んでPythonのdate、datetime、timeオブジェクトを作るメソッドがあります。

Pythonで日付を整形したり、文字列を日付に変換したりするためにもっともよく使われているメソッドはstrftimeとstrptimeで、ほかの言語で日付の整形の機能を使ったことがあれば、整形方法はよくわかるでしょう。詳しくは、ドキュメントの「strftime()とstrptime()の振る舞い」（http://docs.python.jp/3.6/library/datetime.html#strftime-strptime-behavior、http://bit.ly/strftime_strptime）を参照してください。

datetimeのstrptimeメソッドを使えば、文字列や数値からPythonのdatetimeオブジェクトを作れます。これはデータベースに日時を保存したり、時間帯を変更したり、時間の加算をしたいときにとても大きな意味があります。Pythonオブジェクトに変換すると、Pythonの日付操作機能を活用することができ、あとでヒューマン/マシンリーダブルな文字列に簡単に戻すことができます。

それでは、zipped_dataリストの聞き取り開始、終了時刻を見てみましょう。記憶をよみがえらせ、どのようなデータエントリを使わなければならないかを思い出すために、最初のエントリの一部を表示してみましょう。

```
for x in enumerate(zipped_data[0][:20]):  # ❶
    print(x)

.....
(7, (['MWM6D', 'Day of interview', ''], '7'))
(8, (['MWM6M', 'Month of interview', ''], '4'))
(9, (['MWM6Y', 'Year of interview', ''], '2014'))
(10, (['MWM7', "Result of man's interview", ''], 'Completed'))
(11, (['MWM8', 'Field editor', ''], '2'))
(12, (['MWM9', 'Data entry clerk', ''], '20'))
(13, (['MWM10H', 'Start of interview - Hour', ''], '17'))
(14, (['MWM10M', 'Start of interview - Minutes', ''], '59'))
(15, (['MWM11H', 'End of interview - Hour', ''], '18'))
(16, (['MWM11M', 'End of interview - Minutes', ''], '7'))
```

❶ Pythonのenumerate関数を使って、データのどの行を評価しなければならないかを確認します。

聞き取りがいつ始まりいつ終わったかを正確に知るために必要なデータはすべて揃っています。この種のデータを使えば、夜や朝の聞き取りの方が最後まで進められる場合が多いかどうか、聞き取りの時間の長さが返答の数に影響を及ぼしているかどうかを調べられます。また、どれが最初の聞き取りでどれが最後の聞き取りかもわかりますし、聞き取りにかかる平均時間も計算できます。

それでは、strptimeを使ってPythonのdatetimeオブジェクトにデータをインポートしてみましょう。

```
from datetime import datetime

start_string = '{}/{}/{} {}:{}'.format(  # ❶
    zipped_data[0][8][1], zipped_data[0][7][1], zipped_data[0][9][1],  # ❷
    zipped_data[0][13][1], zipped_data[0][14][1])

print(start_string)

start_time = datetime.strptime(start_string, '%m/%d/%Y %H:%M')  # ❸

print(start_time)
```

❶ 多数のエントリから必要なデータをすべてパースして、基礎となる文字列を作ります。このコードは、アメリカ式の日付文字列を使い、月、日、年、そして時、分の順に数値を並べます。

❷ zipped_data[first data entry][data number row（enumerateの出力から得たもの）][data itself]という形式でデータにアクセスしています。最初のエントリだけを使っており、インデックス8は月、インデックス7は日、インデックス9は年です。そして、各タプルの第2要素（[1]）がデータになっています。

❸ Pythonドキュメント（http://docs.python.jp/3.6/library/datetime.html#strftime-strptime-behavior、http://bit.ly/strftime_strptime）で定義された構文に従い、日付文字列とパターン文字列を指定してstrptimeメソッドを呼び出しています。%m/%d/%Yは月、日、年、%H:%Mは時、分です。このメソッドは、Pythonのdatetimeオブジェクトを返します。

IPythonを使ってコードを実行している場合は、見たい行を見るためにprintを使う必要はありません。対話的ターミナルでは、変数名を入力すると、内容が表示されます。[Tab]キーによる自動補完さえ使えます。

これで一般的な日付文字列を作り、それをdatetimeのstrptimeメソッドでパースできました。UNICEFのデータセットでは、日時データの個々のパーツが別々の要素になっているので、strptimeを使わずにネイティブにPythonのdatetimeオブジェクトを作ることもできます。方法を見てみましょう。

```
from datetime import datetime

end_time = datetime(  # ❶
    int(zipped_data[0][9][1]), int(zipped_data[0][8][1]),  # ❷
    int(zipped_data[0][7][1]), int(zipped_data[0][15][1]),
    int(zipped_data[0][16][1]))

print(end_time)
```

❶ Pythonの`datetime`モジュール内の`datetime`クラスを使い、整数を直接渡して`datetime`オブジェクトを作っています。これらの値はカンマで区切った形で引数として渡しています。

❷ `datetime`は整数が渡されることを前提としているので、このコードはすべての値を整数に変換しています。`datetime`は、年月日、時分の順序でデータが渡されることを前提として作られているので、その順序でデータを渡しています。

このように、Pythonの`datetime`オブジェクトを直接使って聞き取りの終了時刻を設定すると、コードの行数が少なくなります。これで2つの`datetime`オブジェクトができたので、これらを使って計算をしましょう。

```
duration = end_time - start_time  # ❶

print(duration)  # ❷

print(duration.days)  # ❸

print(duration.total_seconds())  # ❹

minutes = duration.total_seconds() / 60.0  # ❺

print(minutes)
```

❶ 終了時刻から開始時刻を引いて、聞き取りにかかった時間を計算しています。

❷ Pythonの`timedelta`オブジェクトを表示しています。`datetime`のドキュメント（http://docs.python.jp/3/library/datetime.html#datetime.timedelta、https://docs.python.org/3/library/datetime.html?highlight=timedelta#datetime.timedelta）に説明されているように、`timedelta`は2つの日付、時刻の差を表し、日付や時刻の変更のために使われます。

❸ `timedelta`の組み込み属性の`days`を使って、2つの時刻の差が何日かを表示します。

❹ `timedelta`の`total_seconds`メソッドを使って2つの日時の時間差を秒単位で計算します。このメソッドはマイクロ秒でも計算します。

❺ `timedelta`は`minutes`属性を持たないので、時間の差を分単位で計算します。

このコードを実行すると、最初の聞き取りは8分で終わったことがわかります。しかし、聞き取りの時間は平均してその程度のものなのでしょうか。これは、新しい`datetime`のスキルを使ってデータセット全体をパースすればわかることです。datetimeを使った単純な算術計算を行い、データセットからPythonのdatetimeオブジェクトを作る方法を覚えました。では、これらのdatetimeオブジェクトを人間向けの報告書で使える整形された文字列に戻せることを確かめましょう。

```
print(end_time.strftime('%m/%d/%Y %H:%M:%S')) # ❶

print(start_time.ctime()) # ❷

print(start_time.strftime('%Y-%m-%dT%H:%M:%S')) # ❸
```

❶ strftimeで必要な引数は、表示で使う日時表示のパターンだけです。この行は、アメリカの標準的な時刻表示形式で時刻を表示します。

❷ Pythonのdatetimeオブジェクトは、Cのctime標準に従ってdatetimeオブジェクトを出力するctimeメソッドを持っています。

❸ Pythonのdatetimeオブジェクトは、自由な形式で文字列を出力できます。このコードは、PHPがよく使う形式を使っています。特別な文字列形式を必要とするAPIを使う場合には、datetimeは役に立ちます。

Pythonのdatetimeオブジェクトは、非常に役に立ち、非常に簡単に操作、インポート、エクスポートすることができます（整形を介して）。データセットによっては、すべての文字列、またはExcelデータをdatetimeオブジェクトに変換し、統計計算をしてから、報告書で使う形式の文字列に変換するというこの新しいテクニックを使うとよいでしょう。

この節では、整形のためのさまざまなヒント、トリックを学んできました。次節ではもっと強力なクリーンアップを始めましょう。データに含まれている問題の種の見つけ方と、それらへの対処方法を学びます。

7.2.3 外れ値や不良データの検出

データセットに含まれる外れ値や不良データの検出は、データクリーンアップの作業のなかでも特に難しい部分の1つでしょう。この問題の解決には時間がかかります。統計学を深く理解していて、外れ値がデータにどのような影響を与えるかを知っていても、この問題はいつも慎重かつ丁寧に扱うべきテーマです。

ここではデータをクリーンアップしたいのであって、データを操作したり書き換えたりしたいわけではありません。そこで、外れ値や不良データを削除することを考えるときには、時間を割いてじっくりと処理方法を考えるようにすべきです。データの正規化を助けるために外れ値を削除する場合には、その結論についてはっきりと説明できるようにしておかなければなりません。

外れ値の見つけ方については第9章でも説明しますが、まず先にデータセットに不良データが含まれているかどうかを簡単にチェックできる方法を説明しておきましょう。

データの有効性を判断するための最初の手がかりは、情報ソースから得ることができます。第6章で説明したように、情報ソースは適切に精査し、信用の置けるデータを入手したいところです。そのために、データをどのように集め、どのようにクリーンアップ、あるいは処理したのかを情報ソースに尋ねておきましょう。

ここで使っているサンプルでは、UNICEFの調査が標準の質問形式に従っていることがわかっています。UNICEFが定期的にこの調査を行っていることも知っています。これらはすべて、データが適切なサンプルで、あらかじめ選ばれたサンプルではないことを示すよい兆候です。しかし、UNICEFがたとえば大都市の家族だけに聞き取りしていて、地方の人々を無視していることがわかったら、それはサンプリングエラーであり選択にバイアスがかかっているということになります。情報ソース次第では、データセットにどのようなバイアスがかかっているかを判定する必要があります。

いつも完璧なデータが入手できるわけではありません。自分のデータにどのようなサンプリングバイアスがかかっているかを意識し、問題の全体像、あらゆる人々の状態を反映していないデータセットに基づいて一般化し過ぎた主張をしないように注意します。

ソースとデータのバイアスの問題を別としても、「これらのデータポイントのなかにしっくりこないものはないか」ということを考えながらデータを見ていると、エラーかもしれないものを見つけることができます。データに不適切なところがあることを簡単に見分ける方法の1つは、手持ちのデータに誤りがないかどうかを調べてみることです。たとえば、データセットをざっと見て、重要な値が含まれていないことがわかるような場合です。データ型（たとえば整数、日付、文字列）が適切でないものが見つかることもあります。UNICEFのデータセットでも、欠損値を探してこのような問題がないかを確かめてみましょう。

```
for answer in zipped_data[0]:  # ❶
    if not answer[1]:  # ❷
        print(answer)
```

❶ 最初のエントリのすべての項目を反復処理します。

❷ 値が「存在する」かどうかをテストします。値はタプルの第2エントリにあることがわかっており、値が存在するかどうかはif not文でテストすることができます。

if not文

Pythonは、単純なif not文を使って値が存在するかどうかをテストできます。if not None: print(True)と入力してみましょう。どうなりましたか。if notの後ろに空文字列や0を入れたらどうなるでしょう。何が起こるでしょうか。

扱うデータが文字列だということはわかっており、私たちが見たほかのデータセットとは異なり、UNICEFは欠損値を表すために空文字列を使っている（--のようなものではなく）ので、文字列が存在するかどうかをチェックするだけで値の有無をテストできます。

データ型やデータセット次第では、if x is Noneとかif len(x) < 1などをテストしたい場合があるかもしれません。コードを書くときには、読みやすさとコードの明確さのバランスを取るようにしましょう。かならず「Zen of Python」（Pythonの心構え）に従うことです。

コードの出力から、第1のレコードには明らかな欠損値はないことがわかります。では、データセット全体をテストするにはどうすればよいでしょうか。

```
for row in zipped_data:  # ❶
    for answer in row:  # ❷
        if answer[1] is None:  # ❸
            print(answer)
```

❶ 今回は、最初のエントリだけではなく、データセット全体を反復処理します。

❷ 各行について反復処理をするため、前のサンプルの[0]を取り除いています。

❸ サンプルとしての実験のため、ここではNoneと評価されるあらゆるものに対するテストを行っています。こうすると、空データポイントがあれば表示がありますが、0や空文字列なら表示はありません。

データセット全体で明らかな欠損値はないことがわかりますが、それよりも見分けるのが難しい欠損値があるかどうかをチェックするため、データの一部に対しては大ざっぱながらチェックをかけます。以前の表示には、「存在せず」を表すNAが使われていたことを思い出しましょう。

これは欠損値ではありませんが、全体でいくつのNAという回答があるのかを正確に知りたい場合や、特定の質問にはこの回答が多すぎるかどうかを知りたい場合があるでしょう。サンプルが小さすぎる場合、つまり、NAという回答が多すぎる場合、わずかな利用可能データに基づいて大きな結論を生み出すのは避けたいところです。しかし、回答の大多数がNAなら、逆にそれは面白いことです（その質問は、グループの大多数になぜ受け入れられなかったのでしょうか？）。

それでは、特定の質問に対してNAの回答が多数あるかどうかを確かめましょう。

```
na_count = {}  # ❶

for row in zipped_data:
    for resp in row:
        question = resp[0][1]  # ❷
        answer = resp[1]
        if answer == 'NA':  # ❸
            if question in na_count.keys():  # ❹
                na_count[question] += 1  # ❺
            else:
                na_count[question] = 1  # ❻

print(na_count)
```

❶ NAの回答を持つ質問を管理するための辞書を定義します。Pythonでは、データを辞書などのハッシュオブジェクトで管理すると、高速かつ簡単にメンバーを問い合わせられます。質問がキーとなり、バリューはNAの数になります。

❷ タプルの第1の部分の第2エントリ（質問の説明）を保存します。第1エントリ（`[0]`）は短いタイトルです。最後のエントリ（`[2]`）は調査者が尋ねた質問で、いつもあるとは限りません。

❸ Pythonの同値テストを使ってNAという回答を見つけます。NAの書き方がいくつもあることを考えるなら、`if answer in ["NA", "na", "n/a"]`のように書いてもよいところです。

❹ この質問が辞書のキーになっているかどうかをテストすることによって、この質問がすでに辞書に含まれているかどうかをテストします。

❺ 質問がすでにキーに含まれているなら、Pythonの`+=`演算子を使って値に1を加えます。

❻ 質問がまだ辞書に含まれていなければ、辞書に質問を追加し、カウントとして1を設定します。

このデータセットには実にたくさんのNA回答が含まれていることがわかります。データは約9,000行ですが、質問のなかには8,000を超えるNA回答を持つものがあります。これらの質問は、調査対象の人口学的、あるいは年齢的グループにとって大した意味がないか、特定の民族や文化にとって共感が持てないという可能性があります。にもかかわらず、NA回答を引き出す質問を使って、調査全体についての大きな結論を導き出してもほとんど意味はありません。

データセットからこのNA値のようなものを見つけることは、そのデータセットが自分の研究にとって適切なものかどうかを判断する上で非常に役立ちます。回答してもらわなければ困る質問に圧倒的な量でNAのような回答がされているようであれば、ほかのデータソースを探すか、自分の質問を考えなおす必要があるかもしれません。

欠損値には以上のように対応します。次に型違いの値を見つけてみましょう。型違いの値とは、たとえば、年のエントリに`'missing'`とか`'NA'`といった文字列が含まれていることです。このようなずれがごくわずかであれば、それらは外れ値とか少数の不良データとして扱うことができるでしょう。しかし、回答の大部分が型違いなら、そのデータを使うことを考え直すか、「不良データ」パターンになってしまう理由を考えるべきです。

不一致の理由を簡単に説明できるなら（たとえば、この質問は女性だけが対象なのに、調査は両性を対象に行われているなど）、データを使ってもよいでしょう。はっきりとした説明ができないのに、質問が私たちの結論にとって重要な意味を持つなら、現在のデータセットを調査し続けるか、不一致の理由を説明できる別のデータセットを探さなければなりません。

外れ値を見つけることについては第9章でも取り上げますが、さしあたり今の段階では、データ型を分析して、現在のデータセットのなかに明らかな型の不一致があることを見つけられるかどうかを調べてみましょう。たとえば、回答がかならず数値になるはずの質問（たとえば生年）が正しいデータ型になっているかどうかを確かめます。

まず、回答のなかの型の分布を見てみます。NAという回答を数えたときに使ったのと同じロジックを使いますが、今回はデータ型に注目します。

```
datatypes = {}  # ❶

start_dict = {'digit': 0, 'boolean': 0,
              'empty': 0, 'time_related': 0,
              'text': 0, 'unknown': 0
             }  # ❷

for row in zipped_data:
    for resp in row:
        question = resp[0][1]
        answer = resp[1]
        key = 'unknown'  # ❸
        if answer.isdigit():  # ❹
            key = 'digit'
        elif answer in ['Yes', 'No', 'True', 'False']:  # ❺
            key = 'boolean'
        elif answer.isspace():  # ❻
            key = 'empty'
        elif answer.find('/') > 0 or answer.find(':') > 0:  # ❼
            key = 'time_related'
        elif answer.isalpha():  # ❽
            key = 'text'
        if question not in datatypes.keys():  # ❾
            datatypes[question] = start_dict.copy()  # ❿
        datatypes[question][key] += 1  # ⓫

print(datatypes)
```

❶ 先頭行は辞書を初期化しています。辞書は、質問ごとにデータを格納する上で手っ取り早く信頼できる手段になります。

❷ データセットの各質問に対して同じデータが与えられるようにするためにstart_dictを設定しています。この辞書には、推測できるすべてのデータ型が含まれているので簡単に比較できます。

❸ key変数に*unknown*というデフォルト値をセットしています。key変数が以下のif、elif文で書き換えられなければ、unknownのままになります。

❹ Pythonの文字列クラスには、型の判定に役立つメソッドが多数含まれています。ここでは、isdigitメソッドを使っており、文字列に含まれるのが数字だけならTrueを返します。

❺ データがブール論理に関連するものかどうかを判定するために、回答がYes/No、True/Falseというブール論理的なものになっているかどうかをテストします。もっと徹底的なテストを作ることもできたところですが、出発点としては悪くないはずです。

❻ Python文字列クラスのisspaceメソッドは、文字列が空白文字だけから構成されるときにTrueを返します。

❼ 文字列のfindメソッドは、最初にマッチした文字のインデックスを返します。マッチが見つからなければ-1を返します。このコードは、/か:が含まれているかどうかをテストします。これもしっかりとしたチェックではありませんが、出発点として何がしたいのかはわかります。

❽ 文字列のisalphaメソッドは、文字列に英字だけが含まれていればTrueを返します。

❾ NA回答を数えたコードと同じように、ここで質問がdatatypes辞書のキーになっているかどうかをテストします。

❿ 質問がdatatypes辞書に含まれていなければ、ここで追加し、値としてstart_dictのコピーを保存します。辞書のcopyメソッドは、個々のエントリのために別個の辞書を作成します。個々の質問に対してstart_dictを代入すれば、質問ごとに新しい辞書を作らず、1つの辞書に一括してカウントをまとめられます。

⓫ 見つけたキーの値に1を加えます。個々の質問と回答に対してデータ型の「推測値」をカウントすることになります。

結果には、すでにかなりのばらつきがあります。1つの「型」にまとまっている質問/回答もありますが、さまざまな型が推測される質問/回答もあります。しかし、ここで行った推測はまだ大雑把なものなので、これはあくまでも出発点として使うべきものです。

この情報は、たとえば、大多数が数値型の回答になっている質問を探し、数値ではない回答がどのようなものかを調べるために使うことができます。数値以外の回答は、おそらくNAか、間違って挿入された値でしょう。その質問が私たちにとって重要なものなら、回答の正規化に移ってもよいところです。たとえば、NA値や不良データをNoneかnullに置き換えます。その列に対して統計処理を加えたいときには、このような操作が役に立つでしょう。

データセットの操作を続けていくと、データ型やNA回答の異常を見つけるでしょう。これらの不具合をいかにうまく処理できるかは、自分のテーマについての知識と自分が答えようとしている疑問次第です。データセットを結合している場合には、これらの外れ値や不良データパターンを捨ててしまっても構わない場合があるでしょう。しかし、小さなトレンドを見落とさないように注意してください。

ここまででデータに含まれる外れ値や外れ値のパターンがわかってきました。今度は、自分で作ってしまったかもしれない不良データを取り除きましょう。それはデータの重複のことです。

7.2.4 重複の検出

同じ調査データを使った複数のデータセットを使っていたり、重複するエントリを持つかもしれない未加工データを使っていたりする場合には、データの重複を取り除くことがデータを正確に使うための重要なステップになります。データセットにインデックスが付いていない場合には、個々の一意なエントリを識別するためのよい方法を編み出す必要があります（インデックスとして使えるキーを作るなど）。

Pythonは、組み込みライブラリのなかに一意なデータを識別するためのすばらしい方法を持っています。

```
list_with_dupes = [1, 5, 6, 2, 5, 6, 8, 3, 8, 3, 3, 7, 9]

set_without_dupes = set(list_with_dupes)

print(set_without_dupes)
```

出力は、次のようになるはずです。

```
{1, 2, 3, 5, 6, 7, 8, 9}
```

何が起きたのでしょうか。集合（`set`）と`frozenset`（http://docs.python.jp/3/library/stdtypes.html#set-types-set-frozenset、http://docs.python.jp/3/library/stdtypes.html#set-types-set-frozenset）は、Pythonの組み込み型で、イテラブルなオブジェクト（リスト、文字列、タプルなど）を与えると、一意な値だけを含む集合を作ります。

集合と`frozenset`を使うためには、値はハッシュ可能なものでなければなりません。ハッシュ可能な型値にハッシュメソッドを適用するとかならず同じ値が得られます。たとえば、`3`はコード内のほかのすべての`3`と同じだということを信用できるということです。

ほとんどのPythonオブジェクトはハッシュ可能です。例外は、リストと辞書だけです。集合は、ハッシュ可能型（整数、浮動小数点数、`decimal`、文字列、タプルなど）のコレクションを`set`に渡して作ります。集合とfrozensetには、高速な比較メソッドがあるという長所もあります。例を見てみましょう。

```
first_set = set([1, 5, 6, 2, 6, 3, 6, 7, 3, 7, 9, 10, 321, 54, 654, 432])

second_set = set([4, 6, 7, 432, 6, 7, 4, 9, 0])

print(first_set.intersection(second_set)) # ❶

print(first_set.union(second_set)) # ❷

print(first_set.difference(second_set)) # ❸

print(second_set - first_set) # ❹

print(6 in second_set) # ❺

print(0 in first_set)
```

❶ 集合のintersectionメソッドは、2つの集合の積集合（共通に含まれる要素を集めた集合）を返します。組み込みのベン図です。

❷ 集合のunionメソッドは、2つの集合の和集合（両者を結合して重複を取り除いた集合）を返します。

❸ 集合のdifferenceメソッドは、第1の集合から第2の集合に含まれている要素を取り除いた差集合を返します。この演算は、次の行からもわかるように、被演算子の順序によって結果が変わります。

❹ 第2の集合から第1の集合を引いています。差集合演算の被演算子の順序を変えると、結果が変わります（数学と同じです）。

❺ inは集合のメンバーかどうかのテストをします（非常に高速です）。

出力は、次のようになるはずです。

```
{432, 9, 6, 7}
{0, 1, 2, 3, 321, 5, 6, 7, 4, 9, 10, 654, 432, 54}
{321, 1, 2, 3, 5, 10, 654, 54}
{0, 4}
True
False
```

集合は一意な要素を持つデータセットを定義し、集合を比較できる機能を非常に多く持っています。データラングリングでは、一連の値の最小値と最大値を調べなければならないことや、一意なキーの和集合が必要になることがよくあります。集合は、この種のタスクで力になってくれます。

Pythonは、集合以外にも一意性を簡単にテストできる方法を持つライブラリをほかにもいくつも持っています。一意性のテストができるライブラリの1つにnumpyがあります。numpyは、科学、統計計算用のメソッドやクラスを多数抱えるPythonの強力な数学ライブラリです。numpyはPythonのコアライブラリと比べて優れた配列と数学機能を持っています。そして、numpy配列用のuniqueという優れたメソッドを持っています。次のようにインストールします。

```
pip install numpy
```

それでは、numpyのuniqueがどのように動作するのかを見てみましょう。

```
import numpy as np

list_with_dupes = [1, 5, 6, 2, 5, 6, 8, 3, 8, 3, 3, 7, 9]

print(np.unique(list_with_dupes, return_index=True)) # ❶

array_with_dupes = np.array([[1, 5, 7, 3, 9, 11, 23], [2, 4, 6, 8, 2, 8, 4]]) # ❷

print(np.unique(array_with_dupes)) # ❸
```

❶ numpyのuniqueメソッドは、インデックスを管理しています。return_index=Trueを渡しているので、arrayのタプルが返されます。最初の配列は一意な値の配列、第2の配列はインデックスのフラット化された配列です。第2の配列には、個々の数値が初めて出現した箇所のインデックスしか含まれていません。

❷ numpyのコード例をもう少し示すために、この行ではnumpyの行列を作っています。行列は配列の配列です（同じサイズの配列の配列です）。

❸ uniqueは、行列から一意な集合を作ります。

出力は、次のようになるでしょう。

```
(array([1, 2, 3, 5, 6, 7, 8, 9]), array([ 0,  3,  7,  1,  2, 11,  6, 12]))
[ 1  2  3  4  5  6  7  8  9 11 23]
```

一意なキーがない場合には、一意な集合を作る関数を書くことができます。リスト内包表記を使うだけです。Pythonの集合を使ってこれを試してみましょう。まず、データセットのなかのどのデータが一意かを見て、一意な数値を判定します。

```
for x in enumerate(zipped_data[0]):
    print(x)

.....
(0, (['HH1', 'Cluster number', ''], '1'))
(1, (['HH2', 'Household number', ''], '17'))
(2, (['LN', 'Line number', ''], '1'))
(3, (['MWM1', 'Cluster number', ''], '1'))
```

```
(4, (['MWM2', 'Household number', ''], '17'))
(5, (['MWM4', "Man's line number", ''], '1'))
```

各行がおそらく一意な識別子を持っていると思われる最初の6個の要素を見てみます。私たちがデータを正しく理解しているとすると、Cluster、Household、Man'sの行番号は一意な組み合わせを形成しているはずです。行番号も一意になっている可能性があります。私たちが正しいかどうかをチェックしてみましょう。

```
set_of_lines = set([x[2][1] for x in zipped_data]) # ❶

uniques = [x for x in zipped_data if not set_of_lines.remove(x[2][1])] # ❷

print(set_of_lines)
```

❶ まず、調査の行番号を格納する集合を作ります。行番号は、各回答の第3要素であり、値はその行の第2要素（`x[2][1]`）です。集合内包表記を使ってコードをスピードアップしています。

❷ `set_of_lines`には一意なキーが格納されています。集合オブジェクトの`remove`メソッドを使えば、データセットに同じキーが複数含まれているかどうかを確かめられます。行番号が一意なら、各キーが1度削除されるだけです。重複がある場合は、`remove`はそのキーがすでに集合にないことを知らせるために`KeyError`を投げます。

うーむ。コードを実行するとエラーが出ることから考えると、行番号が一意だという想定は間違っていたようです。私たちが作った集合をよく見ると、行番号は1から16までの値から得られており、それが繰り返し使われているようです。

このデータセットのようにすぐにわかる一意なキーを持っていない面倒なデータセットを相手にしなければならないことはよくあります。そのようなときには、一意なキーを見つけ出すよい方法を考え出して、重複を検出するための比較で使いましょう。

一意なキーを作るための方法はいくつも考えられます。たとえば、聞き取りの開始時刻はどうでしょうか。しかし、UNICEFが1度に多数の調査チームを使っているかどうかがわかりません。調査が並行して行われていたら、実際には重複していないものを重複として取り除いてしまう危険性があります。被験者の誕生日と聞き取りの時刻を組み合わせる方法もありますが、欠損値が含まれている場合には問題が起こります。

Cluster（クラスタ）、Household（世帯）、行番号の組み合わせが一意なキーになれば、よいソリューションになります。これがキーになるなら、開始、終了日時を記録していないものも含め、データセット全体で使うことができます。試してみましょう。

```
set_of_keys = set(
    '%s-%s-%s' % (x[0][1], x[1][1], x[2][1]) for x in zipped_data) # ❶
```

```
uniques = [x for x in zipped_data if not set_of_keys.remove(
    '%s-%s-%s' % (x[0][1], x[1][1], x[2][1]))]  # ❷

print(len(set_of_keys))  # ❸
```

❶ クラスタ番号、世帯番号、行番号の3つの部分から文字列を作ります。個々の値を見分けられるように、値の間は-で区切ってあります。

❷ 使った一意なキーを改めて作り、removeの対象として使います。すると、エントリは1つずつ削除され、uniquesリストにはすべての一意な行が格納されます。重複するエントリがある場合には、先ほどと同じようにエラーを投げます。

❸ 一意なキーの集合の長さを確かめます。こうすると、データセットに重複するエントリがいくつあるかがわかります。

すばらしい。今度はエラーはありません。最後にキーの集合が空になったので、各行は一意なエントリになっていることがわかります。処理済みのデータセットはこうでなければいけません。UNICEFは、データセットを公表する前にデータのクリーンアップを行い、重複が含まれないようにしたのでしょう。このデータをほかのUNICEFデータと組み合わせて使う場合には、この調査は男性を対象とするものだったので、キーにMを追加すればよいでしょう。そうすれば、同じ番号を持つ世帯をクロスリファレンスすることができます。

データによっては、一意なキーが簡単にわからない場合があります。そういうときには、誕生日と住所の組み合わせが使えるかもしれません。同じ住所に誕生日がまったく同じ24歳のふたりの女性が住んでいる可能性はごくわずかです。もちろん、同居する双子という場合はありますが。

純粋な重複の問題はこれくらいにして、次はファジーマッチングについて見ていきましょう。ファジーマッチングは、特にノイズの多いデータセットで重複を見つける優れた方法です。

7.2.5 ファジーマッチング

複数のデータセットを扱うときや、クリーンアップされておらず標準化されていないデータを扱うときには、ファジーマッチングを使えば、重複を見つけて1つにまとめることができます。ファジーマッチングは、2つの要素（通常は文字列）が「同じ」かどうかを判定します。自然言語処理や機械学習を使って言語に関する巨大なデータセットでマッチを判定するときほど深いものではありませんが、ファジーマッチングは、たとえばMy dog & Iとme and my dogをほぼ同じ意味のフレーズとして関連付けようとしているときに役立ちます。

ファジーマッチングはさまざまな形で利用できます。SeatGeakが開発したPythonライブラリ（http://bit.ly/fuzzy_string_matching）は、内部で非常に巧妙な方法を使っており、オンラインで販売された異なるイベントのためのチケットをマッチさせます。このライブラリは、次のようにしてインストールします[*1]。

```
pip install fuzzywuzzy
```

クリーンではないデータを操作しているものとしましょう。入力がずさんだったり利用者が入力したままだったりする上に、綴りミスや小さな構文誤り、逸脱などが含まれています。あなたならそういった問題にどのように対処しますか。

```
from fuzzywuzzy import fuzz

my_records = [{'favorite_book': 'Grapes of Wrath',
               'favorite_movie': 'Free Willie',
               'favorite_show': 'Two Broke Girls',
              },
              {'favorite_book': 'The Grapes of Wrath',
               'favorite_movie': 'Free Willy',
               'favorite_show': '2 Broke Girls',
              }]

print(fuzz.ratio(my_records[0].get('favorite_book'),
                 my_records[1].get('favorite_book')))  # ❶

print(fuzz.ratio(my_records[0].get('favorite_movie'),
                 my_records[1].get('favorite_movie')))

print(fuzz.ratio(my_records[0].get('favorite_show'),
                 my_records[1].get('favorite_show')))
```

❶ ここでは、fuzzモジュールのratio関数を使っています。この関数は比較対象の2つの文字列を受け付け、文字の並びの類似度を1から100までの値で返します。

ポップカルチャーと英語の知識から、これら2つのエントリが同じものを指していることがわかりますが、綴りが少し違います。FuzzyWuzzyは、こういった意図せぬ綴り違いに対処するために役立ちます。ratioの評価が高いかどうかによって、私たちにとってのマッチが見分けられます。2つの文字列が非常によく似ていることについて、ある程度の確信が得られるわけです。

FuzzyWuzzyの別のメソッドも試してみましょう。比較できて単純なので、同じデータを使い続けましょう。

```
print(fuzz.partial_ratio(my_records[0].get('favorite_book'),
                         my_records[1].get('favorite_book')))  # ❶

print(fuzz.partial_ratio(my_records[0].get('favorite_movie'),
```

＊1 技術監修者注：python-Levenshteinがインストールされていないと速度低下に対する警告が出ます。python-Levenshteinはpipでインストールできます。

```
                     my_records[1].get('favorite_movie')))

print(fuzz.partial_ratio(my_records[0].get('favorite_show'),
                     my_records[1].get('favorite_show')))
```

❶ ここでは、同じように比較する2つの文字列を受け付けるfuzzモジュールのpartial_ratio関数を使っています。この関数は、もっとも近い部分文字列の文字並びの類似度を1から100までの値で返します。

なんと、今度はもっと高い数値が得られました。partial_ratio関数は、部分文字列を比較します。そのため、誰かが単語を忘れた（好みの本の例のように）とか、記号の使い方が異なるといった違いを心配せずに済むようになります。そのため、どれもマッチの割合が高くなっているのです。

データに単純な不一致があるとき、これらの関数はそのような違いを見つけるためにとても役に立ちます。しかし、データのなかには字面の違いはわずかでも意味に大きな差があるものが含まれている場合がある場合には、類似度と違いを検査すべきです。たとえば、doesとdoesn'tは、意味から見れば大きな違いですが、綴りから見ればわずかな違いです。これら2つの文字列は、ratioでは高く評価されませんが、部分文字列の比較では高く評価されるでしょう。データとデータに含まれる複雑な意味合いの知識は欠かすことができません。

FuzzyWuzzyには、ほかにも優れた関数があります。自分のデータクリーンアップのニーズに合っているものが含まれているかもしれないので、一部を紹介しておきましょう。

```
from fuzzywuzzy import fuzz

my_records = [{'favorite_food': 'cheeseburgers with bacon',
               'favorite_drink': 'wine, beer, and tequila',
               'favorite_dessert': 'cheese or cake',
              },
              {'favorite_food': 'burgers with cheese and bacon',
               'favorite_drink': 'beer, wine, and tequila',
               'favorite_dessert': 'cheese cake',
              }]

print(fuzz.token_sort_ratio(my_records[0].get('favorite_food'),
                            my_records[1].get('favorite_food')))  # ❶

print(fuzz.token_sort_ratio(my_records[0].get('favorite_drink'),
                            my_records[1].get('favorite_drink')))

print(fuzz.token_sort_ratio(my_records[0].get('favorite_dessert'),
                            my_records[1].get('favorite_dessert')))
```

❶ ここでは、fuzzモジュールのtoken_sort_ratio関数を使っています。この関数は、語順を無視して文字列を比較できます。I like dogs and catsとI like cats and dogsが同じ意味になる自由記述の調査データではこれが役に立ちます。まず、個々の文字列をソートしてから比較します。そのため、同じ単語が異なる順序で含まれている場合には、両者はマッチします。

出力から、トークン（ここでは単語）を使えば、語順が違ってもマッチする可能性が高くなることがわかります。好みの飲みものに対する2つの回答は、順序が異なるだけです。トークンの順序が変わっても意味に変わりがないときには、これが使えます。SeatGeekにとっては、Pittsburgh Steelers vs. New England PatriotsはNew England Patriots vs. Pittsburgh Steelersと同じです（ホームアドバンテージを別とすれば）。

同じデータを使ってFuzzyWuzzyのトークン指向の関数をもう1つ見ておきましょう。

```
print(fuzz.token_set_ratio(my_records[0].get('favorite_food'),  # ❶
                           my_records[1].get('favorite_food')))

print(fuzz.token_set_ratio(my_records[0].get('favorite_drink'),
                           my_records[1].get('favorite_drink')))

print(fuzz.token_set_ratio(my_records[0].get('favorite_dessert'),
                           my_records[1].get('favorite_dessert')))
```

❶ ここでは、fuzzモジュールのtoken_set_ratio関数を使っています。この関数もトークンを使いますが、トークンの集合を作って、積集合や差集合を見ています。ソートしたトークンを比較し、その類似度の割合を返します。

ここでは、データセットの類似度や違いを意識していなければ予想外の副作用が現れています。答えの1つに綴りミスがあったのです。チーズケーキ（cheesecake）とチーズ（cheese）が違うものだということはわかりますが、トークンセットアプローチを取ったために両者は偽陽性（違うのに似ているという判定）になっています。しかも、cheeseburgersとburgers with cheeseは同じものなのに、そのように判定できていません。すでに学んだ別の方法で正しく判定することはできるでしょうか。

FuzzyWuzzyが提供する最後のマッチング方法は、processモジュールです。選択肢が限られているのに、データがまちまちになっているときには、これが役に立ちます。たとえば、答えが「はい」（Yes）、「いいえ」（No）、「たぶんはい」（Maybe）、「無回答」（N/A）の4種類でなければならないことがわかっていたとします。それ以外の回答が出てきたときにどのようにマッチングされるかを見てみましょう。

```
from fuzzywuzzy import process

choices = ['Yes', 'No', 'Maybe', 'N/A']
```

```
process.extract('ya', choices, limit=2)  # ❶

process.extractOne('ya', choices)  # ❷

process.extract('nope', choices, limit=2)

process.extractOne('nope', choices)
```

❶ FuzzyWuzzyのextractメソッドを使って文字列と可能な選択肢のリストを比較します。この関数は、choices変数内で宣言した選択肢のリストから2つの候補を返します。

❷ FuzzyWuzzyのextractOneメソッドを使って文字列と選択肢リストの間のベストマッチだけを返します。

processは、さまざまな単語のなかから、同じ「意味」だと推測されるものを抽出します。そして、これらの場合は、正しく推測できています。extractの場合、類似度の割合の数値が付いたタプルを複数返してくるので、コードは文字列の応答をパースして、マッチ候補の類似度を比較することができます。extractOneは、ベストマッチだけを見つけて類似度の割合の数値が付いたタプルを返してきます。ニーズによっては、extractOneを使って単純にベストマッチだけを見つけてそれを使うこともあり得るでしょう。

文字列の単純なマッチについてはひと通り説明したので、今度は自分で同じような文字列マッチング関数を書く方法について説明しましょう。

7.2.6　正規表現マッチング

ファジーマッチングはいつもニーズを満足させてくれるわけではありません。文字列の一部だけが特定されればよい場合はどうでしょうか。電話番号やメールアドレスだけを探しているときにはどうでしょうか。これらは、データをスクレイピングしているとき（第11章で学ぶように）やさまざまなソースの未加工データを編集するときに出てくる問題です。これらの問題の多くでは、正規表現が役に立ちます。

正規表現を使えば、マシンは、コードで定義されたパターンと文字列がマッチするかどうか、文字列の一部に含まれているかどうかを調べたり、文字列からそのパターンを取り除いたりすることができます。正規表現、略してRegExは、複雑で読みにくく理解しにくいものになりがちなので、開発者は恐怖心を持っていることがよくあります。しかし、正規表現はとても便利であり、基本的なことを知っていれば、正規表現を読み書きしたり、正規表現が問題解決に役立つときを見分けたりすることができます。

恐ろしげな評判とは裏腹に、正規表現の基本構文はわかりやすく、簡単に身につきます。

表7-1 正規表現の基礎

文字/パターン	説明	マッチの例
\w	任意の英数字とアンダースコア	a、0、_
\d	任意の数字	1、2、4
\s	任意の空白文字	スペース(' ')、タブ文字(\t)、改行文字(\n)
.	任意の文字	a、0、スペース、,、.など
\.	ピリオド	.
[]	文字クラス(マッチさせたい文字を自由に定義できる構文)	[A-C]はA、B、Cにマッチする。
-	[]のなかで文字の範囲を指定する。	[]の例を参照。
+	1つ以上のパターンまたは文字(貪欲に、つまり連続している限りすべてを取り出す)	\d+は476373のようなものにマッチする。
*	ゼロ以上のパターンまたは文字(ほとんどifのようなものと考えるとよい)	\d*は03289にも''にもマッチする。
|	|の前のパターンか後ろのパターン(ORのようなもの)	\s|\wは、スペースにもaにもマッチする。
()	グループ化。()内が1つのパターンとなり、たとえば+や*の対象となる。あとで()内の正規表現がマッチした内容を*number*で参照することもできる(*number*は1から99までの数値、開きかっこの順序で1から始まる番号を付けて参照する)。	(ABC)+はABCABCABC、(.+) \1はthe the、55 55にマッチする。

もっと例を見たい場合は、優れたチートシートをブックマークすることをお勧めします(https://www.cheatography.com/davechild/cheat-sheets/regular-expressions/、http://docs.python.jp/3/library/re.htmlなど)。

正規表現の構文を暗記する必要はありません。特にPython開発者の場合はそうです。しかし、よくできた正規表現は、すばらしく役に立つことがあります。Python組み込みの正規表現モジュール、reを使えば、基本的な正規表現マッチを簡単に探し、グループにまとめることができます。

正規表現でどのようなことが可能になるか例を見てみましょう。

```
import re

word = '\w+'  # ❶
sentence = 'Here is my sentence.'

re.findall(word, sentence)  # ❷

search_result = re.search(word, sentence)  # ❸

search_result.group()  # ❹

match_result = re.match(word, sentence)  # ❺
```

```
match_result.group()
```

❶ 通常の文字列の基本パターンを定義します。このパターンは、英数字が含まれている文字列にマッチしますが、スペースや記号が含まれた形の文字列にはマッチしません。マッチしないものが現れるまでマッチします（つまり、+は貪欲です。たとえば、doesn'tという文字列ならdoesnまでマッチします）。

❷ reモジュールのfindallメソッドは、文字列に含まれるパターンにマッチする部分文字列をすべて探します。sentenceに含まれるすべての単語がマッチしますが、ピリオドはマッチしません。\wを使っているため、記号とスペースは含まれないのです。

❸ searchメソッドは、文字列全体からパターンにマッチする最初の部分を探します。マッチが見つかったら、マッチオブジェクトが返されます。

❹ マッチオブジェクトのgroupメソッドは、マッチした文字列を返します。

❺ matchメソッドは、文字列の先頭からしか検索をしません。searchとは異なる結果になることがあります（この場合は同じです）。

文のなかの単語には簡単にマッチさせることができます。また、検索方法も変えることができます。この例では、findallはすべてのマッチのリストを返します。たとえば、長いテキストからウェブサイトだけを抽出したいものとします。リンクを探すための正規表現パターンを作り、findallを使えば、テキストに含まれるすべてのリンクを抽出できます。電話番号や日付も同じようにして見つけられます。探しているものを単純なパターンで定義できるなら、まずfindallメソッドを使うことを考えるようになるでしょう。文字列データに簡単に正規表現検索をかけることができます。

search、matchメソッドも使いましたが、この場合はどちらも同じものを返します。つまり、文の最初の単語にマッチしています。これらからはマッチオブジェクトが返されるので、そのgroupメソッドを使ってデータにアクセスします。groupメソッドは、引数を取ることもできます。マッチオブジェクトのどれかで.group(0)を試してみましょう。何が起きたでしょうか。0はどういう意味だと思いますか（ヒント：リストのことを考えてください）。

searchとmatchは実際には大きく異なります。ほかのサンプルでこれらを使って違いを調べてみましょう。

```
import re

number = '\d+'  # ❶
capitalized_word = '[A-Z]\w+'  # ❷

sentence = 'I have 2 pets: Bear and Bunny.'

search_number = re.search(number, sentence)
```

```
search_number.group() # ❸

match_number = re.match(number, sentence)

match_number.group() # ❹

search_capital = re.search(capitalized_word, sentence)

search_capital.group()

match_capital = re.match(capitalized_word, sentence)

match_capital.group()
```

❶ 数値のパターンを定義します。+記号によって貪欲になるため、数値ではない文字にぶつかるまで、すべての数字を取り込んでいきます。

❷ 大文字で始まる単語のパターンを定義します。このパターンは、角かっこを使って長いパターンの一部を定義しています。この角かっこの部分は、先頭文字が大文字でなければならないことを定義しています。その後ろは、単純に英数字を探しています。

❸ ここでgroupを呼び出すと、searchメソッドはマッチオブジェクトを返します。

❹ ここではどのような結果になるでしょうか。数字が返されそうな気がしますが、実際にはエラーになります。matchはマッチオブジェクトではなく、Noneを返します。

今度のサンプルでは、searchとmatchの違いがもっとはっきりとわかります。searchではマッチが見つかったのに、matchではマッチを見つけられませんでした。どうしたのでしょうか。先ほども触れたように、matchは文字列の先頭からマッチを探し、そこでマッチが見つからなければNoneを返します。それに対し、searchはマッチが見つかるまで、2文字目、3文字目からマッチを探し続けます。searchがNoneを返すのは、文字列の末尾まで達してもマッチが見つからなかったときだけです。そこで、文字列全体のマッチを確かめたいときや、パターンが先頭にあるときには、matchが役に立ちます。最初にパターンが現れる箇所を探しているだけで、マッチは文字列のどこにあってもよい場合には、searchが役に立つでしょう。

ここでは、正規表現の構文について学ぶべきことがあったのですが、気付かれたでしょうか。先頭が大文字の単語で最初に見つかるものは何だと思いましたか。Iでしょうか、Bearでしょうか。どのようなパターンなら両方にマッチしたでしょうか（ヒント：先ほどの一覧表でどのワイルドカードを指定すればよいかを考えてみましょう）。

正規表現の構文と、match、search、findallで正規表現をどのように使ったらよいかについて理解が深まったので、複数のグループを参照しなければならない状況でどのようなパターンを作ったらよいかを考えてみましょう。前のサンプルでは、パターングループが1つだけだったので、マッチオブジェクトのgroupメソッドを呼び出しても、値は1つしか返されませんでした。しかし、正規表現は複数のパターンを見つけられますし、マッチしたグループの変数に名前を付けられます。そのため、コードは読みやすくなりますし、正しいグループがマッチしていることがわかります。

では、試してみましょう。

```
import re

name_regex = '([A-Z]\w+) ([A-Z]\w+)'  # ❶

names = "Barack Obama, Ronald Reagan, Nancy Drew"

name_match = re.match(name_regex, names)  # ❷

name_match.group()

name_match.groups()  # ❸

name_regex = '(?P<first_name>[A-Z]\w+) (?P<last_name>[A-Z]\w+)'  # ❹

for name in re.finditer(name_regex, names):  # ❺
    print('Meet {}!'.format(name.group('first_name')))  # ❻
```

❶ ここでは、大文字で始まる単語のための同じパターンを2度使っており、それぞれを丸かっこで囲んでいます。丸かっこはグループを定義するために使っています。

❷ ここでは、matchメソッドで複数の正規表現グループを持つパターンを使っています。このmatchは、マッチを見つけると複数のグループを返します。

❸ マッチオブジェクトのgroupsメソッドは、見つけたグループのリストを返します。

❹ グループに名前を付けると、コードが明解になります。このパターンでは、第1のグループにfirst_name、第2のグループにlast_nameという名前を付けています。

❺ finditerはfindallと似ていますが、イテレータを返します。このイテレータを使えば、文字列に含まれるすべてのマッチを1つずつ見ることができます。

❻ 文字列の整形の知識を活用して、データを出力しています。ここでは、個々のマッチから姓名の名前の方だけを使っています。

?P<variable_name>を使ってパターングループに名前を付けると、コードがわかりやすくなります。先ほどの例からもわかるように、2つ（あるいはそれ以上の）パターンとそれに対応するデータをつかむグループを作るのも簡単です。このテクニックを使うと、他人（または6か月前の自分）の正規表現を読むときの当て推量も減らせます。ミドルイニシャル（ミドルネームのイニシャル）があるときに、それにマッチさせる例は書けますか。

正規表現を活用すれば、文字列のなかに含まれているものをすばやく取り出したり、文字列から簡単にデータをパースしたりすることができます。ウェブスクレイピングから得たデータのように、乱雑なデータセットのパースでは、正規表現はとても役に立ちます。正規表現の詳細については、対話的正規表現パーサーのRegExr（http://www.regexr.com/）を試してみたり、無料のチュートリアルのRegular-Expressions.info（http://www.regular-expressions.info/tutorial.html）を読むことをお勧めします。

データのマッチングのための手法をたくさん覚えたので、データの重複も簡単に見つけられるようになりました。では、データセットのなかに重複があったときに何をすべきかについて考えましょう。

7.2.7 重複するレコードの処理方法

データの状態によっては、重複するレコードを結合した方がよい場合があるかもしれません。同じ行が重複している場合には、すでに最終的なデータセットになっている（クリーンアップされている）ので、単純な重複行を取り除けばよいでしょう。しかし、異なるデータセットを結合しているときに、重複エントリの情報を残したい場合には、そのためにPythonでどうすればよいかを明らかにする必要があります。

データの結合方法については、第9章で新しいライブラリを使いながら包括的に扱う予定です。しかし、パースしたオリジナルの形でデータ行を簡単に結合する方法があります。DictReaderを使ってデータをインジェストしているときにそれをどのようにすればよいかを具体的に見ていきましょう。男性を対象とするデータセットを数行ずつ結合します。

```
from csv import DictReader

mn_data_rdr = DictReader(open('data/unicef/mn.csv', 'rt'))  # ❶

mn_data = [d for d in mn_data_rdr]

def combine_data_dict(data_rows):  # ❷
    data_dict = {}  # ❸
    for row in data_rows:
        key = '%s-%s' % (row.get('HH1'), row.get('HH2'))  # ❹
        if key in data_dict.keys():
            data_dict[key].append(row)  # ❺
        else:
            data_dict[key] = [row]  # ❻
    return data_dict  # ❼

mn_dict = combine_data_dict(mn_data)  # ❽

print(len(mn_dict))
```

❶ すべてのフィールドを簡単にパースできるように、DictReaderモジュールを使います。

❷ ほかのUNICEFデータセットでも再利用できるように関数を定義します。この関数は、引数の

data_rowsを結合して辞書を返すので、combine_data_dictという名前を付けます。

❸ 関数から返す新しいデータ辞書を定義します。

❹ クラスタ、世帯、行番号から一意なキーを作った以前の例と同じように、このコードは一意なキーを設定しています。HH1はクラスタ番号、HH2は世帯番号を表します。このキーを使って一意な世帯データを引き出します。

❺ 世帯がすでに追加されている場合は、世帯を表すリストに現在の行を追加してリストを拡張します。

❻ 世帯がまだ追加されていない場合には、世帯を表すリストに現在の行を代入します。

❼ 関数の末尾で新しいデータ辞書を返します。

❽ 手持ちのデータ行を渡して今定義した関数を実行し、私たちが使える変数に新しい辞書を割り当てます。このコードは、mn_dictに完成した最終的な辞書をセットするので、mn_dictは、データセットに含まれる世帯数、世帯当たりの調査件数を計算するために使えます。

関数の末尾でreturnを忘れると、関数はNoneを返します。独自関数を書くときには、戻り値のエラーに目を光らせてください。

一意な世帯は約7,000あることがわかります。つまり、聞き取りを受けた被験者のうち2,000人を少し超える人が世帯を共有しているということになります。この聞き取りの世帯あたりの男性の数は、平均で1.3でした。このような単純な集計を取ると、データに対する広い視野からの知見が得られ、それがどのような意味を持つか、手持ちのデータからどのような質問に答えられるかを考えるために役立ちます。

7.3 まとめ

この章では、データのクリーンアップの基礎と、データラングリングのなかでクリーンアップがなぜ重要なステップなのかを学びました。未加工のMICSデータも見ましたし、MICSデータを直接操作することも体験しました。今のあなたは、データを見ればどこにクリーンアップ問題があるかを見抜けるようになっています。また、不良データや重複データを見つけて取り除くこともできるようになっています。

この章で新しく学んだコンセプトやライブラリを詳しくまとめると、**表7-2**のようになります。

表7-2 この章で新たに学んだPythonとプログラミングのコンセプトとライブラリ

コンセプト/ライブラリ	目的
リスト内包表記	イテレータ、式を使ってデータをクリーンアップしたり処理したりする。if文を追加することもできる。
辞書のvaluesメソッド	辞書の値のリストを返す。メンバーのテストでとても役に立つ。
in、not in文	メンバーかどうかをテストする。通常は文字列やリストとともに使われます。ブール値を返す。
リストのremoveメソッド	リストから最初のマッチする要素を取り除く。作成済みのリストから取り除きたいものがはっきりとわかっているときに役に立つ。
enumerateメソッド	引数として任意のイテラブルを取り、何番目の要素かを示すカウンタと要素の値をタプルの形で返す。
リストのindexメソッド	渡された値にマッチする最初の要素のインデックスを返す。マッチがなければ、Noneを返す。
文字列のformatメソッド	一連のデータから読みやすい文字列を簡単に作れるようにするメソッド。データのプレースホルダーとして{}を使い、引数として同じ数のデータポイントを渡す。辞書のキー名とともに使うこともできる。また、さまざまな整形構文を使える。
文字列の整形のための構文(.4f、.2%など)	数値を読みやすい文字列に整形するために使われるフラグ。
datetimeのstrptime、strftimeメソッド	Pythonの日時オブジェクトを簡単に文字列に整形したり、文字列から日時オブジェクトを作ったりすることができる。
datetimeのtimedeltaオブジェクト	Pythonの2つの日時オブジェクトの時間差を表現する。日時オブジェクトの変更(たとえば、時間の加減算)にも使われます。
if not文	後ろに続く式がTrue**ではない**ことをテストする。if文とは逆のブール論理。
is文	第1のオブジェクトが第2のオブジェクトと同じかどうかをテストするす。型のテスト(たとえば、is None、is list)で役に立つ。isの詳細については、付録Eを参照。
文字列のisdigit、isalphaメソッド	文字列オブジェクトに数字だけが含まれているか、英字だけが含まれているかをテストするメソッド。ブール値を返す。
文字列のfindメソッド	文字列内の引数の部分文字列が含まれる位置のインデックスを返す。マッチする部分がなければ-1を返す。
Pythonの集合オブジェクト(http://docs.python.jp/3.6/library/sets.html、https://docs.python.org/3/library/sets.html)	一意な要素だけで構成されるコレクションクラス。リストとよく似ているが、値の重複がない。比較(和集合、積集合、差集合など)のためのメソッドをたくさん持っている。
numpyパッケージ(http://www.numpy.org/)	Pythonの科学技術計算で欠かせない数学ライブラリ。SciPyスタックの一部として使われている。
FuzzyWuzzyライブラリ(https://github.com/seatgeek/fuzzywuzzy)	文字列のファジーマッチングに使われるライブラリ。
正規表現(https://ja.wikipedia.org/wiki/正規表現、https://en.wikipedia.org/wiki/Regular_expression)とPythonのreライブラリ(http://docs.python.jp/3.6/library/re.html、https://docs.python.org/3/library/re.html)	パターンを書いて文字列内のパターンにマッチする部分を探すことができる。

次章でも、クリーンアップとデータ分析のスキルを磨く作業を続け、クリーンアップタスクを整理して繰り返せるようにする方法を学びます。データの正規化、標準化とデータクリーンアップのスクリプト化とテストの方法を学びます。

8章
データのクリーンアップ：標準化とスクリプト化

皆さんは、データのなかのマッチング、パース、重複の検出の方法を覚え、データクリーンアップのすばらしい世界の探検を始めました。データセットとデータセットを使って答えたいと思っている問題の理解を深めていくと、データを標準化するとともに、クリーンアップ処理を自動化することについて考えるようになるでしょう。

この章では、データをいつどのようにして標準化するか、データのクリーンアップ処理をいつテストし、スクリプトにまとめていくかを掘り下げていきます。データセットに対する定期的な更新や追加を管理している場合には、クリーンアップ処理をできる限り効率的で明解なものにして、分析と報告のために使える時間を増やしたいところです。データセットの標準化、正規化から始め、データセットが正規化されていないときに何をすべきかを明らかにしましょう。

8.1 データの正規化と標準化

あなたのデータや進めている調査のタイプによっては、データセットの標準化と正規化は、手持ちの値を使って新しい値を計算することに行き着く場合もありますし、特定の列や値に標準化、正規化の処理を行うことを意味する場合もあります。

統計学の観点から言うと、正規化は、特定の範囲にデータを標準化するために、データセットから新しい値を計算することになる場合がよくあります。たとえば、分布を正確に表示するために、試験の得点を適切な範囲に正規化しなければならない場合があります。異なるグループ（コホート）を通じて正確なパーセンタイルを計算するために、データを正規化しなければならない場合もあります。

たとえば、特定のシーズンを通じて、あるチームのスコアの分布を見たいものとします。最初は、スコアを勝ち、負け、引き分けに分類し、しばらくしてから、〜点差勝ち、〜点差負けのように分類し、さらにプレイの分数と1分あたりのスコアによる分類もあるかもしれません。これらすべてのデータセットにアクセスでき、さらにチーム間でスコアを比較したいと思ったとします。データを正規化したいなら、0から1までのスケールにすべてのスコアを正規化します。すると外れ値（トップスコア）が1に近くなり、低スコアは0に近くなります。新しいデータをここに導入すれば、中間にどれくらいのスコアがあるか、それらは高い範囲と低い範囲のどちらに多く集まっているかなどを調べられます。また、外れ値を見つけることもできます（たとえば、ほとんどのスコアが0.3と0.4の間に集まっている場合、この範囲に入らないスコアは外れ値と考えることができます）。

同じデータを標準化したいときにはどうなるでしょうか。たとえば、データの標準化のために、1分あたりの平均スコアを計算します。その平均スコアをグラフにすると、分布が見えるようになります。1分あたりのスコアが多いのはどのチームでしょうか。外れ値はあるでしょうか。

分布は、標準偏差から計算することもできます。標準化については第9章でより完全に取り上げますが、基本的には、データの正常な範囲はどこで、どの値がその範囲から逸脱しているかが問題になります。データはパターンに従っているでしょうか、それともそのようなものはないでしょうか。

このように、正規化と標準化は同じものではありません。しかし、どちらも研究者、調査者がデータの分布を判断し、将来の研究や計算にとって持つ意味を考えるために役立ちます。

データの標準化や正規化では、データのパターンや分布を「見やすく」するために、外れ値を取り除くことが必要になる場合もあります。同じスポーツの喩え話を使うなら、トップスコアを叩き出しているプレイヤーのスコアを取り除くと、チームのパフォーマンスは劇的に変わってしまうでしょうか。ひとりのプレイヤーがチームのスコアの半分を叩き出している場合、外れ値を取り除くと劇的な変化が現れるでしょう。

同様に、ある1つのチームがいつも大差で勝っているようなら、リーグのデータからそのチームのデータを取り除くと、分布や平均が大きく変わるでしょう。解決したい問題次第では、正規化、標準化、外れ値の除去（データのトリミング）によって、自分の問題に対する答えが見つけやすくなることがあります。

8.2 データの保存

データの保存方法についてはすでにいくつか学んでいます。使えるデータが手に入ったところでそれをおさらいしておきましょう。データベースを利用しており、テーブルをどのような形式にしてクリーンアップ済みのデータをどのように保存したいかがはっきりしているなら、第6章で説明したPythonのライブラリモジュールを使って、データベースに接続し、データを保存しましょう。これらのライブラリの多くでは、カーソルをオープンし、データベースに直接コミットできます。

データベースのスクリプトには、ネットワークやデータベースで障害が起きたときのために、エラーを検出し、それを報告するメッセージを組み込むことを強くお勧めします。

第6章で取り上げたSQLiteのサンプルを使っているなら、クリーンアップしたデータをデータベースに保存したいところです。どうすれば保存できるかを見てみましょう。

```
import dataset

db = dataset.connect('sqlite:///data_wrangling.db')  # ❶

table = db['unicef_survey']  # ❷

for row_num, data in enumerate(zipped_data):  # ❸
    for question, answer in data:  # ❹
        data_dict = {  # ❺
            'question': question[1],  # ❻
            'question_code': question[0],
            'answer': answer,
            'response_number': row_num,  # ❼
            'survey': 'mn',
        }

    table.insert(data_dict)  # ❽
```

❶ ローカルデータベースにアクセスしています。異なるディレクトリにファイルを格納した場合には、データベースファイルの現在のファイルパスからの相対的な位置を反映させてファイルパスを変更して下さい（たとえば、親ディレクトリに格納されているなら、file:///../datawrangling.dbとします。

❷ unicef_dataという新しいテーブルを作ります。UNICEFの調査の多くがこのパターンに従っていることがわかっているので、これは安全で明解なテーブル名になっています。

❸ どの行を処理しているのかを管理するために、回答ごとに番号を与えたいと思っています。このコードは、enumerate関数を使って（質問/回答の）各エントリをデータベース内で簡単にリンクできるようにします（それらが行番号を共有するため）。

❹ データがタプルに分割され、見出し（質問）がタプルの第1エントリのリストに格納され、質問に対する回答がタプルの第2エントリにあることがわかっています。このコードは、forループを使って現在のデータをパースし、保存します。

❺ 個々の質問と回答は、データベース内に自分のエントリを持っているので、個々のインタビューの質問と回答を1つにまとめます。このコードは、個々のインタビューの個々の質問と回答のデータをまとめた辞書を作ります。

❻ わかりやすく書かれた質問は、見出しリストの第2エントリになっています。このコードは、そのデータをquestion、UNICEFの短いコードをquestion_codeとして保存しています。

❼ どのインタビューかを管理するために、enumerateが生成したrow_numを組み込みます。

❽ 最後に、テーブルのinsertメソッドを使って、新しく組み立てた辞書をデータベースに追加します。

クリーンアップしたデータをSQLiteデータベースに確実に保存したいとします。enumerate関数を使って個々のインタビューを反復処理しているので、そのなかの個々の質問と回答を結合します。データにアクセスしなければならないときには、新しいテーブルにアクセスし、第6章で説明した関数を使えば、すべてのレコードを見ることができ、必要に応じて検索することができます。

クリーンアップしたデータを単純なファイルに書き込みたい場合も、処理は簡単です。コードを見てみましょう。

```
from csv import writer


def write_file(zipped_data, file_name):
    with open(file_name, 'wt') as new_csv_file:  # ❶
        wrtr = writer(new_csv_file)  # ❷
        titles = [row[0][1] for row in zipped_data[0]]  # ❸
        wrtr.writerow(titles)  # ❹
        for row in zipped_data:
            answers = [resp[1] for resp in row]  # ❺
            wrtr.writerow(answers)

write_file(zipped_data, 'cleaned_unicef_data.csv')  # ❻
```

❶ with...asを使って、withの後ろのオープンファイルをasの後ろの変数に代入します。つまり、open(file_name, 'wb')によって作られるオープンファイルをnew_csv_file変数に代入します。'wb'はバイナリモードでの書き込みという意味です。

❷ オープンファイルを渡してCSVライターオブジェクトを初期化し、そのライターオブジェクトをwrtr変数に代入します。

❸ ライターオブジェクトは各行を出力するためにデータリストを必要とするため、ヘッダー行の見出しリストを作ります。長い見出しは、タプルの先頭部分のなかの第2要素にあるので、row[0][1]を使っています。

❹ ライターオブジェクトのwriterowメソッドを使っています。このメソッドは、イテラブルを受け付け、カンマ区切りの行に変換します。この行はヘッダー行を出力します。

❺ リスト内包表記を使って回答（タプルの第2の値）を引き出しています。

❻ リスト内包表記で作った見出しリストと回答リストをCSVファイルに書き込みます。

ここでは、新しい構文と古い構文を使っています。with...asは、単純な関数の戻り値を受け付け、変数に代入します。ここでは、openから返されてきたオープンファイルを受け取り、new_csv_file変数に代入します。このタイプの構文は、ファイル、その他のI/Oオブジェクトでよく使われますが、それはPythonがwithブロックのコードを実行すると、かならずファイルをクローズしてくれるからです。すばらしい。

また、このコードではCSVライターを使っていますが、これはCSVリーダーと同じように動作します。`writerow`は、データの各列をまとめたリストをCSVに書き込んでくれます。

`writerow`メソッドが受け付けるのはイテラブルオブジェクトなので、かならずリストかタプルを渡すようにしましょう。文字列を渡すと、"l,i,k,e, ,t,h,i,s"のようなCSVができてしまいます。

ヘッダーの見出しリストと回答のリストは、ともにリスト内包表記を使って作っています。この関数には、新しいオブジェクトや書き換えられたオブジェクトを返してほしいと思っているわけではないので、何も返していません。この関数は、今まで学んできたコンセプトの一部のよい復習になっています。

このデータを別の形で保存したい場合には、データの保存方法に関連して第6章で触れたことを参照してください。クリーンアップしたデータを保存したら、次はクリーンアッププロセスを保護することとデータの分析に移ることができるようになります。

8.3 プロジェクトにとって適切なデータクリーンアップ方法の決め方

データの信頼性や分析の頻度によっては、異なるデータクリーンアップ方法を選ぶことになる場合があります。操作したいデータが場当たり的で、さまざまなソースから集めたものなら、クリーンアップ処理を正確にスクリプトすることはできないかもしれません。

クリーンアップ処理を完全にスクリプト化するためにどれくらいの時間と労力が必要になるかを分析して、クリーンアップの自動化が本当に時間の節約につながるのかどうかを判断する必要があります。

クリーンアップ処理が特に面倒で、手順がたくさんある場合には、ヘルパースクリプトのリポジトリを作るとよいでしょう。こうすると、データラングリングのプロセス全体を通じて再利用できる多くの関数が蓄積できます。また、たとえすべてのステップを整然と実行するスクリプトを書くことができなくても、新しいデータを高速に処理できるようになります。たとえば、リストや行列から重複を探すスクリプト、CSVとの間でデータをエクスポート、インポートするための関数、文字列や日時データを整形する関数などです。この種のソリューションがあれば、IPythonやJupyter（第10章で学びます）に関数をインポートして使ったり、リポジトリのほかのファイルで関数を使ったりすることができます。

しかし、クリーンアップコードが一定のパターンに従っており、変更される見込みがない場合なら、クリーンアッププロセス全体をスクリプト化することができるでしょう。

8.4　クリーンアップ処理のスクリプト化

皆さんのPythonの知識が深まり、成長すると、書くPythonコードも進歩します。今の皆さんは、関数を書いたり、ファイルをパースしたり、さまざまなPythonライブラリをインポートして使ったり、データを保存したりすることができます。そろそろ、コードを本格的なスクリプトにしてもよい頃です。これは、将来の利用、学習、共有のためにコードをどのように構造化すべきかを決めるということです。

例として、UNICEFデータについて考えてみましょう。UNICEFが数年ごとにこのデータセットをリリースしており、多くのデータポイントが同じまま残ることはわかっています。この調査は、長い年月の経験に基づいて作られており、大幅に変更されることはまずないでしょう。以上から考えると、かなり高い水準で一貫性が保たれることを当てにしてよさそうです。再びUNICEFデータを使うことがあれば、この最初のスクリプトのために書いたコードを少なくとも部分的には再利用できるはずです。

現在のところ、コードに構造というほどのものはなく、ドキュメントはまったくありません。これではコードが読みにくいだけでなく、再利用がしにくくなってしまいます。作成した関数は、今の私たちには意味がありますが、1年後の私たちはこれを正確に読み取り理解することができるでしょうか。同僚に渡したら、私たちが注意した点を理解してもらえるでしょうか。これらの問いにイエスと答えられるようにならなければ、コードなど書かない方がましです。1年後にコードが読めなくなってしまうなら、そんなコードは役に立たず、新しい報告書がリリースされたときには、誰か（おそらく私たち）がコードを改めて書かなければならなくなるでしょう。

「Zen of Python」は、コードの書き方だけではなく、コードの構成方法、関数、変数、クラスへの名前の付け方などにも当てはまります。少し時間を割いて名前の選択について考え、自分にとっても他人にとっても明確な名前は何かを明らかにするようにします。しかし、コードはそれ自体読みやすいものでなければなりません。

Pythonは、コードを読めない人にも、もっとも読みやすい言語の1つだと喧伝されることがよくあります。構文を読みやすくクリーンなものに保ちましょう。そうすれば、ドキュメントも、コードが何をしたいのかを説明するためにくどくどと長く説明しなくて済みます。

Zen of Python

いつもZen of Python（https://www.python.org/dev/peps/、`import this`でも簡単に表示できます）を意識して仕事しましょう。要するに、Python（および多くの言語）でコーディングするときには、できる限り明示し、明解に書き、実践的であるようにすべきだということです。

スキルの向上とともに、明示的、実践的に感じられることは変わるかもしれませんが、やり過ぎて失敗するくらい明解、正確、単純を心がけてコードを書くことを心からお勧めします。おそらく、それによりコードは少し遅くなったり、長くなったりするでしょうが、経験を積むうちに、高速でありながら明解なコードを書く方法が見つかるようになります。

今の段階では、自明過ぎるほど自明になるようにコードを書き、あとでコードを見直したときに自分の意図が理解できるようにしましょう。

PEP 8のPython Style Guide（https://www.python.org/dev/peps/pep-0008/）をよく読み、書かれているルールに忠実に従いましょう。コードを読んで問題点を指摘するPEP 8 linterは多数出回っています。

linterを使えば、スタイル標準への準拠だけでなく、コードの複雑さも評価してもらえます。McCabeの循環的複雑度理論とその計算（https://ja.wikipedia.org/wiki/循環的複雑度、http://bit.ly/cyclomatic_complexity）に従ってコードを分析するlinterがいくつか作られています。いつもコードを単純なチャンクに分割することはできないかもしれませんが、複雑なタスクを小さくて単純なタスクに分割し、コードを単純でわかりやすいものに変えることは常に目指すべきことです。

コードをクリアでわかりやすいものにするときには、再利用可能なチャンクをさらに一般化すると役に立ちます。一般化しすぎることに注意しつつ（`def foo`では誰の役にも立ちません）、頻繁に再利用するような汎用ジェネリックヘルパー関数があれば（リストをCSVに変換するものや、重複を含むリストから集合を作るものなど）、コードは構造化され、クリーンで単純なものになります。

あなたの報告書がすべて同じコードを使ってデータベースに接続したりファイルをオープンしたりしているなら、その部分を関数にすることができます。汎用ヘルパー関数を書くときの目標は、読みやすく、使いやすく、反復のない単純なコードを作ることです。

表8-1は、これから考えるようにしたいコーディングのベストプラクティスの一部です。皆さんがPythonを使ってすることになるすべてのことがこれらのベストプラクティスにカバーされるわけではありませんが、さらなるスクリプティングや学習のための優れた基礎になるはずです。

表8-1 Pythonコーディングのベストプラクティス

プラクティス	説明
ドキュメンテーション	コメント、関数の説明を入れ、スクリプトはコード全体で明解になるようにする。REDME.mdファイルやリポジトリ構造内のその他の必要な説明も同様。
明確な名前	関数、変数、ファイルには、内容や意図した使い方が明らかになるようなクリアな名前を付けるようにする。

プラクティス	説明
適切な構文	変数と関数は、Pythonの適切な書き方に従うようにする（一般に、小文字で単語の間にはアンダースコアを入れる。クラス名ではキャメルケース：https://ja.wikipedia.org/wiki/キャメルケース、https://en.wikipedia.org/wiki/CamelCaseを使う）。そして、コードはPEP 8標準に従うようする。
インポート	必要で使うものだけをインポートし、PEP 8ガイドラインに従ったインポート構造にする。
ヘルパー関数	コードをクリアで再利用できるものにするために、抽象的なヘルパー関数を作るようにする（たとえば、リストを引数としてCSVエクスポートを出力する`export_to_csv`関数）。
リポジトリの構成	リポジトリを論理的で階層的な構造に構成し、いっしょに使われるコードがいっしょにリポジトリにまとめられ、正常な論理パターンに従うようにする。
バージョン管理	すべてのコードはバージョン管理し、自分や同僚が新しいブランチを作り、新しい機能を試しても、本番で使われるマスターバージョンはリポジトリに残されるようにする。
高速だが明解	Pythonの構文糖を利用して高速で効率的なコードを書くようにする。しかし、高速と明解が両立しないときには、かならず明解を選ぶようにする。
ライブラリの利用	誰かがPythonですでにコーディングしたことをしなければならないときには、車輪の再発明をせず、ライブラリを使うようにする。また、オープンソースコミュニティのためにライブラリをコントリビュートするようにする。
コードのテスト	可能な限り、サンプルデータを使ってコードをテストし、個々の関数のためにテストを書くようにする。
限定的に	`try`ブロック内では適切な例外を使い、ドキュメントは具体的に書き、変数名は限定的なものを使うようにする。

コードのドキュメントは、スクリプトを書くときの重要な構成要素です。Eric Holscher（PythonistaでWrite the Docsの共同設立者）が適切にまとめているように（http://www.writethedocs.org/guide/writing/beginners-guide-to-docs/）、コードにドキュメントを書く理由はさまざまですが、もっとも大きな理由は、おそらくそのコードをまた使わなければならなくなるということです。他人がコードを読んで使わなければならないとか、GitHubにポストしたいとか、将来の採用面接で使いたいとか、お母さんに送りたいといったことも含まれます。理由が何であれ、コードとともに、コードのなかに、コード全体に渡ってドキュメントが書かれていれば、あとで苦しむことを避けられます。あなたがチームのメンバーなら、チームの苦痛を何百時間分も減らせます。コードにじっくりと向き合って何がしたいのか、それはなぜかということを分析するために労力をかけても、十分に見合う利益が得られます。

Read the Docs（https://readthedocs.org/）、Write the Docs（http://www.writethedocs.org/）などの団体が、ドキュメント製作を楽にするための優れたアドバイスをたくさん示しています。基本的に、プロジェクトのルートディレクトリにREADME.mdファイルを置くようにしましょう。このREADME.mdには、コードが何をするものなのかのあらまし、インストール、実行方法、必要なもの、詳しい情報が書かれている場所などをまとめておきます。

ユーザー（コードの読者）がコアコンポーネントとどれくらいやり取りすることになるかによっては、README.mdに小さなサンプルコードを入れておくと役に立つことがあります。

README.mdファイルのほかに、コードにコメントを追加したいところです。第5章で触れたように、自分自身に対する走り書きのようなものから、スクリプトと関数の使い方をしっかりとドキュメントした長いコメントまでさまざまです。

PEP 350（https://www.python.org/dev/peps/pep-0350/）のおかげで、Pythonのさまざまなタイプのコメントの書き方や用途はしっかりとドキュメンテーションされています。この標準に従えば、あなたのコメントは誰もが理解しやすいものになります。

それでは、クリーンアップの各章で行ってきたことをドキュメンテーションしてみましょう。ドキュメントのアイデアが枯れないように、どのようなタスクをこなしていくのかをまとめた簡単なリストを作ることにしましょう。

- UNICEFデータファイルからデータをインポートする。
- 調査データ行の見出しを見つける。
- 人間が読んで理解できる見出しと暗号めいた組み込みの見出しを適切に対応付ける。
- データをパースして、重複があるかどうかをチェックする。
- データをパースして、欠損値があるかどうかをチェックする。
- 世帯に基づいてほかの行のデータと結合する。
- データを保存する。

これらは多少なりとも時系列順に並んでおり、このようなリストを作ると、コードをどのように構成してどのようにスクリプト化するか、新スクリプトをどのようにドキュメンテーションするかを明らかにするための苦痛が少しでも緩和されます。

私たちがまずしなければならないことの1つは、この章と前の章で書いたコードチャンクをすべて整理し、組織して1つのスクリプトにまとめることです。全部を1つにまとめたら、優れたコードを書くためのルールに合わせて書き直していきます。まず、今までのzipを見てみましょう。

```
from csv import reader
import dataset

data_rdr = reader(open('../../../data/unicef/mn.csv', 'rt'))
header_rdr = reader(open('../../../data/unicef/mn_headers_updated.csv', 'rt'))
```

```
data_rows = [d for d in data_rdr]
header_rows = [h for h in header_rdr if h[0] in data_rows[0]]

all_short_headers = [h[0] for h in header_rows]

skip_index = []
final_header_rows = []

for header in data_rows[0]:
    if header not in all_short_headers:
        print(header)
        index = data_rows[0].index(header)
        if index not in skip_index:
            skip_index.append(index)
    else:
        for head in header_rows:
            if head[0] == header:
                final_header_rows.append(head)
                break

new_data = []

for row in data_rows[1:]:
    new_row = []
    for i, d in enumerate(row):
        if i not in skip_index:
            new_row.append(d)
    new_data.append(new_row)

zipped_data = []

for drow in new_data:
    zipped_data.append(list(zip(final_header_rows, drow)))

# 欠損値を探す

for x in zipped_data[0]:
    if not x[1]:
        print(x)

# 重複を探す
set_of_keys = set(
    '%s-%s-%s' % (x[0][1], x[1][1], x[2][1]) for x in zipped_data)

uniques = [x for x in zipped_data if not
           set_of_keys.remove('%s-%s-%s' %
                              (x[0][1], x[1][1], x[2][1]))]
```

```
print(len(set_of_keys))

# DBに保存する

db = dataset.connect('sqlite:///../../data_wrangling.db')

table = db['unicef_survey']

for row_num, data in enumerate(zipped_data):
    for question, answer in data:
        data_dict = {
            'question': question[1],
            'question_code': question[0],
            'answer': answer,
            'response_number': row_num,
            'survey': 'mn',
        }

    table.insert(data_dict)
```

ほとんどのコードはフラット、つまり、重要度のレベルが入れ子状になっていないということがわかります。コードと関数の多くは、ファイル内でインデントされておらず、ドキュメンテーションされていません。抽象化が不十分で、変数名は不明確です。先頭から、こういった問題を解決していきましょう。最初の2行ずつは、同じことを繰り返しています。繰り返さずに関数にしましょう。

```
def get_rows(file_name):
    rdr = reader(open(file_name, 'rt'))
    return [row for row in rdr]
```

この関数を使えば、ファイルが短くなります。では、次の部分を見て、同じように改善できるかどうかを考えてみましょう。

私たちは、data_rowsの見出しと位置を合わせるためにせっせとheader_rowsを書き換えていますが、そのコードはもう不要です。両者がマッチしたところからfinal_header_rowsを作っているので、マッチするdata_rowsがないheader_rowsの心配は不要です。その行は削除できます。

14行目から27行目は、final_header_rowsとskip_indexの2つのリストを作っています。これらはどちらもマッチしない要素を取り除いてリストをzipできるようにする作業だと言うことができます。これらを1つのメソッドにまとめましょう。

```
def eliminate_mismatches(header_rows, data_rows):
    all_short_headers = [h[0] for h in header_rows]
    skip_index = []
    final_header_rows = []

    for header in data_rows[0]:
```

```
            if header not in all_short_headers:
                index = data_rows[0].index(header)
                if index not in skip_index:
                    skip_index.append(index)
            else:
                for head in header_rows:
                    if head[0] == header:
                        final_header_rows.append(head)
                        break

        return skip_index, final_header_rows
```

これでクリーンアップのセクションを関数にまとめることができました。これにより、個々の関数が何をするのかがはっきりし、コードがドキュメンテーションされ、コードのアップデートが必要になることがあれば（むしろ、必要になったときに）、どこを見ればよいのかがわかります。

スクリプトをさらに読んで、書き換え候補を見つけていきましょう。次のセクションはzipされたデータセットを作っているように見えます。この部分は、見出しにマッチする部分だけに調査データ行を絞り込む関数と見出し行と調査データ行をzipする関数にまとめられます。zipされたデータを作る1つの関数にすることもできます。どちらの方がしっくりするかは、あなたが決めるべきことです。ここでは、再び必要になるときのために小さなヘルパー関数を作り、それを呼び出す形で全体を1つの関数にまとめることにします。

```
def zip_data(headers, data):
    zipped_data = []
    for drow in data:
        zipped_data.append(zip(headers, drow))
    return zipped_data

def create_zipped_data(final_header_rows, data_rows, skip_index):
    new_data = []
    for row in data_rows[1:]:
        new_row = []
        for index, data in enumerate(row):
            if index not in skip_index:
                new_row.append(data)
        new_data.append(new_row)
    zipped_data = zip_data(final_header_rows, new_data)
    return zipped_data
```

この新しい関数では、元のコードをそのまま使うことができ、変数名をわかりやすく変えることができました。そして、見出しと調査データ行をzipし、zipされたデータのリストを返すヘルパー関数を追加しました。コードは以前よりもクリアになり、以前よりも適切に分割されています。同じ論理をファイルの残りの部分にも適用していきます。最終的な結果は、次のようになります。

```
from csv import reader
import dataset


def get_rows(file_name):
    rdr = reader(open(file_name, 'rt'))
    return [row for row in rdr]


def eliminate_mismatches(header_rows, data_rows):
    all_short_headers = [h[0] for h in header_rows]
    skip_index = []
    final_header_rows = []

    for header in data_rows[0]:
        if header not in all_short_headers:
            index = data_rows[0].index(header)
            if index not in skip_index:
                skip_index.append(index)
        else:
            for head in header_rows:
                if head[0] == header:
                    final_header_rows.append(head)
                    break
    return skip_index, final_header_rows


def zip_data(headers, data):
    zipped_data = []
    for drow in data:
        zipped_data.append(list(zip(headers, drow)))
    return zipped_data


def create_zipped_data(final_header_rows, data_rows, skip_index):
    new_data = []
    for row in data_rows[1:]:
        new_row = []
        for index, data in enumerate(row):
            if index not in skip_index:
                new_row.append(data)
        new_data.append(new_row)
    zipped_data = zip_data(final_header_rows, new_data)
    return zipped_data


def find_missing_data(zipped_data):
```

```
    missing_count = 0
    for question, answer in zipped_data[0]:
        if not answer:
            missing_count += 1
    return missing_count


def find_duplicate_data(zipped_data):
    set_of_keys = set(
        '%s-%s-%s' % (row[0][1], row[1][1], row[2][1])
        for row in zipped_data)

    uniques = [row for row in zipped_data if not
               set_of_keys.remove('%s-%s-%s' %
                                  (row[0][1], row[1][1], row[2][1]))]

    return uniques, len(set_of_keys)


def save_to_sqlitedb(db_file, zipped_data, survey_type):
    db = dataset.connect(db_file)

    table = db['unicef_survey']
    all_rows = []

    for row_num, data in enumerate(zipped_data):
        for question, answer in data:
            data_dict = {
                'question': question[1],
                'question_code': question[0],
                'answer': answer,
                'response_number': row_num,
                'survey': survey_type,
            }
            all_rows.append(data_dict)

    table.insert_many(all_rows)
```

よい感じの関数がいくつかできましたが、プログラムがどのように実行されるかという骨組みがなくなってしまいました。今このスクリプトを実行しても、コードは1行たりとも実行されません。どこからも呼び出されない関数がいくつも書かれているだけになっています。

main関数のなかでこれらのステップをどのように使っていくのかを改めて指定する必要があります。main関数は、Python開発者がコマンドラインから起動して実行すべきコードをまとめる場所として使われます。データセットをクリーンアップする手順を示すコードが書かれたmain関数を追加しましょう。

```
"""この部分はスクリプトのすでに作成済みの部分の下に配置されます"""

def main():
    data_rows = get_rows('data/unicef/mn.csv')
    header_rows = get_rows('data/unicef/mn_headers_updated.csv')
    skip_index, final_header_rows = eliminate_mismatches(header_rows,
                                                         data_rows)
    zipped_data = create_zipped_data(final_header_rows, data_rows, skip_index)
    num_missing = find_missing_data(zipped_data)
    uniques, num_dupes = find_duplicate_data(zipped_data)
    if num_missing == 0 and num_dupes == 0:
        save_to_sqlitedb('sqlite:///data/data_wrangling.db', zipped_data, 'mn')
    else:
        error_msg = ''
        if num_missing:
            error_msg += 'We are missing {} values. '.format(num_missing)
        if num_dupes:
            error_msg += 'We have {} duplicates. '.format(num_dupes)
        error_msg += 'Please have a look and fix!'
        print(error_msg)


if __name__ == '__main__':
    main()
```

これで、コマンドラインから実行できる実行可能ファイルが完成しました。このファイルを実行するとどうなるでしょうか。新しく作ったエラーメッセージが表示されるでしょうか、それともローカルのSQLiteデータベースにデータが保存されるでしょうか。

ファイルをコマンドラインから実行可能にすること

コマンドラインから実行する意図で書かれたほとんどのPythonファイルは、共通していくつかの属性を持っています。それらはクリーンアッププログラムで行ったのと同じように、小さな関数、ヘルパー関数を利用するmain関数を持っているのです。

そのmain関数は、通常、ファイルのメインインデントレベルのコードブロックから呼び出されます。使われる構文は、`if __name__ == '__main__':`というものです。この構文は、グローバルなプライベート変数を使っており（そのため、名前の前後にダブルアンダースコアが付いています）、ファイルをコマンドラインから実行しているときにTrueを返します。

このif文のなかのコードは、スクリプトがコマンドラインから実行されていなければ実行されません。たとえば、ほかのスクリプトでこれらの関数をインポートした場合には、__name__変数は'__main__'にはならず、コードは実行されません。これはPythonスクリプトで広く使われている慣習です。

皆さんが実行してエラーが表示される場合には、コードがここに書かれているのとまったく同じになっているかどうか、データに対するファイルパスとして適切なものを使っているかどうか、第6章で作ったローカルデータベースを使っているかどうかをチェックしてください。

それでは、コードにドキュメントを追加していきましょう。関数にdocstringを追加し、スクリプトのなかの比較的複雑な部分を読みやすくするためのインラインノートを追加し、スクリプトの冒頭にしっかりとした説明を追加する予定です。最後の説明は、あとでREADME.mdファイルに移すつもりのものです。

```
"""
構文：python our_cleanup_script.py

このスクリプトは、UNICEFが男性を対象に実施した調査のデータを読み込み、
重複や欠損値をチェックし、見出しと調査データ本体とがぴったりとマッチすることを
チェックしてから、単純なデータベースファイルにデータを保存します。
このディレクトリの下のdataディレクトリにunicefという
サブフォルダがあって、そこに調査データのmn.csvと見出しデータの
mn_updated_headers.csvを格納したunicefディレクトリがあることを前提としています。
また、このディレクトリのルートにdata_wrangling.dbというファイルがあることも
前提としています。
そして、datasetライブラリ（http://dataset.readthedocs.org/en/latest/）を
使うことも前提としています。

スクリプトは、エラーなしで実行されれば、クリーンアップされたデータをSQLiteの
unicef_surveyテーブルに保存します。保存されるデータは、次のような構造を持ちます。
  - question: 文字列
  - question_code: 文字列
  - answer: 文字列
  - response_number: 整数
  - survey: 文字列

あとでresponse_number（回答番号）を使えば、回答全体を結合することができます
（つまり、response_numberが3のすべてのデータは、同じインタビューで得られたもの
なので結合するなど）。

質問がある場合には、…を介してお気軽に私にご連絡ください。
```

```
"""

from csv import reader
import dataset

def get_rows(file_name):
    """与えられたcsvファイル名に基づき、行のリストを返します。"""
    rdr = reader(open(file_name, 'rb'))
    return [row for row in rdr]


def eliminate_mismatches(header_rows, data_rows):
    """
    UNICEFデータセットの見出し行リストとデータ行リストを与えると、読み飛ばす
    インデックス番号のリストと最終的な見出し行のリストを返します。この関数は、
    data_rowsオブジェクトの先頭要素に見出しリストが含まれていることを前提と
    しています。また、見出しリストはUNICEFの短い形式を使っていることを前提と
    しています。さらに、見出し行データの各行の先頭要素はUNICEFの短い形式に
    なっていることを前提としています。データ行のなかの読み飛ばすべき行を示す
    インデックスのリスト（ヘッダーと適切にマッチしない行）を第1要素、最終的な
    クリーンアップを済ませた見出し行のリストを第2要素として返します。
    """
    all_short_headers = [h[0] for h in header_rows]
    skip_index = []
    final_header_rows = []
    for header in data_rows[0]:
        if header not in all_short_headers:
            index = data_rows[0].index(header)
            if index not in skip_index:
                skip_index.append(index)
        else:
            for head in header_rows:
                if head[0] == header:
                    final_header_rows.append(head)
                    break
    return skip_index, final_header_rows


def zip_data(headers, data):
    """
    見出し行リストとデータ行リストを与えると両者をzipしたリストを返します。
    個々のデータ行に含まれる要素数とヘッダー行の行数が等しいことを前提として
    います。

    example output: [(['question code', 'question summary', 'question text'],
                      'resp'), ....]
    出力例：[[(['質問コード', '質問要約', '質問本文'], '回答'), ....], ...]
```

```
    """
    zipped_data = []
    for drow in data:
        zipped_data.append(list(zip(headers, drow)))
    return zipped_data


def create_zipped_data(final_header_rows, data_rows, skip_index):
    """
    最終的な見出し行のリスト、データ行のリスト、見出しとマッチしないので
    読み飛ばすべきデータ行のインデックスのリストを与えると、zipされたデータ行
    (見出し行とデータ行をマッチさせたもの)のリストを返します。データ行の
    先頭行がオリジナルデータのヘッダー行で見出し値のリストになっていることを
    前提とし、最終的なリストからはその行を取り除きます。

    """
    new_data = []
    for row in data_rows[1:]:
        new_row = []
        for index, data in enumerate(row):
            if index not in skip_index:
                new_row.append(data)

        new_data.append(new_row)
    zipped_data = zip_data(final_header_rows, new_data)
    return zipped_data


def find_missing_data(zipped_data):
    """
    zip後のデータ全体で回答がない項目の数を返します。この関数は、すべての
    回答がタプルの第2要素として格納されていることを前提としています。また、
    すべての回答が、マッチした質問と回答をまとめたタプルに含まれていることも
    前提としています。整数を返します。
    """
    missing_count = 0
    for response in zipped_data:
        for question, answer in response:
            if not answer:
                missing_count += 1
    return missing_count


def find_duplicate_data(zipped_data):
    """
    zip後のUNICEFデータリストを与えると、一意な要素のリストと重複データ数を
```

```
    返します。この関数は、データの最初の3項目がクラスタ、世帯、インタビューの
    行番号になっていることを前提としており、この3つの値から一意なキーを作って
    重複の有無を判断しています。
    """
    set_of_keys = set([
        '%s-%s-%s' % (row[0][1], row[1][1], row[2][1])
        for row in zipped_data])

    #TODO: 重複があると、ここでエラーが投げられる。対策が必要
    uniques = [row for row in zipped_data if not
               set_of_keys.remove('%s-%s-%s' %
                                  (row[0][1], row[1][1], row[2][1]))]

    return uniques, len(set_of_keys)


def save_to_sqlitedb(db_file, zipped_data, survey_type):
    """
    SQLiteファイルのパス、クリーンアップされたzip後のリスト、使用された
    UNICEF調査タイプを与えると、SQLiteの
    question, question_code, answer, response_number, survey
    という列を持つunicef_surveyというテーブルにデータを保存します。

    """
    db = dataset.connect(db_file)

    table = db['unicef_survey']
    all_rows = []

    for row_num, data in enumerate(zipped_data):
        for question, answer in data:
            data_dict = {
                'question': question[1],
                'question_code': question[0],
                'answer': answer,
                'response_number': row_num,
                'survey': survey_type,
            }
            all_rows.append(data_dict)

    table.insert_many(all_rows)


def main():
    """
    すべてのデータを2つのrows変数にインポートし、クリーンアップして
    エラーがなければSQLiteに保存します。
```

```
    エラーが見つかったときには詳細を表示し、スクリプトを修正するか
    データにエラーがあるかどうかをチェックするための作業に取りかかれるように
    しています。
    """
    # TODO: おそらく、ファイル名を抽象化してスクリプトに変数として渡せるように
    # して、ほかの調査でもこのmain関数を使えるようにすべき
    data_rows = get_rows('data/unicef/mn.csv')
    header_rows = get_rows('data/unicef/mn_headers_updated.csv')
    skip_index, final_header_rows = eliminate_mismatches(header_rows,
                                                         data_rows)
    zipped_data = create_zipped_data(final_header_rows, data_rows, skip_index)
    num_missing = find_missing_data(zipped_data)
    uniques, num_dupes = find_duplicate_data(zipped_data)
    if num_missing == 0 and num_dupes == 0:
        # TODO: この出力ファイル名も抽象化すべき。また、先に進む前にファイルが
        # すでに存在することを確認すべき
        save_to_sqlitedb('sqlite:///data_wrangling.db', zipped_data, 'mn')
    else:
        # TODO: 最終的には、エラーが投げられたときにはそれを表示するのではなく、
        # ログに書き込み、メールすべき。
        error_msg = ''
        if num_missing:
            error_msg += 'We are missing {} values. '.format(num_missing)
        if num_dupes:
            error_msg += 'We have {} duplicates. '.format(num_dupes)
        error_msg += 'Please have a look and fix!'
        print(error_msg)


if __name__ == '__main__':
    main()
```

以前よりもきちんとドキュメンテーションされ、整理、構造化され、再利用できる関数群を備えたコードになりました。最初のスクリプトの出発点としては上々です。うまくすれば、このコードを使って多くのUNICEFデータセットをインポートできます。

コードには、自分のためにTODOリストも入れてありますが、これは今後スクリプトを改善できるようにするためです。このなかでどの問題がもっとも重大で対処を必要とするものだと思いますか。それはなぜですか。修正に挑戦してみませんか。

今はコードを実行するために1つのファイルを使っているだけです。しかし、コードが成長していくと、リポジトリもふくらみます。時間の経過とともにリポジトリに何を追加していくかを早い段階で考えておくことは大切です。それらのコードとコード構造は非常によく似たものになります。

UNICEFデータのパース以外でもこのリポジトリが使えると思うようなら、異なる構成を考えたいところです。

なぜでしょうか。1つは、データを別ファイルで管理したいということです。実際、リポジトリがどれくらい大きくなるかによっては、異なるデータパーサーやクリーナーを別フォルダで管理したいと思うでしょう。

始めのうちは、こういったことをあまり気にし過ぎないようにしましょう。Pythonが上達し、データセットの理解が深まれば、どこから始めるかははっきりしてくるはずです。

リポジトリの構造ということでは、複数のコードで共有できるスクリプトの部品の格納場所として、utils、あるいはcommonフォルダを作ることはごく一般的なことです。多くの開発者は、データベース接続のスクリプト、共通に使われるAPIコード、通信やメールのスクリプトをそのようなフォルダに格納し、ほかのスクリプトに簡単にインポートできるようにしています。

リポジトリの管理方法にもよりますが、プロジェクトの異なる側面に対応するコードを格納するために、複数のディレクトリを設定することもあります。たとえば、UNICEFデータ関連のコードだけを格納するディレクトリ、ウェブスクレイピングスクリプトと最終的な報告書のコードのための別のディレクトリといった形です。リポジトリをどのように構成するかは自由に決めてかまいません。ただ、常に明確で自明で整理された形を目指すようにしましょう。

あとでリポジトリの再構成が必要になったとき、最初のうちに時間を割いて構成を考えていれば、再構成は大変な仕事にはなりません。それに対し、リポジトリに明解なドキュメントがない800行のファイルがたくさんある場合には、大仕事になるでしょう。目安としては、組織にとって適切な出発点を考え、リポジトリが大きくなったり変更されたりしたとき、メンテナンス作業を行うようにします。

ファイルの構成以外では、ディレクトリ、ファイル、関数、クラスに明確で自明な名前を付けるのも役に立ちます。utilsフォルダに半ダースほどのファイルがあったとします。これらにutils1、utils2のような名前を付けたら、内容を調べるためにいちいち中身を見なければならなくなります。しかし、email.py、database.py、twitter_api.pyのような名前を使えば、ファイル名がより多くの情報を与えてくれます。

コードのあらゆる側面で明確を心がければ、Pythonデータラングラーとして豊かなキャリアを長く維持するためのよい出発点となります。ファイルを見つけやすくするために、リポジトリをどのように構成するかについて考えてみましょう。

```
data_wrangling_repo/
|-- README.md
|-- data_wrangling.db
|-- data/
|   `-- unicef/
|       |-- mn.csv
|       |-- mn_updated_headers.csv
|       |-- wm.csv
|       `-- wm_headers.csv
|-- scripts/
|   `-- unicef/
|       `-- unicef_cleanup.py (script from this chp)
`-- utils/
    |-- databases.py
    `-- emailer.py
```

私たちはまだデータベース、メーラーファイルを書いていませんが、きっと必要になるでしょう。この構造にほかに何が追加できるでしょうか。私たちがリポジトリに2つの異なるunicefフォルダを作ったのはなぜだと思いますか。開発者は、スクリプトファイルからデータファイルを切り離すべきなのでしょうか。

あなたのプロジェクトのフォルダ構造もこのようなものかもしれませんが、データは通常リポジトリには格納されないことを頭に入れておいてください。プロジェクトのデータファイルは、共有ファイルサーバーやローカルネットワークのどこかで管理します。ひとりで仕事をしている場合には、どこかにバックアップを確保するようにしましょう。これらの巨大ファイルをリポジトリにチェックインしてはなりません。新しいデバイスにリポジトリの一部をチェックアウトしなければならなくなったときに作業が遅くなるだけではなく、データの管理方法として賢明ではありません。

dbファイルやlog、configファイルをリポジトリにチェックインするのはお勧めしません。便利に使える構造になるように力を尽くしてください。想定しているファイルの配置やデータファイルの入手方法の詳細はいつでもREADME.mdファイルに書くことができます。

Gitと.gitignore

バージョン管理のためにまだGit（https://git-scm.com/）を使っていないなら、本書を読み終わるまでに使うようになっているはずです。バージョン管理システムを使えば、コードを管理、更新するためのリポジトリを作り、チームその他の同僚と共有することができます。

Gitについては第14章で詳しく見ていきますが、ちょうどリポジトリの構造を話題にしているので、.gitignoreファイル（https://github.com/github/gitignore）に触れておきたいと思います。.gitignoreファイルは、リポジトリにアップロード、更新せず、無視すべきファイルをGitに知らせます。第7章で学んだ正規表現と同じように、単純なパターンにマッチングするファイルを対象として指定します。

私たちのリポジトリ構造では、.gitignoreファイルを使ってデータファイルをリポジトリにチェックインしないようにGitに指示します。そして、README.mdファイルでリポジトリの構造とデータファイルの入手方法を説明します。こうすることにより、私たちのリポジトリはクリーンでダウンロードしやすくなり、しかもコードをきちんとした構造にまとめられるようになります。

リポジトリに論理的な構造を作り、README.md、.gitignoreファイルを活用すれば、モジュール化されたコードをきちんと構造化されたフォルダにまとめるとともに、大きなデータファイルや機密データ（データベースやログインデータ）をリポジトリに格納することを避けられます。

8.5 新しいデータによるテスト

コードをスクリプト化し、ドキュメントを付け、適切なディレクトリ構造にまとめたので、テストコードを書くか、テストデータで実際に試してみることにしましょう。テストをすると、コードが正しく実行されることを確認し、コードの意味を明確に保つために役に立ちます。私たちがデータのクリーンアップ処理をスクリプト化した理由の1つは、コードを再利用できるようにすることなので、新しいデータでテストすれば、コードを標準化するために時間と労力をかけたことが正しかったことを証明できます。

書いたばかりのスクリプトのテスト方法の1つとして考えられるのは、UNICEFのウェブサイトにある同様のデータにどれくらい簡単に適用できるかを試してみることです。早速試してみましょう。リポジトリ（https://github.com/jackiekazil/data-wrangling）には、wm.csv、wm_headers.csvファイルがあるはずです。これらは、UNICEFデータから抽出したジンバブエの女性を対象とする調査のデータです。

男性を対象とする調査データの代わりにこの2つのファイルを使ってみましょう。クリーンアップスクリプトの2つのファイル名を女性の調査データファイル名に書き換えるだけです。調査タイプも`'wm'`に変更すれば、各セットのデータを見分けられます。

女性を対象とするデータセットは、男性のデータセットよりもかなり大きなものになっています。まだ保存していないデータがあるなら、それを保存し、ほかのプログラムを閉じてから先に進むことをお勧めします。それに関連して言えば、私たちのスクリプトのメモリの使い方を改善する方法をそろそろ考えた方がよいでしょう。

データのインポートに成功したかどうかを見てみましょう。

```
import dataset

db = dataset.connect('sqlite:///data_wrangling.db')

wm_count = db.query('select count(*) from unicef_survey where survey="wm"')  # ❶

count_result = wm_count.next()  # ❷

print(count_result)
```

❶ 直接クエリーを使っているので、survey="wm"となっている行の数はすぐにわかります。調査タイプとして"wm"を使っているので、第2のデータセットに対する実行で得られた行だけが含まれているはずです。

❷ クエリー応答のnextメソッドで最初の結果を引き出すという方法でクエリーの結果を読み出しています。countを使っているので、結果は1つだけしか返されていないはずです。

私たちは、女性のデータセットから300万を超える質問と回答のデータをインポートすることに成功しました。スクリプトは動作しており、結果を見ることができています。

よく似たデータを使ってスクリプトをテストするのは、スクリプトが意図した通りに動作していることを確かめるための方法の1つです。スクリプトが再利用できる程度に一般性のある形で作られていることもわかります。しかし、コードのテスト方法はほかにもたくさんあります。Pythonには、テストスクリプトを書き、テストデータを利用するための役立つ優れたテストライブラリが多数作られており、コードが正しく機能していることを確かめられます（APIの応答さえテストできます）。

Pythonの標準ライブラリには、複数のテストモジュールが組み込まれています。unittest（https://docs.python.jp/3/library/unittest.html）は、Pythonコードのユニットテストを提供します。このモジュールには、コードが動作しているかどうかをテストするassert文を持つ使いやすい組み込みクラスが含まれています。私たちのコードのためにユニットテストを書くなら、たとえばget_rows関数がリストを返していることをアサートするコードがかけます。リストの長さとファイル内のデータ行の数が等しいことをアサートすることもできます。1つ1つの関数がこのようなテストとアサーションを持つことができます。

Pythonのテストフレームワークでよく使われているものとしてはnose（https://nose.readthedocs.org/en/latest/）もあります。noseは非常に強力なテストフレームワークで、プラグイン（http://bit.

ly/builtin_nose_plugins）と構成を通じて非常に多くのオプションを指定できます。さまざまなテスト要件があり、同じコードを操作している開発者がたくさんいるような大規模なリポジトリを持っているときには、これが役に立ちます。

どれから始めたらよいのか決められないのなら`pytest`（http://pytest.org/latest/）がよいかもしれません。どちらのスタイルでもテストが書けますし、必要なら切り替えることもできます。また、講演と解説を活発に掲載しているコミュニティ（http://bit.ly/pytest_talks_posts）もあるので、テストについてもっと学んでからテストを書き始めたい人には、すばらしい出発点になります。

通常、テストスイートは、各モジュールにテストファイルを配置する形で構成します（つまり、私たちの現在のリポジトリ構造では、データ、構成フォルダを除く各ディレクトリにテストファイルを配置することになります）。各フォルダのすべてのPythonファイルのためにテストファイルを1つずつ書く人もいますが、そうすると特定のファイルのテストがどこにあるかが簡単にわかります。リポジトリのスクリプト部のPythonファイルと同じディレクトリ構造を別個にもう1つ作ってそこにテストを格納する人もいます。

どのテストスタイル、テスト構成を選ぶ場合でも、首尾一貫したわかりやすいものになるようにしてください。そうすれば、テストをどこに探しに行けばよいかがいつもわかるよになり、自分（とほかの人々）が必要に応じてテストを実行できるようになります。

8.6 まとめ

この章では、まず、データの標準化の基礎、データを正規化して外れ値を取り除く作業がどのようなときに役立つかについて説明しました。次に、データベースやローカルファイルにクリーンアップされたデータ（第6章以降の作業で作ったもの）をエクスポートし、反復的な処理のためにわかりやすい関数を書きました。

また、入れ子状のフォルダと適切な名前を付けたファイルでPythonリポジトリを構成する方法を学び、コードのドキュメントを書き、コードの問題点を分析しました。最後に、テストの基本を学び、テストを書き始めたときに使えるツールを紹介しました。

この章で取り上げたPythonのコンセプトを**表8-2**にまとめました。

表8-2　この章で新たに学んだPythonとプログラミングのコンセプトとライブラリ

コンセプト/ライブラリ	目的
`dataset`の`insert`メソッド	`insert`を使えば、SQLiteデータベースに簡単にデータを格納できる。
CSVライターオブジェクト	`csv`の`writer`クラスを使えば、CSVにデータを格納できる。
Zen of Python（`import this`）	Pythonプログラマらしくコードを書き、考える方法についての哲学。
Pythonベストプラクティス	新米Python開発者が従うべきベストプラクティスの基本的な概要がまとめられている。

コンセプト/ライブラリ	目的
コマンドラインからのPythonコードの実行（`if __name__ == '__main__':`）	このブロックをともなうスクリプトを書けば、コマンドラインから`main`関数を実行できる。
TODO記法	コメントを通じてスクリプトに対してしなければならないことが簡単にわかるようにする。
Git（https://git-scm.com/）	コードの変更を追跡するバージョン管理システム。コードをデプロイしてほかの人たちとともにそのコードを使いたいときには絶対的に必要だが、ローカルのひとりのプロジェクトでも役に立つ。Gitの詳細については第14章で説明する。

次章では、少しずつデータの分析に比重をかけながら、クリーンアップとデータ分析のスキルを磨き、新しいデータセットの準備でそのスキルを利用していきます。

9章 データの探究と分析

データの獲得とクリーンアップのために時間を費やしてきました。いよいよ分析を始めます。データの探究で大切なのは、先入観を持たずにデータにアプローチすることです。取り組む問題は対象が広すぎて、1つの答えでは足りないかもしれません。決定的な答えが得られない場合もあります。科学の最初の授業で仮説と結論について学んだことを思い出しましょう。データの探究でも、明解な結論が得られない場合もあることを理解しつつ、同じ方法を念頭に置いておくことが大切です。

とはいえ、トレンドが見つからないとか、見つかったトレンドが予想と一致しないといったことは、データ探究の楽しみでもあります。すべてのことが予想通りなら、データラングリングは少し退屈な作業になってしまうでしょう。ほとんど予想せず、たくさん探究することをこれまでに学びました。

データの探究、分析を始めると、もっと多くのデータ、別のデータが必要だということがわかることがあります。こういったことはすべてプロセスの一部であり、答えたい問題をさらに明らかにし、データが語りかけてくることを検討しながら受け入れていくべきことです。

初めて自分のデータセットを見つけたときに思っていた最初の問題をもう1度思い出してみましょう。自分は何を知りたいのでしょうか。自分の研究に役立つ関連問題はあるでしょうか。それらの問題は、ストーリーが見つかる方向に自分を導いてくれるでしょうか。そうでなければ、別の面白い問題が見つかるかもしれません。たとえ最初の問題に答えられなくても、そのテーマについての理解を大きく深め、新しく追究すべき問題を見つけられることはあります。

この章では、データの探究、分析のために使う新しいPythonライブラリについて学ぶとともに、前の2章でデータのクリーンアップについて学んだことをさらに応用していきます。データセットの結合とデータの探究の方法、データセット内の関係についての統計学的結論をどう導くかを探っていきます。

9.1 データの探究

8章までにデータをパースしてクリーンアップするための方法を学んできたので、Pythonでデータを扱う方法には慣れてきたと思います。ここでは、Pythonでデータを探究するための方法をもっと深く探ります。

まず最初に、データの基本的な特徴を捉えることができるagate（http://agate.readthedocs.org/）というヘルパーライブラリをインストールします。agateは、ベテランのデータジャーナリストであり、Python開発者でもあるChristopher Groskopf（https://github.com/onyxfish）が作成したデータ分析ライブラリで、データについての知識を得るために役立ちます。ライブラリのインストールには、pipを使います。

```
pip install agate
```

この章は、agate 1.2.0互換で書かれています。agateは比較的新しいライブラリなので、ライブラリの成熟とともに機能の一部が変更される可能性があります。ライブラリの特定のバージョンをインストールしたいときには、pipを実行するときに設定します。本書で使えるagateは、pip install agate==1.2.0コマンドでインストールできます。また、最新バージョンをテストして、本書のリポジトリのコードに変更を加えていくのもよいでしょう。

これからagateライブラリの機能を調べたいので、UNICEFの児童労働に関する年次報告（http://data.unicef.org/child-protection/child-labour.html）を使います。

9.1.1 データのインポート

まず、最初のデータセットを見てみましょう。UNICEFの児童労働集計データです。私たちがダウンロードしたデータは、世界中の児童労働についてのさまざまな割合のリストを格納するExcelファイルでした。Excelファイルとデータのクリーンアップについて第4章と第7章で学んだことを使えば、このデータをagateライブラリで扱える形式に変換することができます。

Excelシートを処理するときには、好みのExcelビューアでシートをオープンしておくことをお勧めします。こうすると、Pythonから見えるものとあなたがシートのなかに見るものとを比較しやすくなり、ナビゲーションやデータ抽出で役に立ちます。

まず、必要なライブラリをインポートし、xlrdでExcelファイルを読み込みます。

```
import xlrd
import agate
```

```
workbook = xlrd.open_workbook('unicef_oct_2014.xls')

workbook.nsheets

workbook.sheet_names()
```

これで、Excelデータはworkbookという変数にロードされました。このワークブックには、Child labourという名前の1つのシートが含まれています。

IPythonターミナルでこれを実行すると（出力が増えるのでお勧めします）、次のように表示されるはずです。

```
In [6]: workbook.nsheets
Out[6]: 1

In [7]: workbook.sheet_names()
Out[7]: [u'Child labour ']
```

このシートを取り出して、agateライブラリにインポートできるようにしましょう。ドキュメント（http://bit.ly/agate_tutorial）によれば、agateは、データ列のタイトルのリスト、データ型のリスト、データリーダー（またはデータの反復処理可能なリスト）を持つデータをインポートできます。そこで、シートからagateライブラリにデータを適切にインポートするためには、データ型のリストが必要になります。

```
sheet = workbook.sheets()[0]

sheet.nrows  # ❶

sheet.row_values(0)  # ❷

for r in range(sheet.nrows):
    print(r, sheet.row(r))  # ❸
```

❶ nrowsはシートの行数を返します。

❷ row_valuesで1行分のデータを選択できます。この場合、Excelファイルの第1行のタイトルが表示されます。

❸ rangeとforループを使えば、すべての行を反復処理できます。Pythonから見た各行が表示されます。シートのrowメソッドは、各行のデータとデータ型についての情報を返します。

第3章で学んだように、csvライブラリは引数としてオープンファイルを取り、それをイテレータに変えます。イテレータとは、ループで反復処理すると1度に1つずつ個々の値を返すオブジェクトのことです。イテレータはデータのアンパックの方法としてはリストよりも高速で資源を効率的に使います。

ここでは比較的小さなデータセットを使っているので、リストを使ってデータセットをイテレータの代わりに渡すことができます。しかし、イテレータを必要とするほとんどのライブラリは、イテラブルオブジェクト（リストなど）でも快適に動作します。そのため、私たちはまだxlrd、agateライブラリの要求を満たしています。

では、列のタイトルを取り出してみましょう。先ほどの出力により、タイトルは4行と5行にあることがわかります。zipを使ってこの2つの行を結合します。

```
title_rows = list(zip(sheet.row_values(4), sheet.row_values(5)))

title_rows
```

title_rows変数の内容は次の通りです。

```
[('', 'Countries and areas'),
 ('Total (%)', ''),
 ('', ''),
 ('Sex (%)', 'Male'),
 ('', 'Female'),
 ('Place of residence (%)', 'Urban'),
 ('', 'Rural'),
 ('Household wealth quintile (%)', 'Poorest'),
 ('', 'Second'),
 ('', 'Middle'),
 ('', 'Fourth'),
 ('', 'Richest'),
 ('Reference Year', ''),
 ('Data Source', '')]
```

両方の行を使えば、片方の行だけを選んだときに失われてしまう情報を残すことができます。2つの行は完全にマッチしていますが、少し時間を割けば、さらによい情報に変えられます。データ探究の最初の試みとしてはちょうどよいところでしょう。タイトルデータは、現在のところタプルのリストになっています。agateライブラリは、最初の値がタイトルになっているタプルのリストを受け付けるので、このタイトルのタプルをまとめて文字列のリストにする必要があります。

```
titles = [t[0] + ' ' + t[1] for t in title_rows]

print(titles)

titles = [t.strip() for t in titles]
```

このコードでは、2つのリスト内包表記を使っています。第1のものでは、タプルのリストであるtitle_rowsを渡しています。タプルには、Excelファイルのタイトル行から取り出した2つの文字列が含まれています。

第1のリスト内包表記は、インデックスを使ってタプルの両方の部分を取り出して1つの文字列を作ります。読みやすくするために、両者の間には' 'を挿入しています。これでタイトルリストは文字列のリストとなり、タプルは消えました。しかし、すべてのタプルが2つの値を持っていたわけではないので、タイトルの文字列は少し汚くなっています。スペースを追加しているため、一部のタイトルには' Female'のように先頭にスペースが入っています。

第2のイテレータは、先頭のスペースを取り除くために、文字列のstripメソッドを使っています。stripは、文字列の先頭と末尾のスペースを取り除きます。これで、titles変数は、agateライブラリで使えるクリーンな文字列のリストになりました。

タイトルが片付いたので、次はExcelファイルのどの行を使うかを決めなければなりません。現在のシートには、国別データと大陸別データがありますが、ここでは国別データを使うことにしましょう。データに合計行が紛れ込むのは避けたいところです。先ほどの出力から、6～114行に使いたいデータがあることがわかっています。xlrdシートオブジェクトから行の値を取り出すために、row_valuesメソッドを使います。

```
country_rows = [sheet.row_values(r) for r in range(6, 114)]
```

これでタイトルとデータのリストは揃いました。データをagateライブラリにインポートするためにさらに必要なものは、データ型の定義だけです。ドキュメント（http://bit.ly/agate_tutorial）の列の定義について書かれた部分を読むと、データ型はText、Boolean、Number、Dateなどで、ライブラリの作者たちは、はっきりしない場合にはTextを使うことを勧めています。また、データ型を推測するために使えるTypeTester（http://bit.ly/agate_typetester）も組み込まれています。まず、列の定義で役立つxlrdの組み込み機能を使ってみましょう。

```
from xlrd.sheet import ctype_text
import agate

text_type = agate.Text()
number_type = agate.Number()
boolean_type = agate.Boolean()
date_type = agate.Date()

example_row = sheet.row(6)

print(example_row)  # ❶

print(example_row[0].ctype)  # ❷
print(example_row[0].value)

print(ctype_text)  # ❸
```

❶ この行を目で見てチェックすると、データとしてはなかなかよい感じがします。1つの列が空な

のを除けば、xlrdはすべてのデータを識別しています。

❷ この2行では、ctype、value属性を表示して、先頭のセルのデータ型と値を表示しています。

IPythonを使えば、知らないメソッドや属性を簡単に見つけられます。調べたい新しいオブジェクトを作って、ピリオドを追加し、[Tab]キーを押すと、属性とメソッドのリストが表示され、さらに内容を探っていくことができます。

❸ xlrdライブラリのctype_textオブジェクトを使うと、ctypeメソッドが返す整数と読みやすい文字列をマッピングすることができます。手作業で型をマッピングする代わりに便利に使えます。

このコードは、型を定義するために使えるツールについて今までよりもよいアイデアを与えてくれます。サンプル行に対してctypeメソッドとctype_objectを使えば、データ型とその順序を明らかにすることができます。

このようにしてリストを作るのは手間がかかりそうですが、再利用できるために、時間の節約につながります。小さなコードを再利用すれば、あとで膨大な時間を節約できるし、またそれが自分でコードを書くことの面白さでもあります。

Excelの列のデータ型を調べるにはどの関数を使えばよいのかがわかったので、agateライブラリ用の型のリストを作りましょう。サンプル行を反復処理し、ctypeを使って列の型を明らかにしていきます。

```
types = []

for v in example_row:
    value_type = ctype_text[v.ctype]  # ❶
    if value_type == 'text':  # ❷
        types.append(text_type)
    elif value_type == 'number':
        types.append(number_type)
    elif value_type == 'xldate':
        types.append(date_type)
    else:
        types.append(text_type)  # ❸
```

❶ サンプル行の各列のctype属性として得られた整数値をctype_text辞書で読みやすい文字列に変換します。value_type変数には、列の型を示す文字列（つまり、text、numberなど）が格納されています。

❷ if、elif文と==演算子を使ってvalue_typeをagateの列型に変換していきます。リストに適

切な型を追加すると、次の列に移ります。

❸ ライブラリのドキュメントのアドバイスに従い、マッチする型がない場合のデータ型はテキストとします。

空のリストからデータセットのすべての列のデータ型をまとめたリストを作るコードが書けました。このコードを実行すると、データ列のタイトルのリスト、データ型のリスト、データ本体のリストを作ることができます。次の1行のコードを実行すれば、タイトルとデータ型のリストをzipし、結果をagateテーブルにインポートすることができます。

```
table = agate.Table(country_rows, titles, types)
```

このコードを実行すると、「Can not parse value "-" as Decimal」というメッセージのCastErrorが生成されます。

第7章と第8章で説明したように、データのクリーンアップの方法を学ぶことは、データラングリングのなかでも特に重要な部分の1つです。きちんとドキュメント化されたコードを書けば、あとで時間が節約できます。このエラーメッセージを読むと、数値列のなかに不良データが含まれていることがわかります。シートのどこかで、Noneと処理される''であるべきところが'-'になっているのです。この問題を処理する関数を書きましょう。

```
def remove_bad_chars(val):  # ❶
    if val == '-':  # ❷
        return None  # ❸
    return val

cleaned_rows = []

for row in country_rows:
    cleaned_row = [remove_bad_chars(rv) for rv in row]  # ❹
    cleaned_rows.append(cleaned_row)  # ❺
```

❶ 不良文字（整数列の'-'）を取り除く関数を定義します。

❷ 値が'-'と等しければ、置換の対象にします。

❸ 値が'-'ならNoneを返します。

❹ country_rowsを反復処理し、適切なデータが格納された新しいクリーンアップされた行を作ります。

❺ クリーンなデータを格納する（appendメソッドを使って）cleaned_rowsリストを作ります。

値を書き換える関数を書く際、メインロジックの外でデフォルト値を返すようにすれば（この例のように）、かならず値が返されることが保証されます。

この関数を使えば、numberの列には'-'ではなくNoneを入れることができます。Noneは、Pythonでは欠損値として扱われ、ほかの数値と比較するときには無視されます。

この種のクリーンアップやデータ変更は、再利用したくなる部類の処理に感じられるので、すでに書いたコードを使ってより抽象的で汎用的なヘルパー関数を作りましょう。先ほどのクリーンアップ処理のコードでは、新しいリストを作り、既存のリストの要素（行）を反復処理して、さらに個々の行のなかで列を反復処理して、データをクリーンアップし、agateテーブル用の新しいリストを返していました。この考え方を抽象化します。

```
def get_new_array(old_array, function_to_clean):  # ❶
    new_arr = []
    for row in old_array:
        cleaned_row = [function_to_clean(rv) for rv in row]
        new_arr.append(cleaned_row)
    return new_arr  # ❷

cleaned_rows = get_new_array(country_rows, remove_bad_chars)  # ❸
```

❶ 2つの引数を取る関数を定義します。引数はもとのデータ配列とデータをクリーンアップするための関数です。

❷ より抽象的な名前を使ってコードを再利用できるようにします。関数の末尾で新しいクリーンアップされた配列を返します。

❸ remove_bad_chars関数を引数として新関数を呼び出し、結果をcleaned_rowsに保存します。

では、私たちのコードで改めてテーブルを作ってみましょう。

```
In [10]: table = agate.Table(cleaned_rows, titles, types)

In [11]: table
Out[11]: <agate.table.Table at 0x7f9adc489990>
```

やりました。Tableオブジェクトを格納するtable変数ができています。これでagateライブラリ関数を使ってデータを見ることができます。テーブルがどのようなものか興味がある読者のために、print_tableメソッドを次のように使って内容を確認してみましょう。

```
table.print_table(max_columns=7)
```

IPythonを使って本書のコードを試してきて、これらの変数を次のセッションでも使えるようにしたい場合には、%store（http://bit.ly/storemagic）を使いましょう。テーブルを保存したい場合には、単純に%store tableと入力します。次のIPythonセッションで%store -rと入力すれば、テーブルを復元できます。これは、データ分析の過程の作業内容を「保存」するために役立ちます。

それでは次に、組み込みの調査ツールを使ってテーブルの内容を深く見てみましょう。

9.1.2 テーブル関数による探究

agateライブラリは、データを調べるためのさまざまな関数を提供しています。まず、ソートのメソッド（http://agate.readthedocs.org/en/latest/tutorial.html?#sorting-and-slicing）を試してみましょう。Total (%)欄の値が大きい順に並べ替えてもっとも状況のひどい国を調べてみます。

```
table.column_names  # ❶

most_egregious = table.order_by('Total (%)', reverse=True).limit(10)  # ❷

for r in most_egregious.rows:  # ❸
    print(r)
```

❶ どの列を使ったらよいかを確かめるために列名をチェックします。

❷ order_by、limitメソッドを連鎖的に呼び出して新しいテーブルを作ります。order_byは値がもっとも小さいものから順に並べていくので、reverse引数を使って最大値を先に表示するよう指示しています。

❸ 新しいテーブルのrows属性を使って、児童労働に関してワースト10の国々を反復処理します。

このコードを実行すると、児童労働がもっとも多い10か国のリストが返されます。児童労働の割合の高さで見ると、アフリカの国々がリストの上位に並んでいます。これは、私たちが初めて見つけた興味深い事実です。探究をさらに続けましょう。女児の労働がもっとも多い国々も、order_by、limit関数で調べられます。今度は、女性の児童労働の割合の列を使います。

```
most_females = table.order_by('Female', reverse=True).limit(10)
for r in most_females.rows:
    print('{}: {}%'.format(r['Countries and areas'], r['Female']))
```

初めてデータを探究するときには、単純に各行を表示するのではなく、Pythonのformat関数を使って、読みやすく出力するようにしましょう。そうすれば、データの解読のために苦闘するのではなく、データ自体に思考を集中させることができます。

Noneパーセントのところがいくつかあるのがわかります。これは望ましくはありません。次のコードに示すように、agateテーブルのwhereメソッドを使えば、こうした行を取り除けます。このメソッドはSQLのWHERE文やPythonのif文とよく似ています。whereは条件を満たす行だけで新しいテーブルを作ります。

```
female_data = table.where(lambda r: r['Female'] is not None)
most_females = female_data.order_by('Female', reverse=True).limit(10)

for r in most_females.rows:
    print('{}: {}%'.format(r['Countries and areas'], r['Female']))
```

まず、whereメソッドとPythonのlambda式を使って児童労働（女性）の列に値がある行だけでfemale_dataテーブルを作っています。where文は、lambda式からブール値を受け取り、Trueを返してきた行だけを取り出します。女性の児童労働の割合が書かれている行だけを取り出したら、同じorder_by、limit、formatを使って女性の児童労働の割合が特に高い国々を表示します。

lambda

Pythonのlambda式を使えば、1行関数を書くことができます。また、この関数には引数を渡すことができます。変数を渡して単純な関数を実行したい、この節のデータ探究のような状況では特に役に立ちます。

lambda式を書くときには、ここで示したように、まずlambdaと書き、次に関数の引数となる変数を書きます。上の例では、変数はrでした。そして、変数名の後ろにコロン（:）を置きます。これは、defで関数を定義し、その行の末尾にコロンを置くのと似ています。

コロンの後ろに、lambda式に計算させたいロジックを書き、値を返せるようにします。上の例では、行の女性児童労働の値がNoneではないかどうかを示すブール値を返します。しかし、ブール値だけではなく、任意の型（整数、文字列、リストなど）を返すことができます。

```
(lambda x: 'Positive' if x >= 1 else 'Zero or Negative')(0)  # ❶
(lambda x: 'Positive' if x >= 1 else 'Zero or Negative')(4)
```

❶ 最初の丸かっこ内でlambda式を渡し、次の丸かっこ内でxとして使う値を渡します。このlambda式は、値が1以上かどうかをテストし、もしそうなら'Positive'、そうでなければ'Zero or Negative'を返します。

lambda式は、とてつもなく便利ですが、コードが読みにくくなる場合もあります。よいプログラミングの原則に従い、自明で明確な場合に限って使うようにしましょう。

データから、児童労働全体の割合が高い国の多くがここでも登場していることがわかります。さて、フィルタリングとソートを少し試してみたので、次はagateライブラリ組み込みの統計関数を試してみましょう。都市部での児童労働の割合の平均を計算したいものとします。そのためには、Place of residence (%) Urbanの列の数値から平均を計算します。

```
table.aggregate(agate.Mean('Place of residence (%) Urban'))
```

このコードでは、列名を引数とするagate.Mean()統計メソッドの出力を引数としてテーブルのaggregateメソッドを呼び出し、列の平均を計算しています。そのほかの統計的手法による列の集計関数については、agateのドキュメント（http://bit.ly/agate_stats）を参照してください。

このコードを実行すると、NullComputationWarningが出力されるでしょう。警告の名前と先ほどの例から推測できるように、これは、Place of residence (%) Urban列にnull行があるからだと考えられます。ここでもwhereメソッドを使えば、平均値に思考を集中できます。

```
has_por = table.where(lambda r: r['Place of residence (%) Urban'] is not None)

has_por.aggregate(agate.Mean('Place of residence (%) Urban'))
```

得られる値は同じだということに気付くでしょう。これは、単純にagateが水面下で同じことをしているからです（null行を取り除き、それ以外の値で平均を計算するということです）。居住地域の列を使ってできるほかの計算を見ておきましょう。最小値（Min）、最大値（Max）、平均（Mean）は計算できます。

次に、農漁村地域の児童労働が50%以上になっている行を探したいとします。agateライブラリには、条件文を使って最初にマッチしたものを返すfindメソッドがあります。この問題をコードで書いてみましょう。

```
first_match = has_por.find(lambda x: x['Rural'] > 50)

first_match['Countries and areas']
```

返される行は最初にマッチしたもので、通常の辞書と同じように列名から値を確認できます。agateライブラリの最初の探究で最後にしておきたいのは、computeメソッドとagate.Rank()統計メソッド（http://bit.ly/agate_rank）を使って、ほかの列の値に基づくランクの列を追加することです。

1つの列に基づいてデータのランクを付けると、データセットを比較する際に感覚的なチェックができます。

児童労働問題で違反が特に多い国のランクを見るには、Total (%)列を使い、それに基づいてデータにランクを付けられるはずです。このデータをほかのデータセットと結合する前に、結合されたデータを比較しやすくするために、見やすいランク列を作りたいと思います。ここではリストの先頭に現れる割合がもっとも高い国を求めているため、reverse=True引数を使って降順でランクを付ける必要があります（http://bit.ly/agate_rank_descending）。

```
ranked = table.compute([('Total Child Labor Rank',
                         agate.Rank('Total (%)', reverse=True)), ])

for row in ranked.order_by('Total (%)', reverse=True).limit(20).rows:
    print(row['Total (%)'], row['Total Child Labor Rank'])
```

ランクを別の方法で計算したいなら、逆の割合の列を作る方法もあります。各国の児童労働の被害者の割合ではなく、児童労働をさせられていない子どもの割合を計算するのです。その場合にはreverseなしでagate.Rank()メソッドを使います。

```
def reverse_percent(row):  # ❶
    return 100 - row['Total (%)']

ranked = table.compute([('Children not working (%)',
                         agate.Formula(number_type, reverse_percent)),
                       ])  # ❷

ranked = ranked.compute([('Total Child Labor Rank',
                         agate.Rank('Children not working (%)')),
                       ])  # ❸

for row in ranked.order_by('Total (%)', reverse=True).limit(20).rows:
    print(row['Total (%)'], row['Total Child Labor Rank'])
```

❶ 行を指定すると、逆割合を計算して返す新しい関数を作ります。

❷ リストを渡すと、新しい列を追加するagateライブラリのcomputeメソッドを使っています。個々のリストの要素は、第1要素が列名、第2要素が新しい列の計算結果です。ここでは、Formulaクラスを使っていますが、このクラスは、列名を作るクラスとともに、agateの型名を必要とします。

❸ Children not working (%)列を使って適切なランクを示すTotal Child Labor Rank列を作ります。

computeはほかの列（複数のものも使えます）に基づいて新しい列を計算するすばらしいツールです。ランク付けまでできたので、次は児童労働データセットに新しいデータを結合してみましょう。

9.1.3 多くのデータセットの結合

児童労働データに結合するデータセットの調査では、何度も壁にぶつかりました。世界銀行データ（http://data.worldbank.org/）を使って農業とサービス業の比較をしてみようと思いましたが、うまく結びつくものを見つけられませんでした。さらに文献を読み、児童労働とHIVの感染率の相関を指摘する人々がいることを知り、関連するデータセットを調べてみましたが、はっきりとトレンドと呼べるようなものを見つけられませんでした。同様に、殺人事件の割合が児童労働の割合に影響を与えているのではないかとも考えましたが、はっきりとしたつながりは見つかりませんでした[*1]。

そのような壁に何度も当たったあと、データを調べ、文献を読んでいるうちに、ちょっと奇妙な考えが頭に浮かびました。政治腐敗（または、認識された政治腐敗）が児童労働の割合に影響を与えているのではないかということです。児童労働についての記事を読んでいると、反政府民兵、学校、産業とのつながりがよく見られます。一般民衆が政府を信用しておらず、政府の支配を受けていない空間を作らなければならなくなると、仕事をしたい、何か手伝いたいと思うあらゆる人々（子どもを含む）をそこに囲い込むことになるのではないでしょうか。

Transparency Internationalの政治腐敗度スコア（https://www.transparency.org/cpi2013/results）を見つけたので、このデータセットとUNICEFの児童労働データを比較してみることにしました。まず、データをPythonにインポートする必要があります。次に示すのはその方法です。

```
cpi_workbook = xlrd.open_workbook('corruption_perception_index.xls')
cpi_sheet = cpi_workbook.sheets()[0]

for r in range(cpi_sheet.nrows):
    print(r, cpi_sheet.row_values(r))

cpi_title_rows = zip(cpi_sheet.row_values(1), cpi_sheet.row_values(2))
cpi_titles = [t[0] + ' ' + t[1] for t in cpi_title_rows]
cpi_titles = [t.strip() for t in cpi_titles]

cpi_rows = [cpi_sheet.row_values(r) for r in range(3, cpi_sheet.nrows)]

cpi_types = get_types(cpi_sheet.row(3))
```

ここでもExcelデータをインポートするためにxlrdを使い、タイトルをパースするコードとデータをagateライブラリにインポートできる状態に整えるコードを再利用しています。しかし、新しいget_types関数を呼び出す最後の行を実行する前に、データ型を定義し、テーブルを作るためのコードを書く必要があります。

```
def get_types(example_row):
    types = []
    for v in example_row:
        value_type = ctype_text[v.ctype]
        if value_type == 'text':
            types.append(text_type)
        elif value_type == 'number':
            types.append(number_type)
        elif value_type == 'xldate':
            types.append(date_type)
        else:
```

＊1　本書のリポジトリには、これらの探究の結果の一部が含まれています。

```
            types.append(text_type)
    return types

def get_table(new_arr, types, titles):
    try:
        table = agate.Table(new_arr, titles, types)
        return table
    except Exception as e:
        print(e)
```

get_types関数は、サンプル行を引数として、agateライブラリ用の型のリストを返すもので、この関数を書くに当たっては以前書いたコードを使っています。また、get_table関数も作りましたが、この関数はPython組み込みの例外処理機能を使っています。

例外処理

本書の今までの部分では、エラーが起こるとその場で処理をしていました。しかし、私たちは経験を積んできたので、エラーになりそうなことを予想し、その処理方法を意識的に決められるようになりつつあります。

具体的、限定的にコードを書こうと思うなら（特に例外について）、コードのなかでどのようなエラーが予想されるかを示せます。この方法を使えば、予想外のエラーが例外を発生させたときに、それをエラーログに残して実行を中止させることができます。

tryとexceptを使うと、「このコードを試しに動かしてみて、エラーが起こるようなら、その部分の実行を中止して、exceptブロックのコードを実行してほしい」とPythonに指示することができます。例を紹介します。

```
try:
    1 / 0
except Exception:
    print('oops!')
```

この例で使用しているのは汎用の例外です。通常は、起こりそうな具体的な例外を使うようにします。たとえば、文字列を整数に変換するコードなら、ValueError例外を起こしそうだということはわかります。これは次のように処理します。

```
def str_to_int(x):
    try:  # ❶
        return int(x)  # ❷
    except ValueError:  # ❸
        print('Could not convert: %s' % x)  # ❹
    return x
```

❶ エラーを投げるかもしれないコードを定義するtryブロックを開始します。tryキーワードの後ろはかならずコロンで、独立した行に書きます。次の行以降は、Pythonのtryブロックで、さらにスペース4個分インデントされます。

❷ 関数に引数として渡された値を整数に変換して返します。引数が1、4.5などならこれで問題はありませんが、-、fooなどならここでValueErrorが投げられます。

❸ exceptブロックを開始します。exceptブロックはキャッチする例外の種類を定義します。この行はValueErrorを待っていることを指定し(そのため、このexceptブロックは、ValueError例外しかキャッチしません)、try行と同じようにコロンで終わります。このブロックと、後ろに続く行は、tryブロックがこの行で定義された例外を投げたときに限り実行されます。

❹ 例外についての情報を出力します。コードの変更、更新が必要なときには、この情報が活用されます。

一般に、try、exceptブロックは、簡潔で具体的、限定的に書くようにします。そうすれば、コードは読みやすく、予想可能で具体的なものになります。

では、get_table関数にexcept Exceptionと書いたのはなぜだろうと思われたかもしれません。これはすばらしい質問です。私たちはいつもコードを具体的に書こうと思っています。しかし、ライブラリやデータセットを初めて試すときには、どのようなエラーが予想されるかがわかりません。

具体的な例外を指定したコードを書くためには、コードがどのタイプの例外を投げるかを予測できている必要があります。Pythonには組み込みの例外タイプがありますが、ライブラリ専用の例外もあります。そういったものは最初からわかるものではありません。たとえば、APIライブラリを使うと、ライブラリの作者が要求を送りすぎていることを示すRateExceededExceptionを投げている場合があります。初めて使うライブラリでは、メッセージを表示したりログに出力をしたりするexcept Exceptionブロックを使うと、それらの例外について詳しく学ぶことができます。

exceptブロックを書くとき、例外行の末尾(コロンの前)にas eを追加すれば、変数eに例外を格納できます。先ほどのコードは例外を格納するe変数を表示しているので、生成された例外について詳しいことを知ることができます。except Exceptionブロックは、最終的にもっと具体的な例外を指定したもの、または例外ブロックをいくつも並べたものに置き換えていきます。それにより、私たちのコードはスムースに予測可能な形で動作するようになります。

これで、私たちのコードは、agateライブラリが投げる例外を追跡し、改善の方向を予測したものになりました。新関数を使えば、政治腐敗度のデータをPythonコードに取り込むことができます。

次のコードを実行してみましょう。

```
cpi_types = get_types(cpi_sheet.row(3))

cpi_table = get_table(cpi_rows, cpi_types, cpi_titles)
```

労力をかけた甲斐がありました。このコードを実行すると、ただ壊れてしまうのではなく、get_table関数が投げられたエラーを教えてくれます。重複する列名がある（Duplicate column names are not allowed）というのは、タイトルリストに不良データが含まれているということです。次のコードを実行してチェックしてみましょう。

```
print(cpi_titles)
```

問題がわかりました。Country Rankという列が2つあるのです。スプレッドシートのExcelデータから、実際に重複する列があることがわかります。場当たり的に重複するデータを取り除こうとは思いません。それよりも、重複する列名を処理する必要があります。そこで、次のようにして片方にDuplicateという単語を追加します。

```
cpi_titles[0] = cpi_titles[0] + ' Duplicate'

cpi_table = get_table(cpi_rows, cpi_types, cpi_titles)
```

最初のタイトルをCountry Rank Duplicateに置き換え、新しいcpi_tableを作っています。

```
cpi_rows = get_new_array(cpi_rows, str)

cpi_table = get_table(cpi_rows, cpi_types, cpi_titles)
```

これで、エラーを起こさずにcpi_tableを作れるようになりました。それでは、児童労働データとこのデータを結合し、両データセットにどのようなつながりがあるかを調べてみましょう。agateライブラリには、テーブルを結合するjoinという使いやすい関数（http://bit.ly/agate_table_join）があります。このjoinメソッドは、1つの共有キーに基づいて2つのテーブルを結合するもので、SQLをエミュレートしています。**表9-1**は、実行できる結合の種類とその機能をまとめたものです。

表9-1　テーブルの結合

結合の種類	機能
左外部結合	左テーブル（joinを呼び出したテーブル）のすべての行を残して、共有キーに基づいて結合する。右（第2）テーブルにマッチしない行がある場合、その行はnull値を持つことになる。
右外部結合	右テーブル（join呼び出しの引数のテーブル）をキーのマッチングを始めるテーブルとして使う。左（joinを呼び出したテーブル）にマッチしない行がある場合、その行はnull値を持つことになる。
内部結合	共有キーが両方のテーブルでマッチした行だけを返す。
完全外部結合	両方のテーブルのすべての行を残します。両方で共有キーにマッチした行は結合される。

2つのデータが完全にマッチせず、一対一対応にならない状態で外部結合を使えば、null値を含

む行が作られます。このような場合、(完全) 外部結合はテーブルに含まれていたデータには手を付けず、欠損値をnullに置き換えます。レポートで重要な意味を持つため、マッチしないデータも残しておきたいときには、これが役に立ちます。

たとえばtable_aとtable_bがあるとします。それらを結合し、さらにtable_aのデータは失われないようにしたい場合には、次のように書きます。

```
joined_table = table_a.join(
    table_b, 'table_a_column_name', 'table_b_column_name')
```

渡した列名に基づき、table_bの値にマッチしたすべてのtable_aの値は、結合されてjoined_tableに含まれます。table_aがtable_bにマッチしない行を持つ場合、table_bの列の値はすべてnullになった形でjoined_tableに入れられます。table_bがtable_aにマッチしない行を持つ場合、その行はjoined_tableには入らず捨てられます。どのテーブルからメソッドを呼び出し、どのタイプの結合を使うかが重要な意味を持ちます。

しかし、私たちとしてはnull値は持ちたくありません。私たちの問題は、2つの値がどのように相関しているかなので、内部結合を使います。agateライブラリのjoinメソッドは、inner=Trueという引数を取ります。これを指定すると、マッチした行だけを残す内部結合が行われ、結合によってnull値を持つ行が作られることはありません。

それでは上の考えで、児童労働データと新しく作ったcpi_tableを結合しましょう。2つのテーブルを確認すると、国/地域名を共通キーにできそうです。cpi_tableにはCountry / Territoryという列があり、児童労働データにはCountries and areasという列があります。そこで、次のコードで2つのテーブルを結合します。

```
cpi_and_cl = cpi_table.join(ranked, 'Country / Territory',
                            'Countries and areas', inner=True)
```

新テーブルのcpi_and_clには、マッチした行が含まれています。このことは、新しく結合してできた列を調べたり、いくつかの値を表示したりすると確かめられます。

```
cpi_and_cl.column_names

for r in cpi_and_cl.order_by('CPI 2013 Score').limit(10).rows:
    print('{}: {} - {}%'.format(r['Country / Territory'],
                                r['CPI 2013 Score'], r['Total (%)']))
```

列名から、両方のテーブルのすべての列が含まれていることがわかります。データを数えると93行あります。データの相関を見たいと考えているため、すべてのデータポイントを必要としているわけではありません(cpi_tableは177行、rankedは108行あります)。CPIスコアでソートしてから結合後の新テーブルを表示してほかに何か気付いたでしょうか。ここで表示したのは上位10行だけですが、それでも面白いことが明らかになります。

```
Afghanistan: 8.0 - 10.3%
Somalia: 8.0 - 49.0%
Iraq: 16.0 - 4.7%
Yemen: 18.0 - 22.7%
Chad: 19.0 - 26.1%
Equatorial Guinea: 19.0 - 27.8%
Guinea-Bissau: 19.0 - 38.0%
Haiti: 19.0 - 24.4%
Cambodia: 20.0 - 18.3%
Burundi: 21.0 - 26.3%
```

イラクとアフガニスタンを除き、CPIスコアが低い国（つまり、政治腐敗度が高い国）では、児童労働の割合もかなり高いのです。agateライブラリの組み込みメソッドを使えば、データセット間のそのような相関関係を調べられます。

9.1.4 相関関係の検出

agateライブラリは、データセットに対して単純な統計学的分析を加える優れたツールを持っています。これらは、最初の段階で効果的です。まずagateライブラリのツールで探究を始め、必要になったらpandas、numpy、scipyなどの高度な統計ライブラリに移るということです。

私たちは、政治腐敗度の高さと児童労働の割合に関連性があるのかどうかを調べたいと思っています。最初に使うのは、単純なピアソン相関（http://bit.ly/pearson-correlation）です。agateは、現時点ではagate-statライブラリ（https://github.com/onyxfish/agate-stats）にピアソン相関を組み込む作業をしているところなので、それまではnumpyを使って相関を調べることができます。相関係数（ピアソンなど）は、データに関連性があるかどうか。片方の変数がもう片方の変数に何らかの影響を持っているかを教えてくれます。

numpyをまだインストールしていない場合は、`pip install numpy`を実行してインストールしましょう。児童労働の割合と政治腐敗度の相関を計算するには、次のコードを実行します。

```
import numpy

numpy.corrcoef(cpi_and_cl.columns['Total (%)'].values(),
               cpi_and_cl.columns['CPI 2013 Score'].values())[0, 1]
```

最初は、以前のCastErrorに似た感じのエラーが表示されます。numpyは、Decimalではなく、浮動小数点数を期待しているので、数値を浮動小数点数に変換する必要があります。リスト内包表記を使えば、この変換をすることができます。

```
numpy.corrcoef(
    [float(t) for t in cpi_and_cl.columns['Total (%)'].values()],
    [float(s) for s in cpi_and_cl.columns['CPI 2013 Score'].values()])[0, 1]
```

出力はわずかな負の相関を示しています。

```
-0.36024907120356736
```

負の相関とは、片方の変数が増えるともう片方の変数が減る関係です。正の相関は、片方の変数が増えるともう片方の変数も増え、片方の変数が減ればもう片方の変数も減る関係です。ピアソンの相関係数は、−1から1までの値であり、0は相関なし、−1と1は非常に強い相関ありという意味になります。

−0.36という値は弱い相関を示したものですが、相関があることに違いはありません。この知識を使ってこれらのデータセットと相関の意味をさらに深く掘り下げていきましょう。

9.1.5 外れ値の検出

データ分析を進めると、データを解釈するためにほかの統計手法も使いたくなってきます。その出発点の1つが外れ値の検出です。

特定のデータ行がデータセットの他の部分と大きく異なるとき、そのデータ行が外れ値となります。外れ値は、通常、状況の一面を教えてくれます。外れ値を取り除くと大きなトレンドが見えてくることもありますが、それ自体のストーリーを持っている場合もあります。

agateライブラリを使っていれば、外れ値を見つけるのは簡単です。標準偏差を使う方法と中央絶対偏差を使う方法の2つの方法があります。統計学を学んだことがある方は、どちらか片方を使いたいと思うかもしれません。お好きなようにどうぞ。そうでなければ、データセットの分散、偏差について両方の計測値で分析すると、違う事実が明らかになる場合があります[*1]。

すでにデータの分布を知っている場合は、分散を調べるために適切な方法を使うことができますが、初めてデータを探究するときには、複数の手法で分布を調べ、データの成り立ちを詳しく学ぶようにしましょう。

ここでは、agateテーブルの標準偏差外れ値メソッド（http://bit.ly/identify_outliers）を使います。このメソッドは、平均よりも大きい、あるいは小さい少なくとも3個の値のテーブルを返します。agateテーブルを使って標準偏差外れ値を見てみましょう。

＊1　中央絶対偏差と標準偏差について深く知りたい読者は、Matthew Martinの統計学者は何故標準偏差を使うかについての優れた論文（http://bit.ly/why_std_deviation）とStephen Goradの中央偏差を使う理由、使うべきタイミングについての学術論文（http://bit.ly/mean_deviation_uses）を参照してください。

IPythonでデータを操作していて新しいライブラリをインストールしなければならなくなったときには、別のターミナルでライブラリをインストールしたあとで、IPythonの%autoreloadマジックコマンドを使えば、Python環境を再ロードできます。%load_ext autoreloadを実行してから%autoreloadを実行してみてください。今までの作業を失わずに、新しいライブラリがインストールできます。

まず、pip install agate-statsを実行してagate-statsライブラリをインストールする必要があります。そして、次のコードを実行します。

```
import agatestats
agatestats.patch()

std_dev_outliers = cpi_and_cl.stdev_outliers(
    'Total (%)', deviations=3, reject=False)  # ❶

len(std_dev_outliers.rows)  # ❷

std_dev_outliers = cpi_and_cl.stdev_outliers(
    'Total (%)', deviations=5, reject=False)  # ❸

len(std_dev_outliers.rows)
```

❶ 児童労働のlabor Total (%)列とagate-statsのstdev_outliersメソッドを使って、児童労働データに簡単に見つかる標準偏差外れ値があるかどうかをチェックします。このメソッドの出力を新しいstd_dev_outliersテーブルに代入します。reject=False引数を使って外れ値の表示を指定します。rejectをTrueにすると、外れ値ではない値だけが得られます。

❷ 外れ値の行が何行あるかをチェックします（テーブル全体は94行です）。

❸ 外れ値を減らすために、標準偏差（deviations）を5に増やします。

出力から、私たちはデータの分布をしっかりとつかんでいないことがわかります。Total (%)列で3標準偏差を使って外れ値を探すと、現在のテーブルと同じテーブルが得られます。5標準偏差にしても、結果に変わりはありません。これは、データが正規分布になっていないことを示しています。データの実際の分散を明らかにするためには、さらに調査を進めてデータを磨き、調査対象の国を一部だけに絞り込む必要があるかどうかを判断する必要があります。

Total (%)列の分散は、中央絶対偏差を使ってテストします。

```
mad = cpi_and_cl.mad_outliers('Total (%)')

for r in mad.rows:
    print(r['Country / Territory'], r['Total (%)'])
```

面白いことになりました。外れ値のテーブルはずっと小さくなり、結果は奇妙なリストになりました。

```
Mongolia 10.4
India 11.8
Philippines 11.1
```

リストにはサンプルの最大値、最小値は含まれていません。このデータセットは、外れ値を探すための通常の統計学的規則が当てはまらないようです。

データセットとデータの分布によっては、これら2つのメソッドは、意味のあるデータのストーリーを見せてくれます。私たちのデータセットのように、そうでない場合には、データからわかる関係やトレンドを明らかにする作業に移りましょう。

データの分布と分布からわかるトレンドを探ったら、次はデータのなかのグループの関係を探っていきます。次節では、データをどのようにグループにまとめるかを説明します。

9.1.6 グループの作成

データセットをさらに探究するために、次はデータセット内にグループを作り、それらの関係を調べてみましょう。agateライブラリには、グループを作るためのツールとグループの集計をしてグループ間のつながりを明らかにするメソッドが含まれています。今までは、児童労働データセットの大陸集計データには手付かずのままでした。ここでは、大陸別に、つまり地理的にデータをグループに分け、政治腐敗度のデータとの間につながりがあるかどうか、何らかの結論を引き出せるかどうかを見てみましょう。

まず、大陸別のデータをどのようにして得るかをはっきりさせる必要があります。本書のリポジトリ（https://github.com/jackiekazil/data-wrangling）には、すべての国を大陸別にまとめた.jsonファイルがあります。このデータを使えば、各国がどの大陸に属するかを示す列を追加して、大陸別に国々をグループ分けすることができます。具体的には次のようにします。

```
import json

country_json = json.loads(open('earth.json', 'rb').read())  # ❶

country_dict = {}

for dct in country_json:
    country_dict[dct['name']] = dct['parent']  # ❷

def get_country(country_row):
```

```
        return country_dict.get(country_row['Country / Territory'].lower()) # ❸

    cpi_and_cl = cpi_and_cl.compute([('continent',
                                      agate.Formula(text_type, get_country)),
                                    ]) # ❹
```

❶ jsonライブラリを使って、.jsonファイルをロードします。ファイルのなかを見れば、辞書のリストになっていることがわかります。

❷ country_dictを反復処理し、キーとしてcountry、値としてcontinentを追加します。

❸ 国の行を指定すると、大陸を返す関数を作ります。Python文字列のlowerメソッドを使って大文字を小文字に変換しています。.jsonファイルは、国名をすべて小文字で表現しています。

❹ get_country関数を使って、continentという新しい列を作ります。テーブル名は元のものをそのまま使います。

これで国別データに大陸の情報が追加されました。追加ミスがないことを確かめるために、次の行で簡単なチェックを行います。

```
for r in cpi_and_cl.rows:
    print(r['Country / Territory'], r['continent'])
```

一部の国でNoneと表示されるので、欠損値があるようです。

```
Democratic Republic of the Congo None
...
Equatorial Guinea None
Guinea-Bissau None
```

このデータは失いたくないので、これらの行がマッチしない理由を考えてみましょう。まず、マッチしない行だけを出力します。agateの機能を使った次のコードを実行すれば該当する行がわかります。

```
no_continent = cpi_and_cl.where(lambda x: x['continent'] is None)

for r in no_continent.rows:
    print(r['Country / Territory'])
```

出力は、次のようになるでしょう。

```
Saint Lucia
Bosnia and Herzegovina
Sao Tome and Principe
Trinidad and Tobago
Philippines
Timor-Leste
Democratic Republic of the Congo
```

```
Equatorial Guinea
Guinea-Bissau
```

大陸データがない国々のリストはごくわずかです。私たちとしては、earth.jsonデータファイルをクリーンアップすることをお勧めします。そうすれば、将来このデータを結合するために同じデータファイルを使うときに楽になります。例外を見つけてマッチするコードを使おうとすると、新しいデータで同じことを繰り返すのが難しくなるので、毎回変更が必要になります。

.jsonファイルの国名を修正するためには、なぜ国名が見つからなかったのかを調べる必要があります。earth.jsonファイルを開き、`no_continent`テーブルの一部の国を見てみましょう。たとえば、次のようになっています。

```
{
  "name": "equatorial Guinea",
  "parent": "africa"
},
....
{
  "name": "trinidad & tobago",
  "parent": "north america"
},
...
{
  "name": "democratic republic of congo",
  "parent": "africa"
},
```

.jsonファイルから、表記に微妙な違いがあるために、これらの国を含む大陸を正しく見つけられないのだということがわかります。本書のリポジトリには、DRCのエントリに`the`を追加したり、複数の国の`&`を`and`に変えたりといった変更をearth.jsonに加えたearth-cleaned.jsonというファイルもあります。`country_json`データとしてこの新しいファイルを使って本書の冒頭からのコードを実行し直しましょう（2つのテーブルの結合に使ったコードは同じものを使います）。すると、マッチしない国はなくなっているはずです。

では、完全になった大陸データで大陸別にグループ分けすると何がわかるかを見てみましょう。

```
grp_by_cont = cpi_and_cl.group_by('continent')

print(grp_by_cont)  # ❶

for cont, table in grp_by_cont.items():  # ❷
    print(cont, len(table.rows))  # ❸
```

❶ `agate`ライブラリの`group_by`メソッドを使って、キーが大陸名、値がその大陸の行を格納する新しいテーブルになっている辞書を作っています。

❷ 辞書の要素を反復処理し、個々のテーブルに何行ずつ含まれているかをチェックします。itemsが返してきたキー/バリューのペアをcont、table変数に代入しているので、contはキー、すなわち大陸名、tableは値、すなわちその大陸のテーブルになります。

❸ グループ分けのチェックのためにデータを表示しています。各テーブルの行数を数えるために、Pythonのlen関数を使っています。

コードを実行すると、次の出力が得られます（順序は異なる場合があります）。

```
north america 12
europe 12
south america 10
africa 41
asia 19
```

ほかの大陸と比較して、アフリカとアジアに国が集中していることがわかります。ここにも興味を感じますが、group_byで作ったグループでは、集計データに簡単にアクセスできません。データを集計して合計の列を作りたければ、agateライブラリの集計メソッドを調べる必要があります。

agateテーブルのaggregateメソッドのドキュメント（http://bit.ly/aggregate_stats）から、このメソッドはグループ分けされたテーブルと一連の集計操作（合計など）を引数としてグループ分けに基づく新しい列を計算することがわかります。

aggregateのドキュメントを見たあと、もっともやってみたいと思うことは、大陸別に政治腐敗度と児童労働の割合をどのように比較するかです。グループを全体として見るための統計手法（Median、Meanなどを使って）も使ってみたいと思いますが、もっとも極端な値（CPIスコアのMinと児童労働の割合のMax）も見てみたいところです。そうすれば、すばらしい比較ができるでしょう。

```
agg = grp_by_cont.aggregate([('cl_mean', agate.Mean('Total (%)')),
                             ('cl_max', agate.Max('Total (%)')),
                             ('cpi_median', agate.Median('CPI 2013 Score')),
                             ('cpi_min', agate.Min('CPI 2013 Score'))])  # ❶

agg.print_table()  # ❷
```

❶ グループ分けされたテーブルに対してaggregateメソッドを呼び出し、新しい集計列名と集計メソッド（これらのメソッドは、列名を使って新しい列の値を計算します）のタプルのリストを渡します。児童労働の割合の列からは平均と最大値、政治腐敗度の列からは中央値と最小値を計算します。解決したい問題やデータによって、別の集計メソッドを使うことができます。

❷ 新しいテーブルを表示し、視覚的にデータを比較できるようにします。

コードを実行すると、次のような結果が得られるはずです。

```
|----------------+--------------------------+--------+-----------+----------|
| continent      |                  cl_mean | cl_max | cpi_median | cpi_min |
|----------------+--------------------------+--------+-----------+----------|
| south america  | 12,7100000000000000000000 |  33,5 |       36,0 |      24 |
| north america  | 10,3333333333333333333333 |  25,8 |       34,5 |      19 |
| africa         | 22,3487804878048780487 |  49,0 |       30,0 |       8 |
| asia           |  9,5894736842105263157894 73 |  33,9 |       30,0 |       8 |
| europe         |  5,6250000000000000000000 |  18,4 |       42,0 |      25 |
|----------------+--------------------------+--------+-----------+----------|
```

データをグラフにしてじっくり見てみたい場合には、agateテーブルのprint_barsメソッドを使うことができます。引数はラベル列とデータ列で、たとえばIPythonセッションでラベル列として*continent*、データ列として*cl_max*を指定して、児童労働の割合の最大値を比較すると、次のように出力されます。

```
In [23]: agg.print_bars('continent', 'cl_max')
```

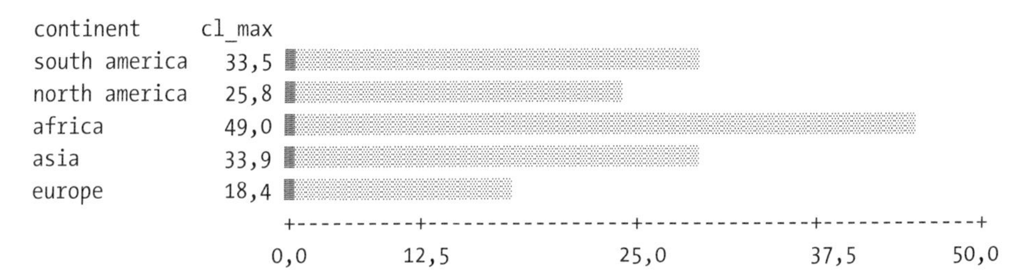

大陸別データから比較しやすい出力が得られ、そこからあるトレンドが読み取れます。児童労働の割合の平均値ではアフリカがもっとも高く、最大値ももっとも大きな値で、それにアジアと南アメリカが続いています。アジアや南アメリカの平均が比較的小さいのは、これらの地域に1つ以上の外れ値があるからからだと考えられます。

政治腐敗データの中央値はほぼ一定していて、ヨーロッパがもっとも高くなっています（つまり、政治腐敗度が低いということです）。しかし、最小値（政治腐敗がもっともひどい国）を見てみると、アフリカとアジアが最悪のスコアとなっています。

ここから考えると、このデータセットをさらに調べていけば、いくつかのストーリーが見えてきそうです。政治腐敗と児童労働の間に（弱いものですが）つながりがあることがわかるでしょう。また、児童労働と政治腐敗でもっともひどい状況にあるのがどの国、どの大陸かも調べられます。アフリカは、児童労働の割合が高く、政治腐敗もかなり深刻に見えます。アジアと南アメリカでは、近隣諸国と比較して児童労働の状況が目立って悪い国が1、2か国あります。

私たちの集計とデータ探究からわかるのはそこまでです。しかし、私たちが作ったテーブルは、もっと多くのことを知り、深い調査を進めるためにまだ使うことができます。

9.1.7 さらなる探究

agateライブラリにはほかにもまだ強力な機能がいくつかあります。そして、ほかのデータセットでさまざまな調査をするために使える面白い統計ライブラリはほかにもたくさんあります。

データの内容と解決したい問題によっては、一部の機能や一部のライブラリがほかのものよりも役に立つと思うかもしれませんが、さまざまなツールを試す方法を探すことを強くお勧めします。そうすれば、Pythonとデータ分析ライブラリの理解は深まり、データ分析自体も深いものになります。

agate-statsライブラリには、まだ使っていない面白い統計メソッドが含まれています。新しいリリースと機能は、GitHub（https://github.com/onyxfish/agate-stats）で追跡できます。

また、numpyをもっと試してみることをお勧めします。numpyを使えば、パーセンタイルを計算できます（http://bit.ly/numpy_percentile）。また、対象をscipyライブラリまで広げると、Zスコアを使って外れ値を探すことができます。

時間によって変化するデータがある場合、numpyならデータ間の列ごとの変化を計算する機能（http://bit.ly/numpy_diff）で時間による変化を調べられます。agateでも、時間によって変化するデータで列の変化を計算することができます（http://bit.ly/computing_new_columns）。日付の列を作るときには、日付型を使うことを忘れないようにしましょう。そうすれば、日付を使った面白い分析（時間にともなう割合の変化や時系列マッピングなど）をすることができます。

統計学的にさらに深く調査したい場合には、latimes-calculateライブラリ（http://bit.ly/latimes-calculate）をインストールしましょう。このライブラリにはさまざまな統計メソッドが含まれているほか、地理空間分析ツールも含まれています。地理空間データにアクセスできる場合、このライブラリをインストールすれば、データの理解を深め、データをマッピング、分析するための価値の高いツールが手に入ります。

統計学の力を深めたいなら、Wes McKinneyの『Python for Data Analysis』（邦題『Pythonによるデータ分析入門』オライリー・ジャパン、2013）を強くお勧めします。pandas、numpy、scipyスタックなど、より堅牢なPythonデータ分析ライブラリについて解説しています。

手持ちのデータにも今までに説明してきた手法、教訓を試してみてください。次節では、データをさらに深く分析し、結論を引き出して知識を共有する方法について述べます。

9.2 データの分析

agateライブラリのクックブック（http://agate.readthedocs.org/en/latest/cookbook.html、調査のために使えるさまざまなメソッドやツールの集成）のサンプルをさらにいくつか試してみると、データについて分析を始められるくらいの知識や感触が得られるでしょう。

データの探究と分析の違いは何なのでしょうか。データを分析するときには、抱えている問いがあり、データを自在に使ってその問いに答えようとします。データセットを結合したりグループ分けしたりして、統計的に有効なサンプルを作り出そうとします。しかし、探究の段階では、特定の問いに答えようとしたり結論を導き出そうとしたりせずに、データセットのトレンドや特徴を調べます。

基本的な分析では、探究時に明らかになってきた問いに対する答えをはっきりさせます。

- アフリカで児童労働の割合が高いように見えるのはなぜか。
- アジアと南アメリカでは、児童労働に関してどのような外れ値が存在するか。
- 政治腐敗と児童労働にはどのような結び付きがあるか。

別のデータセットではまた別の問いがあるでしょうが、ここでは児童労働のサンプルを追跡し、自分で調べてみたいと思うトレンドを見つけてください。研究すると面白そうな問いは、統計的な外れ値や集計に見られる傾向などから見つかることがあります。

私たちからすると、このデータセットでもっとも面白そうな問いは、アフリカでの政治腐敗と児童労働のつながりに関することです。政治腐敗、あるいは政治腐敗があるという認識が、児童労働を禁止するコミュニティの力に影響を与えているのでしょうか。

対象とするデータセットやデータ探究から明らかになったことによっては、調べてみたいと思う問いがたくさんあるかもしれません。しかし、分析から答える問いは1つに絞るようにしましょう。調べてみたい具体的な問いの数だけ、この作業を繰り返すのです。焦点の絞り込みは、よい答えを見つけ、分析を明解に保つために役立ちます。

この問いに答えるためには、もっと調査しもっとデータセットを集めなければなりません。もっと記事を読み、このテーマについてどのようなことが書かれているかを確かめるとともに、この分野の専門家に電話をかけインタビューしたいところです。そして、アフリカの特定の地域、または一連の国に焦点を絞り、児童労働についての説明をより適切に評価するのです。次節では、そのための方法を説明します。

9.2.1 データの分割と焦点の絞り込み

分析をさらに進めていくためには、アフリカ諸国のデータを切り離し、このサブセットをもっと徹底的に調査する必要があります。すでに、agateライブラリでフィルタリングするための さまざまな方法はわかっているので、早速作業を始めましょう。ほかのデータからアフリカのデータを切り離すには、次のようにします。

```
africa_cpi_cl = cpi_and_cl.where(lambda x: x['continent'] == 'africa')  # ❶
```

```
for r in africa_cpi_cl.order_by('Total (%)', reverse=True).rows:
    print("{}: {}% - {}".format(r['Country / Territory'], r['Total (%)'],
                                r['CPI 2013 Score']))  # ❷

import numpy
print(numpy.corrcoef(  # ❸
    [float(t) for t in africa_cpi_cl.columns['Total (%)'].values()],
    [float(c) for c in africa_cpi_cl.columns['CPI 2013 Score'].values()])[0, 1])

africa_cpi_cl = africa_cpi_cl.compute([('Africa Child Labor Rank',
                                         agate.Rank('Total (%)', reverse=True)),
                                       ])

africa_cpi_cl = africa_cpi_cl.compute([('Africa CPI Rank',
                                         agate.Rank('CPI 2013 Score')),
                                       ])  # ❹
```

❶ テーブルのwhereメソッドを使って大陸がアフリカになっている行だけをフィルタリングします。

❷ 若干の整形を加えて行を表示し、感覚的なチェックを行います。ここではアフリカの国だけが含まれていること、男女合計での児童労働の割合、CPIスコアが表示されていることを確かめます。

❸ もっとも注目されるデータだけに絞り込んだときにピアソンの相関係数が変化しているかどうかを確かめます。

❹ データのサブセットのなかで国々の相対的な順位を示すために新しいランクの列を追加します。

このサブセットで、新たにピアソンの相関係数を計算しました。

```
-0.404145695171
```

以前と比べて下がっています。この数値から、世界全体でのデータよりもアフリカのデータの方が、児童労働と政治腐敗の間にわずかに強い関係があることがわかります。

次に、よい説明が見つかるかどうかを調べ、調査したいデータポイントを探します。次のようにして、政治腐敗スコアと児童労働の割合の平均値を計算し、児童労働、政治腐敗がともにひどい国々（つまり、2つの値が平均よりも悪い国々）を表示します。

```
cl_mean = africa_cpi_cl.aggregate(agate.Mean('Total (%)'))
cpi_mean = africa_cpi_cl.aggregate(agate.Mean('CPI 2013 Score'))  # ❶

def highest_rates(row):
    if row['Total (%)'] > cl_mean and row['CPI 2013 Score'] < cpi_mean:  # ❷
        return True
    return False
```

```
highest_cpi_cl = africa_cpi_cl.where(lambda x: highest_rates(x))  # ❸

for r in highest_cpi_cl.rows:
    print("{}: {}% - {}".format(r['Country / Territory'], r['Total (%)'],
                                r['CPI 2013 Score']))
```

❶ 政治腐敗スコアと児童労働の割合というもっとも注目している列の平均を計算します。

❷ 児童労働の割合が高くCPIスコアが低い（腐敗度が高い）国々を判定する関数を作ります。

❸ highest_rates関数はTrueかFalseを返すので、Trueの行を選択します。このlambda式は、児童労働の割合も政治腐敗も平均よりひどいかどうかを尋ねています。

コードを実行すると、面白い出力が得られます。特に興味深いのは次の行です。

```
Chad: 26.1% - 19.0
Equatorial Guinea: 27.8% - 19.0
Guinea-Bissau: 38.0% - 19.0
Somalia: 49.0% - 8.0
```

出力は、平均値からそれほどかけ離れていない「中間」的なデータを表示してから、政治腐敗度スコアが低く、児童労働の割合が高いこれらの国々を表示します。私たちが知りたいのは、児童労働の割合が高くなる理由と政治腐敗が児童労働の割合にどのような影響を及ぼすかであり、これらの国々は私たちのケーススタディの最良の対象になるでしょう。

調査を続けていく過程では、これらの国々で何が起きているのかを突き止めたいところです。これらの国々の若者や子供たちの労働に関する映画やドキュメンタリーはあるでしょうか。このテーマについて書かれた論文や本はあるでしょうか。接触できる専門家や研究者はいるでしょうか。

これらの国々をもっと深く見ていくと、子どもの人身売買、性的搾取、悪意に満ちた行動を取る宗教団体、路上、家庭での労働といった過酷な現実が見えてきます。こういった現実は、公民権が奪われていることと関係があるのでしょうか。政府を信用できないのはどのような人々でしょうか。これらの国々と近隣諸国の間に共通点はあるでしょうか。こういった問題を緩和できる要素はあるでしょうか、また重要な役割を演じられる人はいるでしょうか。

経時的に政治、世代の変化がどのような影響を及ぼしているかを調べると面白いでしょう。過去のUNICEFデータを熟読したり、対象を1か国に絞ってUNICEFのMICSデータ（http://bit.ly/unicef_mics）を活用すれば、十年単位での変化を理解できるでしょう。

自分のデータセットについても、さらなる研究のためにどのような可能性があるかを明らかにする必要があります。自分の調査のために使えるデータをまだほかに見つけられるでしょうか。インタビューできる人はいるでしょうか。長期的な傾向としてわかることはあるでしょうか。問題にもっと光を当ててくれるような書籍、映画、論文などはあるでしょうか。あなたの分析は、将来の研究の出発点です。

9.2.2 データは何を語っているのか

データの探究、分析を終えてみて、データが語りかけてくるものが何か見えてきたでしょうか。児童労働データにはじめて注目したときに経験したように、データに何のつながりもなく、どのようなストーリーも見えず、相関が見つからない場合があります。そのようなときは見つけ出せばよいのです。

相関が見つからないからこそ、実際に存在する関係を探し出すために研究を続けなければならないという場合があります。つながりが見つからないということ自体が、発見だという場合もあります。

データ分析では、トレンドとパターンを探します。児童労働データの場合のように、分析がさらなる研究の出発点になるのが通例です。数値からストーリーが導き出せる場合でも、人間の声や別のアングルの追加は、分析から明らかになったつながりや問題を広げていくために効果的です。

たとえ弱いものでも、何らかのつながりがあれば、それをさらに深く掘り下げていくことができます。それらのつながりは、よりよい問題や焦点を絞った研究を引き出します。児童労働のデータでもそうでしたが、研究対象を絞り込んでいくと、つながりはわかりやすくなります。広い対象からスタートするのはよいことですが、重要なのは、スタート時よりも優れた視点をつかんで終わることです。

9.2.3 結論の描き方

データを分析し、つながりが理解できてはじめて、結論として言えることは何かを考えることができます。データセットとテーマを本当の意味で理解していることが重要であり、それが自分が考え出したことをしっかりと支えます。データ分析、インタビュー、調査が完了し、結論が浮かび上がったら、あとはそれをほかの人々とどのように共有するかを考えるだけです。

結論をしっかりとしたものにすることができなかった場合には、発見内容に未解決の問題を含めて書いてもかまいません。ごく少数の単純な疑問からもっとも大きなストーリーが生まれることもあります。

テーマに光を当て、完全な結論を導き出すためにはもっと多くの記録、研究、行動が必要だということを指摘できれば、それ自体が重要なメッセージになります。この章の調査からもわかるように、政治腐敗が児童労働の割合の高さの原因になっているかどうかは簡単には言い切れませんが、両者には弱い相関があり、特にアフリカの特定の国々について、両者がどのように結びついているのかを研究、分析したいと言うことはできます。

9.2.4　結論の記録方法

何らかの結論と研究したい新たな問題が見つかったら、作業についてのドキュメントを書くようにします。ドキュメントと最終的なプレゼンテーションの一部として、どのような情報ソースを使い、何個のデータポイントを分析したかをはっきりさせる必要があります。この章のサブセットでは、わずか90未満のデータポイントしか調査していませんが、それらは研究したいセグメントをよく表していました。

絞り込んだデータセットが予想よりも小さい場合もあるでしょう。しかし、自分の方法とサブセットが予想よりも小さくなった理由がはっきりしていれば、伝える相手や報告書を迷子にするようなことはありません。次章では、私たちがたどり着いた結論をほかの人々と共有するときに、発見したことをどのように報告するか、思考や作業プロセスをどのように記録するかについてもっと深く考えていきましょう。

9.3　まとめ

この章では、いくつかのPythonライブラリとテクニックを新たに学んでデータセットを探究し、分析しました。データセットをインポートし、結合し、グループ分けして、発見したことに基づいて新しいデータセットを作ることができました。

皆さんは、統計的な手法を利用して外れ値を見つけたり、相関を計測したりすることができるようになりました。注目すべき対象をほかの部分から切り離し、探究を深めることにより、答えのあるしっかりとした問いを立てられるようにもなっています。IPythonと`%store`を使って変数を保存しているなら、次章でもそれを使うことができます。

皆さんは、もう次のことができるようになっています。

- agateライブラリを使ったデータの評価
- データのなかの重要なもの（もしあれば）の判定
- 結論を導き出すためにはさらに調査することが必要なデータのなかの穴、データの一部を見つけること。
- データを探究、分析して自分の先入観を疑うこと。

この章で新しく学んだコンセプトとライブラリを**表9-2**にまとめました。

表9-2　この章で新たに学んだPythonとプログラミングのコンセプトとライブラリ

コンセプト/ライブラリ	目的
agateライブラリ	CSVから簡単にデータを読み込み、分析のためのテーブルを作り、基本統計関数を実行し、フィルタを適用してデータセットに対する知見の獲得を助ける機能を通じてデータ分析を簡単にする。
xlrd ctype、ctype_textオブジェクト	xlrdを使ってExcelデータを分析するときにデータがどのようなタイプのセルに格納されているかを簡単に調べられる。

コンセプト/ライブラリ	目的
isinstance関数	Pythonオブジェクトの型をテストする。型がマッチしたかどうかを示すブール値を返す。
lambda式	Pythonの1行関数で、データセットの単純なフィルタリングやパースで力を発揮する。簡単に読んで理解することができないlambda式を書かないように注意しなければならない。複雑過ぎる場合は、代わりに小さな関数を書くようにすること。
結合（内部、完全外部、左外部、右外部）	1つ以上のマッチするフィールドに基づいて2つの異なるデータセットを結合する。
例外処理	コードでPython例外を予測し、管理する。いつも具体的で明示的にすべきで、過度に一般的な例外キャッチでバグを隠蔽してはならない。
numpy coerrcoef	ピアソンの相対係数などの統計学的モデルを使って、データセットの2つの部分に関連性があるかどうかを判断する。
agateのmad_outliers、stdev_outliers	標準偏差や平均偏差などの統計学的なモデル、ツールを使って、データセットに特定の外れ値や「フィットしない」データが含まれているかどうかを判定する。
agateのgroup_byとaggregate	特定の属性に基づいてデータセットをグループ分けし、集計、分析を実行して、グループの間に顕著な違い（または類似性）があるかどうかを調べられる。

次章では、結論をウェブやその他さまざまな形式で共有するために、ビジュアライゼーションやストーリーテリングのツールをどのように使ったらよいかを学びます。

10章 データのプレゼンテーション

データの分析方法を学んだら、分析結果をプレゼンテーションしたくなります。どのような人々に伝えるかによって、プレゼンテーションは大きく異なります。この章では、自分のPCを使ってできる単純なプレゼンテーションから、ウェブサイトを使った対話的なプレゼンテーションまで、あらゆるタイプのプレゼンテーションを取り上げます。

何をプレゼンテーションするかによりますが、地図、チャート、グラフによるビジュアライゼーションは、あなたが語ろうとしているストーリーのなかで大きな役割を果たします。ここでは、発見したことを共有するために独自サイトを手に入れて稼働させる方法を説明します。また、グラフ、結論を示しながら、コードも読めるようになっているJupyterノートブックをシェアする方法も説明します。

まず、聞き手についての考え方を掘り下げてから、データ分析を通じて発見したストーリーを語るための準備を見ていきましょう。

10.1 ストーリーテリングの落とし穴

ストーリーテリングは簡単な仕事ではありません。テーマによっては、データからきっぱりとした結論を導き出せないことがあります。データのなかに首尾一貫しない部分や、結論につながらない部分が見つかることもあります。このようなときも、データの探究をそのまま続けることをお勧めします。おそらく、ストーリーはデータセットのなかのまったく異質な例に潜んでいるのです。

ストーリーテリングで直面する難点のなかには、データ分析に持ち込んだ自分自身のバイアスによるものが含まれています。エコノミストでジャーナリストのAllison Schrangerが「The Problem with Data Journalism」(http://bit.ly/data_journalism_problems)のなかで適切に述べているように、私たちは分析に自分のバイアスを持ち込んでしまい、それを取り除ききれないのです。彼女は、そういったバイアスがあることを認め、ストーリーのためにデータの解釈を誤るようなことがない程度までデータを理解しようと努めることを勧めていますが、賢明なアドバイスだと思います。

語りたいストーリーにデータが追随してくると思ってはなりません。まずデータを十分に学ぶことを心がけ、データから学んだストーリーを語るようにしましょう。データの操作に時間をかけすぎてはなりません。過度にデータを変更しなければならないようなら（標準化、正規化、外れ値の除去などによって）、別のストーリーを探し出すか、ほかのデータに当たるようにします。

そのことが頭のなかにあれば、ストーリーテリングはその分野の専門家になるための強力な武器です。手持ちのデータを探って手に入れた知識を駆使すれば、新しいテーマ、新しい発想を押し出していけます。自分のバイアスを知ることを通じて学んだ謙虚さがともなえば、ストーリーは効果的で刺激的なものになるでしょう。

10.1.1 どのようにストーリーを語るかについて

どのようにストーリーを語るかは、どのようなストーリーを語るかと同じくらい重要です。道具としては、グラフ、タイムライン、地図、ビデオ、文章、対話的ツールを使います。オンラインで発表することも、会合やカンファレンスでプレゼンテーションすることも、動画共有サイトにアップロードすることもできます。どの方法を選ぶ場合でも、発見の価値がはっきりとわかるような方法でストーリーテリングすることが大切です。プレゼンテーションの仕方がまずくて語ろうとしているストーリーの価値が失われてしまうことほど残念なことはありません。

これから、聞き手、ストーリー、利用プラットフォームがプレゼンテーションの選択にどのような影響を与えるかを考えていきます。発見したことをどのようにプレゼンテーションするかについてすでに自分の考え方がある場合でも、全体を読み通すことをお勧めします。最初の選択のまま進む場合でも、どのような選択肢があるのかについての理解が広がるはずです。聞き手を増やしたい場合には、複数の形式を組み合わせることが最良の選択になることがあります。

将来データをどのくらいの頻度で更新するかも、ストーリーテリングの方法の一部です。それは現在も行っていることでしょうか。あなたの聞き手は、近いうちにこのストーリーについてもっと多くのことを聞きたいと思っているでしょうか、それとも年次レポートをほしがっているのでしょうか。いつどのように更新されるかを聞き手に明確に言うことができるでしょうか。聞き手を待たせ続けてもよいのは、聞き手が何を期待してよいのかをはっきりさせられるときに限られます。

10.1.2 聞き手を知ること

誰のために書くかは、何を書くかに匹敵するほど重要です。ターゲットとなる聞き手をはっきりさせると、彼らがすでにテーマについて何を知っているか、彼らの関心をもっとも集められるものは何か、どうすれば彼らにもっともよく伝わるかといったこともはっきりします。聞き手とのコミュニケーションに関して的外れなことをすると、誰も関心を持たないストーリーを作り出すことになります。

報告やプレゼンテーションが職務の一部なら、聞き手をはっきりさせるのは簡単でしょう。職場の小規模なグループであれ、経営陣であれ、日常、または毎年恒例の広報であれ、誰が自分のレポートを読むのかははっきりしているでしょう。

広い聞き手を対象としてデータを公開したいなら、すでにどのようなものが書かれているのか、誰がそのことを知りたいと思っているのかを調査します。対象分野で生み出された仕事の総体をよく知れば、あなたが話そうとしていることにすでに関心を持っている人、これから知りたいと思う人がいるかどうかも判断しやすくなります。

どのような聞き手をターゲットにしたらよいかよくわからないときには、自分が選んだテーマに対する関心の度合いが顕著に異なるさまざまな人々、たとえば、親や教師、同僚、教え子（生きてきた経験やテーマについての知識という点で）といった人々にアプローチするとよいでしょう。テーマについての知識の度合いによって面白いと思う度合いに差が出るような部分がストーリーのなかにあるでしょうか。聞き手の年齢や経験によって異なる疑問を投げかけられるでしょうか。あなたがテーマを説明したときの聞き手の疑問、反応を観察し、その観察に基づいてターゲット聞き手についての解釈に修正を加えましょう。

ターゲット聞き手がはっきりしたら、彼らについてもっと多くのことを知ることができます。次のコラムをヒントに、聞き手によってストーリーの話し方を工夫してください。

聞き手への話し方

聞き手にストーリーをどのように話すかを考えるときに大切なのは、彼らがどのようにしてものを知り、世界を理解するか、特に自分のテーマではどうかということを考えることです。

- あなたの聞き手は、新しいことをどのようにして知るでしょうか。オンライン、会話、出版物のどれですか。
- 聞き手はそのテーマについての予備知識をどれくらい持っているでしょうか。よくわからない用語や観念が含まれているでしょうか。
- 聞き手は自分でデータを探究することができますか。
- 聞き手はストーリーのためにどれだけの時間、注意力を保てますか。
- 聞き手は、あなたや聞き手同士の対話でこのストーリーについてどれだけ熱心になれますか。
- 聞き手は、新しい情報が公表されたら、こちらからの通知をほしがるでしょうか。

これらは、**実際の**聞き手はどのような人々で、それらの人々はどうすればストーリーをよく吸収してくれるかについて自問自答すべきさまざまな問いのなかのごく一部に過ぎません。これらの問いを最初のきっかけとしてもっと多くの問いを導き出し、自分の発見をどのように共有するかを考えてください。

自分の聞き手を見つけ、少し時間をかけてストーリーテリングのための作業に取り掛かったら、ビジュアライゼーション（視覚化）を通じてデータのストーリーを伝える方法を考えます。

10.2 データのビジュアライズ

データを扱っているうちに、ストーリーテリングのために何らかのビジュアライゼーションを活用したいと思うようになるでしょう。ストーリーによってビジュアライゼーションは、グラフ、タイムラインなどになります。データをどのようにプレゼンテーションするかにかかわらず、最初のステップは、どのようなビジュアルデータがテーマにとって重要で、かつ説明に便利かを明らかにすることです。

ビジュアルを使ったストーリーテリングでは、発見したことをどのように見せるかが極めて重要です。Alberto Cairoが自分のブログでデータのビジュアライゼーションについて書いているように（http://www.thefunctionalart.com/2014/08/to-make-visualizations-that-are.html）、テーマとの関連性が深い重要なデータをすべて見せなければ、聞き手はあなたの手法と発見に疑問を感じるでしょう。

データ分析と方法論を詳述するドキュメントが必要であるのと同様に、データの視覚的な探究と表現をしたドキュメントと根拠の説明が必要です。また、ストーリーの重要な部分を省略しないように注意します。

この節では、グラフ、時系列とタイムライン、地図、ミックスメディア、文章、イメージ、動画を使って発見したことを共有する方法を探っていきます。念頭にある聞き手によっては、ストーリーにとって重要なデータ表現方法をミックスする場合もあります。これらの形式にはそれぞれ長所と短所があるので、以下の各節ではそれも取り上げていきます。

10.2.1 グラフ

グラフは数値データを共有するための方法として、特に異なるデータセットや異なるグループの間でデータを比較するときに効果的です。データのなかに明確なトレンドがある場合やデータに特定の外れ値がある場合には、グラフはそういった観察を聞き手に伝えるために役立ちます。

積み上げグラフや棒グラフを使えば、多くの数値を並べて示すことができます。たとえば、Christopher Ingrahamは、ワシントン・ポストに掲載した幼児死亡率についての記事（http://www.washingtonpost.com/blogs/wonkblog/wp/2014/09/29/our-infant-mortality-rate-is-a-national-embarrassment/）で、並列に並べて各国の数値を比較しています。

経時的なトレンドを示すために通常は、折れ線グラフを使います。Ingrahamは、異なる年齢での幼児死亡率の比較のために折れ線グラフも使っています。棒グラフは、幼児医療においてアメリカがほかのほとんどの国よりも劣っていることを示しています。折れ線グラフは、さまざまな国の死亡率を時系列的に比較することもできるので、データ観察のもう1つの手段にもなります。

このグラフの作者は、棒グラフでは手持ちのすべての国のデータを表示していますが、折れ線グラフでは一部の国だけを示しています。彼はなぜこのようにしたのだと思いますか。ひょっとすると、データを評価し、折れ線グラフにもっと多くの国のデータを入れると、グラフが読みにくくなることに気付いたのかもしれません。

発見したことをビジュアライズするときにはいくつか判断が必要です。グラフが適切な方法か、どの種類のグラフがもっとも役に立つかを判断するためには、グラフで何を示したいのかを先に決めなければなりません。Extreme Presentationブログ（http://bit.ly/abela-choosing）の使いやすいフローチャートは、この種の問題について考えるときにまず最初に使うとよいツールです。Juice Labsも、同じような考え方から対話的なグラフ選択ツールを作っています（http://labs.juiceanalytics.com/chartchooser）

グラフにはさまざまな種類がありますが、それぞれに長所、短所を持っています。関係を示すには、データの相関関係を表現できる散布図、バブルチャート、折れ線グラフなどが適しています。多くの要素の比較には棒グラフが適しています。組成や要素を示すには、積み上げグラフを使います。分布を示すには、時系列プロットやヒストグラムを使います。

今まで調査してきたデータについて考え、agateライブラリに組み込まれているグラフ作成機能の一部を使ってみましょう。

10.2.1.1　matplotlibによるグラフ作成

Pythonの主要なグラフおよびイメージ作成ライブラリの1つとしてmatplotlibがあります。matplotlibは、データセットのグラフ化とプロットに使えます。単純なグラフを作りたいときにとても効果的ですが、ライブラリの部品について学べば学ぶほど、高度なグラフを作れるようになります。まず、pip install matplotlibでインストールする必要があります。

それでは、政治腐敗スコアと児童労働の割合の比較を表示してみましょう。

```
import matplotlib.pyplot as plt

plt.plot(africa_cpi_cl.columns['CPI 2013 Score'],
    africa_cpi_cl.columns['Total (%)']) # ❶

plt.xlabel('CPI Score - 2013') # ❷
plt.ylabel('Child Labor Percentage')
plt.title('CPI & Child Labor Correlation') # ❸

plt.show() # ❹
```

❶ matplotlib.pyplotのplotメソッドを使ってx、y軸のデータを渡します。最初に渡した変数がx軸、第2の変数がy軸になります。こうすると、これら2つのデータセットをプロットするグラフが作られます。

❷ xlabel、ylabelメソッドを呼び出して、グラフの軸にラベルを付けます。

❸ titleメソッドを呼び出して、グラフにタイトルを付けます。

❹ showメソッドを呼び出してグラフを描きます。showを呼び出す前にグラフのために準備したすべてのものがシステムのデフォルトイメージプログラム（MacのプレビューやWindowsフォトビューアーなど）で表示されます。タイトル、軸ラベルなど、matplotlibライブラリを使って設定したすべての属性がグラフに表示されます。

びっくりするかもしれませんが、**図10-1**[*1]のようなグラフを表示します。

実際に全体として下向きのトレンドがあることがわかりますが、中央のデータは特定のトレンドに従っていないこともわかります。実際、データはかなりまちまちであり、児童労働と政治腐敗の間につながりがあるのは、全部の国ではなく、ごく一部の国だけだということがわかります。

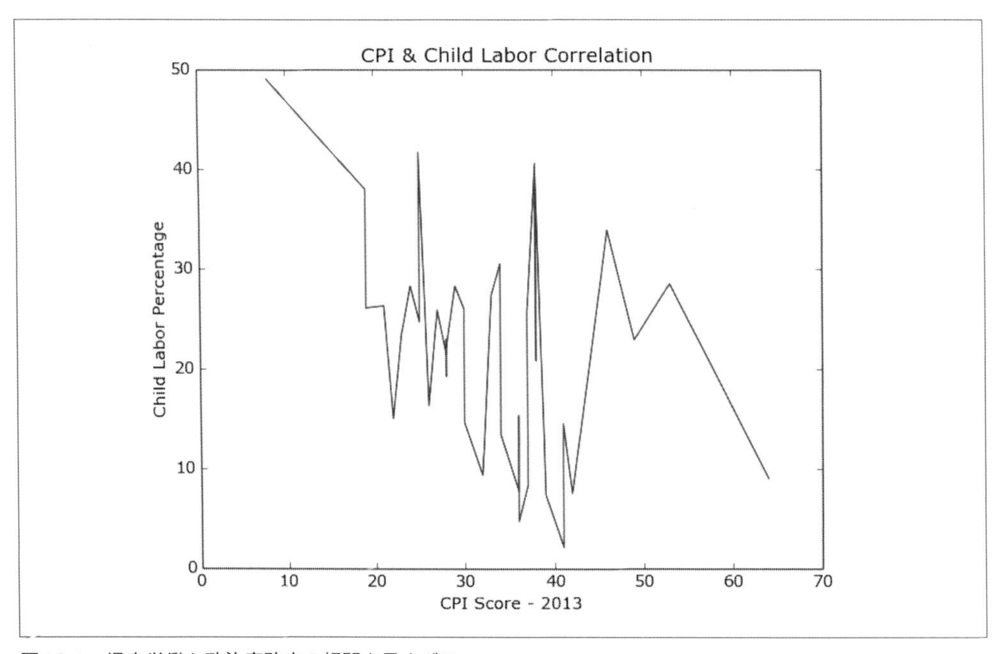

図10-1　児童労働と政治腐敗度の相関を示すグラフ

もっとも状況の悪い国のデータだけを使って同じグラフを作ってみましょう。すでに、「9.2.1

＊1　グラフが表示されない場合には、Stack Overflowで紹介された指示（http://bit.ly/matplot_lib_settings）に従って、matplotlibの設定情報を探し、バックエンドとしてデフォルト（Mac/Linuxの場合はQt4Agg、Windowsの場合はGTKAgg）を設定します。Windowsの場合、pip install pygtkが必要になるかもしれません。

データの分割と焦点の絞り込み」でそのような国のデータを分割してあります。highest_cpi_clを使って先ほどのコードを再び実行すると、**図10-2**のようなグラフが表示されます。

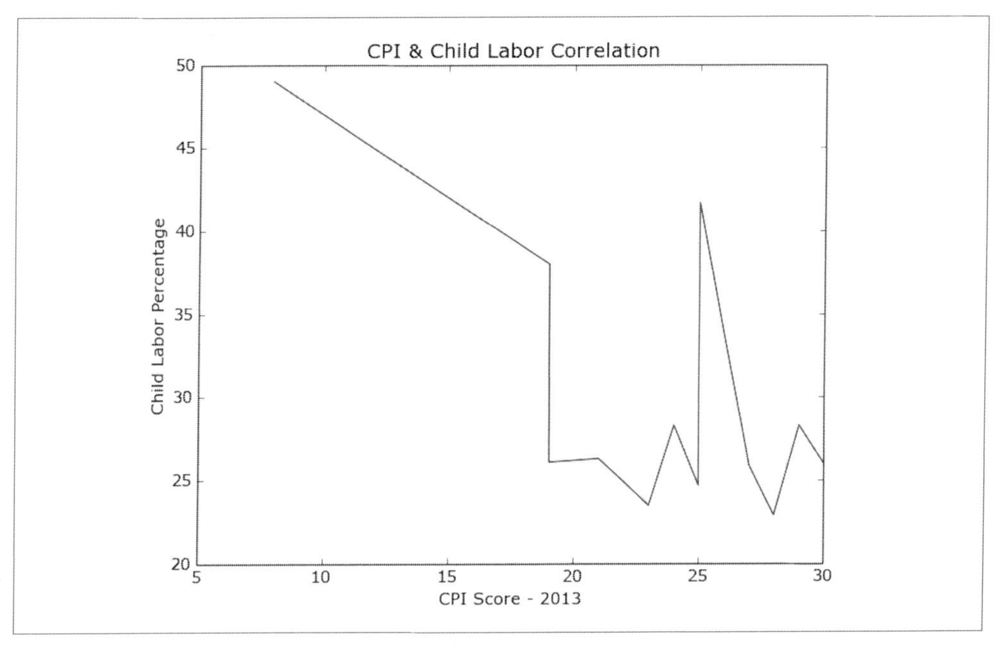

図10-2　児童労働の割合がもっとも高い国々のグラフ

今回は最悪な方でははっきりとした下降のトレンドがあり、児童労働の割合の下降と政治腐敗スコアの上昇にともない、不規則な動きになることがわかります。

matplotlib.pyplotは、ヒストグラム、散布図、棒グラフ、円グラフなどのさまざまなタイプのグラフを表示できます。matplotlib.orgのpyplot入門（http://bit.ly/pyplot_tutorial）には、グラフのさまざまな属性（色、ラベル、サイズ）の変更方法や複数の図、サブプロット、その他のグラフタイプの使い方などの説明があるので、一読することを強く勧めます。

データをグラフ化すると、データセットに含まれる異常や外れ値がはっきりすることがあります。Pythonのグラフ作成ライブラリに含まれるさまざまなグラフ作成メソッドを使えば、データのストーリーや相互関係を調べる上で役に立ちます。

ライブラリのグラフツールセットをあれこれと試してみればみるほど、自分のデータセットでもっとも効果的なグラフタイプがどれかが簡単にわかるようになります。

10.2.1.2　Bokehによるグラフ作成

Bokeh（http://bokeh.pydata.org/）は、複雑なグラフをごく単純なコマンドで作れるPython用グラフ作成ライブラリです。積み上げグラフ、散布図、時系列グラフなどを作りたい場合は、Bokehを試してみることをお勧めします。政治腐敗と児童労働のデータを使って、国ごとにデータをプロットし、散布図を作ってみましょう。まず、次のコマンドでBokehをインストールします。

```
pip install bokeh
```

次に、agateテーブルを使った単純なコマンドで散布図を作ります。

```
from bokeh.plotting import figure, show, output_file


def scatter_point(chart, x, y, marker_type):  # ❶
    chart.scatter(x, y, marker=marker_type, line_color="#6666ee",
                  fill_color="#ee6666", fill_alpha=0.7, size=10)  # ❷


chart = figure(title="Perceived Corruption and Child Labor in Africa")  # ❸
output_file("scatter_plot.html")  # ❹
for row in africa_cpi_cl.rows:
    scatter_point(chart, float(row['CPI 2013 Score']),
                  float(row['Total (%)']), 'circle')  # ❺

show(chart)  # ❻
```

❶ 引数としてチャート、x、y軸、マーカータイプ（円、正方形、矩形）を取り、グラフに点を追加するscatter_point関数を定義します。

❷ チャートのscatterメソッドは、2つの必須引数（x、y軸）とこれらの点のスタイルを指定するさまざまなキーワード引数（色、不透明度、サイズなど）を取ります。この行では、線の色、塗りつぶしの色、サイズと不透明度の設定を指定しています。

❸ figure関数にタイトルを渡してチャートを作ります。

❹ output_file関数を使ってどのファイルを出力するかを定義します。コードを実行したフィールドフォルダにscatter_plot.htmlファイルを作成します。

❺ 各行について、政治腐敗スコアをx座標、児童労働の割合をy座標として使って点を追加します。

❻ ブラウザウィンドウでチャートを表示します。

コードを実行すると、ブラウザにチャートが表示されているタブが追加されます（図10-3参照）

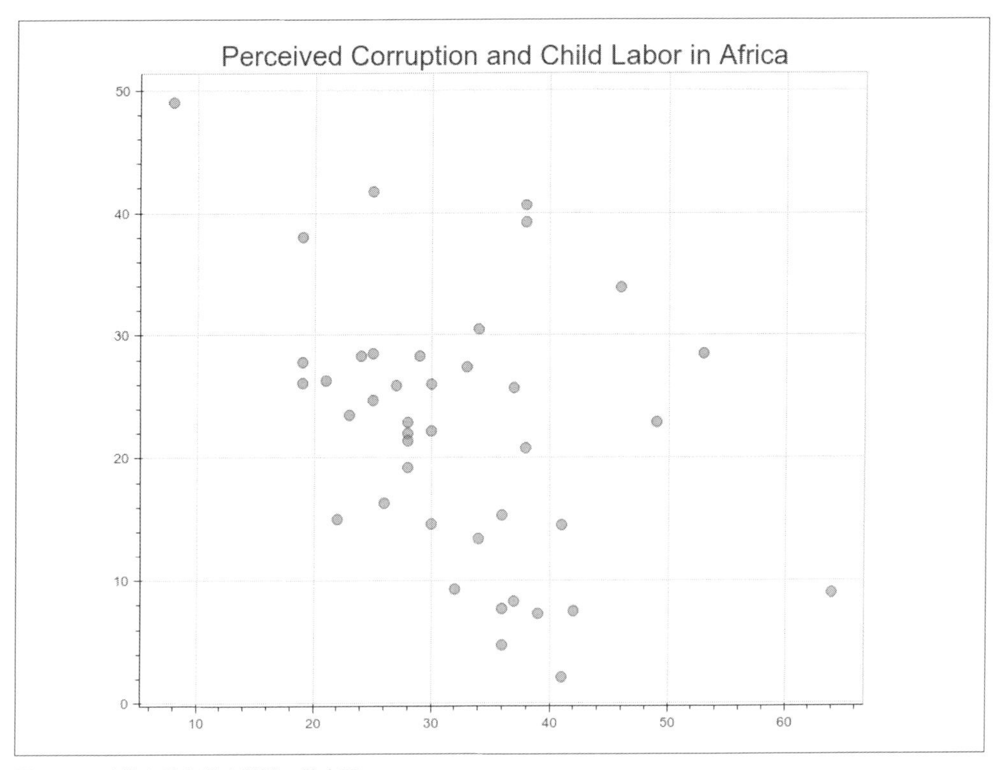

図10-3 政治腐敗と児童労働の散布図

なかなか美しいのはよいのですが、これらのドットの意味がよくわかりません。Bokehは、チャートに対話的要素を追加できます。少し要素を追加してみましょう。

```
from bokeh.plotting import ColumnDataSource, figure, show, output_file
from bokeh.models import HoverTool  # ❶

TOOLS = "pan,reset,hover"  # ❷


def scatter_point(chart, x, y, source, marker_type):  # ❸
    chart.scatter(x, y, source=source,
                  marker=marker_type, line_color="#6666ee",
                  fill_color="#ee6666", fill_alpha=0.7, size=10)

chart = figure(title="Perceived Corruption and Child Labor in Africa",
               tools=TOOLS)  # ❹
output_file("scatter_int_plot.html")
for row in africa_cpi_cl.rows:
    column_source = ColumnDataSource(
```

```
        data={'country': [row['Country / Territory']]})  # ❺
    scatter_point(chart, float(row['CPI 2013 Score']),
                  float(row['Total (%)']), column_source, 'circle')

hover = chart.select(dict(type=HoverTool))  # ❻

hover.tooltips = [
    ("Country", "@country"),  # ❼
    ("CPI Score", "$x"),
    ("Child Labor (%)", "$y"),
]

show(chart)
```

❶ メインライブラリをインポートし、ColumnDataSource、HoverToolクラスを追加します。

❷ 最終的な製品で使いたいツールを定義します（http://bit.ly/specifying_tools）。hoverを追加しているので、ホバーメソッドを追加できます。

❸ 必須変数にsourceを追加しています。この変数は、国名情報を格納します。

❹ 初期化時にfigureにTOOLS変数を渡しています。

❺ column_sourceには、国名をキーとするデータソース辞書が格納されています。名前をリストとして渡しているのは、値がイテラブルオブジェクトでなければならないからです。

❻ チャートからHoverToolを選択します。

❼ 異なるデータ属性を示すために、ホバーオブジェクトのtooltipsメソッドを使っています。@countryは、column_sourceを介して渡されたデータを選択し、$xと$yはチャート上のx、y座標を選択します。

今度は**図10-4**のようなグラフが表示されます。

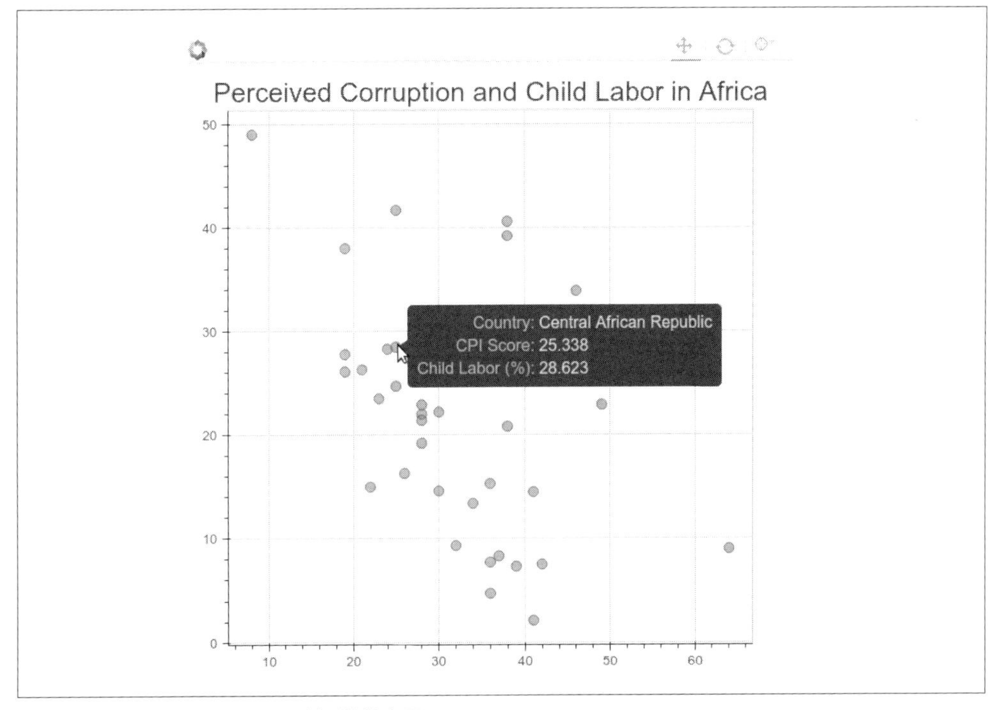

図10-4 政治腐敗と児童労働の対話的散布図

カーソルを個々の点の上に移動するとx、y軸のデータが変わります。data辞書に新しいキーと値を書き込み、column_sourceオブジェクトに2つのデータポイントとして正確な値を追加するようにすれば、グラフは改善されます。

Bokehには、優れたサンプルギャラリー（http://bokeh.pydata.org/en/latest/docs/gallery.html）と初心者の参考になるコードがあります。時間を割いてBokehを試してみることをお勧めします。

10.2.2 時間関連データ

時系列、タイムラインデータは、経時的に自分の発見を表現できます。時系列グラフは、時間の経過にともなうデータの変化を示します（通常は、折れ線グラフ、棒グラフ、ヒストグラムを使います）。タイムラインは、時間の経過にともなう重要なできごと、何かの発生、変化を示して、データのストーリーを視覚的に語ります。

10.2.2.1 時系列データ

時系列グラフは、時間の経過にともなうトレンドを示し、特に1つの要素に焦点を絞ったときに効果的です。Wall Street Journalは、ワクチンと疾病の割合の関係についてすばらしい時系列グラフを作っています（http://graphics.wsj.com/infectious-diseases-and-vaccines/）。対話的な要素はさらにデータを掘り下げるために役立ちます。そして組み込みのコマ撮りアニメーション機能を使えば、わかりやすいビジュアルを聞き手に伝えることができます。ワクチン導入時のマーカーによって、データの意味はより明確に伝わるようになります。

私たちはデータセットの経時的な変化はまだ調べてきませんでした。過去の同じデータセットを集めれば、次のステップとしてよいものになるでしょう。そのようなデータは、児童労働の割合が増えているのはどこか、経時的にはっきりとした地域的トレンドが見られるか、ほかのデータセット（たとえば、児童労働は、農産物の輸出とともに増えているかなど）を結合すると、経時的に別のトレンドが見えてくるかといった新たな問いに答えてくれます。

`matplotlib`を使って時系列グラフを作るときに役に立つ情報がStack Overflowの質問に対する優れた回答に書かれています（http://bit.ly/plot_time_series_python）。第9章で説明した`agate`テーブルの`rows`、`columns`属性を使えば、インデックスに基づいて個々のデータ行、列を選択できます。これらの属性によって得られたリストを`matplotlib`関数に渡せば、グラフにデータを渡すことができます。

Bokehを使った時系列グラフについては、優れたサンプルページがあります（http://bit.ly/high-level_charts）。

10.2.2.2 タイムラインデータ

タイムラインデータは、自分のテーマの歴史における重要な瞬間や最近の発展の分析などを伝えます。たとえば、ワクチンの歴史のサイトに掲載されているタイムライン（http://bit.ly/history_of_vaccines）には、麻疹（はしか）ワクチンの歴史と最近カリフォルニア州で発生した麻疹の流行に関連したできごとが示してあり、聞き手は歴史的なデータを通じてテーマをすばやく理解できるようになっています。

私たちが児童労働のストーリーのタイムラインを作るなら、国際的な児童労働の歴史における重要なできごとを探すことになるでしょう。子どもの安全を保障する最初の法律はいつできたか、世論が児童労働反対に変わったのはいつか、児童労働に関連する大きな事件やスキャンダルは何かといったタイムラインに掲載すべきできごとを見つけ出すための問いを調べていけばよいはずです。

ビジュアライゼーションに関しては、Knight LabのTimelineJS（http://timeline.knightlab.com/）は、データのスプレッドシートから単純な対話的タイムラインを作れます。

10.2.3 地図

あなたの発見が地理に関連したものなら、地図はデータを表現するための優れた方法になります。地図は、テーマが人々と地域に与えている影響をはっきりとイメージさせます。あなたが取り上げる地域についての聞き手の知識によっては、自分のストーリーと馴染みのある地域を結びつけやすくするために、地図に情報やコンテキストを追加しなければならない場合があります。

聞き手が取り上げる地域の人々なら、地元で知られている記念物や通りの名前を地図に加えるとよいでしょう。多くの国の聞き手に特定の地域を対象とするストーリー（たとえば、アマゾン川流域の森林破壊）を話すときには、まず大陸の地図を示してから、対象の地域に絞り込んでいくとよいでしょう。

地図はデータビジュアライゼーションの形式としては難しいものになることがあります。聞き手の地理的な知識に頼らなければならないだけでなく、地図ではパターンを明確に、理解しやすく示せるとは限らないからです。地図を使うときには、地図で示す地域の地理を熟知し、聞き手を引き込む重要なジオロケーション要素を表示することと自分が発見したことを示すことの両方を同時に実現できなければなりません。

ニューヨーク・タイムズによるカリフォルニア州でのワクチン投与普及率の地図（http://bit.ly/cali_vaccination_rates）は、注目すべき価値のある地図の一例です。これは、最近カリフォルニア州で麻疹が流行した時期に発表されたもので、詳細を表示するためのズームイン機能（ズームアウトもあります）、短い説明、個人的な信条による除外率と全体的な投与率（貧困やアクセスの欠如などの問題が現れます）の違いを示しています。カリフォルニア州だけに絞り込んであるため、全国などもっと大きな単位での表示では混乱し複雑になりすぎてしまうような詳細度で状況を示すことができています。

地図を準備するときには、ColorBrewer（http://colorbrewer2.org/）を利用するとよいでしょう。このサイトでは、地図を横に置いて配色を比較することができます。ストーリーを語るとともに、グループとグループごとの度合いの違いがはっきりと聞き手に伝わるようなコントラストを持った配色を選びましょう。

世界全体を対象とする地図の例も見てみましょう。Economistの世界負債時計（global debt clock、http://www.economist.com/content/global_debt_clock）は、国ごとの負債を示す地図で、対話的なタイムラインが付属しており、経時的に国の負債の変化を見ることができます。補色をうまく使っているため読みやすく、負債額の大きい国と負債がほとんどあるいはまったくない国が一目瞭然です。

世界負債時計地図を作った人々は、負債額を共通通貨としての米ドルで表現するように正規化し、さまざまな国の負債を並べて比較できるようにしています。この小さな正規化が、聞き手の理解を助け、発見のインパクトを高めています。

非常に優れた組み込みの地図機能を持った`pygal`という使いやすいグラフ・地図作成支援ライブラリがあります。`pygal`には、円グラフや散布図から世界地図や国々の地図まであらゆるものを対象とするドキュメントが含まれています。pygalとagateテーブルを併用すると、世界規模で児童労働の割合を表示することができます。まず、次のコマンドを実行して、ライブラリと依存ファイルをインストールします。

```
pip install pygal
pip install pygal_maps_world
pip install cssselect
pip install cairosvg
pip install tinycss
pip install lxml
```

pygalの世界地図のドキュメント（http://bit.ly/pygal_world_map）から、世界地図を正しく使うためには、ISOの2文字の国別コードが必要だということがわかります。すでに知っている方法を使ってランクテーブルにこのコードを追加しましょう。

```
import json

country_codes = json.loads(open('iso-2.json', 'rb').read())  # ❶
country_dict = {}

for c in country_codes:
    country_dict[c.get('name')] = c.get('alpha-2')  # ❷

def get_country_code(row):
    return country_dict.get(row['Countries and areas'])  # ❸

ranked = ranked.compute([('country_code',
                          agate.Formula(text_type, get_country_code)), ])

for r in ranked.where(lambda x: x.get('country_code') is None).rows:  # ❹
    print(r['Countries and areas'])
```

❶ GitHubの@lukes（https://github.com/lukes/ISO-3166-Countries-with-Regional-Codes）からダウンロードしたiso-2.jsonファイルから文字列をロードします。

❷ キーが国名、値がISOの国別コードという国名辞書を作ります。

❸ データ行を取り、country_dictオブジェクトを使ってISOの国別コードを返すget_country_codeという新関数を定義します。マッチするものがなければ、Noneを返します。

❹ マッチが見つからず、調査が必要な国名を表示します。

次のような出力が得られるはずです。

```
Bolivia (Plurinational State of)
Cabo Verde
Democratic Republic of the Congo
Iran (Islamic Republic of)
```

```
Republic of Moldova
State of Palestine
The former Yugoslav Republic of Macedonia
United Republic of Tanzania
Venezuela (Bolivarian Republic of)
```

ほとんどの国はマッチしていますが、マッチしなかったものも一部残されています。前章のearth.jsonファイルで行ったように、マッチしなかった国のデータファイル内の名前を手作業で書き換えてマッチするようにしました。リポジトリには、クリーンアップ後のiso-2cleaned.jsonファイルも含まれています。新しいクリーンアップされたJSONファイルを使って先ほどのコードを実行すれば、テーブル全体が得られます。なお、列名をcountry_code_completeといったものに変えなければ、列名の重複エラーが発生するので注意してください。それでは、pygalの地図メソッドを使ってこのテーブルから世界地図を作ってみましょう。

```
import pygal

worldmap_chart = pygal.maps.world.World()  # ❶
worldmap_chart.title = 'Child Labor Worldwide'

cl_dict = {}
for r in ranked.rows:
    cl_dict[r.get('country_code_complete').lower()] = r.get('Total (%)')  # ❷

worldmap_chart.add('Total Child Labor (%)', cl_dict)  # ❸
worldmap_chart.render()  # ❹
```

❶ pygalライブラリのmaps.worldモジュールのWorldクラスは、使用する地図オブジェクトを返します。

❷ cl_dictは、キーが国別コード、値が児童労働の割合という辞書を格納しています[*1]。

❸ pygalのドキュメントに従い、データのラベルと辞書を渡しています。

❹ 地図のrenderメソッドを呼び出して地図を表示します。

renderの出力は.svgファイルの内容で、ターミナルに長い複雑な文字列が表示されます。これをファイルに保存したい場合は、別のメソッドを呼び出す必要があります。pygalは、複数のファイルタイプのためのオプションを提供しています。

```
worldmap_chart.render_to_file('world_map.svg')

worldmap_chart.render_to_png('world_map.png')
```

＊1　技術監修者注：country_codeにはNoneなものがあるので AttributeError: 'NoneType' object has no attribute 'lower'になる箇所があります。また'country_code_complete'がないためAttirbuteErrorになります。

.svgファイルか.pngファイルを開くと、**図10-5**のような地図が表示されます。

図10-5 世界地図

地図のレンダリングで問題が起こる場合には、すべての依存ライブラリをインストールするようにしてください。手元のマシンに.svgファイルビューアがなくても、ブラウザがあれば**図10-5**のように表示できます。

`pygal`が提供しているさまざまな.svgファイル操作のオプションをチェックしてみることを強くお勧めします。ドキュメントには、高度なものも単純なものも含めてサンプルが満載されており、初心者にも使いやすい.svgギャラリーになっています。

10.2.4 対話的プレゼンテーション

対話的プレゼンテーションは、ウェブサイトでの対話的操作やシミュレーションによってストーリーを語ろうというものです。ブラウザであちこちをクリックしてデータを探ることができるので、ユーザーは自分のペースでテーマにアプローチし、データから自分なりの結論を探すことができます。完全に理解するためにさらなる研究が必要となるテーマでは、特にこの方法は強力です。

最近のアメリカでの麻疹の流行を受けて、ガーディアン紙はワクチンの接種率の違いによって麻疹の感染がどれくらい異なるかをユーザーが目で見て確かめられる対話的プレゼンテーションを作りました（http://bit.ly/vaccination_effects）。このプレゼンテーションは、The Guardianのスタッフが調査、コーディングしたさまざまなシナリオを表示します。すべてのシミュレーションが同じ結果になるわけではありませんが、ワクチンを接種すれば、感染の可能性が残るにしても、危険を避けられる可能性が高いことがわかります（要するに、ワクチン接種率が高ければ、感染の危険性が下がるということです）。これは、非常に政治的なテーマを取り上げ、流行の統計モデルを使って現実のシナリオを導き出している例です。

対話的プレゼンテーションの構築には、ほかのものよりも経験が必要で、多くの場合、高いコーディングスキルが必要になりますが、特にフロントエンドコーティングの経験者にとっては、対話的プレゼンテーションはすばらしいツールです。

児童労働データを使った例として、たとえば地域の高校に通う生徒たちがチャドに住んでいて、児童労働の割合がチャドのものだったら、どれぐらいの人数が卒業できないかを示す対話的プレゼンテーションを作ることが考えられます。あるいは、地域のショッピングモールにある商品やサービスのうち、児童労働を使ったものがどれくらいあるかを示す対話的プレゼンテーションも作れるでしょう。これらは、視覚化が難しい情報を聞き手にうまくプレゼンテーションするもので、聞き手はデータを理解し、ストーリーを自分のものとして考えることができるはずです。

10.2.5　文章

ライターやレポーターからすれば、言葉でストーリーを語るのは自然なことでしょう。どのようなビジュアル手法を使ったとしても、聞き手のために役立つ適切な文章は挿入すべきです。そのテーマの専門家へのインタビューもすべきでしょう。自分が発見したことに対する専門家の言葉、考え、結論を入れれば、聞き手は情報をまとめやすくなるでしょう。

地域の教育委員会が次の年度の予算をどのように決めているのかを調査しているなら、教育委員に取材して、変更の提案についての内部情報を入手したいところです。自分の会社の製品リリースの予定を調査している場合は、次がどうなるのか、意思決定に関わる人々に取材すべきでしょう。

インタビューの方法やストーリーに引用する発言の選び方については、Poynterの優秀なインタビュアーになるための方法についての優れた記事（http://bit.ly/better_interviews）があります。また、コロンビア大学のインタビューの原則のページ（http://bit.ly/interviewing_principles）は、インタビューの準備のしかたやプロジェクトのニーズに合わせたインタビューの方法の使い分けについての知識が得られます。

あなたがある分野の専門家で、一般の人々にはなじみのない専門用語を使うようなら、聞き手に合わせて話すテーマを理解できる大きさに分割するとよいでしょう。簡単な用語集があると役に立ちます。これは、一般の人々を対象とする科学、技術、医学文献では広く行われていることです。

10.2.6 イメージ、ビデオ、イラスト

あなたのストーリーに強力な視覚的要素があるならイメージやビデオを使うとストーリーテリングの効果を高められます。たとえば、自分のテーマに関連する人々へのインタビューをビデオに撮れば、データの個人的な側面を示すことができ、別の切り口や新たな調査の入口が明らかになる場合があります。

ビデオと同様に、イメージも聞き手の心に深く伝えることができます。戦争をはじめとする現代の悲惨なできごとのイメージを見て衝撃を受ける経験を誰もがしているように、イメージは私たちのストーリー解釈に強い影響を与えます。しかし、ただ単に聞き手にショックを与えるためにイメージを使ってしまうと、あなたが自分の仕事に注ぎ込んだ慎重な調査の結果が吹き飛んでしまいます。ストーリーテリングのためにほどほどの程度で抑えることが大切です。

自分のテーマに関連する写真やビデオを使うことができず、自分で集めることもできない場合には、イラストを使ってビジュアルなストーリーテリングを行います。ワシントン・ポストの健康的なオフィス空間と非健康的なオフィス空間を比較した対話的プレゼンテーション（http://bit.ly/unhealthy_offices）は、イラストを使ってストーリーのコンセプトを示しています。

児童労働のテーマの場合、データ分析から明らかになった最悪の違反の状況を自分自身でビデオや写真に収めることはまず不可能です。しかし、この世界的な問題によってまだ被害を受けている子どもたちを表現するために、過去に明らかになった児童労働の写真を使うことはできるでしょう（許可をもらい、帰属を明らかにした上で）。

10.3 プレゼンテーションツール

自分のデータを広く公開することは避けたいものの、小さな（あるいは内輪の）グループには見せたい場合には、スライドによるプレゼンテーションは以前よりも簡単に作れるようになっています。スライドなら、データの表示方法としてさまざまなオプションを持ちつつ、あまり余分な労力をかけずに巧妙なプレゼンテーションを作ることができます。

プロフェッショナルな仕上がりのスライドを作れるトップ評価のツールの1つにPrezi（https://prezi.com/）があります。Preziを使えば、広く公開でき、さまざまなデスクトップクライアントを持つスライドデッキを無料で作ることができます（プライベートなプレゼンテーションを作りたい場合は、有料アカウントにアクセスする必要があります）。無料で公開スライドショーを作り、有料でプライベートなスライドを作れるオンライン専用オプションとしては、Haiku Deck（https://www.haikudeck.com/）もあります。無料で簡単な方法としては、Googleスライドもあります。所属する会社がGoogle Appsを使っており、社内の聞き手にプレゼンテーションしたい場合には、特にお勧めです。

10.4 データの公開

データの調査、探究、プレゼンテーションのために時間を費やしてきましたが、ついに報告をオンラインで世界に向けて共有するところまでたどり着きました。データをオンラインで公開するときには、誰もが自由にアクセスできるようにすべきかどうかをまず決めなければなりません。

あなたのプレゼンテーションにプライベートなデータや社内専用で使うべきデータ（プロプライエタリなデータ）が含まれている場合、それはパスワードで保護されたサイトか社内ネットワークサイトで公開すべきです。

自分のデータを世界に共有したい場合には、さまざまなウェブプラットフォームのどれかで公開しても問題はないでしょう。この節では、無料で簡単に使えるブログプラットフォームや独自サイトでデータを公開する方法を説明します。

10.4.1 既存サイトの利用

報告やアイデアを共有し、ウェブ上で簡単に流通させたいあなたのようなライター、記者にデータ公開の場を与えるために多くのウェブサイトが設計されています。そのなかでももっともよいものをいくつか紹介しましょう。

10.4.1.1 Medium

Medium（https://medium.com/）では、アカウントを作り、投稿を執筆し、コメント、引用、写真、グラフなどを簡単に埋め込むことができます。Mediumはソーシャルメディアプラットフォームなので、他の会員が自分の投稿を推薦、共有、ブックマークしたり、あなたの将来の投稿をフォローしたりすることができます。

Mediumのようなホステッドサイトを使えば、独自サイトの構築メンテナンスの方法を考える時間を使わずに、執筆と報告に集中することができます。

Mediumの運営チームは、単純なCSV、TSVファイルを対話的なグラフにレンダリングするCharted.co（https://github.com/mikesall/charted）などの優れたグラフツールを提供しています。本書執筆時点では、投稿に直接それらのグラフを埋め込むことはできませんが、そういった機能はそのうち追加される可能性があります。

Mediumは、投稿に直接さまざまなソーシャルメディア、ビデオ、写真、その他のメディアを簡単に埋め込めるようになっています（http://bit.ly/medium_embed_media）。毎月のトップMedium投稿（https://medium.com/top-100/）の一部を読めば、優れたストーリーテリングのアイデアが得られるでしょう。

自分のテーマと同じ分野のMedium投稿を検索して読んだり、他の分野の作者と知り合いになって人々がどのようにストーリーテリングしているのかを体感したりするとよいでしょう。

Mediumは、ソーシャルネットワークでブログを書き、自分のアイデアを世界にシェアするための方法として優れていますが、自分専用のブログを運営したい場合にはどうでしょうか。次は、独自サイトを立ち上げて運営するための優れたオプションを説明します。

10.4.1.2 簡単に開始できるサイト：WordPress、Squarespace

コンテンツのレイアウトやアクセスを細かく管理したいなら、Squarespace（http://www.squarespace.com/）かWordPress（https://wordpress.com/）でブログを始めるとよいかもしれません。これらのプラットフォームは、無料（WordPress）または比較的安い額（Squarespace）でメンテナンスされたウェブサイトを提供し、サイトのルックアンドフィールドをカスタマイズできるようになっています。ドメインを設定することもできるので、投稿は独自URLでホスティングされることになります。

ほとんどのウェブホスティングプロバイダは、WordPressのワンクリックインストールの機能を提供します。ユーザーはユーザー名、サイトタイトルを選び、強くてセキュアなパスワードを用意します。WordPressの場合、テーマ（https://wordpress.org/themes/browse/popular/）とプラグイン（https://wordpress.org/plugins/browse/popular/）を豊富に用意して、サイトのルックアンドフィールと機能をカスタマイズできるようになっています。サイトを守るために、人気の高いセキュリティプラグインのなかの1つをインストールし、WordPressのセキュリティに関する優れたアドバイス（http://codex.wordpress.org/Hardening_WordPress）を読むことをお勧めします。

Squarespaceの設定は、Squarespaceサイトにサインアップし、レイアウトを選択するだけです。接続されるソーシャルメディア、ドメイン、eコマースショップを持つか否かなどをカスタマイズできます。

サイトを準備して起動すれば、コンテンツの追加は簡単です。新しいページを投稿しようと思い、組み込みエディタ（WordPressの場合なら、もっと機能の多いオプションのエディタプラグインをインストールすることもできます）でテキストとイメージを追加し、コンテンツを公開するだけです。

時間を割いてSEO（検索エンジン最適化）として説明やキーワードを完備すれば投稿が検索されやすくなります。WordPressのプラグインやSquarespaceの機能には、個々の投稿のためにSEO対策をしてくれるものがあります。

10.4.1.3 独自ブログ

独自ウェブサイトやブログを運営しているなら、報告を共有するプラットフォームはすでに用意できています。ビジュアルストーリーテリングを正しく組み込めるようにする必要がありますが、これまでに扱ってきたビジュアライゼーションの大半は、独自サイトのHTMLに簡単に組み込めます。

WordPressやSquarespaceのようなサイト以外のプラットフォームを使う場合には、グラフ、ビデオ、写真などを自分のサイトでシェアする方法を調べなければならない場合があります。プラットフォームのコミュニティや製作者にアプローチするか、サイトのハウツーやドキュメントを読んで、イメージ、グラフ、対話的プレゼンテーションなどをうまく組み込む方法を調べるとよいでしょう。

10.4.2 オープンソースプラットフォーム：新しいサイトの開設

今まではSquarespaceやWordPressなどの無料、または低料金のプラットフォームで新しいサイトを立ち上げる方法を説明してきましたが、完全に自力でサイトを立ち上げ、運営、メンテナンスするつもりなら、オープンソースプラットフォームの宝の山から好きなものを選べます。

10.4.2.1 Ghost

簡単に実行できるプラットフォームの1つとしてGhost（https://github.com/tryghost/Ghost）が挙げられます。Ghostは、オープンソースのJavaScript非同期サーバー、Node.js（https://nodejs.org/）を使っており、JavaScriptに関心のある人なら楽しく使って学ぶことができます。非同期なので、パフォーマンスに優れ、大量のトラフィックを処理できます。Ghostでは、わずかな料金でWordPressやSquarespaceのようなホステッドサイト（https://ghost.org/）を設定することもできます。

独自のGhostブログを自分でホスティングしたい場合は、1時間未満で自前のサーバー上でGhostを立ち上げられる使いやすくてインストールが楽なサーバーイメージ（http://bit.ly/digitalocean_ghost）がDigitalOceanとGhostによって作られています。初めてサーバーを設定するということなら、最初にしなければならない作業の一部がすでに終わっているこの近道を強くお勧めします。

独自サーバーを持っており、0からGhostをインストールしたい場合やクラウドにインストールしたい場合には、Ghostのハウツー（http://support.ghost.org/deploying-ghost/）を読むとよいでしょう。かならず行う主要なステップは次の通りです。

1. 最新のソースコードをダウンロード、インストールします。
2. `node`を実行します（https://github.com/creationix/nvmの`nvm`を使うことをお勧めします）。
3. `npm`（Node.js版のpip）を使って`node`の依存ファイルをインストールします。
4. Ghostプロセスを管理するために、`pm2`（https://github.com/Unitech/pm2）を実行します。
5. ゲートウェイを使って実行中のGhostプロセスとやり取りできるようにnginxを設定します。
6. ブログを始めます。

問題が起きたら、Ghost #slack（https://ghost.org/slack/）に助けを求めるか、Stack Overflow（http://stackoverflow.com/）で情報を探すとよいでしょう。

10.4.2.2 GitHubページとJekyll

コードの管理にGitHubを使っているなら、ウェブサイトのホスティングにもGitHubを使えます。GitHubのウェブサイトホスティングツールGitHub Pages（https://pages.github.com/）は、デプロイが柔軟でコンテンツを楽に製作できます。GitHub Pagesでは、自分のリポジトリにプッシュするという形で直接静的コンテンツをデプロイできます。フレームワークを使いたい場合は、Rubyベースの静的ページジェネレータでGitHub Pageと密接に統合されているJekyll（http://jekyllrb.com/）があります。

Jekyllのドキュメント（http://jekyllrb.com/docs/home/）には、Jekyllをローカルに立ち上げる方法が説明されていますが、Barry ClarkがSmashing Magazineに書いた記事（http://bit.ly/jekyll_github_blogs）を読むことをお勧めします。この記事では、既存のリポジトリをフォークし、サイトを立ち上げ、Jekyllの設定や機能を変更する方法が説明されています。Jekyllは使わずGitHub Pagesだけは使いたいという場合には、ライブラリか手作業で静的HTMLファイルを生成し、それらのファイルをGitHub Pagesのリポジトリにプッシュします。

Pythonで書かれた使いやすいHTMLジェネレータの1つとしてPelican（https://github.com/getpelican/pelican）があります。Pelicanは、AsciiDoc、Markdown、reStructuredTextファイルを静的コンテンツに変換します。コメントやアナリティクスツールとの統合を実現するための簡単な手順を用意しているほか、GitHub Pagesで使うための詳しいドキュメントがあります（http://bit.ly/publishing_to_github）。

静的コンテンツのジェネレータはほかにもたくさんあり、それらをGitHub Pagesに統合するための方法を説明する記事も多数書かれています。GitHub Pagesブログの設定では、HexoというNode.jsベースのフレームワーク（http://bit.ly/hexo_setup）があります。Jekyllを基礎としているOctopress（https://github.com/octopress/octopress）も良い選択肢で、GitHub PagesとRubyを使って簡単にサイトを立ち上げ、運営できます。

10.4.2.3 ワンクリックデプロイ

DigitalOceanは、WordPressなどのメジャーなブログ、ウェブサイトフレームワークを使いたいユーザーのために、サーバーを設定し、必要なライブラリやデータベースを短時間のうちにすべてインストールしてくれるワンクリックインストール（https://www.digitalocean.com/features/one-click-apps/）を豊富に取り揃えています。WordPressの設定方法を説明する便利なチュートリアルもあります（http://bit.ly/one-click_wordpress_install）。

大規模なホスティングプロバイダー以外でも、クラウドベースアプリケーションホストのHeroku

(https://devcenter.heroku.com/start)でPython、Rubyなどのオープンソースプラットフォームを使う方法があります。オープンソースフレームワークを使ったり学んだりしている場合には、Herokuを使ってウェブサイトをデプロイすることができます。Herokuは、すばらしいドキュメントとテクニカルサポートを提供しています。

どのようなフレームワーク、ホスティングソリューションを使う場合でも、大切なのはコンテンツやコードをオンラインで簡単に公開できる方法を探すことです。単純でわかりやすく、コンテンツの適切な表示、公開、世界へのシェアに注意を集中できるようなものを選びましょう。

10.4.3 Jupyter(元のIPython Notebooks)

今までは、自分が発見したことをシェアする方法を説明してきましたが、コード、データ、プロセスもシェアしたい場合にはどうすればよいでしょうか。聞き手次第では、コードをシェアして他の人々が直接コードを操作できるようにするとよい場合があります。同業者とのシェアでは、これは調査、研究をどのように進めたかを示す優れた方法になります。

Jupyter Notebook (https://jupyter.org/、元のIPython Notebook: http://ipython.org/notebook.html)は、Pythonコードやコードが生成したグラフをシェアするための方法として非常に優れています。これらのノートブックは、ブラウザの使いやすさとIPythonの対話的な機能を融合しており、反復的なコード設計、データ探究にも非常に適しています。

新しいライブラリを学ぶか、新しいデータをいじるかどちらにしたらよいでしょうか。仕事をJupyter Notebookに保存しましょう。イテレーションを終えてコードを改善したら、コードの重要な部分をリポジトリに移せば、1か所で適切に構造化、ドキュメント、合成することができます。

Jupyterをローカルに立ち上げるのは簡単なことです。まず、次のコマンドを実行しましょう。

```
pip install "ipython[notebook]"
```

そして次のコマンドを実行してNotebookサーバーを起動します。

```
ipython notebook
```

ターミナルには、次のように表示されます。

```
[NotebookApp] Using MathJax from CDN: https://cdn.mathjax.org/mathjax/latest/
    MathJax.js
[NotebookApp] Terminals not available (error was No module named terminado)
[NotebookApp] Serving notebooks from local directory: /home/foo/my-python
[NotebookApp] 0 active kernels
[NotebookApp] The IPython Notebook is running at: http://localhost:8888/
[NotebookApp] Use Control-C to stop this server and shut down all kernels.
```

```
Created new window in existing browser session.
```

これはNotebookサーバーが起動していることを示しています。また、新しいブラウザウィンドウ(またはタブ)が開いて空のノートブックが表示されます。

どのフォルダからNotebookサーバーを起動したかにより、ブラウザにファイルが表示されることもあります。Notebookサーバーは、その時のカレントフォルダから直接起動され、フォルダの内容を表示します。個人的にはNotebookのために新しいフォルダを作ることをお勧めします。新しいフォルダを作るためにサーバーを停止するには、実行中のターミナルでCtrl-C(Windows、Linux)かCmd-C(Mac)を押します。次のようにして新しいディレクトリを作り、そこに移動し、サーバーを再起動しましょう。

```
mkdir notebooks
cd notebooks/
ipython notebook
```

Jupyterを使うには、まず新しいノートブックを開始します。そのためには、右上のNewドロップダウンボタンをクリックし、Notebooksの下のPython 3を選択します。新しいノートブックを作ったら、使いやすい名前を付けましょう。タイトルセクション(現在はUntitledとなっているはずです)をクリックし、新しい名前を入力します。ノートブックに名前を付けると、あとで探すためにかかる時間を何時間分も節約できます。

Jupyterでは、個々のテキスト領域をセルと呼びます。冒頭やコードのセクションの間にコードを説明し、ドキュメントを書くためにMarkdown(https://daringfireball.net/projects/markdown/syntax)セルを設けるとよいでしょう。**図10-6**は、見出しの追加の例を示しています。

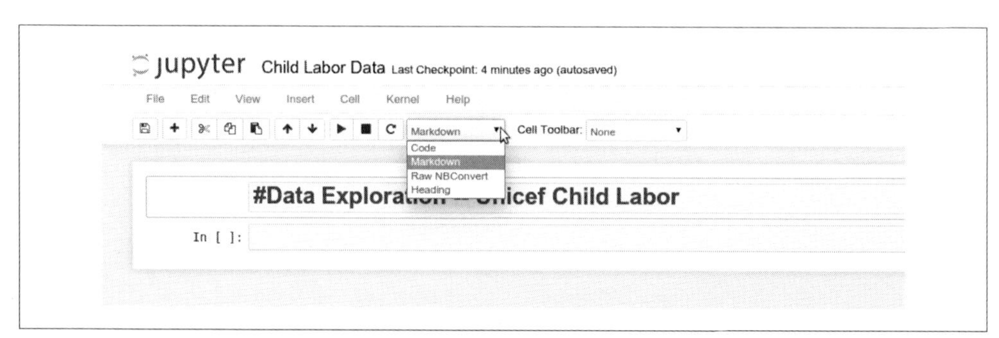

図10-6　Markdownタイトルの追加

Pythonコードを書くには、次の入力できるセルをクリックし、入力を始めるまでです。文や関数が完成したら、[Shift]-[Enter]を押します。コードが実行され、次のPythonコードを入力するための新しいセルが表示されます。**図10-7**でも自分のノートブックでもわかるように、通常のPythonインタープリタと同じ出力がすべて表示されます。

```
Data Exploration -- Unicef Child Labor

In [1]: 1 == 1
Out[1]: True

In [2]: def test_function(x, y):
            return int(x) + int(y)

In [3]: test_function(1, 2)
Out[3]: 3

In [4]: test_function(foo, bar)
        ---------------------------------------------------------------------------
        NameError                                 Traceback (most recent call last)
        <ipython-input-4-c9ed7bdf68f5> in <module>()
        ----> 1 test_function(foo, bar)

        NameError: name 'foo' is not defined

In [ ]:
```

図10-7　Jupyterでのコード作成

Jupyter（そしてIPython）Notebookの優れたチュートリアルは山ほどありますが、手始めに本書で今まで使ってきたコードを改めて試してみるとよいでしょう。

ノートブックは、リポジトリと同じように構成することをお勧めします。ノートブックフォルダのルートディレクトリにdataフォルダを作り、ノートブックにインポートできるスクリプトをutilsフォルダに格納するのです。ノートブックはその他のスクリプトと同じで、ただブラウザ内で表示され、対話的に操作できるだけです。

ノートブックを使い終わったら、Saveボタンをクリックします（新しいチェックポイントを作ってファイルが更新されるようにするために）。あるノートブックの作業が終わったあと、まだほかのノートブックを使う場合には、古いノートブックプロセスを終了するとよいでしょう。そのためには、サーバーのRunningタブに移動し、Shutdownボタンをクリックします。すべてのノートブックの作業が終わったら、全部を保存し、Notebookサーバーを起動したターミナルでCtrl-CかCmd-Cを押してサーバーをシャットダウンします。

10.4.3.1　Jupyterの共有ノートブック

Jupyter Notebookの使い方に慣れたら、ほかの人たちとコードをシェアする共有サーバーを設定できます。こうすれば、通常のインターネットでほかの人々が自分のノートブックにアクセスできるようになります（localhostからしかアクセスできない自分の端末から起動されたノートブックとは異なり）。

Notebookサーバーの設定方法については、DigitalOcean（http://calebmadrigal.com/ipythonnotebook-vps/)、Heroku (https://github.com/mietek/instant-ipython)、AWS (http://bit.ly/html_notebook_aws)、Google DataLab (https://cloud.google.com/datalab/)、その他あらゆるサーバー (http://ipython.org/ipython-doc/1/interactive/public_server.html#notebook-public-server) など、優れたチュートリアルがいくつもあります。

Notebookサーバーではセキュアなパスワードを使って、パスワードを知っている人だけがあなたのノートブックを使えるようにしてください。これは、サーバーとデータの安全を保つために大切なことです。

毎日、または毎週という頻度でノートブックの履歴を残せるように、Jupyterノートブックに対してもGit (第14章で詳しく説明します) のようなバージョン管理システムを設定することをお勧めします。こうすると、何かが削除されたときに元に戻すことができますし、コードを格納、構造化するために役立ちます。

共有Notebookサーバーを使う場合、カーネルに割り込みが入ってもコードをすべて実行する方法をユーザーに知らせておきましょう。カーネル割り込みは、サーバーが再起動されたときや誰かがノートブック内でカーネルを停止、実行再開したときに発生します。ノートブックコードをすべて実行するには、ノートブックのツールバーでCell→Run Allを実行します。また、ユーザーには、作業が終わったらノートブックを終了するためにShutdownコマンドを使うことも教えておきましょう。そうすれば、無駄に実行されているプロセスがサーバーから消えます (減ります)。

Jupyter Notebookは、ローカルであれ共有であれ、データとワークフローをプレゼンテーションできるすばらしいツールです。また、データ探索と分析を反復的に進められるので、ローカルに実行したときには非常に便利です。Pythonの知識が蓄積されてくると、スクリプトをPython 3に移植したり、JupyterHub (https://github.com/jupyter/jupyterhub) を実行したりすることもできるようになるでしょう。JupyterHubは、多くの異なる言語 (Pythonはもちろん含まれます) を実行するマルチユーザーノートブックサーバーで、現在活発に開発されているものです。

Notebookサーバーとオープンソースプラットフォームのどちらで公開するとしても、あなたはもう発見した事実やデータ、コードを最高の形でプレゼンテーション、公開する方法を考える力を身に付けています。

10.5 まとめ

この章では、データをプレゼンテーションできる形式に変換したり、ウェブで流通させたりする方法を学びました。発見を公開する選択肢として、プライバシーやメンテナンスの要件がさまざまに異なるものが多数用意されています。報告のためのサイトを設定することも、美しいグラフを作ってストーリーテリングすることもできます。Jupyterを使えば、自分が書いたコードを簡単にシェア、プレゼンテーションし、その過程でほかの人々にPythonを教えることができます。

この章では、**表10-1**にまとめたようなライブラリとコンセプトについても紹介しました。

表10-1 この章で新たに学んだPythonとプログラミングのコンセプトとライブラリ

コンセプト/ライブラリ	目的
`matplotlib`ライブラリとグラフ作成	2つのグラフ作成ライブラリを通じて簡単なグラフを作れるようにする。データを簡潔に表示するために、グラフにはタイトルとラベルを表示できる。
より複雑なグラフを作れるBokehライブラリ	`matplotlib`よりも複雑なグラフや対話的な機能を駆使したグラフを簡単に作ることができる。
SVGグラフと地図を生成する`pygal`ライブラリ	単純な関数データーデータを渡すだけで、`pygal`ライブラリはより洗練された表示と機能を持つSVGを生成することができる。
Ghostブログプラットフォーム	Node.jsベースのブログプラットフォームで、独自サーバーですばやくブログを設定したり、Ghostのインフラストラクチャでブログをホスティングしたりして、独自サイトでストーリーをシェアすることができる。
GitHub PagesとJekyll	GitHubを利用した単純なプレゼンテーション公開用プラットフォームで、単純なリポジトリへのプッシュによって投稿やプレゼンテーションをシェアできる。
Jupyter Notebook	ほかの開発者や同僚にコードを簡単にシェアできる方法であり、アジャイル（つまり試行錯誤）のアプローチでコードの開発に取り掛かることができる方法でもある。

次章では、ウェブスクレイピングとAPIの利用によりもっと多くのデータを集める方法を説明します。この章で学んだことは今後の方法で収集するデータにも応用できるので、本書を読み続けて新たなプレゼンテーションスキルを身に付けてください。また、これからの章では、より高度なPythonのデータ操作スキルを身に付けていくので、Pythonを使ったデータの収集、評価、格納、分析がさらにうまくできるようになります。この章で学んだストーリーテリングツールは、Pythonによるデータラングリングのキャリアを築き、データから学んだことを聞き手や世界にシェアしていくときに力になってくれるでしょう。

11章
ウェブスクレイピング：ウェブからのデータの獲得と保存

ウェブでほぼあらゆるものを見つけられるようになった現在、ウェブスクレイピングはデータマイニングの欠かせない要素になっています。ウェブスクレイピングでは、Pythonライブラリを使ってウェブページを探究し、情報を検索、収集して報告を作ります。ウェブスクレイピングは、サイトをクローリングして、ロボットの助けを借りなければ容易にアクセスできないような情報を見つけてきます。

このテクニックを使えば、APIやファイルに含まれていないようなデータにアクセスできます。自分のメールアカウントにログインし、ファイルをダウンロードして分析を実行し、集計レポートを送るスクリプトを想像してみましょう。あるいは、ブラウザに触ることなくサイトをテストし、サイトを完全に機能させるスクリプト、定期的に更新されているウェブサイトの一連のテーブルからデータを取り込むスクリプトを想像しましょう。これらの例は、ウェブスクレイピングがデータラングリングを支援するためにどのようなことができるかを示しています。

何（ローカルサイトか公開サイトか、XMLドキュメントかそうではないのか）をスクレイピングしなければならないかによりますが、これらの仕事には、今までに使用したツールの多くが流用できます。ほとんどのウェブサイトは、サイト上のHTMLコードにデータを格納します。HTMLはマークアップ言語で、データを保持するために<>を使います（第3章の私たちのXMLサンプルのように）。この章では、HTMLやXMLなどのマークアップ言語のパース、読み出しの方法を知っているライブラリを使います。

現在は、内部APIとページに組み込まれたJavaScriptを使ってページの内容をコントロールするサイトが多数あります。この新しいウェブ構築方法のために、ページを読み出すスクレイピングプログラムを使っても、すべての情報を見つけられるとは限りません。この章では、複数のデータソースを持つサイトのために、画面を読み出すウェブスクレイピングプログラムの使い方も学びます。サイトの作りによっては、APIに接続できることもあります。APIについては、第13章でもっと詳しく取り上げます。

11.1 何をどのようにスクレイピングするかについて

ウェブスクレイピングは、データ収集のために可能性に満ちた広い世界を切り開きます。インターネット上には数百万のウェブサイトがあり、サイトには自分のプロジェクトで使えるさまざまなコンテンツとデータがあります。慎重なウェブスクレイパーとしては、各サイトについて、またどのようなコンテンツをスクレイピングできるかについて熟知しておきたいところです。

著作権、商標権とスクレイピング

ウェブスクレイピングをするときには、ほかのあらゆるメディア（新聞、雑誌、書籍、ブログ）に対してするのと同じように、自分が集めたデータとその使い方について考えなければなりません。誰か他人の写真をダウンロードして、それを自分自身のものとして投稿するでしょうか。しませんよね。それでは倫理的に問題があり、場合によっては違法行為になります。

特に誰かの知的財産と見なされるデータをスクレイピングするときには、著作権（http://www.dmlp.org/legal-guide/copyright）、商標権（http://www.dmlp.org/legal-guide/trademark）などのメディア法の考え方を学んでいれば、十分な知識に基づいて判断を下すことができます。

ドメインを調べ、何が認められ、何が認められないかについての法的な表示を探し、robotsファイル（http://www.robotstxt.org/robotstxt.html）を熟読して、サイトオーナーの希望をよく理解するようにしましょう。データをスクレイピングできるかどうかについて疑問が残る場合には、弁護士かサイトそのものに問い合わせましょう。判例や法律について疑問がある場合、あなたの住所やデータの用途によっては、デジタルメディアを専門とする法律事務所を探すようにします。

ほとんどのウェブスクレイピングでは、リンク、イメージ、グラフなどではなくテキストをスクレイピングするのが妥当なところです。リンク、イメージ、ファイルの保存も必要な場合、これらのほとんどは単純なbashコマンド（`wget`や`curl`など、http://bit.ly/wget_v_curl）でPythonを必要とせずにダウンロードできます。ファイルのURLのリストだけを単純に保存し、ファイルをダウンロードするスクリプトを書くこともできます。

単純なテキストスクレイピングから始めましょう。ほとんどのウェブページは、正式なHTML標準で定義されているのとほぼ同じ構造で組み立てられています。ほとんどのサイトは、`head`部を持っています。ここでは、JavaScriptの大半とページのスタイルが定義されているほか、FacebookやPinterestなどのサービスのための`meta`タグ、検索エンジンが使う記述などが収められています。

`head`の後ろには、サイトの主要セクションである`body`があります。ほとんどのサイトは、コンテナ（XMLノードとよく似たマークアップノード）を使ってサイトを構成し、サイトのコンテンツ管理システムがコンテンツをページにロードできるようにしています。**図11-1**は、典型的なウェブページがどのように構成されているかを示しています。

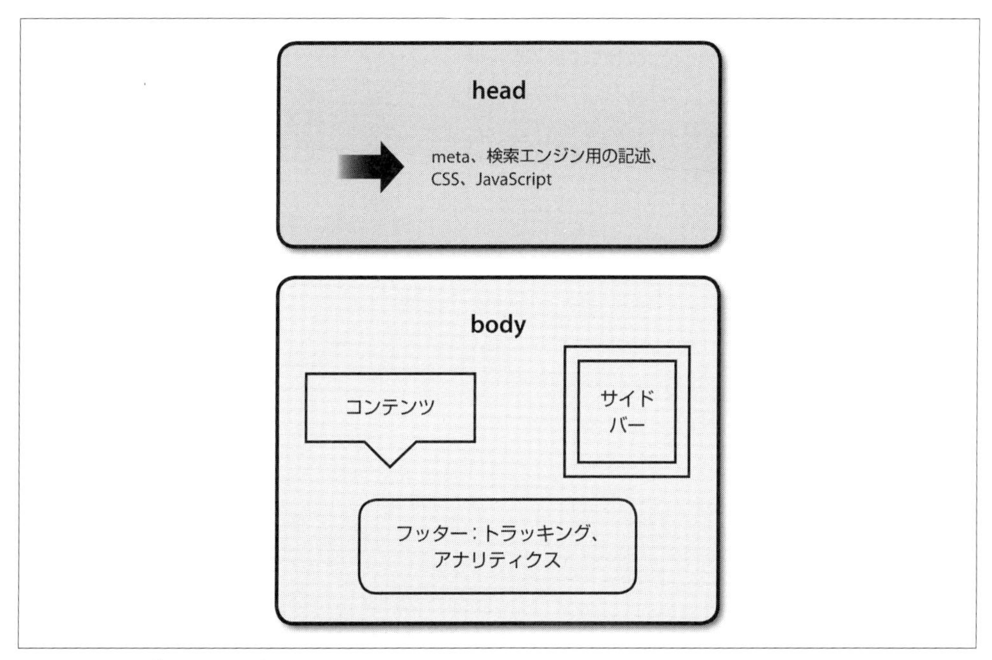

図11-1　ウェブページの解剖図

多くのサイトでは、ページの上部には、サイトの主要セクション、関連テーマなどに対するナビゲーション、リンクが含まれています。リンクや広告は、ページの横の部分に表示されます。ページの中央には、スクレイピングしたいと思うコンテンツが含まれています。

ウェブページの構造をよく知っていると（要素が目で見てどこにあるか、ページのマークアップのどこにあるか）、インターネットからデータをスクレイピングするときに役立ちます。データをどこで探せばよいかがすぐにわかれば、スクレイパーを早く構築できます。

ページ上の何を探しているのかを理解し、ページソースの構成を研究してマークアップを分析したら、ページの重要な部分をどのように集めたらよいかがわかります。多くのウェブページは、最初のページロードでコンテンツを提供するか、すでにロードされたコンテンツを格納するキャッシュのページを提供します。そのようなページでは、単純なXML、HTMLパーサー（詳しくはこの章で学びます）を使うことができ、最初のHTTPレスポンス（URLをリクエストしたときにブラウザがロードするもの）を直接読むことができます。これは、最初のページリクエストで文書を読むと言ってもほぼ同じようなものです。

データを見るために最初にページとのやり取りが必要で（つまり、何らかのデータを入力してボタンを押すなど）、それが単なるURLの変更でない場合には、ブラウザベースのスクレイパーを使って、ブラウザ内にページを開き、ブラウザとやり取りする必要があります。

サイト全体を見てデータを探さなければならない場合には、**スパイダー**を使いたくなるでしょう。スパイダーとは、ページをクローリングし、ルールに従ってよいコンテンツを見分けたり、リンクされているほかのページに移動したりするロボットです。私たちがスパイダリングのために使うライブラリは、驚くほど高速かつ柔軟で、この種のスクリプトを簡単に書けるようにしてくれます。

スクレイパーコードを実際に書く前に、実際のウェブサイトを見て、どのスクレイパータイプ（ページリーダー、ブラウザリーダー、スパイダー）を使うべきか、そのデータのスクレイピングがどれくらい難しいか（または簡単か）の分析に慣れておきましょう。また、データにどれくらいの労力をかける価値があるかを判定することが重要になることがあります。データのスクレイピングのためにどれぐらいの労力が必要か、その仕事のためにどれくらいの時間をかける価値があるかを判断するためのツールも紹介します。

11.2 ウェブページの分析

ウェブスクレイピングにかける時間の大半は、ブラウザ内でマークアップを眺め、どのように操作するかを考えることに費やされます。ウェブスクレイピングに上達するためには、ブラウザのデバッグと開発ツールに慣れることが必要不可欠です。

使用するブラウザによってツールの名前や機能に違いはありますが、コンセプトは同じです。使い慣れたブラウザのツールについてまずよく勉強しておきましょう。IEはhttp://bit.ly/f12_dev_tools、Safariはhttps://developer.apple.com/safari/tools/、Chromeはhttps://developer.chrome.com/devtools、Firefoxはhttp://bit.ly/ff_developer_toolbarをよく読んでください。

すべてのブラウザデバッガの基礎は、ほぼ同じです。リクエストとページロードデータが見られるスペースがあります（通常、Networkなどと呼ばれています）。また、ページのマークアップを分析し、各タグのスタイルやコンテンツを見ることができるスペースがあります（Inspection、Element、DOMなどとよばれています）。そして、JavaScriptエラーを見たり、ページ上のJavaScriptを操作したりすることができる第3のスペースがあります（通常、Consoleと呼ばれています）。

使用するブラウザの開発ツールにはほかのタブも含まれているかもしれませんが、ページがどのように作られていてどれくらい簡単にコンテンツをスクレイピングできるかを把握するためにどうしても必要なのは、この3つだけです。

11.2.1 Inspection：マークアップの構造

サイトをスクレイピングしたいときには、まずサイトの構造とマークアップを分析します。第3章で学んだように、XMLはノードとコンテンツ、キーと値という構造を持っています。HTMLもこれによく似ています。ブラウザの開発者ツールを開き、Inspection（またはElements、DOM）タブを確認すると、一連のノードとその値が見られるようになっていることがわかります。そこに含まれているノードとデータは、XMLの例で見たものとは少し異なります。これらのノードはHTMLタグなのです（基本的な概要は**表11-1**にまとめてあります）。使われているHTMLタグは、コンテンツについての情報を教えてくれます。たとえば、ページに含まれている写真をすべて探し出したいなら、imgタグを探すことになります。

表11-1　HTMLタグの基礎

タグ	説明	例
head	メタデータやドキュメントにとって重要なその他の情報を格納する。	<head> <title>最高のタイトル</title></head>
body	ページのコンテンツの大部分を格納する。	<body> <p>超短いページ</p></body>
meta	サイトの短い説明やキーワードなどのメタデータを格納する。	<meta name="keywords" content="tags, html">
h1、h2、h3…	見出しを格納する。数字が小さければ小さいほど大きな見出しになる。	<h1>本当に大きな見出し</h1>
p	テキストのパラグラフを格納する。	<p>これが最初の段落。</p>
ul、ol	箇条書きのリスト全体を指定する。<ul>は番号なし（●）、<ol>は番号付き（1. 2.）です。	<ul><li>first bullet</li></ul>
li	箇条書きの個々の項目を格納する。かならず箇条書きリスト（ulまたはol）のなかで使う。	<ul><li>第1</li> <li>第2</li></ul>
div	コンテンツの一部を指定する。	<div id="about"><p>このdivは、ものについての説明のためのdiv。</p></div>
a	コンテンツへのリンクを作るもので、「アンカータグ」と呼ばれる。	<a href="http://oreilly.com">最高</a>
img	イメージを挿入する。	<img src="/flying_cows.png" alt="空飛ぶ雌牛" />

HTMLタグとその使い方についての完全でもっとしっかりとした入門記事としては、Mozilla Developer NetworksのHTMLリファレンス、ガイド、イントロダクションのページ（https://developer.mozilla.org/ja/docs/Web/HTML、https://developer.mozilla.org/en-US/docs/Web/HTML）をご覧ください。

使われているタグとコンテンツの構造だけでなく、タグ相互の位置関係が重要な意味を持っています。XMLと同様に、HTMLにもタグの親子関係があり、関係の階層構造があります。親ノードは子ノードを持っており、ツリー構造のたどり方を学ぶと、必要としているコンテンツにたどり着きやすくなります。親、子、兄弟のいずれであれ、要素相互の関係がわかれば、効率的で高速で簡単にアップデートできるスクレイパーを書くために役立ちます。

では、HTMLページのなかでこのような要素の関係がどのような意味を持つのかを詳しく見てみましょう。次に示すのは、基本的なHTMLサイトのモックアップです。

```
<!DOCTYPE HTML>
<html>
```

```
<head>

    <title>My Awesome Site</title>
    <link rel="stylesheet" href="css/main.css" />

</head>
<body>
    <header>
        <div id="header">I'm ahead!</div>
    </header>
    <section class="main">
        <div id="main_content">
            <p>This site is super awesome! Here are some reasons it's so awesome:</p>
                <h3>List of Awesome:</h3>
                <ul>
                    <li>Reason one: see title</li>
                    <li>Reason two: see reason one</li>
                </ul>
        </div>
    </section>
    <footer>
        <div id="bottom_nav">
            <ul>
                <li><a href="/about">About</a></li>
                <li><a href="/blog">Blog</a></li>
                <li><a href="/careers">Careers</a></li>
            </ul>
        </div>
        <script src="js/myjs.js"></script>
    </footer>
</body>
</html>
```

このページの最初のタグ（ドキュメントタイプ宣言の下）から始めると、ページ全体のすべてのコンテンツがhtmlタグのなかにあることがわかります。htmlタグは、ページ全体のルートタグです。

htmlタグのなかには、headとbodyがあります。ページの大部分はbodyのなかにありますが、headにもコンテンツがあります。head、bodyタグは、html要素の子です。そして、これらのタグのなかにも子孫のタグが含まれています。headとbodyは兄弟です。

bodyタグのなかを見てみると、ほかの階層構造が含まれていることがわかります。すべてのリスト項目（liタグ）は、番号なしリスト（ulタグ）の子になっています。header、section、footerタグは兄弟です。scriptタグはfooterタグの子で、footerタグ内のリンクを格納しているdivタグの兄弟です。このように複雑な関係が多数含まれていますが、これはたった1つのページなのです。

これよりもわずかに複雑な関係を持つページのコードを見て、さらに深く構造を調べてみましょう

(ウェブスクレイピングをするときには、すべてが適切な構造にまとめられていて関係に誤りがない完璧なページに出会うことはまずありません)。

```
<!DOCTYPE html>
<html>
    <head>
        <title>test</title>
        <link ref="stylesheet" href="/style.css">
    </head>
    <body>
        <div id="container">
            <div id="content" class="clearfix">
                <div id="header">
                    <h1>Header</h1>  # ❶
                </div>
                <div id="nav">  # ❷
                    <div class="navblock">  # ❸
                        <h2>Our Philosophy</h2>
                        <ul>
                            <li>foo</li>
                            <li>bar</li>
                        </ul>
                    </div>
                    <div class="navblock">  # ❹
                        <h2>About Us</h2>  # ❺
                        <ul>
                            <li>more foo</li>  # ❻
                            <li>more bar</li>
                        </ul>
                    </div>
                </div>
                <div id="maincontent">  # ❼
                    <div class="contentblock">
                        <p>Lorem ipsum dolor sit amet...</p>
                    </div>
                    <div class="contentblock">
                        <p>Nunc porttitor ut ipsum quis facilisis.</p>
                    </div>
                </div>
            </div>
        </div>
        <style>...</style>
    </body>
</html>
```

❶ 現在の要素(❹)の親の前の兄弟の最初の子

❷ 現在の要素の親/祖先
❸ 現在の要素の兄弟
❹ 現在の要素
❺ 現在の要素の最初の子/子孫
❻ 現在の要素の子孫
❼ 現在の要素の親の次の兄弟

ここではnavblockクラスの第2のdivを「現在の要素」としています。この要素は、見出し（h2）と番号なしリスト（ul）の2つの子を持っており、番号なしリストにはリスト項目（li）が含まれています。これらは子孫です（使っているライブラリによっては、「すべての子」に含まれることがあります）。現在の要素には1つの兄弟があり、それはnavblockクラスの第1のdivです。

現在の要素の親はnavというIDのdivですが、現在の要素はほかにも祖先を持っています。現在の要素からheaderというIDを持つdivに移動するにはどうすればよいでしょうか。親要素はそのheader要素の兄弟です。header要素のコンテンツを得るには、親要素の前の兄弟を探します。親要素はmaincontentというIDを持つdivという別の兄弟も持っています。

これらの関係はすべてまとめてDOM（Document Object Model）と呼ばれています。HTMLは、ページ（ドキュメントとも呼ばれます）上でコンテンツを構成するための規則と標準を持っています。HTML要素のノードは「オブジェクト」であり、オブジェクトを適切に表示するためには、従わなければならないモデル/標準があります。

ノードの間の関係を理解するために時間を使えば使うほど、コードでDOMをすばやく効率的に移動するのは楽になります。この章のあとの方では、階層構造を使ってコンテンツを選択するXPathを取り上げます。今の段階では、HTMLの構造とDOM要素間の関係について今の説明で得た理解をもとに、選択したサイトからスクレイピングしたいコンテンツの位置を特定し、分析する方法について詳しく見ていきましょう。

ブラウザによっては、開発者ツールを使ってマークアップを検索できる場合があります。これは要素の構造を見るためのすばらしい方法です。たとえば、コンテンツの特定のセクションを探している場合、文章の一部を検索すればその位置が見つかります。多くのブラウザでは、ページ上で要素を右クリックして「Inspect（検証）」を選択できます。こうすると、通常は開発者ツールが開き、選択された要素が表示されます。

ここではChromeを使うことにしますが、読者は普段使用しているブラウザで同じことを試してみてください。アフリカの児童労働について調査した際、児童労働と紛争を結びつけるデータに行き当たりました。そこで、紛争地域の停戦、アフリカ全体の地域紛争、鉱物紛争の停止のために活動している組織に注目しました。そのような組織の1つ、Enough ProjectのTake Action（行動提起）ページ（http://www.enoughproject.org/take_action）を開いてみましょう。

開発者ツールを初めて開くと（Chromeでは「その他のツール」→「デベロッパーツール」、Internet ExplorerではF12キー、Firefoxでは「開発ツール」→「Web開発」→「インスペクタ」、Safariでは「環境設定」の「詳細」タブで「メニューバーに開発メニューを表示」をチェックすると追加される「開発メニュー」）、マークアップが表示されるパネルとCSSルールとスタイルが表示される別のパネルが追加され、これらのツールの上に実際のページのパネルが作られます。レイアウトはブラウザによって変わりますが、これら（**図11-2**参照）を表示するためのツールはよく似ています。

図11-2 Enough ProjectのTake Actionページ

開発ツールのマークアップセクション（Inspectionタブ）で要素の上にカーソルを置くと、ページのさまざまな部分が強調表示されます。これはマークアップに含まれているさまざまな要素とページ構造が理解しやすくなる優れた機能です。

`div`やページの主要要素の横にある矢印をクリックすると、その下の要素（子要素）を表示できます。たとえば、Enough Projectのページでは、`main-inner-tse div`のなかの`sidebar-right-inner div`をクリックすると、右サイドバー（**図11-3**の丸で囲んである部分）を調べられます。

図11-3　サイドバーの調査

これを確認すると、サイドバーのイメージはリンクのなかにあり、それはパラグラフのなか、別のdivのなか、さらに別のdivのなかにあることがわかります。イメージがリンクのなかにある（つまり、イメージがリンクになっている）ことがわかったら、パラグラフタグのなかにどのようなコンテンツが含まれ、その他のページ構造要素がどのようになっているかを明らかにすることが、ページのコンテンツを見つけ出してスクレイピングするために重要になります。

開発ツールは、要素を詳しく調べるためにも役に立ちます。ページのなかの一部を右クリックすると、ウェブスクレイピングに役立つツールが含まれたメニューが表示されます。**図11-4**は、そのようなメニューの例です。

ここで「Inspect（検証）」をクリックすると、開発ツールはソースマークアップを開き、その要素が含まれているところを表示します。コンテンツを操作しているときに、それがコードのどこにあるのかを知りたいときに非常に役に立ちます。

ウィンドウのブラウザ部分で要素を操作できるだけではなく、ソースコード部分でも要素を操作できます。**図11-5**は、マークアップ領域で要素を右クリックしたときに表示されるメニューの1タイプを示しています。CSS、XPathだけをコピーするオプションが含まれていることがわかります（どちらも、この章でページからコンテンツを探し、抽出するときに使います）。

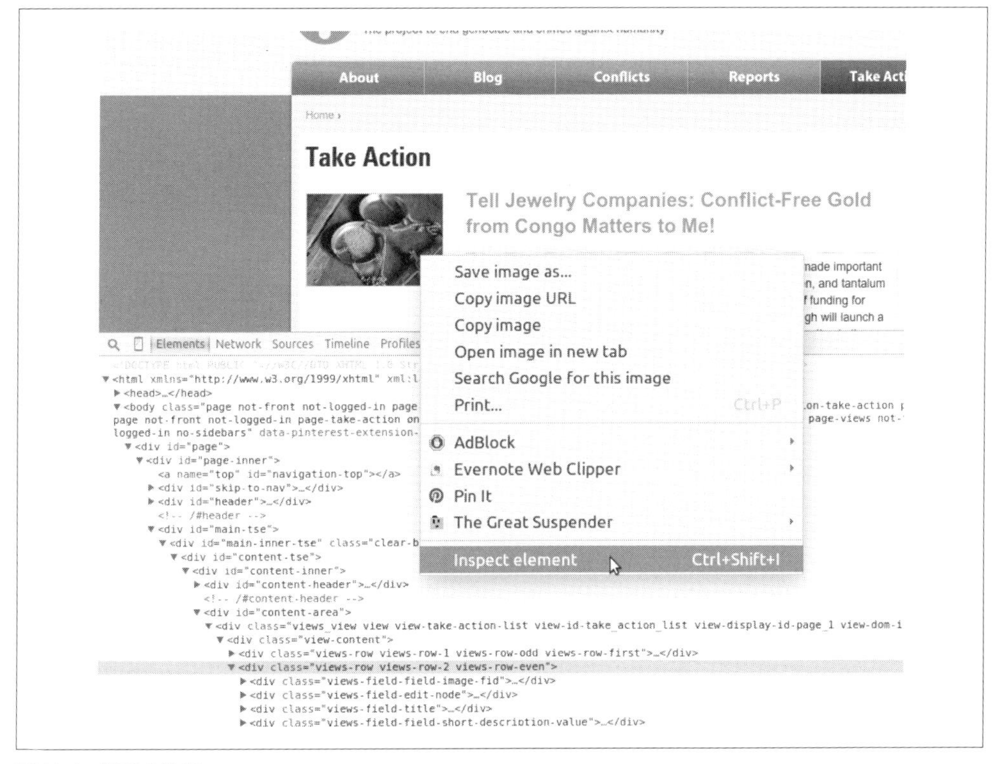

図11-4　要素の検証

ブラウザによって、ツールの名前や操作方法は異なるかもしれませんが、メニュー項目はここで説明したのと似たものになっているので、この説明からこのデータへのアクセス方法、これらの操作の内容はイメージがつかめることと思います。

開発ツールで個々の要素やコンテンツの検索ができるだけでなく、ページのノード構造、要素の親子関係についても多くのことがわかります。開発ツールのInspectionタブ（ChromeではElements）には、現在の要素の親要素のリストを表示する部分が含まれていることがよくあります。このリストの要素は、一般にクリック、または選択できるようになっていて、ワンクリックでDOMのなかを移動することができます。Chromeでは、このリストは開発ツールの下部に表示されます。

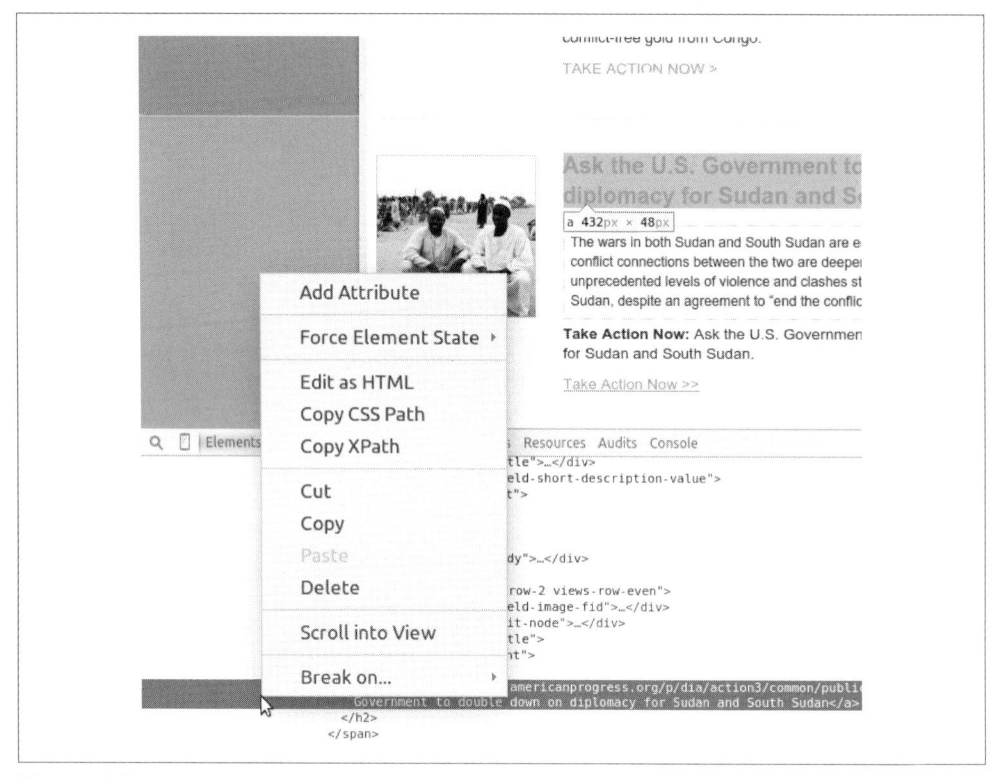

図11-5　要素の右クリックメニュー

ここまでは、ウェブページのソースとその構造、開発ツールを操作してソース内でのコンテンツの位置を調べる方法を説明してきました。次節では、ウェブスクレイピングで役立つほかの強力なツールを見てみましょう。

11.2.2　Network/Timeline：ページがどのようにロードされるか

開発ツールのTimeline、Networkタブを分析すると、ページ上のコンテンツがどんな順序でどのようにロードされるかがよくわかります。ページがどのようなタイミングでどのようにロードされるかは、そのページをどのようにスクレイピングするかに大きな影響を与えます。コンテンツがどこからやってくるかがわかっていれば、スクレイピング対象のコンテンツに簡単にアクセスできることがあります。

Network、Timelineタブは、どのURLがロードされたか、要素がどの順序でロードされ、ロードにどれくらいの時間がかかったかを示します。**図11-6**は、ChroneでEnough ProjectページのNetworkタブがどのようになるかを示しています。ブラウザによっては、Networkタブでページ要素を表示するためにページのリロードが必要な場合があります。

図11-6　1ページだけが表示されているNetworkタブ

Networkタブに1つのリクエストしか含まれていないので、1度の呼び出しでページ全体がロードされていることがわかります。これは、1度のリクエストだけですべての情報が得られるということであり、ウェブスクレイパーにとっては大きな情報です。

リクエストをクリックすると、レスポンスのソースコード（**図11-7**参照）などのオプションが表示されます。ページはさまざまに異なるリクエストによってロードされるので、個々のリクエストの内容を見ることは、必要としているコンテンツを探すために重要な意味を持ちます。ページをロードするときに使われた補助データを知りたい場合は、NetworkタブのHeadersタブなどをクリックすると、ヘッダーやクッキーを調べることができます。

図11-7　Networkタブのレスポンスの表示

それでは、複雑なNetworkタブを持つ同じような組織のページを見てみましょう。Networkタブを開いた状態で、ブラウザにFairphone initiativeの#WeAreFairphoneページ（http://www.fairphone.com/we-are-fairphone/）を表示させましょう（**図11-8**参照）。

Elements Network Sources Timeline Profiles Resources Audits Console

Preserve log Disable cache

Filter All Documents Stylesheets Images Media Scripts XHR Fonts WebSockets

Name Path	Method	Status Text	Type	Initiator	Size Content	Time Latency	Timel
we-are-fairphone/	GET	200 OK	text/html	Other	2.8 KB 8.4 KB	468 ms 466 ms	
fairphone?scroll=auto&cols=4&format=em... apps.twinesocial.com	GET	200 OK	text/html	embed?app=fairphone... Script	5.9 KB 19.7 KB	228 ms 226 ms	
1ldYU13brY_.js?version=41 static.ak.facebook.com/connect/xd_arbiter					10.8 KB 30.1 KB	59 ms 56 ms	
1ldYU13brY_.js?version=41 s-static.ak.facebook.com/connect/xd_arbiter	GET	200 OK	text/html	sdk.js:57 Script	10.8 KB 30.1 KB	134 ms 132 ms	
follow_button.html?screen_name=Fairpho... platform.twitter.com/widgets	GET	(canceled)		1432574831.js:7 Script	0 B 0 B	1 ms -	
follow_button.html?screen_name=Fairpho... platform.twitter.com/widgets	GET	(canceled)		1432574831.js:7 Script	0 B 0 B	321 ms -	
follow_button.html?screen_name=Fairpho... platform.twitter.com/widgets	GET	200 OK	text/html	1432574831.js:46 Script	27.7 KB 70.8 KB	69 ms 36 ms	

http://apps.twinesocial.com/fairphone?scroll=au...

図11-8 多数のページが表示されているNetworkタブ

このページが先ほどよりも多くのリクエストを処理していることはすぐにわかります。個々のリクエストをクリックすると、それぞれがロードした内容を見ることができます。リクエストの順序は、Networkタブのタイムラインに示されています。ページをどのようにスクレイピングすれば目的のコンテンツが得られるかを知るためにこれは役に立ちます。

個々のリクエストをクリックしてみると、ほとんどのコンテンツが最初のページロードのあとにロードされていることがわかります。最初のページリクエストをクリックすると、その中身はほとんど空です。最初に尋ねてみたくなるのは、JavaScriptかほかの何らかの呼び出しでJSONを使ってコンテンツをロードするものがあるのかということです。もしそうなら、スクリプトにとって近道になるかもしれません。

JSONのパースおよび読み出しの方法についてはすでに説明したので（第3章参照）、Networkタブに必要とするデータを保持したJSONレスポンスを持つURLがNetworkタブにあれば、データの取得のためにそのURLを使い、レスポンスから直接データをパースできます。

必要とする情報にマッチするJSON URLがなければ、あるいは情報が複数の異なるリクエストに分散していて1つにまとめる操作が必要なら、スクレイピングにはブラウザベースのアプローチを使うべきです。ブラウザベースのウェブスクレイピングを使えば、個々のリクエストではなく、表示されているページから読み出すことができます。コンテンツを適切にスクレイピングするために、あらかじめドロップダウンを操作しなければならない場合や、一連のブラウザ操作をしなければならない場合には、この方法が便利です。

Networkタブは、必要なコンテンツを持っているリクエストがどれかを、代わりに使えるデータソースがあるかどうかを調べるときにも役に立ちます。では次に、JavaScriptからスクレイパーのために何らかのアイデアを得られるかを見てみましょう。

11.2.3 Console：JavaScriptの操作

今までにマークアップとページの構造、ページロードのタイミングとネットワークリクエストを分析してきました。ここではJavaScriptコンソールに移り、ページで実行されるJavaScriptの操作から学べることがあるかどうかを探ってみましょう。

すでにJavaScriptに詳しいのであれば、JavaScriptコンソールは簡単に使えます。まだJavaScriptを使ったことがないなら、CodecademyのJavaScript講座（http://www.codecademy.com/en/tracks/javascript）のイントロダクションの部分を読んでおくと役に立つかもしれません。必要なのはJavaScriptの基本構文の知識だけで、その知識があればコンソールからページの要素を操作できます。JavaScriptとスタイルの基礎を押さえてから、コンソールビューの使い方を見ていきましょう。

11.2.3.1 スタイルの基礎

すべてのウェブページは、コンテンツを組織し、サイズや色を設定し、視覚的に変更を加えるためにスタイル要素を使っています。ブラウザがHTML標準の開発を始めたときから、スタイル標準も存在していました。それがCSS（Cascading Style Sheets）で、ページのスタイリングの標準的な方法を提供しています。たとえば、見出しごとに異なるフォントを使いたいときや、すべての写真をページの中央に配置したいときには、そのようなルールをCSSで記述します。

CSSはスタイルのカスケード、すなわち親スタイルと親スタイルシートの継承を認めています。サイト全体のために1つのスタイルセットを定義すれば、コンテンツ管理システムはすべてのページを同じように表示することができます。多数の異なるページタイプを持つ複雑なサイトでも、メジャーなCSSと複数のマイナーなCSSを定義するという方法があります。マイナーなCSSは、ページが追加のスタイルを必要とするときにロードされます。

CSSが機能するのは、タグのなかの属性を使ってDOM要素をグループ分けして別々に定義できるようなルールを定義しているからです。第3章でXMLを取り上げたときに説明した、入れ子になった属性を思い出してください。CSSもこれを使います。Inspectionツールを使って確かめてみましょう。現在はまだFairphoneサイトにいるはずですから、そのページのCSSを見てみることにします。最下部のツールバーで要素を強調表示すると、ページ上の対応する要素の横にテキストが表示されるのがわかります（**図11-9**参照）。

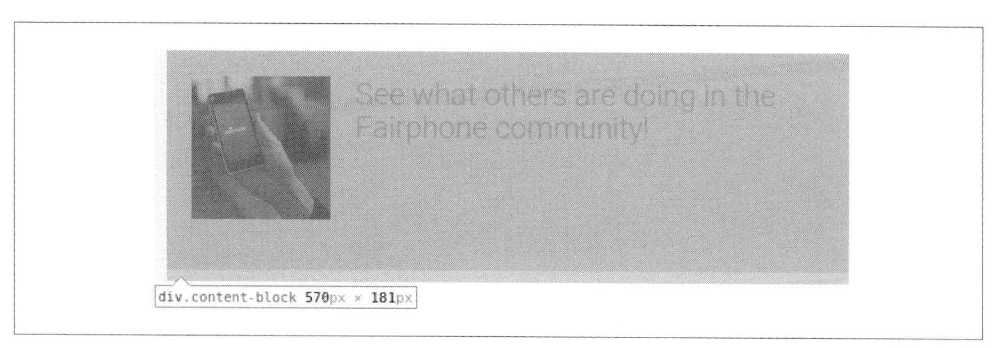

図11-9　CSS入門

この場合、divの意味はわかっていると思いますが、content-blockというのは何でしょうか。ここでは要素検証テクニックを使ってHTMLを見てみましょう（ページ上の要素を右クリックして「Inspect（検証）」を選択します）。

すると、content-blockはCSSクラスであることがわかります（**図11-10**の入れ子になったclass="content-block"属性）。この属性は開きdivタグで定義され、そのdivにはすべての子要素が含まれています。このようなCSSクラスはページのこの部分だけでいくつあるでしょうか。非常にたくさんあることがわかると思います。

```
▶<header role="navigation">…</header>
▼<div id="weAreFairphone">
  ▼<div class="container content">
     ::before
    ▼<div class="topContent">
      ▶<div class="row">…</div>
      ▼<div class="row movement-header">
         ::before
        ▼<div class="content-block">
          ▼<div class="incentive">
             ::before
            ▼<div class="row">
               ::before
              ▼<div class="col-sm-3">
                ▼<div class="image">
                   <img src="http://www.fairphone.com/wp-content/uploads/2014/09/social-mc
                 </div>
               </div>
              ▶<div class="col-sm-9">…</div>
               ::after
             </div>
```

図11-10　CSSクラス

クラスと似たものでCSS IDというものもあります。IDを1つ見つけて（**図11-11**参照）、クラスとどのように違うかを比べてみてください。

```
▶<header role="navigation">…</header>
▼<div id="weAreFairphone">
  ▼<div class="container content">
      ::before
    ▼<div class="topContent">
      ▶<div class="row">…</div>
      ▼<div class="row movement-header">
          ::before
        ▼<div class="content-block">
          ▼<div class="incentive">
              ::before
            ▼<div class="row">
                ::before
              ▼<div class="col-sm-3">
                ▼<div class="image">
                    <img src="http://www.fairphone.com/wp-content/uploads/
                  </div>
                </div>
              ▶<div
... div#weAreFairphone    div#weAreFairphone    ntent    div.row.movement-header
```

図11-11　CSS ID

HTMLでは非常によく似ていますが、ツールバーのナビゲーションでは、シャープ記号を使っています。`#`は、IDの正しいCSSセレクタです。クラスでは`.`を使います（たとえば、`div.content-block`）。

CSSの構造と構文では、IDは一意でなければなりませんが、同じクラスの要素はいくつも持てます。ページはかならずしもこの構造に従っていませんが、注目すべきポイントです。CSS IDは、クラスよりも要素を狭く絞り込みます。要素のなかには複数のクラスを持つものがありますが、そのような要素はさまざまなスタイルを適用できます。

右クリックメニューを使えば、ページのCSSセレクタは簡単にコピーできます。すでにCSSがわかるなら、この知識はウェブスクレイピングで役立ちます。CSSについてあまり知らないものの、もっと知りたいと思う読者は、CodecademyのCSS講座（http://bit.ly/css_codecademy）のイントロダクションを覗いてみるか、Mozilla Developer Networkのリファレンスとチュートリアル（https://developer.mozilla.org/ja/docs/Web/CSS、https://developer.mozilla.org/en-US/docs/Web/CSS）をひと通り読むとよいでしょう。

これでCSSとページのスタイルについてのイメージがはっきりとしてきたでしょう。しかし、CSSがブラウザコンソールに何の関係があるのかと思うかもしれません。よい疑問です。次にjQueryとJavaScriptの基礎をおさらいして、CSSとウェブページのコンテンツ操作の関係を理解しましょう。

11.2.3.2　jQueryとJavaScript

JavaScriptとjQueryの発展は、HTMLとCSSよりも紆余曲折がありました。その理由の一部は、JavaScriptが長い間これらの標準のないところで発展してきていることにあります。ある意味では、JavaScriptは、ウェブサイトの世界における西部開拓時代の産物だったのです（今でもある程度そのような部分が残っています）。

JavaScriptは、過去10年間に大きく変わってきましたが、10年前のスクリプトの多くははかなりの数のブラウザでまだ実行できます。これは、JavaScriptをどのように書くべきか、何をしてはいけないかを標準化せよという圧力が、HTMLやCSSよりも弱かったことを示しています。

JavaScriptはマークアップではありません。スクリプト言語です。Pythonもスクリプト言語なので、今までに学んだこと（関数、オブジェクトとクラス、メソッド）の一部は、JavaScriptの理解にも応用できます。Pythonと同様に、クリーンで単純で効率的なJavaScriptコード、ブラウザと人間がともに理解できるJavaScriptコードを書くために役立つライブラリやパッケージもあります。

jQuery（https://jquery.com/）は、ブラウザ（とそれぞれのJavaScirptエンジン）がスクリプトをパースできるように保ちながら、JavaScriptを読みやすく、単純に書けるものにするJavaScriptライブラリで、多くの大規模なウェブサイトが使っているものです。

jQueryは、JavaScriptを単純化、標準化するとともに、コードをいちいち最初から書かなくても済ませられるようなツールをJavaScript開発者に提供するという思想のもとに2005年ごろから開発されたものです。jQueryは、強力で解釈しやすいメソッドと従来よりもCSSルールと密接にリンクしたページ要素の選択を通じて、よりオブジェクト指向的なアプローチを作り出し、JavasScript開発を実際に前進させました。

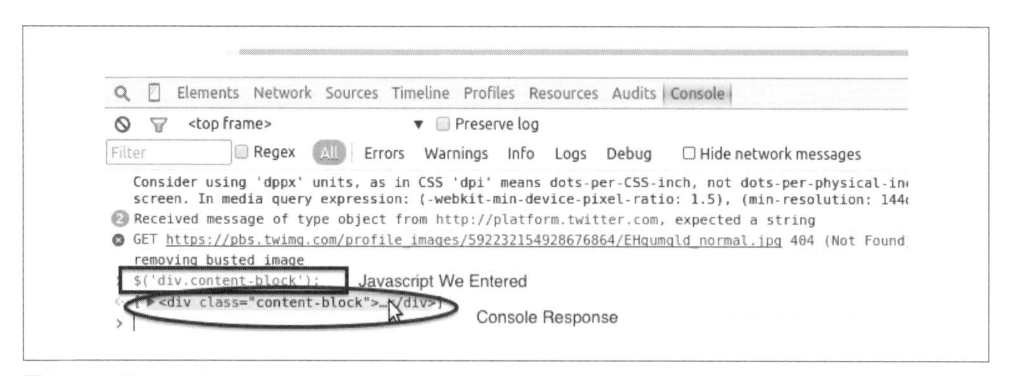

図11-12　jQueryコンソール

jQueryが開発されて以来、JavaScriptとCSSは従来よりもずっと密接な関係を持つようになり、多くの新しいJavaScriptフレームワークがこのオブジェクト指向アプローチを基礎として作られました。jQueryを実行しているサイトでは、CSSの識別子を使ってページ上の要素を簡単に操作できます。たとえば、先ほど登場した#WeAreFairphoneページの`content-block`クラスのコンテンツを取り込みたいとします。JavaScriptコンソールを使ってこの作業をするにはどうすればよいでしょうか。

このサイトはjQueryを実行しているので、Consoleタブの第1行に次のコードを入力するだけです。

```
$('div.content-block');
```

[Enter]キーを押すと、コンソールは要素を返します。コンソールでレスポンスをクリックすると、子孫要素が表示されます。CSSセレクタとjQueryの基礎(たとえば`$(elem);`)を使えば、ページ上の要素を選択できるのです。`$`と丸かっこを使うと、jQueryは丸かっこ内のCSSセレクタに対応する要素を探しているのだと解釈します。

コンソールを使って`weAreFairphone`というIDを持つ`div`を選択することはできるでしょうか。あるいは、ページ上のアンカー(`a`)タグだけを選択することはできるでしょうか。試してみてください。コンソールとjQueryは、CSSセレクタやタグ名を使ってページ上の要素を簡単に操作したり、要素のコンテンツを引き出したりできるようにしています。しかし、それとPythonにどのような関係があるのでしょうか。

jQueryがCSSセレクタの便利さに対する人々の見方を変えてしまったので、Pythonのスクレイピングライブラリも、今は同じセレクタを使ってウェブページ内の要素を渡り歩き、必要な要素を見つけています。ブラウザコンソールで単純なjQueryセレクタが使えるのと同じように、Pythonスクレイパーコードでも jQueryセレクタが使えます。jQueryをもっと学びたいのなら、jQuery Learning Center(https://learn.jquery.com/)、Concademy(http://www.codecademy.com/en/tracks/jquery)やCode School(https://www.codeschool.com/courses/try-jquery)の講座を受講することをお勧めします。

jQueryを使っていないサイトに行ってしまうと、コンソールでjQueryを使うことはできません。JavaScriptだけを使ってクラスによる要素の選択を行うには、次のコードを実行します。

```
document.getElementsByClassName('content-block');
```

先ほどと同じ`div`が表示され、コンソール内で先ほどと同じようにナビゲートできるはずです。これで使えるツールについてある程度の知識が得られたので、ページから面白いコンテンツをスクレイピングするにはどうすればよいかを判断するための方法を細かく見ていきましょう。

11.2.4 ページの深い分析

ブラウザでコンテンツをあれこれいじってみるというのは、ウェブスクレイパーを開発するための方法として優れたものです。まず、もっとも関心のあるコンテンツを選び、それをブラウザのInspectionまたはDOMタブで表示するのです。コンテンツはどのように作られていますか。親ノードはどこにありますか。コンテンツは多数の要素にラップされていますか、それともそれほど多くないですか。

ページをスクレイピングする前に、コンテンツの使用制限やサイトのrobots.txtファイルの内容を見て、ページをスクレイピングしてよいかどうかをかならずチェックするようにしましょう。robots.txtは、ドメイン名を入力してから/robots.txtを続けると見つかります（たとえば、http://oreilly.com/robots.txt）。

次に、Network、Timelineタブ（**図11-6参照**）に移ります。最初のページロードはどのように表示されますか。ページロードでJSONが使われていますか。使われている場合、ファイルはどのようになっていますか。ほとんどのコンテンツは、最初のリクエストが終わってからロードされていますか。これらの問いに対する答えから、すべてどのタイプのスクレイパーを使うべきか、そのページのスクレイピングはどれくらい難しくなるかが把握できます。

そして、Consoleタブを開きます。重要なコンテンツを含んでいる要素を操作した結果から得た情報の一部を使ってみましょう。そのコンテンツのためにjQueryセレクタを書くのはどれくらい簡単ですか。セレクタはドメイン全体を通じてどれくらい信頼できる形で機能していますか。同じようなページを開き、セレクタを使えば同じような結果が得られるでしょうか。

自分のコンテンツがJavaScriptコンソールでjQueryやJavaScriptを使って操作しやすいなら、Pythonでも操作しやすいでしょう。jQueryで要素を選択しにくいとか、あるページで動作するものが別の同じようなページで動作しないといったことが起こるなら、Pythonでもなかなかうまくいかないでしょう。

普通に使えるPythonツールを使って正しくパースできないウェブ上のページはほとんどありません。ウェブ全体では、ごちゃごちゃしたページ、インラインJavaScript、出来の悪いセレクタといった問題のあるコードが散見されます。次節からはそのような問題を解くためのトリックを説明していきます。まずは、ウェブページのロード、読み込みについて見ていきましょう。

11.3　ページの取得：インターネットにリクエストを送る方法

あらゆるウェブスクレイパーが最初に行わなければならないのは…（ドラムロール）…ウェブへの接続です。接続の仕組みの基本的なところをはっきりさせておきましょう。

ブラウザを開いてサイト名や検索ワードを入力して[Enter]を押すと、リクエストが発生します。ほとんどの場合、そのリクエストはHTTP（HyperText Transfer Protocol）リクエスト（あるいはそのセキュアバージョンのHTTPS）です。おそらく発行したのは`GET`リクエストでしょう。`GET`リクエストは、インターネットで使われているリクエストメソッド（http://bit.ly/http_request_methods）の1つです。こういったことはすべてブラウザが処理し、さらに入力されたものをパースしてそれがウェブサイトなのか検索語なのかの判断もします。その判断次第で、ブラウザは検索結果かリクエストされたウェブサイトを表示します。

Python組み込みのURLリクエストのためのライブラリである`urllib`（https://docs.python.jp/3/

library/urllib.html）を見てみましょう。これらは、Pythonの標準URLリクエストライブラリです。urllibには役に立つメソッドがあります。次のコードを見てください。

```
from urllib.parse import quote_plus
from urllib.request import urlopen

google = urlopen('http://google.com')  # ❶

google = google.read()  # ❷

print(google[:200])  # ❸

url = 'http://google.com?q='
url_with_query = url + quote_plus('python web scraping')  # ❹

web_search = urlopen(url_with_query)
web_search = web_search.read()

print(web_search[:200])
```

❶ urlopenメソッドを使ってリクエストをオープンします。すると、ウェブページのコンテンツを読み込めるバッファが返されます。

❷ ページ全体のコンテンツを読み込んでgoogle変数に格納します。

❸ 最初の200字を出力して、ウェブページの冒頭を表示します。

❹ quote_plusメソッドを使ってスペースをプラス記号に置き換えます。これは、ウェブサイトのクエリー文字列を作るときに便利です。Googleには、単語の間にスペースではなくプラス記号が含まれているクエリー文字列を渡さなければなりません。

いかがでしょうか。URLやサービス（たとえばGoogle検索）にアクセスし、レスポンスを受け取り、その内容を読み取るのはごく簡単なことです。urllibは、これら以外の補助的なリクエストメソッド、ヘッダーの追加機能、基本認証の送信、より複雑なリクエストの組み立てのための機能を備えています。

リクエストの複雑度によっては、requestsライブラリ（http://docs.python-requests.org/en/latest/）を使うこともできます。requestsは、複雑なリクエストを作成、送信しやすくした上で、urllibを使ってリクエストを送ります。複雑なPOSTリクエストを作らなければならないとき（http://bit.ly/complicated_post_requests）、セッションで使われているクッキーを見たいとき（http://bit.ly/quickstart_cookies）、レスポンスのステータスコードをチェックしたいとき（http://bit.ly/response_status_codes）などに役立ちます。

Network/Timelineタブで説明したように、ページのなかには特別なHTTPヘッダー（http://en.wikipedia.org/wiki/List_of_HTTP_header_fields）やクッキー、その他の認証メソッドを使っているものがあります。urllib、requestsライブラリを使えば、リクエストとともにそれらも送ることができます。

それでは、requestsツールの機能を少し見てみましょう。

```
import requests

google = requests.get('http://google.com')  # ❶

print(google.status_code)  # ❷

print(google.content[:200])

print(google.headers)  # ❸

print(google.cookies.items())  # ❹
```

❶ URLにGETリクエストを送るためにrequestsライブラリのgetメソッドを呼び出します。

❷ status_codeを見て、200というステータスコード（リクエストが適切に処理されたことを示します）が返されたことを確認します。ステータスコードが200でなければ、スクリプトの別のロジックを実行することができます。

❸ レスポンスのheaders属性を見て、Googleが送り返してきたヘッダーをチェックします。headers属性は辞書になっていることがわかります。

❹ cookies属性と辞書（cookies属性は辞書になっています）のitemsメソッドを使って、Googleがレスポンスの一部として送ってきたクッキーをキー/バリューのペアという形で表示します。

requestsライブラリを使えば、レスポンスとその属性に基いて実行するコードを変えられます。requestsは使いやすく、優れたドキュメントを持っています。urllibやrequestsを使えば、わずか数行のPythonコードを書くだけで単純なものから複雑なものまでさまざまなリクエストを発行できます。ウェブページのリクエストの基礎はこれくらいでよいでしょう。次はレスポンスのパース方法をじっくりと見ていきます。まず、単純なPythonウェブページパーサー、Beautiful Soup（http://bit.ly/beautiful_soup_docs）について学ぶことにしましょう。

11.4 Beautiful Soupによるウェブページのパース

Beautiful Soupは、Pythonによるウェブスクレイピングでもっとも人気があるライブラリの1つです。ウェブスクレイパーに求められるすべてのことがBeautiful Soupで行える場合もあります。しかも単純でわかりやすく、簡単にマスターできます。それでは、実際にBeautiful Soupを使ってページをパースしてみましょう。まず、pipでライブラリをインストールします（本書ではbeautifulsoup4を使います。過去のバージョンはもうサポートされておらず、新たな開発もされていません）。

```
pip install beautifulsoup4
```

以前使ったEnough ProjectのTake Actionページ（http://www.enoughproject.org/take_action）をもう一度確認しましょう。このページに含まれているすべての行動提起を正しくパースして保存できるかどうかを確かめます。まず、Beautiful Soupをインポートし、ページをパースできる状態にします。

```
from bs4 import BeautifulSoup  # ❶
import requests

page = requests.get('http://www.enoughproject.org/take_action')  # ❷

bs = BeautifulSoup(page.content)  # ❸

print(bs.title)

print(bs.find_all('a'))  # ❹

print(bs.find_all('p'))
```

❶ まず、beautifulsoup4ライブラリからパーサーをインポートします。

❷ requestsライブラリを使ってページの内容を読み込みます。レスポンス（とその内容）がpage変数に代入されます。

❸ BeautifulSoupクラスにページのHTMLを渡し、パースします。

❹ パースが終わると、オブジェクト（この場合はbs）の属性、メソッドが使えるようになります。この行は、Beautiful Soupにページ上のすべてのaタグ（リンク）を探すことをリクエストしています。

ページを開き、レスポンスをBeautiful Soupオブジェクトに読み込み、オブジェクトの属性を使ってタイトルを表示し、メソッドを使ってページのすべてのリンク、段落を表示します。

今までの部分でHTMLの階層構造はわかっているので、ページ上のオブジェクトの関係を見てみましょう。

```
header_children = [c for c in bs.head.children]  # ❶

print(header_children)

navigation_bar = bs.find(id="globalNavigation")  # ❷
```

```
for d in navigation_bar.descendants:  # ❸
    print(d)

for s in d.previous_siblings:  # ❹
    print(s)
```

❶ リスト内包表記を使って、ヘッダーのすべての子をまとめたリストを作っています。Beautiful Soupのページオブジェクトに.headをつなぐことによってページのhead属性を参照し、続いて.childrenをつなげているので、headタグのすべての子が得られます。必要なら、これとよく似たコードでheadの下のmetaタグの内容（ページについての説明も含まれます）をパースすることもできます。

❷ 開発ツールを使ってページを探っていくと、ナビゲーションバーは、globalNavigationというCSS IDセレクタを使って定義されていることがわかります。この行はページオブジェクトのfindメソッドにIDを渡してナビゲーションバーの位置を探しています。

❸ ナビゲーションバーのdescendantsメソッドを使ってナビゲーションバーの子孫を反復処理しています。

❹ ナビゲーションバーの最後の子孫の.previous_siblingsを使って、その要素の兄弟ノードを反復処理します。

Beautiful Pageのページオブジェクトの組み込み属性とメソッドは、HTMLの階層構造を利用してナビゲーションを提供します。headとナビゲーションバーの例からもわかるように、ページの一部を選択し、その子、子孫、兄弟をたどるのは簡単です。Beautiful Soupの構文は非常に単純で、要素とその属性をつなげていけるようになっています（.head.childrenのように）。以上を頭に入れて、ページのメインセクションに注目し、見たいコンテンツを引き出せるかどうかを試してみましょう。

開発ツールでこのページを探っていくと、いくつか気付く点があります。まず、個々の行動提起は、views-rowというdivのなかに収められています。これらのdivにはさまざまなクラスが含まれていますが、どれもviews-rowクラスを含んでいます。これはパースのよい出発点になります。見出し行はh2タグで括られ、そのh2タグにはアンカータグに囲まれたリンクも含まれています。行動提起の文章は、views-rowクラスの子となっているdivのパラグラフタグのなかに含まれています。それでは、その内容をBeautiful Soupでパースしましょう。

まず、Beautiful Soupについての知識とページ構造、ナビゲーションについての理解に基づいて適切なコンテンツを見つけたいところです。次のようにします。

```
from bs4 import BeautifulSoup
import requests

page = requests.get('http://www.enoughproject.org/take_action')
```

```
bs = BeautifulSoup(page.content)

ta_divs = bs.find_all("div", class_="views-row")  # ❶

print(len(ta_divs))  # ❷

for ta in ta_divs:
    title = ta.h2  # ❸
    link = ta.a
    about = ta.find_all('p')  # ❹
    print(title, link, about)
```

❶ Beautiful Soupを使って、クラス名にviews-rowという文字列を含むすべてのdivを見つけて返します。

❷ ウェブページとして表示されている項目の行数と同じ数になっているかどうかをチェックします。適切に行にマッチしているなら同じ数になっているはずです。

❸ 行を反復処理し、ページの調査に基いて必要なことがわかっているタグを取り出します。タイトルはh2タグで囲まれており、それが行で唯一のh2タグです。リンクは最初のアンカータグです。

❹ 1行にいくつのパラグラフがあるのかはわからないので、すべてのパラグラフタグを取り出します。.find_allメソッドを使っているので、Beautiful Soupは最初にマッチした要素だけでなく、すべての要素のリストを返します。

次のような出力になるでしょう。

```
<h2><a href="https://ssl1.americanprogress.org/o/507/p/dia/action3/common/public/
?action_KEY=391">South Sudan: On August 17th, Implement "Plan B" </a></h2> <a
href="https://ssl1.americanprogress.org/o/507/p/dia/action3/common/public/
?action_KEY=391">South Sudan: On August 17th, Implement "Plan B" </a>
[<p>During President Obama's recent trip to Africa, the international community
set a deadline of August 17 for a peace deal to be signed by South Sudan's
warring parties.....]
```

コンテンツは、サイトのアップデートともに変化するかもしれませんが、h2要素、アンカー（a）要素、各ノードのパラグラフ（段落）のリストが並んでいます。現在の出力はごちゃごちゃしており、それはprintを使っているからというだけではなく、Beautiful Soupが要素とそのコンテンツをまるまる出力しているからです。要素全体ではなく、もっとも重要な部分、つまりタイトルのテキスト、リンクの参照先、パラグラフのテキストだけに出力を絞りたいところです。Bautiful Soupを使えば、データを絞って取り出すことができます。

```
all_data = []

for ta in ta_divs:
```

```
        data_dict = {}
        data_dict['title'] = ta.h2.get_text()  # ❶
        data_dict['link'] = ta.a.get('href')  # ❷
        data_dict['about'] = [p.get_text() for p in ta.find_all('p')]  # ❸
        all_data.append(data_dict)

    print(all_data)
```

❶ get_textメソッドを使ってHTML要素のすべての文字列を抽出しています。これによりタイトルのテキストが得られます。

❷ 要素の属性の値を取得するには、getメソッドを使います。<a href="http://foo.com">Foo</a>からリンクだけを抽出するには、.get("href")を呼び出し、href属性の値（つまり、foo.com）を取り出します。

❸ パラグラフのテキストを抽出するには、find_allメソッドが返した段落のリストを反復処理して毎回get_textを呼び出します。この行はリスト内包表記を使って、行動提起のコンテンツの文字列リストを編集します。

これでデータと出力は以前よりも構造化された形式になります。all_data変数には、すべての行動提起データのリストが格納されています。新しいメソッド（getとget_text）を使ってページ内のコンテンツを前よりもクリーンな形でスクレイピングしており、個々の行動提起データは適切なキーを持つ辞書になっています。コードは前よりも明確で正確になっており、ヘルパー関数を追加すればさらに明確にすることができます（第8章で説明したように）。

さらに、スクリプトを自動化して、新しい行動提起が追加されているかどうかをチェックすることができます。データをSQLiteに保存し、それを月に1度のコンゴの労働状況の評価で使えば、報告書作成を自動化できます。新しい報告を作るたびに、このデータを抽出して、鉱物紛争と児童労働の解決に注意を喚起することができます。

Beautiful Soupは使いやすいツールで、ドキュメント（http://bit.ly/beautiful_soup_docs）はメソッドの使い方を示すサンプルを満載しています。初心者にはとてもすばらしいライブラリで、単純な関数がたくさんあります。しかし、ほかのいくつかのPythonライブラリと比べると、単純化されすぎているところがあります。

Beautiful Soupのパースは正規表現を基礎としており、適切なタグ構造のないかなり壊れたページでも使えます。しかし、もっと複雑なページを処理したいときや、もっと高速に処理したい場合には、Beautiful Soupよりもはるかに高度なPythonライブラリがあります。次に、ウェブスクレイパーを開発する多くの優れた開発者が使っている別のライブラリlxmlを見てみましょう。

11.5　LXMLによるウェブページのパース

Beautiful Soupよりも高度なウェブスクレイパー、高度なパーサーの1つとしてlxml（http://lxml.de/）があります。lxmlは非常に強力、高速で、HTMLやXMLの生成、出来の悪いページのクリーンアップなどの優れた機能をたくさん備えています。lxmlは、DOMと階層構造のなかを自在に移動するためのさまざまなツールも持っています。

> **lxmlのインストール**
>
> lxmlは複数のC依存ファイルを持っており、大半のPythonライブラリと比べてインストール（http://lxml.de/installation.html）が少し難しくなっています。Windowsを使っている場合は、オープンソースコードのバイナリビルドについての説明（http://lxml.de/FAQ.html#where-are-the-binary-builds）を参照してください。Macを使っている場合は、Homebrew（http://brew.sh/）を設定してbrew install lxmlを使えるようにするとよいかもしれません。高度な設定の詳細については、付録Dを参照してください。

それでは、先ほどBeautiful Soupを使って書いたコードをlxml用に書き換えて、私たちがウェブスクレイピングのために使うlxmlの主要な機能を簡単に見ておきましょう。

```
from lxml import html

page = html.parse('http://www.enoughproject.org/take_action')  # ❶
root = page.getroot()  # ❷

ta_divs = root.cssselect('div.views-row')  # ❸

print(ta_divs)

all_data = []

for ta in ta_divs:
    data_dict = {}
    title = ta.cssselect('h2')[0]  # ❹
    data_dict['title'] = title.text_content()  # ❺
    data_dict['link'] = title.find('a').get('href')  # ❻
    data_dict['about'] = [p.text_content() for p in ta.cssselect('p')]  # ❼
    all_data.append(data_dict)

print(all_data)
```

❶ lxmlのパースメソッドは、ファイル名、オープンバッファ、有効なURLを指定するとその内容

をパースして、etreeオブジェクトを返します。

❷ etreeオブジェクトはHTML要素オブジェクトと比べて使えるメソッドと属性がかなり少ないので、この行ではルート要素（ページトップ、html）にアクセスしています。ルートには、到達できるすべての枝（子）と小枝（孫以下）が含まれています。このルートからは個々のリンクやパラグラフに下りたり、ページ全体のhead、bodyタグに上がったりすることができます。

❸ ルート要素を使って、views-rowクラスのすべてのdivを見つけ出しています。CSSセレクタ文字列を渡すと、対応する要素のリストを返すcssselectメソッドを使っています。

❹ 見出しを抽出するために、cssselectを使ってh2タグを探します。この行は、リストの最初の要素を選択します。cssselectはすべてのマッチのリストを返しますが、私たちが必要としているのは最初のマッチだけです。

❺ text_contentは、Beautiful Soupのget_textメソッドと同様に、lxmlのHTML要素オブジェクトのタグ（および子タグ）からテキストを抽出して返します。

❻ title要素からアンカータグを取り出し、さらにそのアンカータグからhref属性を取り出すために、メソッドの連鎖を使っています。Beautiful Soupのgetメソッドと同様に、href属性の値だけを返します。

❼ リスト内包表記を使って、行動提起の個々のパラグラフからテキストコンテンツを抽出して、すべてのテキストを確保します。

Beautiful Soupを使っていたときと同じデータが抽出されているはずです。異なるのは、構文とページのロード方法です。Beautiful Soupは正規表現を使ってHTMLページを長い文字列としてパースしていますが、lxmlはPythonとCのライブラリを使って、Beautiful Soupよりもオブジェクト指向的な方法でページ構造を認識、移動しています。lxmlは、すべてのタグの構造を見て、（マシンとlxmlのインストール方法によりますが）もっとも高速な方法を使ってツリーをパースし、データをetreeオブジェクトにまとめて返します。

etreeオブジェクトは、それ自体でも使えますし、getrootを呼び出せばツリー構造の最上位の要素（通常はhtml）が得られます。この要素があれば、さまざまなメソッドや属性を駆使して、ページ全体を読み出してパースすることができます。私たちのソリューションは、cssselectメソッドを使うという方向にハイライトを当てています。このメソッドはCSSセレクタ文字列を受け取り（jQueryのサンプルと同様に）、その文字列からDOM要素を識別します。

lxmlもfind、findallメソッドを持っています。findとcssselectの最大の違いは何でしょうか。サンプルを見て考えましょう。

```
print(root.find('div'))  # ❶

print(root.find('head'))
```

```
print(root.find('head').findall('script'))  # ❷

print(root.cssselect('div'))  # ❸

print(root.cssselect('head script'))  # ❹
```

❶ ルート要素でfindを使い、divを探しますが、返されるのは空文字列です。ブラウザでHTMLコードを見て、このページにdivがたくさんあることはわかっています。

❷ findメソッドを使ってheadタグを見て、さらにそこでfindallメソッドを使ってヘッダー部に含まれるscript要素を探します。

❸ findではなくcsselectを使い、ドキュメントに含まれているすべてのdivを見つけることに成功しています。divは大きなリストという形で返されます。

❹ CSSセレクタを入れ子状にしてcssselectを使い、headのなかのscriptタグを探しています。head scriptを使うと、rootからfindコマンドを連鎖的に呼び出したときと同じリストが得られます。

このように、findとcssselectの動作は大きく異なります。findはDOMを使って要素をたどり、階層構造に基づいて要素を探すのに対し、cssselectは、jQueryと同じように、CSSセレクタを使ってページまたは要素の子孫からすべてのマッチを探します。

ニーズによって、find、cssselectをうまく使い分けるとよいでしょう。ページがCSSクラス、ID、その他の識別子できちんと構造化されている場合には、cssselectは効果的です。しかし、ページが構造化されておらず、こういったIDをあまり使っていない場合は、祖先の要素からコンテンツの位置を割り出すためにDOMを活用することになります。

lxmlのほかのメソッドも見てみましょう。開発者としての学習を進めて進歩していく過程で、進歩の状況を絵文字で表現したくなったとします。そこで、Basecamp、GitHub、その他の技術サイトで使える絵文字の最新のリストをまとめた絵文字の一覧表（http://www.emoji-cheat-sheet.com/）のパーサーを書くことにしました。コードは次のようになります。

```
from lxml import html
import requests

resp = requests.get('http://www.emoji-cheat-sheet.com/')
page = html.document_fromstring(resp.content)  # ❶

body = page.find('body')
top_header = body.find('h2')  # ❷
```

```
print(top_header.text)

headers_and_lists = [sib for sib in top_header.itersiblings()]  # ❸

print(headers_and_lists)

proper_headers_and_lists = [s for s in top_header.itersiblings() if
                            s.tag in ['ul', 'h2', 'h3']]  # ❹

print(proper_headers_and_lists)
```

❶ requestsライブラリを使ってHTMLドキュメントの内容を読み込み、htmlモジュールのdocument_fromstringメソッドを使ってデータをHTML要素にパースします。

❷ ページ構造から、一連の見出しと対応するリストという形になっていることがわかります。この行は、最初の見出しを見つけ出し、階層構造を使ってほかのセクションを見つけられるようにしています。

❸ すべての兄弟を表示するために、リスト内包表記でイテレータを返すitersiblingsメソッドを使っています。

❹ 前のprintの出力から、ページ下部のdiv要素やscript要素なども含まれており、itersiblingsを使った最初のリスト内包表記は必要以上のものを返していたことがわかります。ページを調べると、必要なタグはul、h2、h3だけだということがわかります。そこで、この行は、if付きのリスト内包表記を使って、ターゲットコンテンツだけが返されるようにしています。

itersiblingsメソッドとtag属性を使えば、選択してパースしたいコンテンツを簡単に見つけることができます。この例では、CSSセレクタを使っていません。このページが見出しとリストタグという形でコンテンツを管理し続ける限り、新しいセクションが追加されても、このコードが使えなくなることはありません。

HTML要素だけを使うパーサーを作るべき理由はどこにあるのでしょうか。CSSクラスを使わないことにどのような利点があるのでしょうか。サイトの開発者がサイトのデザインを変えたり、モバイルのためにアップデートしたりするときには、ページ構造を書き換えるのではなく、CSSとJavaScriptを使うのが一般的です。基本ページ構造に基づいてスクレイパーを作ることができるなら、そのスクレイパーはCSSを使うよりも長生きし、長期的に大きな成功を収めることができます。

lxmlオブジェクトは、itersiblingsで兄弟を反復処理するだけでなく、子、子孫、祖先を反復処理することもできます。ページがどのような構造になっているかを知り、長持ちするコードを書くためには、これらのメソッドを使ってDOMをたどると効果的です。XMLベースのドキュメント

（HTMLなど）の特定の部分を指定する構造化されたパターンとしてXPathがあります。階層構造を利用すれば効果的なXPathを書くこともできます。XPathはウェブページをもっとも簡単にパースできる手段ではありませんが、高速で効率がよく、ほとんど安全に設計されているという長所があります。

11.5.1 XPathを使う理由

CSSセレクタを使えばページ上の要素とコンテンツを簡単に探し出すことができますが、XPath（https://ja.wikipedia.org/wiki/XML_Path_Language、https://en.wikipedia.org/wiki/XPath）も学んで使えるようにしておくことをお勧めします。XPathは、CSSセレクタと同様の機能を持ちつつ、DOMもたどれるマークアップパターンです。XPathの知識は、ウェブスクレイピングとウェブサイトの構造を学ぶ上で非常に役に立ちます。XPathを使えば、CSSセレクタだけでは簡単に読み出せないコンテンツにアクセスすることができます。

XPathは、メジャーなウェブスクレイピングライブラリならどれでもサポートしており、ほかのほとんどの方法よりもずっと高速にページ上のコンテンツを識別、操作できます。実際、ページを操作するために使うセレクタメソッドの大半は、ライブラリ自身のなかでXPathに変換されています。

XPathは、ブラウザのツールがあれば練習できます。多くのブラウザには、DOMのなかのXPath要素を表示し、コピーする機能が含まれています。また、MicrosoftはXPathについての優れた案内ページを作っており（http://bit.ly/xpath_examples）、MDN（Mozilla Developer Network）はXPathの学習を深めるためのサンプルとツールを多数用意しています（http://bit.ly/mdn_xpath）。

XPathは、特定の構文に従ってDOMに含まれる要素のタイプ、要素が持つ属性を定義します。**表11-2**は、ウェブスクレイピングコードで使えるXPathの構文パターンの一部をまとめたものです。

表11-2 XPathの構文

式	説明	例
`//node_name`	ドキュメント内の`node_name`にマッチするすべてのノードを選択する	`//div`（ドキュメント内のすべての`div`要素を選択する）
`/node_name`	現在の（または前の）要素内の`node_name`にマッチするすべてのノードを選択する	`//div/ul`（任意の`div`に含まれる`ul`要素を選択する）
`@attr`	要素の属性を選択する	`//div/ul/@class`（任意の`div`に含まれる`ul`要素の`class`属性を選択する）
`../`	親要素を選択する	`//ul/../`（すべての`ul`要素の親要素を選択する）
`[@attr="attr_value"]`	特定の値の属性を持つ要素を選択する	`//div[@id="mylists"]`（IDが`"mylists"`の`div`を選択する）

式	説明	例
text()	ノード、要素のテキストを選択する	//div[@id="mylists"]/ul/li/text()（IDが"mylists"のdivに含まれるulリストのli要素のテキストを選択する）
contains(*@attr*, "*value*")	特定の値を含む属性を持つ要素を選択する	//div[contains(@id, "list")]（IDのなかに"list"が含まれるすべてのdiv要素を選択する）
*	ワイルドカード文字	//div/ul/li/*（任意のdivの下にあるulリストのli要素のすべての子孫を選択する。）
[1,2,3…]、[last()]、[first()]	ノード内に含まれる順序によって要素を選択する	//div/ul/li[3]（任意のdivの下にあるulの第3のli要素を選択する

式はほかにもたくさんありますが、これだけのことを知っていれば始められるでしょう。それでは、この章の前の方で作っためちゃくちゃすごいHTMLページを使って、XPathでHTML要素間の親子関係をパースする方法を実際に見てみましょう。実際に試すには、本書のコードリポジトリ（https://github.com/jackiekazil/data-wrangling）からawesome_page.htmlページを取り出してブラウザに表示してください。

たとえば、フッターセクションのリンクを選択したいものとします。右クリックメニューの「検証」を選択すれば選択できます。このとき、下部のバーには、要素とその祖先のリストが表示されます。アンカーリンクから親をたどっていくと、すぐ上にliタグがあり、その上にul、その上にCSS ID付きのdiv、その上にfooter、その上にbody、その上にhtmlタグがあります（いやあ、大変。最後まで言う前に息が切れるかと思いました）。

図11-13　ページ上の要素が見つかったところ

では、このリンクを選択するXPathはどのように書いたらよいのでしょうか。方法はたくさんあります。しかし、ごく自明な道を進むことにして、CSS ID付きのdivを使ってXPathを書きましょう。

```
'//div[@id="bottom_nav"]'
```

このXPathは、ブラウザのJavaScriptコンソールを使ってテストできます。コンソールでXPathをテストするには、全体を$x();で囲みます。$x();は、JQueryコンソールでXPathでページをブラウズするための構文です。では、コンソールを見てみましょう（**図11-14**参照）[*1]。

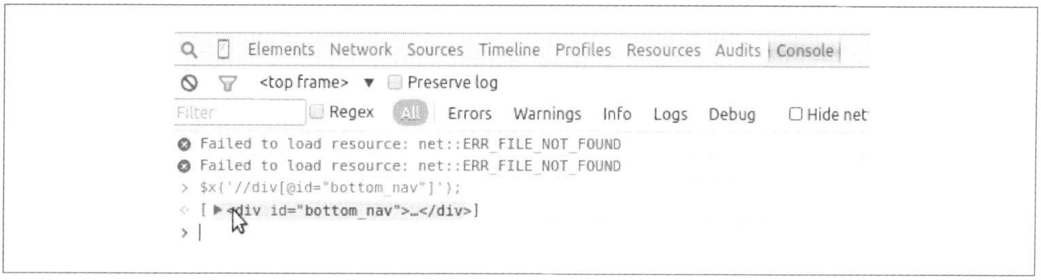

```
Elements Network Sources Timeline Profiles Resources Audits Console
<top frame> ▼ Preserve log
Filter  Regex  All  Errors Warnings Info Logs Debug  Hide net
Failed to load resource: net::ERR_FILE_NOT_FOUND
Failed to load resource: net::ERR_FILE_NOT_FOUND
> $x('//div[@id="bottom_nav"]');
< [ ▶ <div id="bottom_nav">…</div>]
> |
```

図11-14　コンソールでXPathを使うための方法

コンソールがオブジェクトを返すので（jQueryセレクタを入力したときと同じように）、ナビゲーションを選択する有効なXPathを入力したことがわかります。しかし、ここで本当に必要としているものはリンクです。このdivからリンクにアクセスするにはどうすればよいのかを見てみましょう。リンクがdivの子孫だということがわかっているので、次のように親子関係を書き出します。

```
'//div[@id="bottom_nav"]/ul/li/a'
```

このXPathは、IDがbottom_navのあらゆるdivのうち、そのなかに番号なしリストが含まれているものを残し、さらにリスト要素にアンカータグが含まれているものを残して、そのアンカータグの内容を返せと言っていることになります。コンソールでこれも試してみましょう（**図11-15**参照）。

コンソールに表示された出力からもわかるように、私たちは3つのリンクを選択しています。次に、ウェブアドレス自体だけを取り出してみましょう。リンクを作るアンカータグにはhref属性があります。XPathを使ってそのhref属性の内容だけを指すセレクタを書いてみましょう。

```
'//div[@id="bottom_nav"]/ul/li/a/@href'
```

このセレクタをコンソールで実行すると、フッターリンクのウェブアドレスだけが選択されていることがわかります。

＊1　jQueryを使わないサイトでXPathを使いたい場合には、Mozillaがドキュメント化しているように（http://bit.ly/xpath_in_js）、これとは異なる構文を使う必要があります。この要素のための構文の場合、document.evaluate('// div[@id="bottom_nav"]', document);となります。

図11-15　サブ要素のXPath

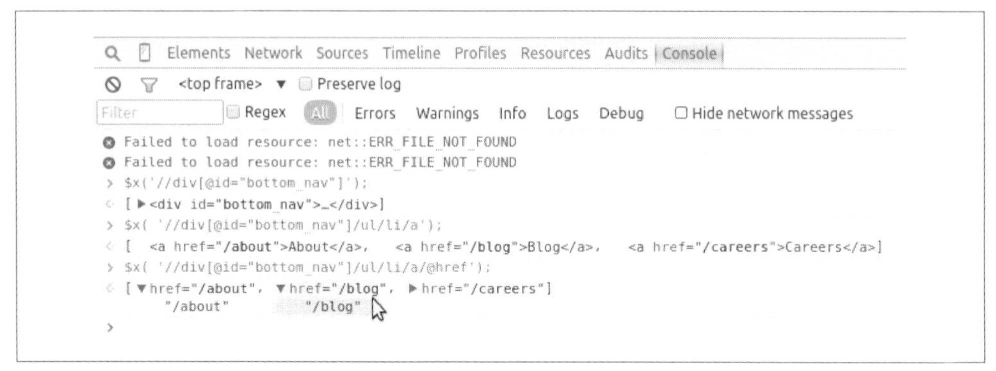

図11-16　属性のXPath

ページ構造を知っていてXPath式を使えば、ほかの方法ではうまくアクセスできないコンテンツにたどり着くことができるわけです。

XPathは強力で高速ですが、習得は簡単ではありません。たとえば、操作しているページのクラスやIDにスペースが含まれている場合、=ではなくcontainsを使わなければなりません。要素は複数のクラスを含むことができますが、=を使った場合、XPathはクラス文字列がすべて含まれているものとして動作します。containsを使えば、クラスにその部分文字列を含むすべての要素を見つけられます。

関心のある要素の親要素を探すことも役に立ちます。ページ内の箇条書きのリストを取り出したいものとします。そして、一部のリスト項目は、CSSクラスやリストに含まれるテキストの一部を使って簡単に見つけられるものとします。このような場合、そのようなリスト項目を見つけてからその親要素を探すXPathセレクタを作れば、箇条書きリスト全体にアクセスできます。この種のXPathセレクタについては、「**12.2.1　Scrapyを使ったスパイダーの構築**」で取り上げます。Scrapyは、高速なパースのためにXPathを利用しているのです。

XPathを使う理由の1つは、CSSセレクタを使ったCSSクラスの検索では、かならずしも正しく要素が選択されない場合があることです。特に、ページを処理するために複数の異なるドライバを使っているとき（たとえば、Seleniumで多くのブラウザをテストするときなど）には、CSSセレクタはうまく動作しないことがあります。XPathは、本質的にCSSセレクタよりも厳密なので、ページを正しくパースする方法としてもCSSセレクタより信頼を置けます。

長期に渡ってサイトをスクレイピングし、同じコードを再利用したい場合、XPathを使っていれば、わずかなコード変更やサイトの発展のためにコードが動かなくなるようなことは起こりにくくなります。サイトやページの構造全体を変更するのと比べ、一部のCSSクラスやスタイルを書き換えることの方がずっと頻繁になるのは当然でしょう。このような理由から、CSSよりもXPathに賭けた方が安全になるわけです（確実ではありませんが）。

XPathについてある程度学んだので、XPathの構文を使って絵文字プロセッサを書き換え、各セクションの絵文字と見出しをすべて正しく取り出せるようにしましょう。次のようにします。

```
from lxml import html

page = html.parse('http://www.emoji-cheat-sheet.com/')

proper_headers = page.xpath('//h2|//h3')  # ❶
proper_lists = page.xpath('//ul')  # ❷

all_emoji = []

for header, list_cont in zip(proper_headers, proper_lists):  # ❸
    section = header.text
    for li in list_cont.getchildren():  # ❹
        emoji_dict = {}
        spans = li.xpath('div/span')  # ❺
        if len(spans):
            link = spans[0].get('data-src')  # ❻
            if link:
                emoji_dict['emoji_link'] = li.base_url + link  # ❼
            else:
                emoji_dict['emoji_link'] = None
            emoji_dict['emoji_handle'] = spans[1].text_content()  # ❽
        else:
            emoji_dict['emoji_link'] = None
            emoji_dict['emoji_handle'] = li.xpath('div')[0].text_content()  # ❾
        emoji_dict['section'] = section
        all_emoji.append(emoji_dict)

print(all_emoji)
```

❶ 絵文字がまとめられている見出しを探します。XPathを使ってすべてのh2、h3要素を取り出

します。

❷ 見つかった見出しのうち、ul要素を持つものだけをマッチさせます。この行は、文書全体からすべてのul要素を集めます。

❸ zipメソッドを使って見出しと適切なリストをzipすると、タプルのリストが返されます。この行は、forループを使ってそのタプルを分解し、個々のパーツ（見出しとリストコンテンツ）を別々の変数に格納して、次のforループで使えるようにします。

❹ ul要素の子（絵文字情報を格納しているli要素）を反復処理します。

❺ ページの調査から、ほとんどのli要素には、2つのspan要素を含むdiv要素があることがわかっています。これらのspanには、絵文字のイメージリンクとサービスで絵文字を表示するために使うテキストが含まれています。この行は、div/spanというXPathを使って、div要素の子になっているspanを返します。

❻ 各要素のリンクを探し出すために、最初のspanのdata-src属性を読み出しています。link変数がNoneなら、データ辞書のemoji_linkキーの値としてNoneをセットします。

❼ data-src属性には相対URLが格納されているので、この行はbase_url属性を使って完全な絶対URLを作ります。

❽ ハンドル、すなわち絵文字を呼び込むために必要なテキストを処理するために、この行は第2のspanのテキストを取り出します。すべての絵文字にハンドルがついているので、リンクのロジックとは異なり、ここではハンドルがあるかどうかをテストする必要はありません。

❾ Campfireサウンドのグループには、リスト項目ごとに1つのdivがあります（これは、ブラウザの開発ツールでページをチェックすればわかります）。そのdivを選択して、含まれているテキストを取り出します。このコードはelse節に含まれているので、spanを使っていないということであり、サウンドファイルだけが含まれていると考えることができます。

XPathで階層構造を参照するように絵文字コードを書き換えたおかげで、最後のブロックがサウンドであり、そのデータは絵文字とは異なる形で格納されていることがわかりました。この部分には、リンクを格納するspanはなく、サウンドを呼び出すテキストだけが含まれています。絵文字リンクだけが必要なら、箇条書きリストの反復処理にこの部分を追加しなくてもかまいません。どのデータが必要かによってコードは大きく異なりますが、いつでもif...elseを使えばどの部分が必要かを指定できます。

わずか30行未満のコードで、ページをリクエストし、XPathでDOMの階層構造をたどり、適切な属性やテキストの内容に基いて必要なコンテンツを取り出すスクレイパーを作ることができました。このコードにはかなりの弾力性があり、ページの作者がデータセクションを追加しても、構造を大きく変えない限り、パーサーは絵文字ページからコンテンツを取り出し続け、私たちは大量の絵文字を自在に使うことができます。

lxmlにはほかにも役に立つ関数がたくさんあります。**表11-3**には、そのうちの一部をまとめます。

表11-3 LXMLの機能

メソッドまたは属性の名前	説明	ドキュメント
`clean_html`	作りの悪いページを正しくパースできるようにクリーンアップしたいときに使われる関数	http://lxml.de/lxmlhtml.html#cleaning-up-html
`iterlinks`	ページのすべてのアンカータグにアクセスするためのイテレータ	http://lxml.de/lxmlhtml.html#working-with-links
`[x.tag for x in root]`	すべての`etree`要素は、子要素の反復処理をサポートするイテレータとして使うことができる	http://lxml.de/api.html#iteration
`.nsmap`	ネームスペースへのアクセスを提供する	http://lxml.de/tutorial.html#namespaces

これで、かなり自信を持って、ウェブページのマークアップを調べ、`lxml`、Beautiful Soup、XPathを使ってページからコンテンツを抽出する方法を考え出せるようになりました。次章では、ブラウザベースパースやスパイダリングなど、ほかのタイプのスクレイピングで使えるライブラリを紹介します。

11.6 まとめ

この章では、ウェブスクレイピングについて多くのことを学びました。今はもうさまざまな形式で自在にスクレイパーを書けるようになっているでしょう。jQuery、CSS、XPathセレクタの書き方やブラウザとPythonを使ってコンテンツを簡単にマッチさせる方法を学びました。

開発ツールを使ってウェブページの構造を分析するのも簡単になっているでしょうし、CSSとJavaScriptのスキルも磨きがかかり、有効なXPathを書いてDOMの階層構造を直接操作することもできるようになっています。

表11-4に、この章で新しく学んだコンセプトとライブラリをまとめました。

表11-4 この章で新たに学んだPythonとプログラミングのコンセプトとライブラリ

コンセプト/ライブラリ	目的
robots.txtファイルによる認められた利用方法、著作権、商標権の調査	サイトのrobots.txtファイルやサービス利用規約、その他の公表された法的警告から、そのサイトのコンテンツを法的倫理的にスクレイピングしてよいかどうかを判断するようにする。
ブラウザの開発ツールの使い方：Inspection/DOM	コンテンツがページのどこにあるか、ページ階層とCSSルールの知識からどのようにして探せばもっともよいかを調べるために使う。
ブラウザの開発ツールの使い方：Network/Timeline	ページの完全なロードのためにどのような呼び出しが行われているかを調べるために使う。リクエストのなかにはAPIなどのリソースを指していて、データを簡単にインジェストできる場合がある。ページがどのようにロードされるかの知識は、単純なスクレイパーを使うか、ブラウザベースのツールを使うかを判断するためにも役に立つ。
ブラウザの開発ツールの使い方：JavaScriptコンソール	CSS、XPathセレクタを使ってページ上の要素の操作方法を調査するために使う。
stdlibの`urllib`ライブラリ	Python標準ライブラリを使えば、単純なHTTPリクエストを発行し、ウェブページからコンテンツを取り出すことができる。

コンセプト/ライブラリ	目的
requestsライブラリ	ページに対する複雑なリクエストを簡単に組み立てられる。特に、特別なヘッダー、複雑なPOSTデータ、ユーザー認証が必要なときに使う。
BeautifulSoupライブラリ	ウェブページを簡単に読み込み、パースできるようにする。最初のウェブスクレイピングやひどく壊れたページで威力を発揮する。
lxmlライブラリ	DOMの階層構造やXPath構文などのツールを使ってページを簡単にパースできるようにする。
XPathの使い方	XPathの構文や正規表現を使ってパターンを書き、マッチさせることができる。ウェブページのコンテンツをすばやく見つけ、パースできる。

次章では、ウェブデータをスクレイピングするさらに別の方法を学びます。

12章 高度なウェブスクレイピング：スクリーンスクレイパーとスパイダー

第11章ではウェブスクレイピングのスキル開発を開始し、どこで何をどのようにスクレイピングするかの判断方法を学びました。この章では、ブラウザベースにスクレイパーやスパイダーなど、より高度なスクレイパーを見ていくことにします。

高度なウェブスクレイピングでよく起こる問題のデバッグやウェブスクレイピングで発生する倫理的な問題の一部も取り上げます。まず、ブラウザベースのウェブスクレイピングから始めましょう。Pythonで直接ブラウザを使ってウェブのコンテンツをスクレイピングします。

12.1 ブラウザベースのパース

サイトは、JavaScriptなどのページロード後に実行されるコードを使ってページのコンテンツを作ることがあります。このような場合、通常のウェブスクレイパーでサイトを分析することはほとんど不可能です。まるで空っぽのように見えるページが得られるだけです。ページとやり取りをしたいときにも同じ問題が起こります（つまり、ボタンをクリックしたり、検索テキストを入力したりしなければならない場合）。どちらの場合でも、ページの画面を読み出す方法を手に入れなければなりません。画面読み出しプログラムは、ブラウザを使ってページを開き、ブラウザにページがロードされたあとでページの内容を読み、操作します。

画面読み出しプログラムは、一連のアクションを通じて情報を集めていく仕事で力を発揮します。まさにそのような理由から、画面読み出しスクリプトは、ルーチンのウェブタスクを自動化するための手軽な方法にもなっています。

Pythonでもっともよく使われている画面読み出しライブラリは、Selenium（http://docs.seleniumhq.org/）です。Seleniumは、ブラウザを開き、スクリーンキャプチャを通じてウェブページを操作するJavaプログラムです。Javaをすでに知っている方は、Java IDEを使ってブラウザを操作できます。本書では、Pythonバインディングを使ってPythonでSeleniumを操作します。

12.1.1　Seleniumによる画面の読み出し

Seleniumは、サポートブラウザを使ってウェブサイトと直接やり取りすることができる強力なJavaベースのエンジンです。Seleniumはユーザーテスト用のフレームワークとして非常に人気が高く、企業はSeleniumを使って自社サイトのテストプログラムを作っています。しかし、私たちにとってのSeleniumは、対話的操作が必要なサイト、最初のリクエストではすべてのコンテンツがロードされないサイトのスクレイピングプログラムです（**図11-6**の例を参照。この例では、最初のリクエストの処理が終わったあとにほとんどのコンテンツがロードされます）。それでは、そのページを見て、Seleniumで読み出せるかどうかを試してみましょう。

まず、`pip install`を使ってSelenium（http://www.seleniumhq.org/download/）をインストールします。

```
pip install selenium
```

では、Seleniumを使ったコードを書いてみましょう。まず、ブラウザを開きます。Seleniumは多くのブラウザをサポートしていますが、Firefox用の組み込みドライバを同梱しています。Firefoxがインストールされていない場合には、Firefoxをインストールするか、ほかのブラウザ用のSeleniumドライバ（Chromeはhttps://code.google.com/p/selenium/wiki/ChromeDriver、IEはhttps://code.google.com/p/selenium/wiki/InternetExplorerDriver、Safariはhttps://code.google.com/p/selenium/wiki/SafariDriver）をインストールします。それでは、Seleniumを使ってウェブページを開けるかどうかを試してみましょう（サンプルコードではFirefoxを使っていますが、ほかのドライバも簡単に使えます）。

```
from selenium import webdriver  # ❶

browser = webdriver.Firefox(executable_path='./geckodriver')  # ❷
browser.get('http://www.fairphone.com/we-are-fairphone/')  # ❸ *1

browser.maximize_window()  # ❹
```

❶ Seleniumから`webdriver`モジュールをインポートします。このモジュールを使ってインストールされているドライバを呼び出します。

❷ `webdriver`モジュールの`Firefox`クラスを使ってFirefoxブラウザオブジェクトのインスタンスを作ります。これにより、新しいFirefoxウィンドウが開くはずです[*2]。

＊1　技術監修者注：http://www.fairphone.com/we-are-fairphone/ は https://www.fairphone.com/en/community/ にリダイレクトされるようになりました。

＊2　技術監修者注：Firefox48以降ではForefoxドライバはそのままでは動作しなくなりました。Forefoxを操作したい場合はgeckodriverをダウンロードし、executable_pathにgeckodriverへのパスを指定する必要があります。geckodriverはhttps://github.com/mozilla/geckodriver/releasesからダウンロードできます。

↳ これも動かない
SeleniumHQ/selenium/issues/3884#issuecomment-297875367

❸ getメソッドにURLを渡してスクレイピングしたいURLにアクセスします。開いているブラウザは、ページのロードを始めます。

❹ maximize_browserメソッドを使って開いているブラウザを全画面表示します。こうすると、Seleniumはコンテンツをもっとたくさん「見られる」ようになります。

これでページがロードされ準備が整ったブラウザオブジェクト（browser変数）が手に入りました。ページ上の要素を操作できるかどうか試してみましょう。ブラウザの「インスペクタ」タブを使うと、ソーシャルメディアコンテンツの吹き出しは、contentクラスのdiv要素に含まれていることがわかります。新しいbrowserオブジェクトを使って、それらをすべて表示できるかどうかを試してみましょう。

```
content = browser.find_element_by_css_selector('li.feed-item')  # ❶

print(content.text)  # ❷

all_bubbles = browser.find_elements_by_css_selector('li.feed-item')  # ❸

print(len(all_bubbles))

for bubble in all_bubbles:  # ❹
    print(bubble.text)
```

❶ browserオブジェクトは、CSSセレクタを使ってHTML要素を選択するfind_element_by_css_selector関数を持っています。ここでは、contentというクラスを持つ最初のdivが選択され、最初にマッチしたHTMLElementオブジェクトが返されています。

❷ 最初にマッチした要素のテキストを表示します。最初の吹き出しが表示されるでしょう。

❸ CSSセレクタを渡してfind_elements_by_css_selectorメソッドを呼び出し、すべてのマッチを探しています。このメソッドは、HTMLElementオブジェクトのリストを返します。

❹ リストを反復処理し、個々の要素の内容を表示します。

どうもおかしいですね。要素は2つしかマッチしていないと言っています（all_bubblesの長さを表示すると2と出力されるので）[*1]。しかし、このページには、コンテンツの吹き出しがまだたくさんあります。ページのHTML要素をもっと深く調べ、なぜこれだけの要素しかマッチしないのかを明らかにしましょう（**図12-1**参照）。

＊1 技術監修者注：http://www.fairphone.com/we-are-fairphone/のHTMLの構造が変わったためこの問題は発生しません。

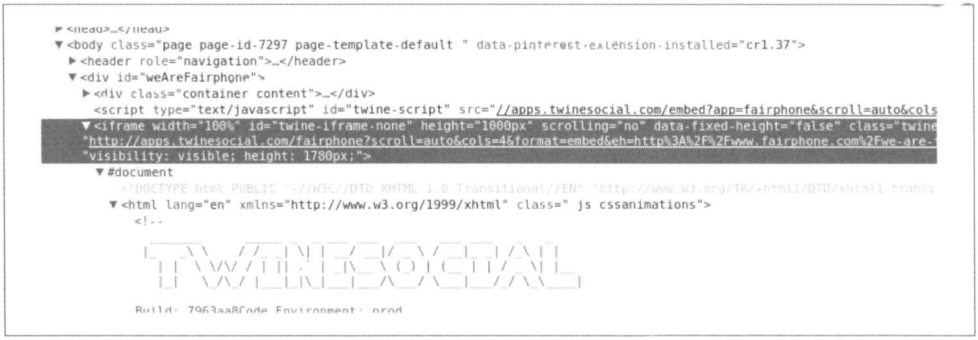

```
▶ <head>…</head>
▼ <body class="page page-id-7297 page-template-default " data-pinterest-extension-installed="cr1.37">
  ▶ <header role="navigation">…</header>
  ▼ <div id="weAreFairphone">
    ▶ <div class="container content">…</div>
      <script type="text/javascript" id="twine-script" src="//apps.twinesocial.com/embed?app=fairphone&scroll=auto&cols
    ▼ <iframe width="100%" id="twine-iframe-none" height="1000px" scrolling="no" data-fixed-height="false" class="twine
    "http://apps.twinesocial.com/fairphone?scroll=auto&cols=4&format=embed&eh=http%3A%2F%2Fwww.fairphone.com%2Fwe-are-
    "visibility: visible; height: 1780px;">
      ▼ #document
          <!DOCTYPE html PUBLIC "-//W3C//DTD XHTML 1.0 Transitional//EN" "http://www.w3.org/TR/xhtml1/DTD/xhtml1-transi
        ▼ <html lang="en" xmlns="http://www.w3.org/1999/xhtml" class=" js cssanimations">
            <!--

            Build: 7963aa8Code Environment: prod
```

図12-1　iframe

わかりました。コンテンツの親要素から、ページ中央のiframe（http://bit.ly/mdn_iframe）だということがわかります[*1]。iframe（インラインフレーム）は、ページにほかのDOM構造を埋め込むHTMLタグで、ページがその内部に別のページをロードできるようにするものです。パーサーは1つのDOMだけをたどるものと思い込んでいるので、このコードはこの部分をパースできないようです。新しいウィンドウにこのiframeをロードし、2つのDOMをたどらなくても済むようにしてみましょう。

```
iframe = browser.find_element_by_xpath('//iframe')  # ❶

new_url = iframe.get_attribute('src')  # ❷

browser.get(new_url)  # ❸
```

❶ find_element_by_xpathメソッドを使っています。ここでは、iframeタグにマッチする最初の要素を返します。

❷ src属性の内容を取り出しています。ここには、iframe内のページのURLが格納されています。

❸ iframeのURLをブラウザにロードします。

見たいコンテンツをロードする方法がわかりました。では、すべてのコンテンツの吹き出しをロードできるかどうかを調べてみましょう。

```
all_bubbles = browser.find_elements_by_css_selector('li.feed-item')

for elem in all_bubbles:
    print(elem.text)
```

これで吹き出しのコンテンツが表示されるようになりました。すばらしい。では、情報の収集に取

＊1　技術監修者注：http://www.fairphone.com/we-are-fairphone/のHTMLの構造が変更されiframe要素はなくなりました。

り掛かりましょう。発言者の名前、シェアしたコンテンツ、写真があればそれ、元のコンテンツに対するリンクを集めることにします。

ページのHTMLを見てみると、吹き出しごとに発言者を識別するfullname、name要素、テキストを格納するtwine-description要素があることがわかります。また、写真を指定するpictureクラスのdivがあり、時間データを格納するwhenクラスのdivにはオリジナルの記事のリンクが含まれています。これをコードにしましょう。

```
from selenium.common.exceptions import NoSuchElementException  # ❶

all_data = []

for elem in all_bubbles:  # ❷
    elem_dict = {}

    elem_dict['full_name'] = \
        elem.find_element_by_css_selector('div.fullname').text  # ❸
    elem_dict['short_name'] = \
        elem.find_element_by_css_selector('div.name').text
    elem_dict['text_content'] = \
        elem.find_element_by_css_selector('div.twine-description').text
    elem_dict['timestamp'] = elem.find_element_by_css_selector('div.when').text
    elem_dict['original_link'] = \
        elem.find_element_by_css_selector('div.when a').get_attribute('href')  # ❹
    try:
        elem_dict['picture'] = elem.find_element_by_css_selector(
                'div.picture img').get_attribute('src')  # ❺
    except NoSuchElementException:
        elem_dict['picture'] = None  # ❻
    all_data.append(elem_dict)
```

❶ Seleniumの例外クラスからNoSuchElementExceptionをインポートしています。ライブラリを使うときには、予想される例外を処理するために、ライブラリの例外クラスをインポートしてtry...exceptブロックで使うようにします。すべての要素が写真を持っているわけではなく、Seleniumはpictureクラスのdivを見つけられなければ例外を投げることがわかっているので、この例外を使えば、写真付きの吹き出しとそうでない吹き出しを区別できます。

❷ コンテンツの吹き出しを反復処理します。個々のelemオブジェクトについて、階層構造を下りていくと必要な要素が見つかります。

❸ 個々のテキスト要素について、HTMLElementのtext属性を参照しています。text属性には、要素のタグを取り除いたテキストのみが含まれています。

❹ HTMLElementのget_attributeメソッドは、入れ子構造のHTML属性を想定し、そのHTML属性の値を返します。この行は、入れ子構造のCSSを使ってwhenクラスのdiv要素に含まれて

いるアンカータグを探し、URLを得るためにhref属性を渡しています。

❺ tryブロックのなかでpictureクラスのdivを探しています。そのようなものがなければ、次の行はSeleniumが投げるNoSuchElementException例外をキャッチします。

❻ 写真がなければ、辞書のpictureキーとしてNoneをセットします。こうすると、all_dataリストの要素はかならずpictureキーを持つことが保証されます。

しかし、このスクリプトを実行すると、早い段階で問題に直面します。次のテキストを含む例外が投げられるのです。

```
Message: Unable to locate element:
  {"method":"css selector","selector":"div.when"}
```

これは、when要素を見つけようとして問題が起きたことを示しています。そこで、「インスペクタ」タブをよく見て何が起きたのかを調べてみます（図12-2）。

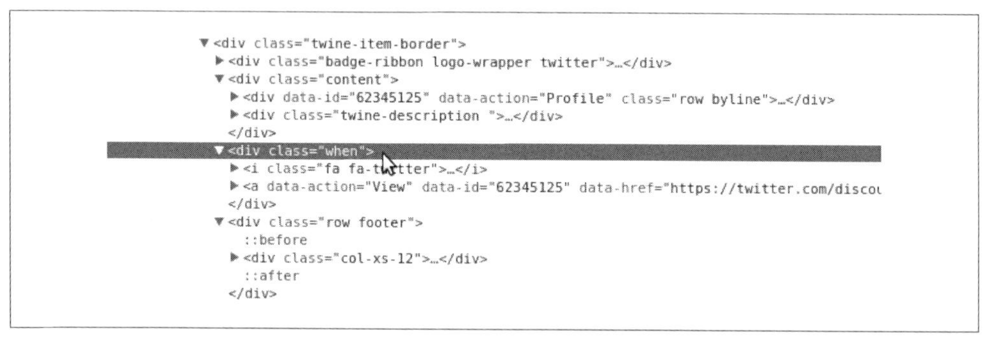

図12-2 兄弟になっているdiv

よく見てみると、contentクラスのdivとwhenクラスのdivは、親子関係ではなく、兄弟だということがわかります。しかし、ここではこれらの親のdivではなく、content divだけを反復処理しているので、これでは問題が起こります。さらにHTMLを見ていくと、content divとwhen divの親は、twine-item-border divだということがわかります。先ほど書いたコードを利用しつつ、親要素を反復処理すれば動作するかどうかを確かめてみましょう。次のようにall_bubblesの設定コードで親要素をロードしてみます。

```
all_bubbles = browser.find_elements_by_css_selector('div.twine-item-border')
```

この変更を加えて、先ほどのコードを再実行してみましょう。何が起きたでしょうか。NoSuchElementExceptionエラーがむしろ増えてしまいました。すべての要素が同じ属性を持っているかどうかはっきりわからないので、全部異なるという前提で例外が発生することを考慮に入れてコードを書き換えてみます。

```
from selenium.common.exceptions import NoSuchElementException

all_data = []
all_bubbles = browser.find_elements_by_css_selector(
    'div.twine-item-border')

for elem in all_bubbles:
    elem_dict = {'full_name': None,
                 'short_name': None,
                 'text_content': None,
                 'picture': None,
                 'timestamp': None,
                 'original_link': None,
                 } # ❶
    content = elem.find_element_by_css_selector('div.content')  # ❷
    try:
        elem_dict['full_name'] = \
            content.find_element_by_css_selector('div.fullname').text
    except NoSuchElementException:
        pass  # ❸
    try:
        elem_dict['short_name'] = \
            content.find_element_by_css_selector('div.name').text
    except NoSuchElementException:
        pass
    try:
        elem_dict['text_content'] = \
            content.find_element_by_css_selector('div.twine-description').text
    except NoSuchElementException:
        pass
    try:
        elem_dict['timestamp'] = elem.find_element_by_css_selector(
            'div.when').text
    except NoSuchElementException:
        pass
    try:
        elem_dict['original_link'] = \
            elem.find_element_by_css_selector(
                'div.when a').get_attribute('href')
    except NoSuchElementException:
        pass
    try:
        elem_dict['picture'] = elem.find_element_by_css_selector(
            'div.picture img').get_attribute('src')
    except NoSuchElementException:
        pass
    all_data.append(elem_dict)
```

❶ イテレーションのたびに、新しい辞書を作り、すべてのキーにNoneをセットします。こうすると、all_dataの要素の辞書はすべて同じキーを持つようになり、値が見つかったらキーにデータを追加できるようになります。

❷ content divを取り出し、そこから要素を取り出せるようにします。こうすれば、似た名前のほかのdivがあっても問題は起こりません。

❸ Pythonのpass（http://bit.ly/pass_statements）を使って例外を無視します。すべてのキーにすでにNoneをセットしてあるので、ここでは何もする必要がありません。Pythonのpassは、例外をなかったことにして次のコードブロックから実行を続けます。

all_dataに集まったデータを表示して何が集まったのかを確かめてみましょう。次に示すのは、出力の例です（この部分はソーシャルメディアのタイムラインなので、これとは異なるものが集まっているはずです）。

```
[{'full_name': u'Stefan Brand',
  'original_link': None,
  'picture': u'https://pbs.twimg.com/media/COZlle9WoAE5pVL.jpg:large',
  'short_name': u'',
  'text_content': u'Simply @Fairphone :) #WeAreFairphone http://t.co/vUvKzjX2Bw',
  'timestamp': u'POSTED ABOUT 14 HOURS AGO'},
 {'full_name': None,
  'original_link': None,
  'picture': None,
  'short_name': u'',
  'text_content': None,
  'timestamp': None},
 {'full_name': u'Sietse/MFR/Orphax',
  'original_link': None,
  'picture': None,
  'short_name': u'',
  'text_content': u'Me with my (temporary) Fairphone 2 test phone.
  # happytester #wearefairphone @ Fairphone instagram.com/p/7X-KXDQzXG/',
  'timestamp': u'POSTED ABOUT 17 HOURS AGO'},...]
```

コードはまださまざまな問題を抱えているようです。私たちのforループはごちゃごちゃしていて読みにくく、理解しづらいものになっています。それに、データ収集の方法には改善の余地がありそうです。timestampは日時を表すものなのに、ただの文字列になっています。それに、ページとやり取りできるSeleniumの機能も使ってみたいところです。これを使えば、もっとコンテンツをロードできるかもしれません。

そして、わかっているエラーのデバッグも必要です。short_nameは正しく見つけられていません。私たちのコードは空文字列を返しているようです。ページをさらに調査したところ、name divは隠し要素になっているようです。隠し要素はSeleniumでは読めないことが多いので、タグ内の内容を格納する要素のinnerHTML属性を使う必要があります。また、タイムスタンプデータはtitle属性に格納されており、URLはhref属性ではなくdata-href属性に格納されていることもわかります。

経験を重ねるうちに、最初から動作するスクレイパーコードが簡単に書けるようになります。何が問題を起こしそうかということも予測しやすくなります。ブラウザの開発ツールでHTMLを調べ、IPythonでデバッグすると、変数をいじったりどうすれば動くかをテストしたりすることができます。

データについてわかったことをもとに、スクリプトをきちんとしたものにしましょう。関数を作り、データ抽出をもっとうまく抽象化したいと思います。最初のページからURLをパースするのではなく、コードを単純化してページを直接ロードするようにします。ブラウザを使った試行錯誤の結果、iframe URLの長いクエリー文字列（?scroll=auto&cols=4&format=embed&eh=…というもの）を取り除いても、ソーシャルメディアからのコンテンツを組み込んだページ全体がロードされることもわかっています。それでは、クリーンアップ、単純化されたスクリプトを見てみましょう。

```
from selenium.common.exceptions import NoSuchElementException, \
    WebDriverException
from selenium import webdriver


def find_text_element(html_element, element_css):  # ❶
    try:
        return html_element.find_element_by_css_selector(element_css).text  # ❷
    except NoSuchElementException:
        pass
    return None


def find_attr_element(html_element, element_css, attr):  # ❸
    try:
        return html_element.find_element_by_css_selector(
            element_css).get_attribute(attr)  # ❹ *1
    except NoSuchElementException:
        pass
    return None


def get_browser():
    browser = webdriver.Firefox(executable_path='./geckodriver')
    return browser
```

＊1 技術監修者注：selenium.common.exceptions.WebDriverException: Message: Permission denied to access property "handleEvent"が発生します。

```
def main():
    browser = get_browser()
    browser.get('http://apps.twinesocial.com/fairphone')

    all_data = []
    browser.implicitly_wait(10)  # ❺
    try:
        all_bubbles = browser.find_elements_by_css_selector(
            'div.twine-item-border')
    except WebDriverException:
        browser.implicitly_wait(5)
        all_bubbles = browser.find_elements_by_css_selector(
            'div.twine-item-border')
    for elem in all_bubbles:
        elem_dict = {}
        content = elem.find_element_by_css_selector('div.content')
        elem_dict['full_name'] = find_text_element(
            content, 'div.fullname')
        elem_dict['short_name'] = find_attr_element(
            content, 'div.name', 'innerHTML')
        elem_dict['text_content'] = find_text_element(
            content, 'div.twine-description')
        elem_dict['timestamp'] = find_attr_element(
            elem, 'div.when a abbr.timeago', 'title')  # ❻
        elem_dict['original_link'] = find_attr_element(
            elem, 'div.when a', 'data-href')
        elem_dict['picture'] = find_attr_element(
            content, 'div.picture img', 'src')
        all_data.append(elem_dict)
    browser.quit()  # ❼
    return all_data  # ❽

if __name__ == '__main__':
    all_data = main()
    print(all_data)
```

❶ 引数としてHTML要素とCSSセレクタを取り、テキスト要素を返す関数を作ります。この前のサンプルコードでは、コードを何度も繰り返さなければなりませんでしたが、スクリプト全体で何度も同じコードを繰り返さず、1つのコードを再利用できるようにするために関数を作ります。

❷ 関数への引数として抽象化された変数を使って、HTML要素のテキストを返します。マッチするHTML要素が見つからなければNoneを返します。

❸ HTML要素のテキストを返す関数と同じように、属性を探してテキストを返す関数を作ります。

引数としてHTML要素、CSSセレクタ、セレクタ内の属性を取り、その属性の値かNoneを返します。

❹ 関数への引数として抽象化された変数を使ってHTML要素を探し、属性のテキストを返します。

❺ Seleniumのbrowserクラスのimplicitly_waitメソッドを使っています。このメソッドは、引数としてコードの次の行に移るまでブラウザを暗黙のうちに待たせる秒数を取ります。ページがすぐにロードされるかどうかがはっきりしない場合、このメソッドは非常に役に立ちます。暗黙/明示のウェイトの使い方については、Seleniumの優れたドキュメント（http://www.seleniumhq.org/docs/04_webdriver_advanced.jsp）で説明されています。

❻ タイムスタンプデータを取り出すために、CSSセレクタを渡して、when divのなかのアンカータグのなかにあるabbr要素のtitle属性を読み出します。

❼ データのスクレイピングが終わったら、quiteメソッドを使ってブラウザをクローズします。

❽ 集めたデータを返します。__name__ == '__main__'ブロックにより、コマンドラインから実行したときにはデータを出力します。IPythonにmain関数をインポートしてmainを実行した場合、データを返させることができます。

コマンドラインからスクリプトを実行するか、IPythonにスクリプトをインポートしてmain関数を実行してみてください。今度はもっと完全なデータが見られたでしょうか。try...exceptブロックが増えていることにも気付かれたと思います。私たちは、Seleniumが使っているインタラクションがページ上のJavaScriptとぶつかって、SeleniumがWebDriverExceptionが投げられることがときどきあることに気付きました。この問題は、ページにさらに時間を与えて再試行させると解消しました。

ブラウザでURLを指定して開くと、ページのスクロールダウンによってさらに多くのデータをロードできることがわかります。Seleniumでも同じことができます。Seleniumができるこういった優れたことをもう少し見てみましょう。Googleで'web scraping with python'を検索してから、Seleniumで検索結果を操作することができます。

```
from selenium import webdriver
from time import sleep


browser = webdriver.Firefox()
browser.get('http://google.com')

inputs = browser.find_elements_by_css_selector('form input')  # ❶
for i in inputs:
    if i.is_displayed():  # ❷
        search_bar = i  # ❸
        break
```

```
search_bar.send_keys('web scraping with python')  # ❹

search_button = browser.find_element_by_xpath('//input[@name="btnK"][@type="submit"]')
search_button.click()  # ❺

browser.implicitly_wait(10)
results = browser.find_elements_by_css_selector('div h3 a')  # ❻

for r in results:
    action = webdriver.ActionChains(browser)  # ❼
    action.move_to_element(r)  # ❽
    action.perform()  # ❾
    sleep(2)

browser.quit()
```

❶ まず、入力スペースを探さなければなりません。Googleは、ほかの多くのサイトと同様に、あちこちに入力スペースを持っていますが、通常は大きな1つの検索バーが表示されているだけです。この行は、あらゆる入力フォームを探し出し、候補として適切なグループを用意します。

❷ 入力スペースを反復処理し、隠し要素か可視要素かをチェックします。`is_displayed`が`True`を返したら、それは可視要素なので、検索バーだと判断し、先に進みます。そうでなければ反復処理を続行します。

❸ 可視の入力スペースが見つかったら、その値を`search_bar`変数に代入し、ループを中止して先に進みます。こうすると、最初の可視入力スペースが見つかりますが、おそらくそれが必要としているものです。

❹ `send_keys`メソッドを使ってメソッドを呼び出したインスタンスにキー入力を送ります（この場合は、キー入力が送られるのは検索バーです）。キーボードで入力したように見えますが、Pythonから入力しているのです。

❺ Seleniumは、ページ上の可視要素をクリックすることもできます。ここでは、Seleniumに検索フォームのサブミットボタンをクリックして検索結果を表示するよう指示します。

❻ すべての検索結果を表示するために、この行は`div`に含まれている見出し要素でリンクが付いているものを探します。Googleの検索結果ページはこのような作りになっています。

❼ 個々の検索結果を反復処理し、Seleniumの`ActionChains`を使って一連のアクションを形成し、ブラウザにアクションの実行を指示します。

❽ 移動先の要素を引数として`ActionChains`の`move_to_element`メソッドを呼び出します。

❾ `perform`を呼び出すと、ブラウザは実際に個々の検索結果に移動してハイライト表示します。ブラウザがあまり高速に動作すると、面白いところを見逃してしまうので、次の行を実行するま

で指定した秒数（この場合は2秒）Pythonを待たせる`sleep`を使っています[*1]。

あら不思議。サイトに行き、フォームに入力し、それをサブミットして、SeleniumのAction Chainsで検索結果を順にハイライト表示することがでできています。このように、ActionChains（http://selenium-python.readthedocs.io/api.html#module-selenium.webdriver.common.action_chains）は、ブラウザ内で一連のアクションを実行できる強力なツールです。SeleniumのPythonバインディングのドキュメント（http://selenium-python.readthedocs.org/）には、明示的なウェイト（http://bit.ly/explicit_waits、単にページのロードが完了するまでではなく、特定の要素がロードされるまでブラウザの処理を待つ機能）、アラートの処理（http://bit.ly/selenium_alerts）、デバッグで効果的なスクリーンショットの保存（http://bit.ly/save_screenshot）などの優れた機能のことが書かれています。

Seleniumの強力な機能の一部がわかったところで、最初の100エントリをスクロールするように#WeAreFairphoneサイトのためのコードを書き直すことはできますか（ヒント：ActionChainsを使って各要素をスクロールするのがいやなら、いつでもJavaScriptを使うことができます。Seleniumドライバの`execute_script`メソッド（http://selenium-python.readthedocs.io/api.html#selenium.webdriver.remote.webdriver.WebDriver.execute_script）を使えば、ブラウザコンソールと同じようにJavaScriptを実行できます。JavaScriptでは、`scroll`メソッド（http://bit.ly/window_scroll）が使えます。Seleniumの要素オブジェクトは、ページ上の要素のx、y座標を格納する`location`属性（http://selenium-python.readthedocs.io/locating-elements.html）も持っています）。

今まで、Seleniumを使ってウェブスクレイピングのためにブラウザを操作して利用する方法を学びましたが、話はまだ終わりではありません。Seleniumとヘッドレスブラウザの組み合わせについて見ておきましょう。

12.1.1.1 Seleniumとヘッドレスブラウザ

PhantomJS（http://phantomjs.org/）は、もっともよく使われているヘッドレスブラウザキットの1つです。JavaScriptを使いこなせるなら、PhantomJSで直接スクレイパーを構築できます。しかし、Pythonを使ってPhantomJSを試してみたいなら、SeleniumとPhantomJSを併用します。PhantomJSは、GhostDriver（https://github.com/detro/ghostdriver）の力を借りてページを開き、ウェブをナビゲートします。

なぜヘッドレスブラウザを使うのでしょうか。ヘッドレスブラウザ（http://en.wikipedia.org/wiki/Headless_browser）は、サーバーで実行できます。また、通常のブラウザよりも高速にページを実行、

---

*1 技術監修者注：ここで使われているmoveto機能はgeckodriverにはまだ実装されていないため、`'selenium.common.exceptions.WebDriverException: Message: POST /session/7e6c6f16-20c2-e245-bed0-abe70fc65a8b/moveto did not match a known command'`のようにエラーが発生します。

パースすることができ、通常のブラウザよりも多くのプラットフォームで使えます。最終的にブラウザベースのウェブスクレイピングスクリプトをサーバー上で実行したい場合には、ヘッドレスブラウザを使うことになるでしょう。ほとんどのブラウザは、ロードして正しく実行するために時間がかかりますが、ヘッドレスブラウザなら10分以内でインストールと実行が可能です（どのスタックを使っているかやどのようにデプロイするかによって異なります）。

12.1.2 Ghost.pyによる画面の読み出し[*1]

Ghost.py（http://jeanphix.me/Ghost.py/）は、Qt WebKit（http://doc.qt.io/archives/qt-5.5/qtwebkit-index.html）と直接やり取りするように実装された画面読み出しのためのWebKit実装です。C++で構築されたクロスプラットフォームアプリケーション開発フレームワーク、Qt（http://bit.ly/qt_wikipedia）の上で動作します。

Ghost.pyを使うためには、かなり多くのライブラリをインストールする必要があります。Ghost.pyは、PySide（https://pypi.python.org/pypi/PySide）をインストールできたときにもっとも力を発揮します。PySideがあれば、PythonはQtに接続できるようになり、広い範囲のプログラムやインタラクションにアクセスできるようになります。この作業は時間がかかるので、インストールを開始したらサンドイッチを作って食べてもよいでしょう[*2]。

```
pip install pyside
pip install ghost.py --pre
```

それでは、Ghost.pyを使ってPythonホームページ（http://python.org）に新しいスクレイピングのためのドキュメントを探しましょう。新しいGhost.pyインスタンスの起動は簡単です。

```
from ghost import Ghost


ghost = Ghost()
with ghost.start() as session:  # ❶
    page, extra_resources = session.open('http://python.org')  # ❷

    print page
    print page.url
    print page.headers
    print page.http_status
    print page.content  # ❸
```

＊1　技術監修者注：PySideやPyQt4はPython3.5以上には対応していないためインストールできません。そのためGhost.pyもPython-3.5以上の環境では動作しません。

＊2　PySideのインストールで問題が起きた場合には、使用OSを対象とするPySideプロジェクトのドキュメントを確認してください。代わりにPyQt（http://bit.ly/install_pyqt5）をインストールする方法もあります。GitHubのインストール方法についてのドキュメントが更新されているかどうかもチェックしましょう（https://github.com/jeanphix/Ghost.py#installation）。

```
    print extra_resources

    for r in extra_resources:
        print r.url  # ❹
```

❶ Ghostクラスのセッションオブジェクトを呼び出してページとやり取りするGhostオブジェクトのインスタンスを作ります。

❷ Ghostクラスのopenメソッドは2つのオブジェクトを返すので、この行は2つの変数を使ってそれらのオブジェクトを保存します。第1のオブジェクトはHTML要素とやり取りするために使うページオブジェクト、第2のオブジェクトはページがロードするほかのリソースのリスト（Networkタブに表示されるのと同じリスト）です。

❸ ページオブジェクトには、headers、content、urlなど、多数の属性があります。

❹ ここでは、ページのextra_resourcesを反復処理して役に立つものかどうかの確認のために表示します。これらのURLのなかには、データへのアクセスが簡単になるAPI呼び出しになっているものがときどきあります。

Ghost.pyは、ページが使っているリソースについての情報を提供し（openメソッドでページを初めてオープンしたときからもわかるように、タプルの形で）、実際のページのさまざまな特徴もわかるようにします。また、.content属性を見ればページのコンテンツをロードできるので、LXMLなどのページパーサーでパースしたければそれをした上で、さらにGhost.pyを使ってページを操作することができます。

現在のところ、Ghost.pyの力の源は、ページ上のJavaScript（jQueryではなく）を実行できることにあるので、MDNのJavaScriptガイド（http://bit.ly/moz-dev-js）を開いておくと役に立つでしょう。そうすれば、Ghost.pyとともに使うJavaScriptコードを簡単に検索できるようになります。

私たちはPythonホームページでスクレイピングライブラリを検索したいと思っているので、入力ボックスを探しましょう。

```
print page.content.contains('input')  # ❶

result, resources = session.evaluate(
    'document.getElementsByTagName("input");')  # ❷

print result.keys()
print result.get('length')  # ❸
print resources
```

❶ ページ上にinputタグがあるかどうかをテストします（ほとんどの検索ボックスは、単純にinput要素になっています）。ブール値が返されます。

❷ 単純なJavaScriptを使って、タグ名として"input"を使っているすべての要素を検索します。

❸ レスポンスのJavaScript配列の長さを表示します。

JavaScriptの結果によると、ページ上の入力スペースは2つだけです。どちらを使うかを決めるために、最初の入力スペースが適切かどうかをチェックしてみましょう。

```
result, resources = session.evaluate(
    'document.getElementsByTagName("input")[0].getAttribute("id");')  # ❶

print result
```

❶ インデックス参照により結果のリストの第1要素を取り出し、id属性を調べます。JavaScriptは、要素から直接CSS属性を取り出すため、選択した要素のCSS属性を知りたいときにはこうすると便利です。

Pythonで結果のリストをインデックス参照できるのと同じような形でJavaScriptでもインデックス参照できます。ここでは、最初のinput要素を選択し、そのCSS idを取り出しています。

getElementsByTagName関数が返してきたリストを反復処理するJavaScriptのforループ（http://bit.ly/js_for_mdn）を書いて属性を見ることもできます。ブラウザ内でJavaScriptを試してみたい場合には、コンソールを使えば簡単に試せます（図11-12参照）。

idの値（id-search-field）から、これが検索フィールドのinput要素だとわかるので、ここにデータを送ってみましょう。

```
result, resources = ghost.set_field_value("input", "scraping")
```

このコードは、セレクタ（ここでは単純に"input"）と送り込む文字列（"scraping"）を引数としてset_field_valueメソッドを呼び出しています。Ghost.pyには、入力フォームの一連のフィールドに対する入力として辞書（フィールドと値）を送れるfillメソッド（http://jeanphix.me/Ghost.py/#form）もあります。入力したいフィールドが複数あるときにはこれが便利です。この行により、検索ワードを送り込みました。次に、クエリーをサブミットできるかどうかを試しましょう。フォームのなかに含まれているので、単純にフォームをサブミットしてみます。

```
page, resources = session.fire("form", "submit", expect_loading=True)  # ❶

print page.url
```

❶ JavaScriptイベントを発生させるGhost.pyのfireメソッドを呼び出します。フォーム要素にサブミットイベントのシグナルを送るので、検索ワードがサブミットされ次のページに移動しま

す。expect_loadingにTrueをセットしているので、Ghost.pyには私たちがページのロードを待つことが通知されます。

うまく動いたでしょうか。このコードを実行するとテストでタイムアウトが発生しました。タイムアウトについては、この章の少しあとで詳しく説明しますが、ここでは、いくら待ってもレスポンスが返ってこないのでGhost.pyがレスポンスを待つのを止めたということです。データをサブミットするスクレイパーでは、適切なタイムアウトを指定することがスクリプトを動かし続ける上できわめて重要です。それでは、別のサブミット方法を試しましょう。Ghost.pyは、ページ要素を操作し、クリックすることができるので、それを試してみます。

```
result, resources = session.click('button[id=submit]') # ❶

print result

for r in resources:
    print r.url # ❷
```

❶ Ghost.pyのclickメソッドは、JavaScriptのセレクタを使ってオブジェクトをクリックします。このコードは、id="submit"属性を持つボタンをクリックします。

❷ Ghost.pyを介したページ操作のほとんどでは、処理結果とリソースリストが返されます。この行は、ページ操作から返されたリソースを表示しています。

うーむ。サブミットボタンをクリックしたときには、コンソールのようなURLが返されているようです。Qt WebKitが何を見ているのかを調べてみましょう。Seleniumのsave_screenshotメソッドと同じように、Ghost.pyにはページを「見る」ための機能があります。

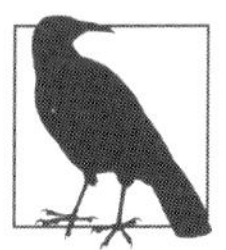

ヘッドレス（WebKit）ブラウザはコードなしでは使えないため、ときどき通常のブラウザとはページが異なるように見えることがあります。Ghost.pyやPhantomJSを使うときには、スクリーンショットを利用して、ヘッドレス（WebKit）ブラウザが使っているページを「見る」ためにスクリーンショットを利用するとよいでしょう。

Ghost.pyのshowメソッドを使えば、ページを「見る」ことができます。

```
session.show()
```

すると、新しいブラウザウィンドウが開いて、スクレイパーが見ているサイトが表示されます。それは図12-3のようなものになるはずです。

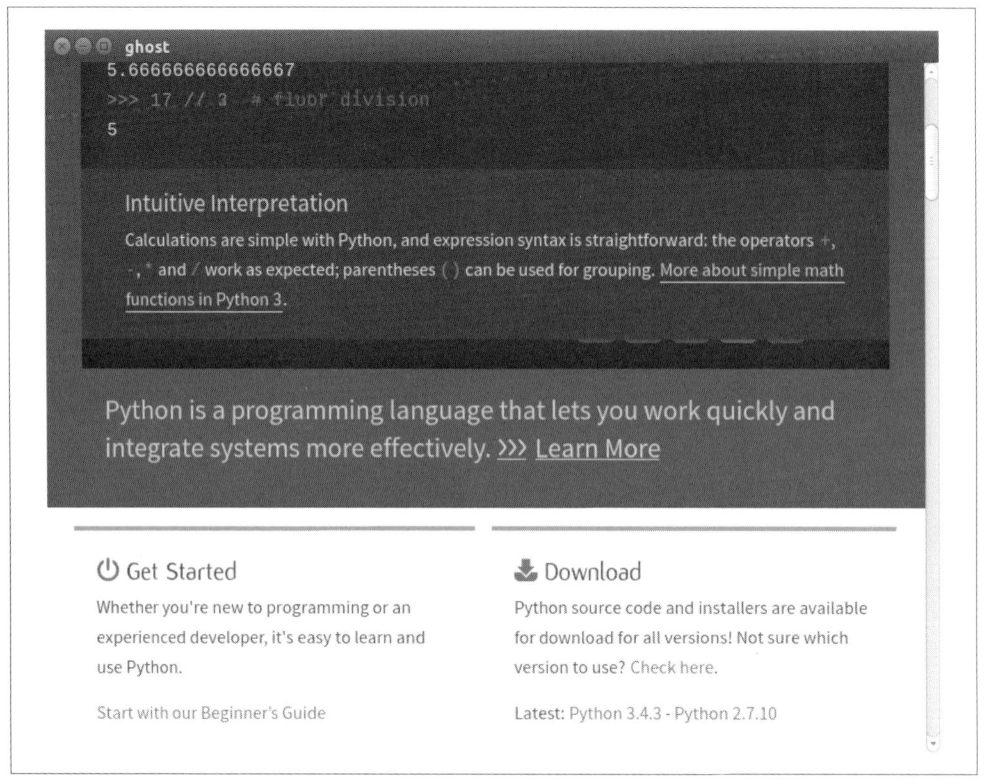

図12-3　Ghostページ

なんと、私たちはページの途中にいます。スクロールアップしてみましょう。

```
session.evaluate('window.scrollTo(0, 0);')

session.show()
```

すると、図12-4のような表示になります。

この内容から、何が問題だったのかが理解できます。ページが通常のブラウザの幅では開かれていないため、検索フィールドとサブミットボタンがすぐには使えない状態だったのです。この問題は、もっと大きなビューポイントを使ってページを開き直せば解決します。サブミットのタイムアウトを長くするという解決方法もあります。

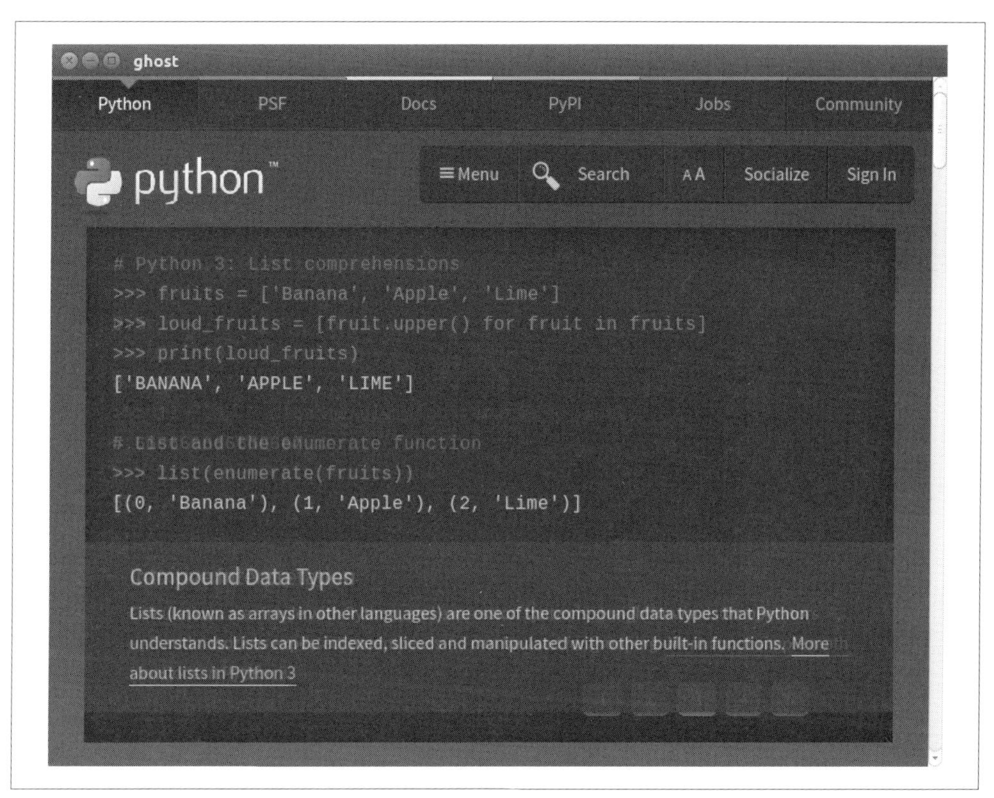

図12-4 Ghostページのトップ

ドキュメント（http://bit.ly/ghost_py_docs）からもわかるように、最初に作るGhostオブジェクトは、`viewport_size`、`wait_timeout`といった引数を取ることができます。

しかし、ここではJavaScriptを使って検索ワードをサブミットできるかどうかを試してみましょう。

```
result, resources = session.evaluate(
    'document.getElementsByTagName("input")[0].value = "scraping";') # ❶
result, resources = session.evaluate(
    'document.getElementsByTagName("form")[0].submit.click()') # ❷
```

❶ 純粋JavaScriptを使って入力スペースに`"scraping"`という値をセットします。

❷ フォームのサブミット要素を呼び出し、JavaScript関数を使って実際にクリックします。

ここで改めて`show`を実行すると、**図12-5**のように表示されます。

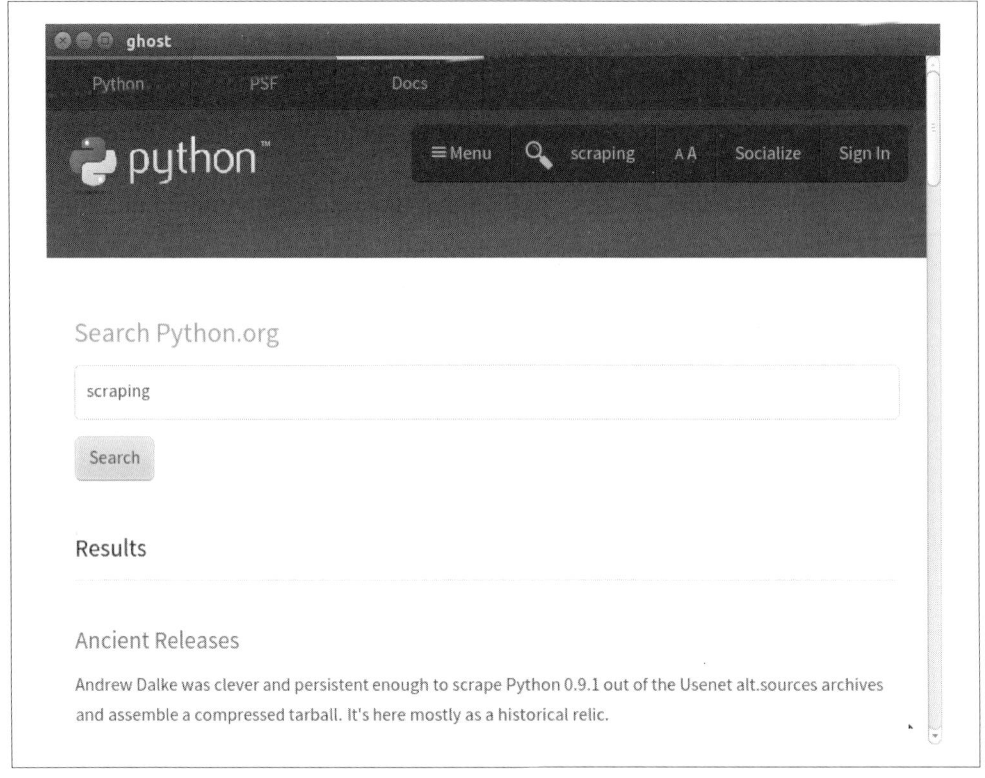

図12-5 Ghostによる検索結果

Qtブラウザを使って検索することに成功しました。Seleniumと比べてスムースに動作しない関数がありますが、Ghost.pyはまだ始まって間もないプロジェクトなので、改善されていくでしょう。

プロジェクトが新しいかどうかはバージョン番号から判断できます。本書執筆時点では、Ghost.pyはまだ1.0に達していません（たぶん本書が互換性を持つのは0.2リリースだけでしょう）。おそらく、Ghost.pyはこれから数年の間に大きく変化するでしょうが、非常に関心をそそられるプロジェクトです。開発者にアイデア、テスト、バグフィックスなどを送って成長を支援しましょう。

ここまではPythonでブラウザとやり取りするための方法をいくつか見てきました。次節では、スパイダリングに踏み込むことにしましょう。

12.2 ウェブのスパイダリング

サイト上の複数のページからデータを取り出したいときには、おそらくスパイダーが最良の方法になるでしょう。ウェブスパイダー（ロボットとも呼ばれます）は、ドキュメントやサイト全体、あるいは一連のドメインやサイトから情報を探したいときに役に立ちます。

スパイダーは高度なスクレイパーと考えることができるでしょう。スパイダーは、URLパターンのマッチングのルールを適用してサイト全体を相手にしながら、ページリーダースクレイパー（第11章で学んだようなスクレイパー）の力を利用することができます。

スパイダーを使えば、サイトがどのような構造になっているかを学べるようになります。たとえば、サイトに面白いデータが格納されているサブセクションがあっても、私たちはそれに気付かないことがあります。スパイダーでドメインを横断的に見ていくと、そのようなサブドメインやリンクされているその他の役に立つコンテンツを利用してレポートを組み立てることができます。

スパイダーを構築するときには、まず、関心を持っているサイトを調査し、コンテンツを見つけて読み出すページリーダー部分を作ります。その部分ができたら、スパイダーがほかの面白いページ、コンテンツを探すために使うフォロールールを作ります。すると、パーサーは、最初に作ったページリーダースクレイパーを使ってコンテンツを集め、保存できるようになります。

スパイダーを使うときには、あらかじめ何を探したいかについての明確な定義を用意するか、まずサイトを探究し、そのあとでより限定的な内容に書き換えるという広いアプローチを使うかになります。広いアプローチを選んだ場合、見つけた内容を使えるデータセットに絞り込むためにあとで膨大なデータクリーンアップ作業が必要になります。

まず、Scrapyを使って最初のスパイダーを作るところから始めましょう。

12.2.1 Scrapyによるスパイダーの構築

Scrapy（http://scrapy.org/）は、Pythonのウェブスパイダーとしてはもっとも強力です。LXML（「11.5 LXMLによるウェブページのパース」参照）のパワーとPythonの非同期ネットワークエンジン、Twisted（http://twistedmatrix.com/trac/）のパワーを結合したものが使えるようになります。大量のタスクを処理しながら例外的に高速なスクレイパーが必要なら、Scrapyを使うことを強くお勧めします。

Scrapyには、結果の複数の形式（CSV、JSONなど）によるエクスポート、複数のオンデマンドスクレイパーを実行する使いやすいサーバーデプロイ構造、プロキシリクエストを処理したりレスポンスステータスがエラーを示しているときに再試行したりするためのミドルウェアなどの優れた機能が組み込みで用意されています。Scrapyは、コードのアップデート、変更のために活用できるエラーログも作ります。

Scrapyを適切に使うためには、Scrapyのクラス体系を学ぶ必要があります。Scrapyは、複数の異なるPythonクラスを使ってウェブをパースし、良質なコンテンツを返します。スパイダークラスを定義するときには、ルールなどのクラス属性も定義します。ウェブのクローリングを開始するとスパイダーがこれらのルールと属性を使います。新しいスパイダーを定義するときには、**継承**（inheritance）と呼ばれるものを使います。

継承

継承は、あるクラスをベースとしてそのクラスの上に追加の属性やメソッドを作れるようにする機能です。

Scrapyでスパイダークラスのどれかを継承すると、役に立つ組み込みメソッド、属性が継承されます。そこで、一部のメソッドや属性に変更を加えると、クラスは自分のスパイダーに固有なものになります。

Pythonの継承は単純です。クラス定義の始まりは、クラスの定義の丸かっこ内に別のクラス名を書き込むだけです。たとえば、`class NewAwesomeRobot(OldRobot):`のようにします。新クラス（ここでは`NewAwesomeRobot`）は、丸かっこ内のクラス（ここでは`OldRobot`）を継承します。Pythonは、この直接継承の機能を提供しているため、私たちは新しいクラスを書くときに積極的にコードを再利用できます。

継承を使えば、一部のメソッドとスパイダーの初期属性を定義し直すだけでScrapyライブラリの豊かなスクレイピングの知識を活用できます。

Scrapyは、継承を使ってページ上のスクレイピング対象コンテンツを定義します。あなたは、個々のScrapyプロジェクトごとに一連のアイテムを集め、複数の異なるスパイダーを作ることになるでしょう。スパイダーはページをスクレイピングして、あなたが設定で定義した形式でアイテム（データ）を返します。

Scrapyスパイダーを使うためには、今までウェブスクレイピングのために使ってきたほかのライブラリよりも大きな構成が必要になりますが、それはごく直観的なものです、スクレイパーの構成によって、プロジェクトは再利用、共有、アップデートしやすいものになります。

Scrapyスパイダーには、複数の異なるタイプがあるので、まずそれらの主要な共通点と相違点を調べておきましょう。**表12-1**に要点をまとめてあります。

表12-1 Scrapyスパイダーのタイプ

スパイダー名	主要な目的	ドキュメント
Spider	特定のサイトとページをパースする。	http://doc.scrapy.org/en/latest/topics/spiders.html#scrapy.spider.Spider
CrawlSpider	リンクのたどり方とよいページの見分け方についての正規表現によるルールに基づいてドメインをパースする。	http://doc.scrapy.org/en/latest/topics/spiders.html#crawlspider
XMLFeedSpider	XMLフィード（RSSなど）をパースしてノードからコンテンツを取り出す。	http://doc.scrapy.org/en/latest/topics/spiders.html#xmlfeedspider
CSVFeedSpider	CSVフィード（またはURL）をパースして行からコンテンツを取り出す。	http://doc.scrapy.org/en/latest/topics/spiders.html#csvfeedspider
SiteMapSpider	サイトマップをパースして得られたドメインリストからコンテンツを取り出す。	http://doc.scrapy.org/en/latest/topics/spiders.html#sitemapspider

通常のウェブスクレイピングでは、`Spider`クラスを使います。ドメイン全体を対象とする高度なスクレイピングでは、`CrawlSpider`クラスを使います。XML、またはCSV形式のフィードやファイルがあり、特にそれが大規模な場合には、`XMLFeedSpider`、`CSVFeedSpider`を使ってパースします。サイトマップ（自分自身のサイトでもそれ以外でも）を参照しなければならない場合には、`SiteMapSpider`を使います。

`Spider`と`CrawlSpider`の2大クラスに慣れるために、数種類のクローラーを作ってみましょう。まず、Scrapyスパイダーを使って、前章と同じ絵文字ページ（http://www.emoji-cheat-sheet.com）をクロールするスクレイパーを作ります。ここでは通常の`Spider`クラスを使います。まず、pipを使ってScrapyをインストールしましょう。

```
pip install scrapy
```

ウェブをクロールするときのセキュリティを確保するための機能を提供するservice_identityモジュールもインストールした方がよいとされています。

```
pip install service_identity
```

Scrapyでプロジェクトを立ち上げるためには、単純なコマンドを使います。忘れずにスパイダーに使うディレクトリをカレントディレクトリにしてください。このコマンドは、スパイダーのためにさまざまなフォルダ、サブフォルダを作ります。

```
scrapy startproject scrapyspider
```

カレントフォルダのファイルリストから、膨大なサブフォルダとファイルを持つ新しい親フォルダが作られていることがわかります。Scrapyサイト（http://bit.ly/scrapy_creating_project）でドキュメント化されているように、構成のために複数の異なるファイルが作られます（メインフォルダにscrapy.cfg、プロジェクトフォルダにsettings.pyが作られ、スパイダーファイルを格納するためのフォルダとアイテムを定義するために使われるファイルが作られます)。

スクレイパーをビルドする前に、ページのデータを使って収集したいアイテムを定義する必要があります。items.pyファイル（プロジェクトフォルダにあります）をオープンして、ページデータを格納するように書き換えましょう。

```
# -*- coding: utf-8 -*-

# ここでスクレイピングされるアイテムのモデルを定義します
#
# 次のドキュメントを参照してください。
# http://doc.scrapy.org/en/latest/topics/items.html

import scrapy


class EmojiSpiderItem(scrapy.Item):  # ❶
    emoji_handle = scrapy.Field()  # ❷
    emoji_image = scrapy.Field()
    section = scrapy.Field()
```

❶ scrapy.Itemクラスを継承して新しいクラスを作ります。そのため、scrapy.Itemクラスの組み込みメソッドと属性を使えます。

❷ 各フィールド（またはデータ値）を定義するために、クラスに新しい行を追加して、属性名を指定し、scrapy.Field()オブジェクトを初期値として渡します。これらのフィールドは、辞書、タプル、リスト、浮動小数点数、10進法で表された数、文字列を含むPythonのデータ構造をサポートします。

おそらく、items.pyファイルの主要な部分があらかじめ作られていることに気付かれたでしょう。これは、すぐに開発に取り掛かれるようにするとともに、プロジェクトが正しい構造になるようにするための優れた機能です。これらすべての道具立てを揃えてくれるstartprojectコマンドは、新しいScrapyプロジェクトを作る方法としては最高のものです。データを収集するための新しいクラスの設定も非常に簡単です。わずか数行のPythonコードで、私たちは注目するフィールドを定義し、スパイダーでアイテムを扱えるようになります。

スパイダークラスの開発に取り掛かるために、新しいプロジェクトディレクトリ構造のなかのspidersフォルダに新しいファイルを作りましょう。ファイル名は、emo_spider.pyとします。

```
import scrapy
from scrapyspider.items import EmojiSpiderItem  # ❶


class EmoSpider(scrapy.Spider):  # ❷
    name = 'emo'  # ❸
```

```
    allowed_domains = ['emoji-cheat-sheet.com']  # ❹
    start_urls = [
        'http://www.emoji-cheat-sheet.com/',  # ❺
    ]

    def parse(self, response):  # ❻
        self.log('A response from %s just arrived!' % response.url)  # ❼
```

❶ Scrapyのインポートは、モジュールの出発点としてルートプロジェクトフォルダを使うので、インポートに親フォルダとしてそれを組み込むようにします。この行は、scrapyspider.itemsモジュールからEmojiSpiderItemクラスをインポートします。

❷ ここでは、単純なscrapy.Spiderクラスを基底クラスとして継承によりEmoSpiderという新クラスを定義します。そこで、スパイダーにスクレイピングするURLやスクレイピングしたコンテンツの処理方法を指示するために、決められた初期化属性（http://bit.ly/scrapy_spiders）が必要になります。これらの属性は、以下の数行で定義します（start_urls、name、allowed_domains）。

❸ スパイダー名は、コマンドラインタスクでスパイダーを識別するときに使います。

❹ allowed_domainsは、スパイダーにどのドメインをスクレイピングするかを指示します。このリストにないドメインを指すリンクを見ても、スパイダーは無視します。この属性は、TwitterやFacebookに対するリンクが含まれていても、スパイダーがTwitterやFacebook全体をスクレイピングしないようにできるため、クロールスクレイパーを書くときには役に立ちます。サブドメインも渡せます。

❺ Spiderクラスは、start_urls属性を使って、URLリストを反復処理します。CrawlSpiderクラスは、マッチするURLを探しに行くための出発点としてこの属性を使います。

❻ クラス内でdefとメソッド名を指定してメソッドを定義し、スパイダーのparseメソッドが行うべきことを再定義します。クラスのメソッドを定義するときには、ほとんどかならずまずselfを渡します。これは、メソッドを呼び出すオブジェクトが第1引数だからです（つまり、list.append()は、まず最初の引数としてリストオブジェクト自身を渡し、続いてかっこ内の引数を渡します）。parseの第2引数はresponseです。ドキュメント（http://bit.ly/scrapy_parse）にも書かれているように、parseメソッドにはレスポンスオブジェクトが渡されます。関数を定義するときと同じように、行末にはコロンを置きます。

❼ スパイダーのテストを始めるために、Scrapyチュートリアルを真似したこの行は、スパイダーのlogメソッドを使ってログにメッセージを送っています。

このScrapyスパイダーを実行するためには、正しいディレクトリをカレントディレクトリにしていなければなりません（scrapy.cfgファイルが格納されているscrapyspider）。そして、ページをパースするための正しいコマンドラインパラメータが必要です。

```
scrapy crawl emo
```

ログは、スパイダーがオープンされたこととスパイダーが実行しているミドルウェアを表示します。そして、終わり近くに次のような部分が含まれているはずです。

```
2015-06-03 15:47:48+0200 [emo] DEBUG: A resp from www.emoji-cheat-sheet.com
    arrived!
2015-06-03 15:47:48+0200 [emo] INFO: Closing spider (finished)
2015-06-03 15:47:48+0200 [emo] INFO: Dumping Scrapy stats:
    {'downloader/request_bytes': 224,
     'downloader/request_count': 1,
     'downloader/request_method_count/GET': 1,
     'downloader/response_bytes': 143742,
     'downloader/response_count': 1,
     'downloader/response_status_count/200': 1,
     'finish_reason': 'finished',
     'finish_time': datetime.datetime(2015, 6, 3, 13, 47, 48, 274872),
     'log_count/DEBUG': 4,
     'log_count/INFO': 7,
     'response_received_count': 1,
     'scheduler/dequeued': 1,
     'scheduler/dequeued/memory': 1,
     'scheduler/enqueued': 1,
     'scheduler/enqueued/memory': 1,
     'start_time': datetime.datetime(2015, 6, 3, 13, 47, 47, 817479)}
```

私たちのスクレイパーは、約1秒で1ページをパースしました。parseメソッドが書いたログも見ることができます。すばらしい。私たちは最初のアイテムとクラスを定義し、設定、実行することに成功したのです。

次のステップは、実際にページをパースし、コンテンツを抽出することです。ここでもう1つの組み込みの機能を試しましょう。Scrapyシェルです。Scrapyシェルは、Pythonの対話的インターフェイスやコマンドラインシェルと似ていますが、すべてのスパイダーコマンドが使えます。シェルを使えば、ページを調査し、コンテンツを取り出す方法をはっきりさせるのは簡単なことです。Scrapyシェルは、単純に次のコマンドを実行すれば起動します。

```
scrapy shell
```

呼び出せるオプションや関数のリストが表示されるはずです。そのなかの1つにfetchがあるので試してみましょう。

```
fetch('http://www.emoji-cheat-sheet.com/')
```

スクレイピングの出力と似た出力が表示されます。URLをクローリングしたことを示すメッセージが表示され、新しい利用可能オブジェクトのリストが表示されます。そのなかにリクエストに対するresponseオブジェクトがあります。このresponseは、parseメソッドが使うのと同じレスポンスオブジェクトです。では、レスポンスオブジェクトを操作する方法を試してみましょう。

```
response.url
response.status
response.headers
```

これらはそれぞれ何らかのデータを返すはずです。urlは、ログメッセージを書くために使ったのと同じURLです。statusは、レスポンスのHTTPステータスコードを示します。headerは、サーバーがレスポンスとともに返したヘッダーの辞書を示します。

response.と入力してから[Tab]キーを押すと、レスポンスオブジェクトで使えるメソッドと属性をすべて示すリストが表示されます。IPythonターミナルでは、ほかのPythonオブジェクトでも同じことができます[*1]。

個々のレスポンスオブジェクトは、xpath、cssメソッドも持っています。これらは、この章と第11章でずっと使ってきたセレクタとよく似ています。すでに推測されているかと思いますが、xpathはXPath文字列、cssはCSSセレクタを受け付けます。このページのために書いたXPathを使って選択をしてみましょう。

```
response.xpath('//h2|//h3')
```

このコマンドを実行すると、次のようなリストが返されるでしょう。

```
[<Selector xpath='//h2|//h3' data=u'<h2>People</h2>'>,
 <Selector xpath='//h2|//h3' data=u'<h2>Nature</h2>'>,
 <Selector xpath='//h2|//h3' data=u'<h2>Objects</h2>'>,
 <Selector xpath='//h2|//h3' data=u'<h2>Places</h2>'>,
 <Selector xpath='//h2|//h3' data=u'<h2>Symbols</h2>'>,
 <Selector xpath='//h2|//h3' data=u'<h3>Campfire also supports a few sounds<'>]
```

それでは、これらの見出しからテキストのコンテンツだけを読み出す方法を試してみましょう。Scrapyを使って、探している要素そのものを抽出したいことがきっとあるでしょう。しかし、get、text_contentといったメソッドはありません。XPathの知識を使って見出しタグからテキストだけを抽出できるかどうかを試してみます。

```
for header in response.xpath('//h2|//h3'):
    print(header.xpath('text()').extract())
```

＊1 IPythonをインストールしてあれば、ほとんどのPythonシェルで同じ補完機能が使えます。表示されない場合は、マシンに.pythonrcファイルを追加し（http://bit.ly/py_tab_completion）、それをPYTHONSTARTUP環境変数の値としてセットしてください。

すると、次のような出力が得られるでしょう。

```
[u'People']
[u'Nature']
[u'Objects']
[u'Places']
[u'Symbols']
[u'Campfire also supports a few sounds']
```

extractメソッドは、マッチした要素のリストを返すことがわかります。属性を表す@記号とテキストを取り出すtext()を使うことができます。「**11.5.1　XPathを使う理由**」で書いたLXMLコードは、一部書き換えなければなりませんが、かなりの部分ではまったく同じロジックを使えます。

```
import scrapy
from scrapyspider.items import EmojiSpiderItem


class EmoSpider(scrapy.Spider):
    name = 'emo'
    allowed_domains = ['emoji-cheat-sheet.com']
    start_urls = [
        'http://www.emoji-cheat-sheet.com/',
    ]

    def parse(self, response):
        headers = response.xpath('//h2|//h3')
        lists = response.xpath('//ul')
        all_items = []  # ❶
        for header, list_cont in zip(headers, lists):
            section = header.xpath('text()').extract()[0]  # ❷
            for li in list_cont.xpath('li'):
                item = EmojiSpiderItem()  # ❸
                item['section'] = section
                spans = li.xpath('div/span')
                if len(spans):
                    link = spans[0].xpath('@data-src').extract()  # ❹
                    if link:
                        item['emoji_link'] = response.url + link[0]  # ❺
                    handle_code = spans[1].xpath('text()').extract()
                else:
                    handle_code = li.xpath('div/text()').extract()
                if handle_code:
                    item['emoji_handle'] = handle_code[0]  # ❻
                all_items.append(item)  # ❼
        return all_items  # ❽
```

❶ ページごとに複数のアイテムがあることがわかっているので、ページを処理しているうちに見つ

かったアイテムのリストを格納するためのリストをparseメソッドの冒頭で作ります。

❷ LXMLスクリプトのときのようにheader.textを呼び出すのではなく、この行はテキストセクション(.xpath("text()"))を探し出し、extract関数で抽出します。メソッドがリストを返すこともわかっているので、先頭要素(唯一の要素でもあります)を取り出してsectionに代入します。

❸ アイテムを定義します。リストの個々の要素のために新しいEmojiSpiderItemオブジェクトを作るためにクラス名と空の丸かっこを使っています。

❹ データ属性を抽出するために、この行はXPathの@セレクタを使っています。最初のspanを選択し、@data-src属性を抽出します。戻り値はリストです。

❺ フルパスのemoji_link属性を作るために、この行はレスポンスURLと@data-src属性の最初の要素を連結しています。itemのフィールドを設定するために、キー(すなわちフィールド名)に値を代入するという辞書の構文を使っています。

❻ 絵文字とサウンドのハンドル文字列を探し出し、emoji_handleフィールドを設定しています。ここでは、一部のコードを結合して繰り返しを取り除いています。

❼ リスト要素のイテレーションの末尾では、all_itemsリストに新しいアイテムを追加します。

❽ parseメソッドの末尾では、見つかったすべてのアイテムのリストを返します。Scrapyは返されたアイテム、またはアイテムのリストを使ってスクレイピングに進みます(通常、読んで使える形式でのデータの保存、クリーンアップ、出力のいずれかを行います)。

Scrapyのextract呼び出しを追加し、ページから抽出するテキストや属性を明示するようになりました。Scrapyのアイテムはフィールドの有無を自動的に見分けるので、Noneによる初期化も使っていません。そのため、出力をCSVやJSONにエクスポートすると、それらはnullと見つかった値の両方を示します。Scrapyを使うようにコードを変えたので、scrapy crawlを改めて実行してみましょう。

```
scrapy crawl emo
```

最初のスクレイピングと同じような出力が表示されますが、今回はかなり行数が増えています。Scrapyは、ウェブをパースしていて見つけたすべてのアイテムをログに残します。そして、最後にエラー、デバッグ情報、スクレイピングされたアイテム数を表示します。

```
2015-06-03 18:13:51+0200 [emo] DEBUG: Scraped from
    <200 http://www.emoji-cheat-sheet.com/>
    {'emoji_handle': u'/play butts',
     'section': u'Campfire also supports a few sounds'}
2015-06-03 18:13:51+0200 [emo] INFO: Closing spider (finished)
2015-06-03 18:13:51+0200 [emo] INFO: Dumping Scrapy stats:
    {'downloader/request_bytes': 224,
     'downloader/request_count': 1,
```

```
    'downloader/request_method_count/GET': 1,
    'downloader/response_bytes': 143742,
    'downloader/response_count': 1,
    'downloader/response_status_count/200': 1,
    'finish_reason': 'finished',
    'finish_time': datetime.datetime(2015, 6, 3, 16, 13, 51, 803765),
    'item_scraped_count': 924,
    'log_count/DEBUG': 927,
    'log_count/INFO': 7,
    'response_received_count': 1,
    'scheduler/dequeued': 1,
    'scheduler/dequeued/memory': 1,
    'scheduler/enqueued': 1,
    'scheduler/enqueued/memory': 1,
    'start_time': datetime.datetime(2015, 6, 3, 16, 13, 50, 857193)}
2015-06-03 18:13:51+0200 [emo] INFO: Spider closed (finished)
```

Scrapyは、わずか1秒ほどの間に900を超えるアイテムをパースしました。驚くべき数字です。ログからは、すべてのアイテムがパースされ、追加されていることがわかります。エラーはありませんでした。エラーがあれば、DEBUG、INFO出力行と同じように、最後の出力にその数が表示されます。

しかし、まだスクリプトから実際の出力を得られていません。出力は組み込みのコマンドラインパラメータを使って設定することができます。次のようにオプションを追加して`scrapy crawl`を再度実行してみましょう。

```
scrapy crawl emo -o items.csv
```

スクレイピングが終わると、プロジェクトのルートディレクトリに`items.csv`ファイルが作られているはずです。開いてみると、すべてのデータがCSV形式にエクスポートされているのがわかります。.jsonファイル、.xmlファイルもエクスポートできるので、ファイル名を書き換えて試してみてください。

おめでとうございます。初めてのウェブスパイダーが完成しました。わずか数個のファイルと50行足らずのコードで、1分もかからないうちにページ全体（900を超えるアイテム）をパースし、読みやすくシェアしやすい形式にその結果を出力することができたのです。このように、Scrapyは本当に強力でとてつもなく役に立つツールです。

12.2.2 Scrapyによるウェブサイト全体のクロール

Scrapyシェルと`crawl`を使って通常のページをパースすることはできましたが、Scrapyのパワーとスピードでウェブサイト全体をクロールするにはどうすればよいのでしょうか。`CrawlSpider`の機能を試すためには、まず何をクロールするかを決めなければなりません。PyPIホームページ（http://pypi.python.org）でスクレイピングに関連したPythonパッケージを探してみましょう。まず、ページを見て、どのデータを取り出すかを決めます。「scrape」という単語を検索すると表示される検索結果ページ（http://bit.ly/scrape_packages）から個々のパッケージのページに行くと、さらにドキュメント、関連パッケージへのリンク、サポートされているPythonバージョンのリスト、最近のダウンロード数などが表示されています。

以上からアイテムモデルを作ることができます。通常は、同じデータを対象とするのでもない限り、スクレイパーごとに新しいプロジェクトを作りますが、ここでは説明の都合上絵文字スクレイパーと同じフォルダを使います。まず、`items.py`ファイルを書き換えます。

```
# -*- coding: utf-8 -*-

# ここでスクレイピングされるアイテムのモデルを定義します
#
# 次のドキュメントを参照してください。
# http://doc.scrapy.org/en/latest/topics/items.html

import scrapy


class EmojiSpiderItem(scrapy.Item):
    emoji_handle = scrapy.Field()
    emoji_link = scrapy.Field()
    section = scrapy.Field()


class PythonPackageItem(scrapy.Item):
    package_name = scrapy.Field()
    version_number = scrapy.Field()
    package_downloads = scrapy.Field()
    package_page = scrapy.Field()
    package_short_description = scrapy.Field()
    home_page = scrapy.Field()
    python_versions = scrapy.Field()
    last_month_downloads = scrapy.Field()
```

前のクラスのすぐ下に直接新しいアイテムクラスを定義します。ファイルを読みやすく、2つのクラスを区別しやすくするために、2つのクラスの間には空行を少し入れました。過去1か月のダウンロード数、パッケージのホームページ、サポートするPythonバージョン、パッケージのバージョン番号など、パッケージページで知りたい情報についてのフィールドを追加しています。

アイテムを定義したら、Scrapelyページを使ってScrapyシェルでコンテンツを調査します。ちなみに、ScrapelyはScrapyの作者たちによるPythonを使った画面読み出しのプロジェクトです。もしまだなら、ここでIPythonをインストールすることをお勧めします。IPythonを使えば、入出力はここで示すものと同じになりますし、IPythonでしか使えないシェルツールもあります。`scrapy` shellで開いたシェルのなかで、まず次のコマンドを使ってコンテンツをフェッチします。

```
fetch('https://pypi.python.org/pypi/scrapely/0.12.0')
```

画面上部のブレッドクラム（Package Index > scrapely > 0.12.0のようにリンク先を表示してある部分）からバージョン番号をフェッチできるかどうか試してみます。ブレッドクラムは、"breadcrumb"というIDのdivに含まれていることがわかります。この要素を探すXPathを書きましょう。

```
In [2]: response.xpath('//div[@id="breadcrumb"]')
Out[2]: [<Selector xpath='//div[@id="breadcrumb"]'
        data=u'<div id="breadcrumb">\n              <a h'>]
```

IPythonのOutメッセージから、breadcrumb divが正しく見つかったことがわかります。ブラウザのInspection（Elements）タブで要素を調べると、テキストは、そのdivに含まれるアンカータグにあることがわかります。次のように、XPathをさらに絞り込み、子のアンカータグのなかのテキストを探すように指示します。

```
In [3]: response.xpath('//div[@id="breadcrumb"]/a/text()')
Out[3]:
[<Selector xpath='//div[@id="breadcrumb"]/a/text()' data=u'Package Index'>,
 <Selector xpath='//div[@id="breadcrumb"]/a/text()' data=u'scrapely'>,
 <Selector xpath='//div[@id="breadcrumb"]/a/text()' data=u'0.12.0'>]
```

バージョン番号はdivのなかの最後のアンカータグにあるため、抽出したリストの最後の要素を取り出せばよいことことがわかります。正規表現（「**7.2.6　正規表現マッチング**」参照）やPythonのis_digit（「**7.2.3　外れ値や不良データの検出**」参照）を使ってバージョンデータが数字になっていることを確認することもできます。

では、これよりも少し複雑な部分、つまり過去1か月のダウンロード数の抽出方法を見てみましょう。ブラウザで要素を調べると、番号なしリストの要素のなかのspanであることがわかります。これらの要素のなかにCSS ID、クラスを持っているものは1つもありません。しかも、spanは"month"という単語を含んでいません（検索を簡単にするため）。使えるセレクタを探してみましょう。

```
In [4]: response.xpath('//li[contains(text(), "month")]')
Out[4]: []
```

おっと。XPathテキスト検索は簡単に答えが見つかりません。しかし、XPathはクエリーを少し変えてよく似たものをパースすると動作が変わることがあることに気付くと、チャンスが生まれる場合があります。次のコマンドを試してみましょう。

```
In [5]: response.xpath('//li/text()[contains(., "month")]')
Out[5]: [<Selector xpath='//li/text()[contains(., "month")]'
```

```
         data=u' downloads in the last month\n '>]
```

こちらが動作して最初のものが動作しなかったのはなぜでしょうか。問題の要素は`li`要素のなかの`span`ですが、検索テキストはその`span`の後ろなので、XPathパターン検索の階層構造を勘違いしてしまったのです。ページ構造が乱雑であればあるほど、完全なセレクタを書くのも難しくなります。第2のパターンでリクエストしたのは、少し異なります。「monthというテキストをどこかに含む`li`を見せてくれ」ではなく、「`li`のテキストで、そのなかのどこかにmonthという語を含むものを見せてくれ」と言っているのです。小さな違いですが、乱雑なHTMLを扱うときには、複数のセレクタを試してみて、コンテンツの難しい部分に手を付けないというテクニックが有効なことがあります。

しかし、本当に必要なデータは、ダウンロード数を含む`span`の内容です。XPathの階層構造表現の利点を活用すれば、階層の上に移動してその`span`を探し出すことができます。次のコードを試してみましょう。

```
In [6]: response.xpath('//li/text()[contains(., "month")]/..')
Out[6]: [<Selector xpath='//li/text()[contains(., "month")]/..' data=u'<li>\n
        <span>668</span> downloads in t'>]
```

`..`演算子を使っているため、実質的に親ノードに戻っていることになります。そのため、`span`のあとのテキストと`span`自体の両方を選択しています。最後に、`span`を選択すれば、テキストを取り除くことを考えなくて済みます。

```
In [7]: response.xpath('//li/text()[contains(., "month")]/../span/text()')
Out[7]: [<Selector xpath='//li/text()[contains(., "month")]/../span/text()'
        data=u'668'>]
```

すばらしい。これで探していた数値が手に入りました。私たちはコンテンツがどこにあるのかを「推測」しようとしたのではなく、ページの階層構造に基づいて選択をしているので、この方法はすべてのページで使えるはずです。

XPathのスキルを活用して要素を探し、XPathをデバッグするときにはシェルを使いましょう。経験を積んでくると、最初から動作するセレクタを簡単に書けるようになってくるので、さまざまなタイプのセレクタをテストし、多くのウェブスクレイパーを書いてみることをお勧めします。

まず、`Spider`クラスを使って`Scrapely`ページを正しくパースすることがわかっているスクレイパーを作ってから、それを`CrawlSpider`クラスで使えるようにします。2、3個の要素がある問題は、タスクの1つの部分を完成させてから次の部分に取り掛かるようにするとよいでしょう。`CrawlSpider`を使うと、2つの部品（マッチするページを見つけるためのクロールルールとページのスクレイピング）をデバッグしなければならないので、まず片方の部品が動作することをテストして確かめるべきです。先にマッチする1つか2つのページで動作するスクレイパーを作ってから、クロールルールを書いてクローリングのロジックをテストすることをお勧めします。

Pythonパッケージページで動作する完成したSpiderを見てみましょう。このコードは、spidersフォルダにemo_spider.pyファイルとともに格納してください。

```
import scrapy
from scrapyspider.items import PythonPackageItem


class PackageSpider(scrapy.Spider):
    name = 'package'
    allowed_domains = ['pypi.python.org']
    start_urls = [
        'https://pypi.python.org/pypi/scrapely/0.12.0',
        'https://pypi.python.org/pypi/dc-campaign-finance-scrapers/0.5.1',  # ❶
    ]

    def parse(self, response):
        item = PythonPackageItem()  # ❷
        item['package_page'] = response.url
        item['package_name'] = response.xpath(
            '//div[@class="section"]/h1/text()').extract()
        item['package_short_description'] = response.xpath(
            '//meta[@name="description"]/@content').extract()  # ❸
        item['home_page'] = response.xpath(
            '//li[contains(strong, "Home Page:")]/a/@href').extract()  # ❹
        item['python_versions'] = []
        versions = response.xpath(
            '//li/a[contains(text(), ":: Python ::")]/text()').extract()
        for v in versions:
            version_number = v.split("::")[-1]  # ❺
            item['python_versions'].append(version_number.strip())  # ❻
        item['last_month_downloads'] = response.xpath(
            '//li/text()[contains(., "month")]/../span/text()').extract()
        item['package_downloads'] = response.xpath(
            '//table/tr/td/span/a[contains(@href,"pypi.python.org")]/@href'  # ❼
        ).extract()
        return item  # ❽
```

❶ まだ調べていない別のURLを追加しています。複数のURLを使えば、SpiderからCrawlSpiderに移る前にクリーンで再利用できるコードを作れているかを手軽にテストできます。

❷ このスクレイパーでは、ページごとに1つのアイテムしかありません。この行は、parseメソッドの冒頭でそのアイテムを作っています。

❸ SEO（検索エンジン最適化）について少し学ぶと、パース中のページについて読みやすい説明を手に入れるために大いに役に立ちます。ほとんどのサイトは、短い説明、キーワード、タイトル、Facebook、Pinterestなどのサイトのためのmetaタグを作っています。この行は、データコレクションにその短い説明の部分を取り込んでいます。

❹ パッケージのホームページURLの"Home Page:"というテキストは、liのなかのstrongタグに含まれています。この行は、アンカータグからリンクだけを取り出しています。

❺ 対応するPythonのバージョン番号が書かれているリンクを確認すると、個々の項目は、::で"Python"という文字列とバージョン番号を区切っていることがわかります。そして、バージョン番号はかならず最後に含まれているので、::を区切り文字として文字列を分割し、最後の要素を取り出しています。

❻ バージョン番号のテキストから余分なスペースを取り除き、Pythonバージョンリストに追加します。アイテムのpython_versionsキーは、対応するすべてのPythonバージョンを格納します。

❼ 表のなかのダウンロードパッケージへのリンクは、MC5チェックサムとは異なり、pypi.python.orgというドメインを明示していることがわかります。この行は、リンクがドメインを含んでいるかどうかをテストし、含んでいるリンクだけを取り込みます。

❽ Scrapyは、parseメソッドの末尾で私たちがアイテム（またはアイテムのリスト）を返すことを想定して作られています。この行はアイテムを返しています。

このコードを実行すると（scrapy crawl *package*）、2つのアイテムが得られ、エラーは起こりません。しかし、データの内容に一貫性がなくバラバラです。たとえば、ダウンロードごとにサポートしているPythonバージョンが示されているわけではありません。ダウンロードごとにサポートバージョンを示すには、表のPyVersionフィールドからバージョン番号を読み出し、ダウンロードファイルに対応付けることになります。どうすればよいでしょうか（ヒント：PyVersionは表の各行の第3列にあります。そして、XPathには、要素のインデックスを渡せます）。また、次の出力（ページに収まるように整形されているため、実際の出力とは少し異なります）が示すように、データは少しぐちゃぐちゃとしています。

```
2015-09-10 08:19:34+0200 [package_test] DEBUG: Scraped from
    <200 https://pypi.python.org/pypi/scrapely/0.12.0>
    {'home_page': [u'http://github.com/scrapy/scrapely'],
     'last_month_downloads': [u'668'],
     'package_downloads':
     [u'https://pypi.python.org/packages/2.7/s/' + \
       'scrapely/scrapely-0.12.0-py2-none-any.whl',
      u'https://pypi.python.org/packages/source/s/' + \
       'scrapely/scrapely-0.12.0.tar.gz'],
     'package_name': [u'scrapely 0.12.0'],
```

```
    'package_page': 'https://pypi.python.org/pypi/scrapely/0.12.0',
    'package_short_description':
    [u'A pure-python HTML screen-scraping library'],
    'python_versions': [u'2.6', u'2.7']}
```

文字列か整数にすべきところで文字列の配列を使っているフィールドがあります。そこでクロールルールを定義する前に、データをクリーンアップするヘルパーメソッドを作りましょう。

```
import scrapy
from scrapyspider.items import PythonPackageItem


class PackageSpider(scrapy.Spider):
    name = 'package'
    allowed_domains = ['pypi.python.org']
    start_urls = [
        'https://pypi.python.org/pypi/scrapely/0.12.0',
        'https://pypi.python.org/pypi/dc-campaign-finance-scrapers/0.5.1',
    ]

    def grab_data(self, response, xpath_sel):  # ❶
        data = response.xpath(xpath_sel).extract()  # ❷
        if len(data) > 1:  # ❸
            return data
        elif len(data) == 1:
            if data[0].isdigit():
                return int(data[0])  # ❹
            return data[0]  # ❺
        return []  # ❻

    def parse(self, response):
        item = PythonPackageItem()
        item['package_page'] = response.url
        item['package_name'] = self.grab_data(
            response, '//div[@class="section"]/h1/text()')  # ❼
        item['package_short_description'] = self.grab_data(
            response, '//meta[@name="description"]/@content')
        item['home_page'] = self.grab_data(
            response, '//li[contains(strong, "Home Page:")]/a/@href')
        item['python_versions'] = []
        versions = self.grab_data(
            response, '//li/a[contains(text(), ":: Python ::")]/text()')
        for v in versions:
            item['python_versions'].append(v.split("::")[-1].strip())
        item['last_month_downloads'] = self.grab_data(
            response, '//li/text()[contains(., "month")]/../span/text()')
        item['package_downloads'] = self.grab_data(
```

```
        response,
        '//table/tr/td/span/a[contains(@href,"pypi.python.org")]/@href')
    return item
```

❶ 引数としてselfオブジェクト、レスポンスオブジェクト、コンテンツを抽出するためのセレクタを取る新しいメソッドを定義しています（selfを取っているので、スパイダーは通常のメソッドのようにこのメソッドも呼び出せます）。

❷ 関数の引数として渡されたセレクタを使ってデータを抽出しています。

❸ データが2個以上なら、リストを返します。おそらくすべてのデータが必要なので、そのままの形でデータを返します。

❹ データが1個で数字なら、この行は整数を返します。ダウンロード数が該当します。

❺ データが1個で数字でなければ、この行はデータ自体を返します。データがリンクや単純なテキストを格納しているときが該当します。

❻ 関数がまだ制御を返していなければ、この行は空リストを返します。ここでリストを使うのは、データが見つからなければextractは空リストを返すからです。Noneや空文字列を使うと、CSVに保存するときにほかのコードを書き換える必要があるかもしれません。

❼ レスポンスオブジェクトとXPathセレクタを引数としてself.grab_dataを呼び出し、新関数を実行します。

これでコードとデータはクリーンになり、コードの繰り返しは減りました。もっと改良することはできるでしょうが、いつまでもここに留まっているわけにもいかないので、クロールルールの定義に進みましょう。クロールルールは正規表現でどのようなタイプのURLをフォローするかを定義して、スパイダーに行き先を指示します（第7章で正規表現を扱っておいてよかったと思いませんか。あなたはもう正規表現のプロになっているのですから）。2つのパッケージリンク（https://pypi.python.org/pypi/dc-campaign-finance-scrapers/0.5.1とhttps://pypi.python.org/pypi/scrapely/0.12.0）から、両者には次のような共通点があることがわかります。

- どちらもドメインが同じpypi.python.orgで、どちらもhttpsを使っています。
- URLのパスが/pypi/<name_of_the_library>/<version_number>という同じパターンになっています。
- ライブラリ名は小文字とダッシュ、バージョン番号は数字とピリオドを使っています。

これらの類似点を利用して正規表現のルールを定義します。スパイダーに正規表現を書き込む前に、Pythonコンソールで試してみましょう。

```
import re

urls = [
```

```
        'https://pypi.python.org/pypi/scrapely/0.12.0',
        'https://pypi.python.org/pypi/dc-campaign-finance-scrapers/0.5.1',
    ]

    to_match = 'https://pypi.python.org/pypi/[\w-]+/[\d\.]+'  # ❶

    for u in urls:
        if re.match(to_match, u):
            print(re.match(to_match, u).group())  # ❷
```

❶ プロトコルがhttps、ドメインがpypi.python.orgで、パスが上記の特徴を持つリンクを探します。パスは最初の部分がpypi、次の部分が小文字のテキストと - 記号の組み合わせ（`[\w-]+`で簡単にマッチさせられます）、最後の部分が数字とピリオドの組み合わせ（`[\d\.]+`）です。

❷ 正規表現にマッチした文字列を表示します。Scrapyのクロールスパイダーが使うのは`re`の`match`メソッドなので、それを使っています。

マッチはありました。1つではなく2つです。それでは、どこから始めなければならないのかをもう1度確認しておきましょう。Scrapyクロールスパイダーは、開始URLのリストを見て、それらのページを使ってフォローするURLを見つけてきます。検索結果ページ（http://bit.ly/scrape_packages）をもう1度見ると、このページでは相対URLを使っているので、URLパスだけがマッチすればよいことがわかります。また、リンクはすべて表のなかに含まれているので、Scrapyがクロールするリンクを探すために見る場所を制限できることもわかります。以上の知識を使ってソースコードにクロールルールを追加しましょう。

```
    from scrapy.contrib.spiders import CrawlSpider, Rule  # ❶
    from scrapy.contrib.linkextractors import LinkExtractor  # ❷
    from scrapyspider.items import PythonPackageItem

    class PackageSpider(CrawlSpider):  # ❸
        name = 'package'
        allowed_domains = ['pypi.python.org']
        start_urls = [
            'https://pypi.python.org/pypi?%3A' + \
                'action=search&term=scrape&submit=search',
            'https://pypi.python.org/pypi?%3A' + \
                'action=search&term=scraping&submit=search',  # ❹
        ]

        rules = (
            Rule(LinkExtractor(
                allow=['/pypi/[\w-]+/[\d\.]+', ],  # ❺
                restrict_xpaths=['//table/tr/td', ],  # ❻
            ),
```

```
            follow=True,  # ❼
            callback='parse_package',  # ❽
        ),
    )

    def grab_data(self, response, xpath_sel):
        data = response.xpath(xpath_sel).extract()
        if len(data) > 1:
            return data
        elif len(data) == 1:
            if data[0].isdigit():
                return int(data[0])
            return data[0]
        return []

    def parse_package(self, response):
        item = PythonPackageItem()
        item['package_page'] = response.url
        item['package_name'] = self.grab_data(
            response, '//div[@class="section"]/h1/text()')
        item['package_short_description'] = self.grab_data(
            response, '//meta[@name="description"]/@content')
        item['home_page'] = self.grab_data(
            response, '//li[contains(strong, "Home Page:")]/a/@href')
        item['python_versions'] = []
        versions = self.grab_data(
            response, '//li/a[contains(text(), ":: Python ::")]/text()')
        for v in versions:
            version = v.split("::")[-1]
            item['python_versions'].append(version.strip())
        item['last_month_downloads'] = self.grab_data(
            response, '//li/text()[contains(., "month")]/../span/text()')
        item['package_downloads'] = self.grab_data(
            response,
            '//table/tr/td/span/a[contains(@href,"pypi.python.org")]/@href')
        return item
```

❶ 私たちが初めて書くクロールスパイダーで必要な`CrawlSpider`クラスと`Rule`クラスを1行でまとめてインポートしています。

❷ `LinkExtractor`をインポートしています。デフォルトのリンクエクストラクタ（リンク抽出器）はLXMLを使っています（私たちはもうLXMLコードの書き方を知っています）。

❸ 私たちの`Spider`の基底クラス（継承元）を`CrawlSpider`クラスに定義し直しています。継承元を変更しているので、`rules`属性を定義する必要があります。

❹ scrapeとscrapingの2つの用語を使ってページを検索し、もっと多くのPythonパッケージが見

つかるかどうかを試しています。スパイダーに検索の起点とさせたい場所がほかにいくつもある場合には、ここに長いリストを指定します。

❺ ページ上のリンクがマッチしなければならない正規表現をallowに代入します。相対リンクがあればよいので、プロトコルとドメインを省略してパスの正規表現だけを指定しています。allowはリストを受け付けるので、マッチさせたい正規表現が複数ある場合には、ここで複数のallowルールを指定できます。

❻ クロールスパイダーがフォローするリンクを探す場所を検索結果の表だけに制限します。正規表現にマッチするリンクを探すのは、検索結果の表のなかだけになります。

❼ 正規表現にマッチするリンクをフォロー（ロード）するかどうかを指定します。パースしてコンテンツを抽出したいものの、そこに含まれているリンク（正規表現にマッチするもの）をフォローする必要はないという場合があるので、このような指定をします。リンクをフォローしてリンク先のページを開くようにスパイダーに指示したいときには、follow=Trueを指定します。

❽ Scrapy CrawlSpiderが使うパースメソッドがScrapy Spiderが使うパースメソッドとは異なる場合、紛らわしくならないようにparse以外のコールバックメソッド名をルールに指定します。これでパースメソッドの名前はparse_packageとなり、スパイダーは、正規表現にマッチするURLをフォローしてスクレイピングしたいページをロードしたときにparse_packageメソッドを呼び出すようになります。

クロールスパイダーは、通常のスパイダーと同じように実行できます。

```
scrapy crawl package
```

これで最初のクロールスパイダーを作ったことになります。改善できるところはあるでしょうか。実は、このコードには、簡単にフィックスできるバグが残されています。どれがバグで、どう直せばよいかわかるでしょうか（ヒント：Pythonバージョンで何が起こるかに注目しましょう。それから、バージョンがどのように返されなければならないかを考え（つまり、常にリストでなければなりません）、grab_dataが一部のデータをどのように返しているかをよく見ましょう。クロールスパイダースクリプトのバグを取り除けるか試してみてください。行き詰まったら、本書のリポジトリ（https://github.com/jackiekazil/data-wrangling）には完全にフィックスしたコードが格納されているので見てください。

Scrapyは強力、高速で、構成しやすいツールです。ほかにも試してみたいことはたくさんありますが、それはこのライブラリの優れたドキュメント（http://doc.scrapy.org/en/latest/）を読めばできるでしょう。データベースや特別なフィードエクストラクタを使うようにスクリプトを構成するのはとても簡単です。また、Scrapyd（http://scrapyd.readthedocs.org/en/latest/）を使えばそれらすべてのスクリプトを独自サーバーで実行することができます。このあともたくさんのScrapyプロジェクトが作られることを期待しています。

これで画面の読み出し、ブラウザリーダー、スパイダーを理解できました。ここからは、より複雑なウェブスクレイパーを作るために知っておきたいその他のことをまとめておきます。

12.3 ネットワーク：インターネットの仕組みとそれによってスクリプトに問題が起こる理由

スクレイピングスクリプトをどれくらいの頻度で実行し、1つ1つのスクレイピングがどれだけ重要かによりますが、スクレイピングをしているときっとネットワークの問題にぶつかるはずです。そう、インターネットはスクリプトの裏をかこうと虎視眈々狙っているのです。なぜでしょうか。インターネットは、本当に大事なことなら、もう1度してくれるだろうということを前提としているからです。ウェブスクレイピングの世界では、接続のドロップ、プロキシの障害、タイムアウトは日常茶飯事です。しかし、これらの問題を緩和するためにできることがいくつかあります。

ブラウザのなかで何かが正しくロードされなければ、単純にリフレッシュボタンを押してすぐにリクエストを送り直すでしょう。スクレイパーでも、ブラウザのこの動作を真似ることができます。Seleniumを使っている場合、コンテンツのリフレッシュはとても簡単です。Seleniumの`webdriver`オブジェクトは、ブラウザと同じような`refresh`関数を持っています。フォームをすべて埋めたら、次のページに移るためにフォームを再びサブミットしなければならない場合があるかもしれません（ブラウザもこのような振る舞いをすることがあります）がSeleniumはそれにも対応しています。アラートやポップアップを処理しなければならない場合には、メッセージを受け入れたり拒否したりするために必要なツールも用意されています（https://seleniumhq.github.io/selenium/docs/api/py/webdriver/selenium.webdriver.common.alert.html）。

Scrapyには、組み込みの再試行用ミドルウェアがあります。プロジェクトのsettings.pyファイルのミドルウェアリストにそれを追加すれば、有効になります。どのHTTPレスポンスコードに対して再試行をするか（たとえば、500番代だけを再試行するなど）、何回再試行するかなどをこのミドルウェア（http://bit.ly/downloader_middleware）に教えるために、設定のなかでデフォルト値を指定する必要があります。

これらの値を指定しなくても、ミドルウェアはドキュメントに書かれているデフォルトオプションを使って動作します。ネットワークエラーが起こるときには、再試行を10回行うところから対策を始めることをお勧めします。それでうまくいかなければ、ダウンロードの待ち時間（別のグローバル設定変数）を延ばしたり、スクリプトによってサイトに過負荷を与えていないかどうかを調べるためにエラーコードをチェックしたりといったことを試します。

LXMLやBeautiful Soupで独自Pythonスクリプトを書いている場合には、それらのエラーをキャッチして、適切な対処方法を決めるとよいでしょう。ほとんどの場合、無数の`urllib2.HTTPError`例外が発生しているか、`requests`を使っている場合ならコードがコンテンツをロードせずエラーを起こしているはずです。Pythonの`try...except`ブロックを使うと、コードは次のような感じになるでしょう。

```
import requests
import urllib2


resp = requests.get('http://sisinmaru.blog17.fc2.com/')

if resp.status_code == 404:  # ❶
    print('Oh no!!! We cannot find Maru!!')
elif resp.status_code == 500:
    print('Oh no!!! It seems Maru might be overloaded.')
elif resp.status_code in [403, 401]:
    print('Oh no!! You cannot have any Maru!')


try:
    resp = urllib2.urlopen('http://sisinmaru.blog17.fc2.com/')  # ❷
except urllib2.URLError:  # ❸
    print('Oh no!!! We cannot find Maru!!')
except urllib2.HTTPError, err:  # ❹
    if err.code == 500:  # ❺
        print('Oh no!!! It seems Maru might be overloaded.')
    elif err.code in [403, 401]:
        print('Oh no!! You cannot have any Maru!')
    else:
        print('No Maru for you! %s' % err.code)  # ❻
except Exception as e:  # ❼
    print(e)
```

❶ `requests`ライブラリを使っていてネットワークエラーを知りたいときには、レスポンスの`status_code`をチェックします。この属性には、HTTPレスポンスとして受け取った整数のレスポンスステータスコードがセットされています。この行は、404エラーをテストしています。

❷ `urllib2`を使っている場合は、`try`文のもとでリクエストを発行します（この行のように）。

❸ `URLError`は、`urllib2`で見られる例外の1つです。`except`ブロックを書くとよいでしょう。`urllib2`は、ドメインを解決できないときにこのエラーを投げます。

❹ `urllib2`では、`HTTPError`も起こります。HTTPリクエストに対するレスポンスで問題が起こると、このエラーが発生します。カンマ`,`と`err`を追加しているので、キャッチしたエラーを`err`変数に格納できます。

❺ 前の行でエラーをキャッチし、`err`変数に代入しているので、この行では`code`属性でHTTPエラーコードをチェックしています。

❻ `else`を使って、その他すべてのHTTPエラーについては文字列にエラーコードを埋め込んで表

示します。

❼ ここでは、URLErrorでもHTTPErrorでもないエラーをキャッチして、その内容を表示します。ここでも例外をeに代入し、例外メッセージを表示しています。

できる限りエラーに対応できる賢いスクリプトを作ることは大事なことです。第14章で詳しく説明しますが、エラーを計算に入れて、コード全体に適切な`try... except`ブロックを配置するのは、エラー対策の重要な一部です。HTTPエラー以外でも、ページのロードに時間がかかり過ぎることがあります。レスポンスが遅いサイトを使うときやレイテンシの問題が起こるときには、タイムアウトを調整するとよいかもしれません。

レイテンシとは何なのでしょうか。ネットワークの世界では、レイテンシとはデータを別の場所に転送するためにかかる時間のことです。往復レイテンシ（ラウンドトリップタイム）は、手元のマシンからサーバーにリクエストを送り、レスポンスを受け取るまでの時間です。レイテンシが発生するのは、リクエストを処理するために、場合によっては数千kmもデータを転送しなければならないからです。

スクリプトを書いたりスケーリングしたりするときには、レイテンシのことを意識するようにしましょう。外国でホスティングされているサイトに接続するスクリプトを書けば、ネットワークレイテンシが発生する場合があるはずです。それに合わせてタイムアウトを調整するか、近くのサーバーに接続したくなるはずです。Seleniumのスクリプトにタイムアウトを追加しなければならない場合には、スクレイピング開始時に直接行います。Seleniumの場合は、`set_page_load_timeout`（http://bit.ly/set_page_load_timeout）メソッドか、暗黙/明示のウェイト（http://bit.ly/selenium_waits_docs、コードの特定のセクションをロードするまでブラウザを待つ機能）を使います。

Scrapyでは、スクレイパーが非同期的な性質を持ち、特定のURLを何度でも再試行できるので、タイムアウトは大きな問題にはなりません。もちろん、`DOWNLOAD_TIMEOUT`設定（http://doc.scrapy.org/en/latest/topics/settings.html#download-timeout）を操作すれば、直接タイムアウトを変更できます。

LXMLやBeautiful Soupを使ってページをパースする独自Pythonスクリプトを書いている場合は、呼び出しにタイムアウトを自分で追加します。`requests`や`urllib2`を使う場合は、ページを呼び出すときに直接タイムアウトを設定できます。`requests`では、`get`リクエストの引数としてタイムアウトを追加できます（http://bit.ly/quickstart_timeouts）。`urllib2`では、`urlopen`メソッドの引数としてタイムアウトを渡します（http://bit.ly/urlopen）

ネットワーク関連の問題が継続して起こる状態でありながら、スケジュール通りにスクリプトを実行することが大切だという場合には、ロギングを設定したり、ほかのネットワークで試したり（つまり、自宅のインターネット接続の問題かどうかを確かめるために自宅以外のネットワークを使うなど）、ピーク時間を外してテストしたりすると、解決の糸口が見つかるかもしれません。

スクリプトを毎日午後5時に実行するか午前5時に実行するかに特別な意味があるのでしょうか。午後5時なら、ローカルISPのネットワークはかなり混み合っているでしょうが、午前5時ならおそらくすいているはずです。ピーク時に自宅ネットワークで何かをしようとしてもうまくいかないからといって、そのスクリプトでは何もできないということはまずありません。

ネットワークの問題以外にも、スクレイピングスクリプトが動かなくなるほかの要因に気付くことがあるでしょう。たとえば、インターネットが変化していくことなどです。

12.4　変化するウェブ（またはスクリプトが動かなくなる理由）

ご存知のように、ウェブのデザイン変更、コンテンツ管理システムのアップデート、ページ構造の変化（新しい広告システム、新しい参照ネットワークなど）は、インターネットの日常的な風景です。ウェブは成長し、変化します。そのため、ウェブスクレイピングスクリプトは、いずれ動かなくなります。しかし、多くのサイトは、年に1度、あるいは数年に1度しか変わりません。ページ構造に影響を与えないような変化もあります（スタイル変更や広告のアップデートは、コンテンツやコードの構造を変えないことがあります）。希望を失わないようにしましょう。スクリプトがかなり長い間動作し続ける可能性もあります。

しかし、私たちは皆さんに誤った希望を押し付けるつもりはありません。スクリプトは、いずれかならず動かなくなります。スクリプトを実行してみて、もう動かなくなっていることがわかる日がやってきます。そのようなことが起きたときには、よくやったと自分を褒めてから、コーヒーか紅茶を淹れてもう1度最初から始めることです。

それでも、サイトのコンテンツをどのように精査し、レポートのためにもっとも役立つ情報をどのように明らかにするかについての知識は、以前よりも蓄積されています。今でも大部分は動作するコードをたくさん書いているのです。デバッグの技術も身についています。そして、探しているデータを格納している新しい`div`や`table`を見つけるために自在に使えるツールもたくさん持っているのです。

12.5　注意すべきこと

ウェブをスクレイピングするときには、良心的であることが大切です。ウェブコンテンツに関する国内法も熟知していなければなりません。一般に、どのようにすれば良心的になるかは明確です。他人のコンテンツを取り出して自分のものとして使わないこと、シェアするつもりはないとされているコンテンツを取ってこないこと、人やウェブサイトにスパムを送りつけないこと、ウェブサイトをハックしたり、悪意を持ってスクレイピングしないこと、基本的には嫌な人にならないことです。自分がしていることを母親や親友に言えず、居心地が悪くなるようなら、そんなことはしてはいけません。

自分がインターネットで行っていることを明確に示す方法がいくつかあります。多くのスクレイピングライブラリは、User-Agent文字列を送れるようになっています。この文字列に自分や自分の会社の情報を書き込めば、誰がサイトをスクレイピングしているかがはっきりします。また、ウェブスパイダーに対してサイトのどの部分をスクレイピングしてはならないかを指示するサイトのrobots.txtファイル（http://www.robotstxt.org/robotstxt.html）もかならず読むようにしましょう。

サイトをそっくり読み出すスパイダーを構築する前に、サイトのなかの自分が興味を持っている部分がrobots.txtファイルのDisallowセクションに含まれているかどうかをかならずチェックしておきましょう。含まれている場合には、そのデータを入手するほかの方法を探すか、サイトオーナーに連絡を取り、その内容を取得できる方法があるかどうかを問い合わせるようにします。

スクレイパーを作るときには、インターネット上の善の側に立ち、正しいことをしましょう。これは、自分の仕事を誇りに思えるかどうかということです。弁護士、企業、政府と問題を起こさないようにして集めた情報を自由に使いましょう。

12.6　まとめ

もうパースが難しいコンテンツが相手でも、スクレイパーなら自在に書けるという自信を持ったでしょう。Seleniumでブラウザを開き、ウェブページを読み、ページを操作してデータを抽出できます。Scrapyを使ってドメイン全体（あるいは一連のドメイン）をクロール、スパイダリングして、大量のデータを抽出できます。正規表現も書いたし、Scrapyの助けを借りて独自のPythonクラスも書きました。

そのような基礎の上で、作成するPythonコードはよいものになっています。bashコマンドを試してみましたし、シェルスクリプトを操作するすばらしい経験を積みました。プロのデータラングラーになるという目標に向かって確実に前進しています。表12-2にこの章で新しく学んだコンセプトとツールをまとめました。

表12-2　この章で新たに学んだPythonとプログラミングのコンセプトとライブラリ

コンセプト/ライブラリ	目的
Seleniumライブラリ	好みのブラウザを使って表示されている（またはヘッドレスブラウザで作成した）ウェブページとその要素を直接操作することができるライブラリ。要素をクリックしたり、フォームに情報を入力したり、コンテンツをロードするために何度もリクエストを送らなければならないページを操作したりしなければならないときにとても役に立つ。
PhantomJSライブラリ	サーバーその他のブラウザのないマシンでウェブスクレイピングのためのヘッドレスブラウザとして使えるJavaScriptライブラリ。JavaScriptだけでウェブスクレイパーを書くためにも使える。
Ghost.pyライブラリ	伝統的なブラウザではなく、Qt WebKitを介してウェブページを操作するライブラリ。ネイティブでJavaScriptを書けるという機能を持ち、普通ならブラウザを使うような状況で使うことができる。
Scrapyライブラリ	ドメイン、または一連のドメインを横断して多くのページをスパイダリング、クロールするためのライブラリ。複数のドメイン、複数のタイプのページを対象としてデータを集めなければならないときに役立つ。
Scrapyのクロールルール	クロールルールは、スパイダーにフォローすべきURLを指示する正規表現パターンを与えるとともに、ページのなかのそのようなリンクを探すべき場所を指示する。スパイダーは、このルールに基づいて別のページに移動し、追加のコンテンツを見つける。

最後に、スクレイパーのタイプごとの基本ロジックをまとめておきましょう（**表12-3**参照）。

表12-3　どのスクレイパーを使うべきか

スクレイパータイプ	ライブラリ	ユースケース
ページリーダースクレイパー	Beautiful Soup、LML	1度のリクエストでロードされる1ページに必要なデータがすべてあるときの単純なページスクレイピング。
ブラウザベーススクレイパー	Selenium、PhantomJS	ページ上の要素を操作したり、何度もリクエストを送ってページをロードしたりしなければならないときのブラウザ表示内容のスクレイピング。
ウェブスパイダー/クローラー	Scrapy	リンクをたどって多くのページを参照したり、類似ページをパースしたりする非同期の高速スクレイピング。ドメイン全体、または一連のドメインで多くの対象データを集めなければならないことがわかっているときに力を発揮する。

次の第13章から第15章では、APIを使ったウェブ操作のスキル向上、データ収集のスケーリング、自動化といったことを扱います。これらは、学んだことをすべて動員して一連の反復して実行できるスクリプトにまとめる最終ステージです。その一部は、何もしなくても動作します。この本を読み始めたときに丸暗記的な作業と思っていたことを覚えているでしょうか。それらはまもなく丸暗記ではなくなります。続きを読みましょう。

13章 API

API（アプリケーションプログラミングインターフェイス）などと言うと、奇妙なもののように感じるかもしれませんが、決してそのようなことはありません。APIは、ウェブ上でデータを共有するための標準化された方法です。多くのウェブサイトは、APIエンドポイントを介してデータを共有しています。利用できるAPIは非常に多く、とても本書で扱いきれませんが、ここでは皆さんから見て役に立つ、あるいは面白いAPIに絞って紹介します。

- Twitter（https://dev.twitter.com/overview/api）
- アメリカ国勢調査局（http://www.census.gov/data/developers/data-sets.html）
- 世界銀行（http://data.worldbank.org/node/9）
- LinkedIn（https://developer.linkedin.com/docs/rest-api）
- サンフランシスコオープンデータ（https://data.sfgov.org/）

これらはどれもデータを返すAPIの例です。APIに対してリクエストを送ると、APIがデータを返します。APIは、ほかのアプリケーションとやり取りするための手段としても使えます。たとえば、Twitter APIを使えば、Twitterからデータを取得したり、Twitterとやり取りする新たなアプリケーションを構築したりすることができます。Google APIリストもそのようなAPIの例であり、ほとんどのAPIは、Googleのサービスとやり取りするためのものです。LinkedIn APIでは、データを取り出せるだけでなく、ブラウザを介さずにLinkedInにアップデートを投稿することもできます。APIはさまざまなことができるので、サービスとして考えるべきです。ここでの目的では、サービスはデータを提供します。

この章では、APIデータをリクエストし、それを自分のマシンに保存します。APIは、通常JSON、XML、CSVのいずれかのファイルを返します。そのため、ローカルマシンにデータを保存したら、あとは本書の今までの章で身につけたパースのスキルを使うだけです。この章では、Twitter APIを使うことにします。

APIの例としてTwitter APIを選んだ理由はいくつもあります。まず第1に、Twitterはよく知られたプラットフォームであり、第2に、Twitterには人々が分析してみたいと思うデータ（ツイート）がたくさんあります。そして、Twitter APIを使えば、APIのさまざまなコンセプトを学ぶことができます。それらについては、少しずつ話していくことにしましょう。

Twitterデータは、One Million Tweet Map（http://onemilliontweetmap.com/）のような非公式な情報収集ツールとして、あるいはインフルエンザの流行予測（http://bit.ly/flu_trends_twitter）のようなより公式的な研究ツールとして、地震のようなリアルタイムの事象（http://bit.ly/social_sensors）を知るためのツールとして使われています。

13.1　APIの特徴

APIは、リクエストに対してデータを返すような単純なものでもかまいませんが、それだけの機能しかないAPIはまずありません。ほとんどのAPIには、もっと意味のある特徴があります。これらの特徴としては、APIリクエストメソッド（RESTかストリーミングか）、データのタイムスタンプ、容量制限（レートリミット）、データ層、APIアクセスオブジェクト（キーとトークン）などがあります。

13.1.1　REST APIとストリーミングAPI

Twitter APIには、RESTとストリーミングの2つの形式があります。ほとんどのAPIはRESTfulですが、一部のリアルタイムサービスはストリーミングAPIを使っています。**REST（REpresentational State Transfer）**は、APIアーキテクチャに安定性をもたらすことを意図して設計されています。REST APIから得られたデータは、`requests`ライブラリ（第11章参照）を使ってアクセスできます。`requests`ライブラリは、`GET`、`POST`リクエストを送ることができます。REST APIは、この2つに対するレスポンスとしてマッチしたデータを返します。Twitterの場合、REST APIを使えば、ツイートのクエリー、ポスト、その他Twitterがウェブサイトでできるほとんどのことを実行できます。

REST APIでは、ブラウザでURLという形でAPIリクエストを送ると、クエリーの結果をプレビューできることがよくあります（かならずというわけではありませんが）。ブラウザでURLを入力してテキストブロッブのようなものが返された場合、ブラウザ用の整形プレビュープラグインをインストールしましょう。たとえば、Chromeには、読みやすい形でJSONファイルをプレビューできるプラグインがあります。

ストリーミングAPIは、リアルタイムサービスとして実行され、クエリーに対応するデータをリスンします。ストリーミングAPIを見かけたら、データの取り込みを管理するためのライブラリを使いましょう。TwitterのストリーミングAPIの仕組みを深く学びたい場合には、Twitterウェブサイトの概要説明を読んでください（https://dev.twitter.com/streaming/overview）。

13.1.2 容量制限

APIは、ユーザーが一定期間内にリクエストできるデータの量を制限するしきい値を設定していることがよくあります。APIプロバイダは、さまざまな理由から容量制限を導入します。容量制限のほか、特にビジネス関連のデータでは、データアクセス制限付きのAPIもよく見かけます。APIプロバイダは、インフラストラクチャや顧客サービスの維持などの目的から、サーバーとアーキテクチャが転送されるデータ量を処理できるようにするために、リクエスト数に制限をかけます。誰もがいつでも100%のデータをリクエストできるようにしていれば、APIサーバーはクラッシュしてしまうでしょう。

追加アクセスが有料のAPIを使うときには、料金を払えるかどうか、研究のためにどれくらいのデータが必要かを考えましょう。容量制限を設けているAPIを使う場合には、データのサブセットがあれば十分かどうかを考えます。APIが容量制限を持つ場合、代表的なサンプルを収集するために非常に長い時間がかかる場合があるので、どれくらいの労力をかけられるか、かける気になれるかをよく考える必要があります。

APIは、管理のしやすさから、すべてのユーザーに対して容量制限を設けていることがよくあります。TwitterのAPIも、以前はそのような形の容量制限を持っていました。しかし、ストリーミングAPIが開始されてから、利用方法が変わっています。TwitterのストリーミングAPIは、コンスタントにデータストリームを提供しますが、REST APIは、15分あたりのリクエスト数に制限を設けています。Twitterは、開発者のために容量制限の早見表を公開しています（https://dev.twitter.com/rest/public/rate-limits）。

この章の課題では、GET search/tweetsを使います。このクエリーは、特定の検索ワードを含むツイートを返します。ドキュメント（http://bit.ly/get_search_tweets）を読めばわかるように、このAPIはJSON形式のレスポンスを返し、15分あたり180（ユーザー）、または450リクエスト（アプリケーション）という容量制限を持っています。

APIのレスポンスをデータファイルに保存するときには、多数のファイルを作るか1つのファイルに多数のデータを書き込むかになります。第6章で取り上げたように、ツイートデータをデータベースに保存することもできます。どちらの方法を使う場合でも、定期的に保存して、以前のリクエストから得たデータを失わないようにします。

第3章では、JSONファイルを処理しました。15分ごとにAPIを最大限まで使い切ると、180個のJSONファイルを集められます。容量制限にぶつかって、Twitterやその他のAPIに対するリクエストを最適化しなければならなくなった場合には、Twitterの「API Rate Limits」という論文（https://dev.twitter.com/rest/public/rate-limiting）の「Tips to Avoid Being Rate Limited」の節を読んでください。

13.1.3 データ層

今までは、APIを介して自由に利用できるTwitterデータについて説明しました。しかし、すべてのデータを入手するにはどうすればよいのかが知りたいと思っている方がいるかもしれません。Twitterの場合、firehose、gardenhose、spritzerの3種類のアクセスレベルがあります。無料APIは、spritzerです。3つの層の違いをまとめると、**表13-1**のようになります。

表13-1 Twitterのフィードタイプ

フィードタイプ	対象	利用方法	料金
firehose	すべてのツイート	DataSift（http://datasift.com/）またはGnip（https://gnip.com/）というパートナーを介して入手	有料
gardenhose	すべてのツイートの10%	新規アクセスは申込不能	利用不可
spritzer	ツイートの1%以下	公開APIで利用可能	無料

この3つのオプションを見て、「firehoseにしなきゃ。全部のデータが必要なんだから」と思われたかもしれませんが、アクセスを購入する前に知っておきたいことがいくつかあります。

- firehoseは膨大な量のデータです。大量のデータを処理するときには、データラングリングをスケーリングする必要があります。firehoseが提供するデータセットにクエリーを発行できるようにするだけでも膨大な数のエンジニアとサーバーが必要になります。
- firehoseは有料です。年間で数十万ドルです。このなかにはデータを処理するために必要なインフラストラクチャ（つまり、サーバースペースとデータベースの料金）は含まれていません。firehoseの処理は、個人が独力でできるようなことではありません。これだけのコストをかけられるのは、大きな企業や団体だけです。
- 本当に必要なものは、ほとんどspritzerから入手できます。

ここでは、容量制限の範囲内でツイートにアクセスできるTwitterの無料公開APIであるspritzerのフィードを使います。このAPIにアクセスするためには、APIキーとトークンが必要です。

13.1.4 APIキーとトークン

APIキーとトークンは、アプリケーションとユーザーを識別する手段です。TwitterのAPIキーとトークンはわかりにくいかもしれません。意識しなければならないコンポーネントは4つあります。

API Key	アプリケーションを識別する。
API Secret	アプリケーション用のパスワードとして機能する。
Token	ユーザーを識別する。
Token Secret	ユーザー用のパスワードとして機能する。

Twitter APIにアクセスするためには、これらの要素の組み合わせが必要です。すべてのAPIがこのような識別子とパスワードの2つの階層を使っているわけではありませんが、Twitterは「ベスト

ケース」(つまり、ほかのものよりもセキュアな)サービスの例です。APIのなかには、キーがないもの、1つのキーしかないものもあります。

13.1.4.1 TwitterのAPIキーとアクセストークンの作り方

ここでは児童労働の調査を続け、Twitterの児童労働をめぐるツイートを集めようとしていることにしましょう。TwitterのAPIキーの作成は簡単ですが、ちょっとした手順が必要です。

1. Twitterアカウントを持っていない場合は、まずサインアップします(https://twitter.com/signup)。
2. https://apps.twitter.comにサインインします。
3. 「Create New App」ボタンをクリックします。
4. アプリケーションの名前と説明を入力します。私たちのサンプルでは、名前を「Child labor chatter」(児童労働ツイート)とし、説明(description)を「Pulling down chatter around child labor from Twitter.」(Twitterの児童労働を扱ったツイートを抽出する)とします。
5. アプリケーションにウェブサイトを与えます。これは、アプリケーションをホスティングするウェブサイトです。説明には、「まだURLがなければ、プレースホルダーを入れておくだけでかまいませんが、あとで書き換えるのを忘れないようにしてください」とあります。私たちはまだウェブサイトを用意していないので、ここにはTwitterのURLを入力しておくことにします。https://twitter.comのようにhttpsプロトコルを使うのを忘れないようにしてください。
6. 開発者契約を受け入れ、「Create Twitter Application」をクリックしてください。

アプリケーションを作成すると、アプリケーション管理ページが表示されます。ページがわからなくなってしまっても、アプリケーションのランディングページ(https://apps.twitter.com/)に戻ればわかります。

ここでトークンを作ります。

1. 「Keys and Access Tokens」タブをクリックします(ここでアクセスキーを再生成したり、アクセストークンを作ったりすることができます)。
2. 画面下部までスクロールして、「Create my access token」をクリックします。するとページはリフレッシュされ、画面上部に戻されます。もう1度画面下部までスクロールすると、アクセストークンが表示されます。

これでConsumer Key(API Key)とAccess Tokenが入手できました。データは次のようになっています。

- Consumer key: 5Hqg6JTZ0cC89hUThySd5yZcL
- Consumer secret: Ncp1oi5tUPbZF19Vdp8Jp8pNHBBfPdXGFtXqoKd6Cqn87xRj0c

- Access token: 3272304896-ZTGUZZ6QsYKtZqXAVMLaJzR8qjrPW22iiu9ko4w
- Access token secret: nsNY13aPGWdm2QcgOl0qwqs5bwLBZ1iUVS2OE34QsuR4C

キーやトークンは誰にも教えてはなりません。友だちにキーを教えると、その人は電子的に「あなた」になりえます。その人がシステムを不正使用すれば、あなたはアクセスを失い、その人の行為の責任を取らなければなりません。

では、なぜ私たちは自分のデータを公表したのでしょうか。1つは、新しいアクセスキーとトークンを生成したからです。新しいキーとトークンを生成することにより、本書で示したものは無効になっています。うっかりキーやトークンが漏れたときには、この処理を行います。新しいキーやトークンが必要になったら、「Keys and Access Tokens」タブに移動して2つのRegenerateボタンを押します。

キーを手に入れたので、APIにアクセスしましょう。

13.2 TwitterのREST APIからの単純なデータの取得

アクセスキーとトークンを手に入れたので、Twitter APIにアクセスしてデータを手に入れることができます。この節では、検索クエリーを渡してAPIからデータを引き出す簡単なスクリプトを作ります。この節のスクリプトは、Twitterがサンプルとして提供しているPythonコード（http://bit.ly/single-user_oauth）を基礎としています。このコードはPython OAuth2を使っています。OAuthは、APIを使うときの認証とセキュアな接続のためのプロトコルです。

現在の認証のベストプラクティスは、OAuth2を使うことです。一部のAPIはまだOAuth1を使っているかもしれません。これは動作が異なり、非推奨になったプロトコルです。OAuth1を使わなければならない場合には、`requests`とともにRequests-OAuthlib（https://requests-oauthlib.readthedocs.org/en/latest/）を使います。APIを介した認証では、どのプロトコルを使うかをはっきりさせなければなりません。間違ったものを使えば、接続しようとしたときにエラーが返されます。

まず、Python OAuth2をインストールする必要があります。

```
pip install oauth2
```

次に、新しいファイルを作って開き、先頭で`oauth2`をインポートし、変数にアクセスキーとトークンをセットします。

```
import oauth2

API_KEY = '5Hqg6JTZ0cC89hUThySd5yZcL'
API_SECRET = 'Ncp1oi5tUPbZF19Vdp8Jp8pNHBBfPdXGFtXqoKd6Cqn87xRj0c'
```

```
TOKEN_KEY = '3272304896-ZTGUZZ6QsYKtZqXAVMLaJzR8qjrPW22iiu9ko4w'
TOKEN_SECRET = 'nsNY13aPGWdm2QcgOl0qwqs5bwLBZ1iUVS2OE34QsuR4C'
```

次に、OAuth接続を開設する関数を追加します。

```
def oauth_req(url, key, secret, http_method="GET", post_body="",
              http_headers=None):
    consumer = oauth2.Consumer(key=API_KEY, secret=API_SECRET) # ❶
    token = oauth2.Token(key=key, secret=secret) # ❷
    client = oauth2.Client(consumer, token) # ❸
    resp, content = client.request(url, method=http_method, # ❹
                                   body=post_body, headers=http_headers)
    return content # ❺
```

❶ oauth2オブジェクトのコンシューマを設定します。コンシューマはキーのオーナーです。この行はコンシューマにAPI KeyとAPI Secretを与えて、コンシューマがAPIに正しく識別されるようにします。

❷ oauth2オブジェクトにトークンを代入します。

❸ コンシューマとトークンから構成されるクライアントを作ります。

❹ 引数として渡されたurlとOAuth2クライアントを使ってリクエストを実行します。

❺ 接続から受け取ったコンテンツを返します。

これでTwitter APIに接続するための関数ができました。しかし、URLを定義して関数を呼び出すコードが必要です。どのようなリクエストを使うべきかについては、Search APIのドキュメント（https://dev.twitter.com/rest/public/search）に書かれています。ウェブインターフェイスでは、https://twitter.com/search?q=%23childlabor.というURLを使えば`#childlabor`というタグが付いたツイートを検索できます。ドキュメントは、このURLを書き換えるように指示しており、最終的にhttps://api.twitter.com/1.1/search/tweets.json?q=%23childlaborというURLを使うことになります。

このURLを変数として追加し、先ほど定義した変数を使って関数を呼び出します。

```
url = 'https://api.twitter.com/1.1/search/tweets.json?q=%23childlabor'
data = oauth_req(url, TOKEN_KEY, TOKEN_SECRET)

print(data) # ❶
```

❶ 出力を見るために、最後に`print`文を追加しています。

スクリプトを実行すると、長いJSONオブジェクトという形で出力されたデータを見ることができます。すでに説明したように、JSONオブジェクトはPython辞書のように見えますが、`print(type(data))`というコードを追加してスクリプトを実行し直すと、コンテンツは文字列だということがわかります。ここでできるのは、データを辞書に変換してパースするか、文字列をファイルに保存してあとでパースするかです。スクリプトのなかでデータのパースを続けるなら、スクリプトの冒頭に`import json`を追加しましょう。そして、最後の部分で`json`を使って文字列をロードし、データ型を出力してみます。

```
data = json.loads(data)
print(type(data))
```

今度は`data`変数はPython辞書だということがわかります。データをファイルに書き込み、あとでパースしたいときには、次のコードを追加します。

```
with open('tweet_data.json', 'wb') as data_file:
    data_file.write(data)
```

最終的なスクリプトは、次のようなものになります。

```
import oauth2

API_KEY = '5Hqg6JTZOcC89hUThySd5yZcL'
API_SECRET = 'Ncp1oi5tUPbZF19Vdp8Jp8pNHBBfPdXGFtXqoKd6Cqn87xRjOc'
TOKEN_KEY = '3272304896-ZTGUZZ6QsYKtZqXAVMLaJzR8qjrPW22iiu9ko4w'
TOKEN_SECRET = 'nsNY13aPGWdm2QcgOlOqwqs5bwLBZ1iUVS2OE34QsuR4C'


def oauth_req(url, key, secret, http_method="GET", post_body="",
              http_headers=None):
    consumer = oauth2.Consumer(key=API_KEY, secret=API_SECRET)
    token = oauth2.Token(key=key, secret=secret)
    client = oauth2.Client(consumer, token)
    resp, content = client.request(url, method=http_method,
                                   body=post_body.encode('utf8'),
                                   headers=http_headers)
    return content


url = 'https://api.twitter.com/1.1/search/tweets.json?q=%23popeindc'
data = oauth_req(url, TOKEN_KEY, TOKEN_SECRET)

with open("data/hashchildlabor.json", "wb") as data_file:
    data_file.write(data)
```

ここから「3.2 JSONデータ」を読み返せば、データをパースできます。

13.3 TwitterのREST APIからの高度なデータ収集

Twitterからデータファイルを1つ取り出したからと言って、特に大きく役に立つわけではありません。これで得られるのは高々15個ほどのツイートだけです。私たちは、大仕事の一部をTweepy

という別のライブラリに任せます。

```
pip install tweepy
```

スクリプトの冒頭でtweepyをインポートし、キーを再びセットします。

```
import tweepy

API_KEY = '5Hqg6JTZ0cC89hUThySd5yZcL'
API_SECRET = 'Ncp1oi5tUPbZF19Vdp8Jp8pNHBBfPdXGFtXqoKd6Cqn87xRj0c'
TOKEN_KEY = '3272304896-ZTGUZZ6QsYKtZqXAVMLaJzR8qjrPW22iiu9ko4w'
TOKEN_SECRET = 'nsNY13aPGWdm2QcgOl0qwqs5bwLBZ1iUVS2OE34QsuR4C'
```

次に、APIキーとAPIシークレットをtweepyのOAuthHandlerオブジェクトに渡します。OAuthHandlerは、先ほどのサンプルで取り上げたのと同じOAuthプロトコルを管理します。そして、アクセストークンをセットします。

```
auth = tweepy.OAuthHandler(API_KEY, API_SECRET)  # ❶
auth.set_access_token(TOKEN_KEY, TOKEN_SECRET)  # ❷
```

❶ tweepyを使って認証APIを管理するオブジェクトを作ります。

❷ アクセストークンをセットします。

そして、作ったばかりのOAthHandlerオブジェクトをtweepy.APIに渡します。

```
api = tweepy.API(auth)
```

tweepy.APIオブジェクトは、データをリクエストするときのtweepyの動作をカスタマイズできるように、さまざまな引数を取ることができるようになっています。retry_count=3、retry_delay=5のようなパラメータを使えば、エラーが起きたときの再試行の回数や、リクエストとリクエストの間のディレイの秒数を直接指定できます。容量制限が元に戻り、次のリクエストを発行できるようになるまで待つよう指示できるwait_on_rate_limitも役に立ちます。これらの優れた機能の詳細は、すべてtweepyのドキュメント（http://docs.tweepy.org/en/latest/api.html）で説明されています。

tweepy.Cursorを使ってTwitter APIへの接続を開設しましょう。そのときに、カーソルに使いたいAPIメソッドとそのメソッドに付随するパラメータを渡すことができます。ここで使うAPIメソッドは、api.search（http://docs.tweepy.org/en/latest/api.html#API.search）です。

```
query = '#childlabor'  # ❶
cursor = tweepy.Cursor(api.search, q=query, lang="en")  # ❷
```

❶ query変数を作ります。

❷ クエリーを指定し、英語だけに制限して、カーソルを確立します。

Cursorという用語がわかりにくく感じるかもしれませんが、これはデータベース接続を指す一般的なプログラミング用語です。APIはデータベースではありませんが、Cursorというクラス名は、おそらくこの用法から取り入れたものでしょう。カーソルについてはWikipedia（https://ja.wikipedia.org/wiki/カーソル_(データベース)、https://en.wikipedia.org/wiki/Cursor_(databases)）で詳しく説明されています。

tweepyのドキュメント（http://tweepy.readthedocs.org/en/latest/api.html）によれば、カーソルはアイテム、またはページレベルのイテレータを返すことができます。また、カーソルが返すアイテム、またはページ数の上限（http://bit.ly/tweepy_limits）を定義することができます。print(dir(cursor))を実行すると、['items', 'iterator', 'pages']の3個のメソッドがあることがわかります。アイテムは個々のツイートで、ページはアイテムをまとめたものです。ここでは、ページを使うことにします。

ページを反復処理してデータを保存しましょう。しかし、その前に次の2つのことを行います。

1. スクリプトの冒頭にimport jsonを追加します。
2. スクリプトと同じディレクトリにdataというディレクトリを作ります。コマンドラインでmkdir dataを実行すれば作成できます。

以上の2つの準備ができたら、次のコードを実行して反復処理を実行し、ツイートを保存します。

```
for page in cursor.pages():  # ❶
    tweets = []  # ❷
    for item in page:  # ❸
        tweets.append(item._json)  # ❹

with open('data/hashchildlabor.json', 'wb') as outfile:  # ❺
    json.dump(tweets, outfile)
```

❶ cursor.pages()が返してくる個々のページについて…

❷ ツイートを格納する空リストを作ります。

❸ ページに含まれる個々のアイテム（ツイート）について…

❹ JSON形式のツイートデータを抽出し、tweetsリストに保存します。

❺ hashchildlabor.jsonという名前のファイルをオープンし、tweetsを保存します。

ファイルにはそれほど多くのツイートが含まれていないと思われるでしょう。1ページあたりのツイート数は15しかありません。もっと多くのデータを集める方法を考える必要があります。選択肢としては、次のようなものがあります。

- ファイルをオープンしてクローズしないでおくか、ファイルをオープンして末尾に情報を追加していけば、1つの巨大なファイルが作れるはずです。

- 各ページを専用ファイルに保存していきます。ファイル名の一部としてタイムスタンプを使えば、すべてのファイルに別々の名前が付けられるはずです。
- データベースに新しいテーブルを作り、ツイートを保存します。

ファイルを1つ作る方法は危険です。このプロセスはいつでもエラーを起こす可能性があり、そのときにはデータが破壊されてしまいます。データの抽出が小規模な場合（たとえば1000ツイート）や開発テストを行っている場合を除き、ほかの選択肢のどちらかを使うべきです。

毎回新しいファイルにデータを保存するための方法はいくつかあります。そのなかでもよく使われているのは、ファイル名にタイムスタンプを使う方法（https://docs.python.jp/3/library/datetime.html）か、数値をインクリメントしてそれをファイル名の末尾に追加していく方法です。

しかし、私たちは一歩先に進んで、単純なデータベースにツイートを追加してくことにしましょう。そのためには、次の関数を使います。

```
def store_tweet(item):
    db = dataset.connect('sqlite:///data_wrangling.db')
    table = db['tweets']  # ❶
    item_json = item._json.copy()
    for k, v in item_json.items():
        if isinstance(v, dict):  # ❷
            item_json[k] = str(v)
    table.insert(item_json)  # ❸
```

❶ `tweets`という新しいテーブルを作るか、既存の`tweets`テーブルにアクセスします。

❷ ツイートの値に辞書があるかどうかをテストします。SQLiteはPython辞書の保存をサポートしないので、辞書を文字列に変換する必要があります。

❸ クリーンアップしたJSONアイテムを挿入します。

インポートするモジュールには`dataset`も追加する必要があります。また、以前にページを格納していたところで、この関数を呼び出す必要があります。そして、すべてのツイートを反復処理したいところです。最終的なスクリプトは、次のようになります。

```
import json
import tweepy
import dataset

API_KEY = '5Hqg6JTZOcC89hUThySd5yZcL'
API_SECRET = 'Ncp1oi5tUPbZF19Vdp8Jp8pNHBBfPdXGFtXqoKd6Cqn87xRjOc'
TOKEN_KEY = '3272304896-ZTGUZZ6QsYKtZqXAVMLaJzR8qjrPW22iiu9ko4w'
TOKEN_SECRET = 'nsNY13aPGWdm2QcgOlOqwqs5bwLBZ1iUVS2OE34QsuR4C'

def store_tweet(item):
    db = dataset.connect('sqlite:///data_wrangling.db')
```

```
        table = db['tweets']
        item_json = item._json.copy()
        for k, v in item_json.items():
            if isinstance(v, dict):
                item_json[k] = str(v)
        table.insert(item_json)

auth = tweepy.OAuthHandler(API_KEY, API_SECRET)
auth.set_access_token(TOKEN_KEY, TOKEN_SECRET)

api = tweepy.API(auth)
query = '#childlabor'
cursor = tweepy.Cursor(api.search, q=query, lang="en")

for page in cursor.pages():
    for item in page:
        store_tweet(item)
```

13.4　TwitterのストリーミングAPIからの高度なデータ収集

この章の初めの方で触れたように、Twitter APIにはRESTとストリーミングの2つのタイプがあります。

ストリーミングAPIはREST APIとどのように違うのでしょうか。簡単にまとめると次のようになるでしょう。

- REST APIは、すでにツイートされているデータだけを返してくるのに対し、ライブのデータが送られます。
- ストリーミングAPIは、REST APIよりも珍しい存在ですが、将来、ライブデータがもっと生成され、公開されるようになると、今よりも増えていくはずです。
- 最新のデータは面白いので、多くの人々がストリーミングデータに興味を示します。そのため、オンラインの参考資料やヘルプはたくさん見つかります。

それでは、ストリーミングAPIからデータを集めるスクリプトを作ってみましょう。この種のスクリプトは、この章で取り上げたあらゆるコンセプトを基礎として作られます。まず、基本的なコードから書いていきましょう。インポートとキーです。

```
from tweepy.streaming import StreamListener  # ❶
from tweepy import OAuthHandler, Stream  # ❷

API_KEY = '5Hqg6JTZ0cC89hUThySd5yZcL'
API_SECRET = 'Ncp1oi5tUPbZF19Vdp8Jp8pNHBBfPdXGFtXqoKd6Cqn87xRj0c'
TOKEN_KEY = '3272304896-ZTGUZZ6QsYKtZqXAVMLaJzR8qjrPW22iiu9ko4w'
TOKEN_SECRET = 'nsNY13aPGWdm2QcgOl0qwqs5bwLBZ1iUVS2OE34QsuR4C'
```

❶ ストリーミングセッションを作り、メッセージをリスンするStreamListenerをインポートします。

❷ 先ほど使ったOAuthHandlerと実際にTwitterストリームを処理するStreamをインポートします。

このスクリプトでは、今までのスクリプトとは少し異なるimport文を使っています。これらはどちらも正しいアプローチであり、どちらを選ぶかは好みの問題です。ここで2つの方法を簡単に比較します。

アプローチ1
```
import tweepy
...
auth = tweepy.OAuthHandler(API_KEY, API_SECRET)
```

アプローチ 2
```
from tweepy import OAuthHandler
...
auth = OAuthHandler(API_KEY, API_SECRET)
```

通常、ライブラリがスクリプトのなかであまり使われないときには、アプローチ1を使います。これよりもコードが長く、インポートをはっきりさせたいときにも役に立ちます。しかし、ライブラリが多用されていると、これをいちいち入力するのは面倒です。また、ライブラリがスクリプトのなかで重要な意味を持つ場合には、どのモジュールまたはクラスがライブラリからインポートされるかは自明になるでしょう。

on_dataメソッドをオーバーライドしたいので、インポートしたStreamListenerクラスをサブクラス化（第12章で学んだ考え方）します。そのために、Listenerという名前を付けた新クラスで、on_dataメソッドを定義し直します。データがあるときには、ターミナルに表示したいので、print文を追加します。

```
class Listener(StreamListener):  # ❶

    def on_data(self, data):  # ❷
        print(data)  # ❸
        return True  # ❹
```

❶ StreamListenerをサブクラス化します。

❷ on_dataメソッドを定義します。

❸ ツイートを出力します。

❹ Trueを返します。StreamListenerもon_dataメソッドを持っており、それもTrueを返します。ここではサブクラス化してon_dataメソッドを定義し直そうとしているので、サブクラスのメソッドでも同じ戻り値を返さなければなりません。

次に、認証ハンドラーを追加します。

```
auth = OAuthHandler(API_KEY, API_SECRET)
auth.set_access_token(TOKEN_KEY, TOKEN_SECRET)
```

最後にStreamにListenerとauthを渡し、検索ワードによるフィルタリングを始めます。この場合、child laborという文字列を探していますが、それは#childlaborというタグを付けたツイートよりもトラフィックが多いからです。

```
stream = Stream(auth, Listener())  # ❶
stream.filter(track=['child labor'])  # ❷
```

❶ auth、Listenerを引数としてストリームを設定します。

❷ ストリームをフィルタリングし、childとlaborという2つの単語が含まれているアイテムだけを返します。

最終的なスクリプトは、次のようになります。

```
from tweepy.streaming import StreamListener
from tweepy import OAuthHandler, Stream


API_KEY = '5Hqg6JTZOcC89hUThySd5yZcL'
API_SECRET = 'Ncp1oi5tUPbZF19Vdp8Jp8pNHBBfPdXGFtXqoKd6Cqn87xRjOc'
TOKEN_KEY = '3272304896-ZTGUZZ6QsYKtZqXAVMLaJzR8qjrPW22iiu9ko4w'
TOKEN_SECRET = 'nsNY13aPGWdm2QcgOlOqwqs5bwLBZ1iUVS2OE34QsuR4C'


class Listener(StreamListener):

    def on_data(self, data):
        print(data)
        return True

auth = OAuthHandler(API_KEY, API_SECRET)
auth.set_access_token(TOKEN_KEY, TOKEN_SECRET)

stream = Stream(auth, Listener())
stream.filter(track=['child labor'])
```

この後は、この章の少し前の部分で行ったように、on_dataメソッドを使ってデータベース、ファイル、その他のストレージにツイートを保存するコードを追加します。

13.5 まとめ

APIを操作できる能力は、データラングリングのスキルの重要な一部です。この章では、APIの基礎を学び（**表13-2**はそのまとめです）、Twitter APIから得られるデータを処理しました。

表13-2 APIの概念

概念	用途
REST API（ストリーミングと対照的に）	静的なエンドポイントを提供してデータを返す。
ストリーミングAPI（RESTと対照的に）	ライブデータを返し、クエリーを受け付ける。
OAuthとOAuth2	一連のキー、トークンからユーザーを認証する。
階層化データボリューム（データ層）	データの容量制限/利用可能範囲のさまざまな階層構造。一部は有料になる。
キーとトークン	アプリケーションとユーザーを識別する一意なIDとsecret（パスワード）のペア。

この章では、すでに知っているPythonの多くのコンセプトを再利用し、いくつか新しいコンセプトも学びました。もっとも大きなものは、Twtter APIとのやり取りを処理する`tweepy`ライブラリの使い方でした。また、認証とOAuthについても学びました。

第14章では、API操作の延長として、遠隔地からAPIスクリプトを実行できるようにするテクニックについて学びます。

14章 自動化とスケーリング

これまでに、ウェブサイトとAPIから得られた膨大な量のデータをスクレイピングし、データをクリーンアップして構造化し、静的分析を実行したり、ビジュアルレポートを作るための方法を学んできました。Pythonに運転を任せてデータラングリングを自動化することを考えてもよい頃です。この章では、データ分析、コレクション、パブリケーションの自動化の方法を取り上げます。

まず、スクリプトの実行を完全に自動化して、処理の成否や処理中に発生した問題点についての通知を受けられるようにするために、適切なログとアラートのシステムの作り方を取り上げます。また、大量のタスクを実行してその成否を監視するPythonライブラリを使って自動化をスケーリングする方法も取り上げます。そして、クラウドを使ってデータを完全にスケーリングするためのライブラリやヘルパーツールを分析します。

Pythonは、自動化とスケーリングのためにたくさんの選択肢を提供しています。タスクのなかには、設定でそれほど手間をかけずにほとんどあらゆるマシンで自動化できる単純でわかりやすいものもあれば、もっと大規模で自動化するのが難しい複雑なものもあります。ここでは両方の例を取り上げ、データラングラーとしてデータ処理の自動化をどのようにしてスケーリングするかを学びます。

14.1 自動化の理由

処理を自動化すれば、ローカルマシンで何かをしなくても、いや寝ていても、スクリプトを簡単に実行できるようになります。処理を自動化できれば、ほかのもっと頭を使うプロジェクトのために時間を使えるようになります。自分の代わりにデータをクリーンアップしてくれるよいスクリプトがあれば、データを操作してよりよいレポートを作ることに集中できます。

自動化が役に立つタスクの例をまとめてみましょう。

- 毎週火曜日に新しいアナリティクスを発表するために、レポートを編集して、関連部署、企業などに送信したいとき。
- ほかの部署や同僚が、自分の指導やサポートなしで自分のレポート作成ツールやクリーンアップツールを実行できるようにしたいとき。

- 週に1度実行しなければならないデータのダウンロード、クリーンアップ、送信。
- ユーザーが新レポートを要求するたびに、レポート作成スクリプトを実行し、レポートが完成したときにそのユーザーにアラートを送りたいとき。
- 週に1度データベースの誤ったデータをクリーンアップし、データベースをほかの位置にバックしなければならないとき。

これらの問題は、どれについてもさまざまなソリューションが考え出されていますが、確実なことが1つあります。それは、これらがどれも自動化のよい候補だということです。これらは、結果や手順が明確で、限られているものの特定の聞き手を抱えています。処理を実行する時間やイベントが決まっており、一定の条件が揃えば、スクリプトを書いて実行できることです。

タスクが明確でしっかりと定義されており、結果が簡単に出せるものなら、自動化は簡単です。しかし、結果がいつも簡単にテスト、予測できるものでなくても、タスクの一部だけでも自動化できれば、自分（またはほかの担当者）が直接調査、分析しなければならない部分はそれ以外だけになります。ここで言う自動化は、生活のなかに含まれるほかのさまざまな自動化と同じように考えることができます。いつもピザを注文するお気に入りの店やメールに対する自動返信などのことです。結果がはっきりしていて定期的に発生するタスクは、どれも自動化すべきタスクです。

しかし、タスクを自動化すべきでない場合もあるのではないでしょうか。タスクが自動化の候補としてあまり適切でないことを示す基準を挙げておきましょう。

- タスクが発生することがまれで、非常に複雑な場合は、自分でした方がよいでしょう（たとえば、税の申告など）。
- タスクの結果が成功しているかどうかを簡単に判断できないもの（たとえば、グループディスカッション、社会調査など）。
- 適切な方法を判断するために人間が介在していなければならないもの（たとえば、交通整理、詩の翻訳など）。
- 失敗が許されない場合。

これらの例のなかにも、ある程度の自動化が適したものがあります（特に人間の入力を必要とするもの）。たとえば、マシンでお勧めの候補を探し、人間がそのなかで適切なものとそうでないものを判断するようなタスク（人間のフィードバックを受け付ける機械学習など）は、部分的に自動化できます。また、タスクの発生がまれだったり、タスクが複雑、あるいはビジネスクリティカルなものだったりする場合でも、内容がよくわかってくれば一部または全部が自動化できるでしょう。いずれにしても、自動化が適しているときとそうでないときを分ける全体的な論理はわかっていただけるはずです。

自動化が適切かどうかがわからないときには、定期的に行っている何か小さなタスクを自動化して、それがどうなるかを見てみるのも1つの方法です。時間とともに自動化のために使えるソリューションが見つかることがあります。また、ある1つのことを自動化した経験があれば、将来ほかのタスクを自動化するときに仕事が簡単になります。

14.2 自動化のためのステップ

自動化は明確で単純なものを探すところから始まるので、自動化のためのステップも明確で単純でなければなりません。自動化は、次の事項を（リスト、ホワイトボード、絵、ストーリーボードなどに）ドキュメント化するところから始めると特にやりやすくなります。

- このタスクをいつ始めなければならないか。
- このタスクには締め切り、かけられる時間の上限があるか。あるなら、いつまでに仕上げなければならないか。
- このタスクのために必要な入力は何か。
- このタスクの成功、あるいは部分的な成功とは何か。
- このタスクが失敗したら、何が起こるか。
- このタスクが作り出す、または提供するものは何か。それは誰に対してか。またどのようにして行うのか。
- タスクが終わったあと何が起こるか（そのようなものがある場合）。

これらの問いのうち、5つ以上に答えられるなら、可能性はかなりあります。そうでなければ、もっと調査を重ね、作業を明確化してから始めた方がよいでしょう。今まで自動化したことがないこと、したことがあってもそれほど多くないことを自動化するように求められたときには、仕事を進めながら記録を残し、上の問いに答えられるかどうかを考えましょう。

プロジェクトが大きすぎて曖昧なときには、小さなタスクに分割し、その一部の自動化を試してみましょう。たとえば、2つのデータセットをダウンロードし、クリーンアップと分析を行ってから、結果により異なるグループに報告を送るような仕事なら、それをサブタスクに分割し、各ステップを自動化するのです。それらのサブタスクのどれかが失敗するようなら、チェーンを停止し、スクリプトのメンテナンスの責任者にアラートを送ります。そうすれば、スクリプトを調査し、バグや問題を解決してから再開することができます。

自動化のための基本的な手順は、次のようになります（内容は実現したいタスクの種類によって変わることに注意してください）。

1. 問題を明らかにし、小さな仕事に分割します。

2. 個々のサブタスクが入力として何を必要とし、何をする必要があり、完了とされるためには何が必要かを正確に記述します。
3. どのようにすればそれらの入力が入手でき、タスクを実行しなければならないのはいつなのかをはっきりさせます。
4. タスクのコーディングに取りかかり、実際のデータかサンプルデータを使ってテストします。
5. タスクとスクリプトをクリーンアップし、ドキュメントを追加します。
6. エラーのデバッグ、処理の成功に重点を置いてロギング機能を追加します。
7. コードをリポジトリにサブミットし、手作業でテストします。必要に応じて変更を加えます。
8. 手作業を自動化された作業に置き換えてスクリプトを自動化に向けて準備していきます。
9. タスクの自動化が始まったら、ログとアラートに注意し、エラーやバグを修正します。また、テストとドキュメントをアップデートします。
10. ログをどれくらいの頻度でチェックしてエラーを探すかについて長期的なプランを立てます。

自動化に向けた最初のステップは、いつもタスクとサブタスクの定義を見直し、これらを十分小さなチャンクに分割して、簡単に終了させることができ、成否も簡単に見分けられるようにすることです。

次のいくつかのステップは、本書全体で取っているプロセスとぴったりと一致します。Pythonで問題を解決するためにどのように仕事を始めていくかをはっきりさせ、問題の解決や要求の処理を助けるライブラリやツールを探してコーディングを始めます。スクリプトが動くようになったら、いくつかの可能なデータセット、インプットでテストをします。テストに成功したら、スクリプトを単純化してドキュメントを書きます。スクリプトはリポジトリ（BitbucketやGitHubなど）で管理するように設定するはずなので、変更や追加の記録を取っていくことができます。

スクリプトが完成したら、まずは手作業で（自動化された形ではなく）実行してみましょう。新しいデータが届いたり、スクリプトを実行すべき時間が来たときには、手作業でそれを行い、注意をそらさずに出力を監視します。予期しないエラーが現れたり、追加しなければならないロギングやデバッグがあるかもしれません。

自分のニーズにどのタイプの自動化が適しているかによっては、一定の周期でスクリプトが実行されるcronタスクを設定します（cronについてはこの章のあとの方で詳しく説明します）。引数、データベース、ファイルを使って自前で動作させるために、スクリプトにわずかな変更を加える必要があるかもしれません。そして、実行タイミングを管理するためにタスクキューにタスクを追加します。どちらの場合でも、あなたの仕事はまだ終わっていません。

スクリプトを初めて自動化したときには、時間を割いて実行するたびにスクリプトをレビューすることがきわめて重要です。ログを全部見て、何が起きているのかを監視しましょう。小さなバグが見つかるはずですから、それを修正します。そして必要なログ、ドキュメントを更新します。

5回くらい成功するか、エラーが適切にログに書かれるようになったら、手作業のレビューを縮小できるでしょう。しかし、その場合でも、月、または四半期に1度、grep（http://bit.ly/practical_grep_examples）でエラーをチェックし、何が起きているのかを把握するようにしましょう。ログアグリゲータを使っている場合は、このステップを自動化してタスクにエラーや警告のレポートを送らせることができます。何とも目がまわるような感じですが。

自動化は決して小さなプロセスではありませんが、早い時期に投資して注意を払えばそれに応じて配当が付きます。うまく馴染んでいる自動化タスクは終わるまで時間がかかりますが、いつも注意、監視が必要な思いつき的なスクリプトよりもはるかによい結果を残します。今すぐ時間をかけ、注意を払って、スクリプトを正しい形で自動化しましょう。次にしなければならないことに本当に移れるのはそれができてからです。それまでは、いくつかの不規則なタスクの監視、管理のために勤務時間の一部を否応なく割かなければならないでしょう。

14.3 起こり得る問題

自動化を失敗させる要因はいくつもあります。そのなかには、何が起きたのかをはっきり説明でき、簡単に修正できるものもありますが、曖昧模糊としていてどのようにしてもきちんと修正できないようなものもあります。自動化の過程で学ぶべきもっとも重要なことの1つは、どのタイプのエラーや問題なら修正のために時間と労力をかける意味があり、どのタイプのエラーなら別の方法を考えた方がよいかの見極めです。

例として第12章で取り上げたエラータイプについて考えてみましょう。ウェブスクレイピングにおけるネットワークエラーです。重大なネットワークエラーが起きたときには、よい選択肢はごくわずかに限られてしまいます。タスクのホスティングの事業者を変えてパフォーマンスが上がるかどうかを試すという方法があります（構成次第では時間とコストがかかる場合があります）。ネットワークプロバイダに電話をかけてサポートを頼むこともできます。別の時間帯にタスクを実行して結果が変わるかどうかをチェックすることも、問題が起こることを想定し、その想定に基づいてスクリプトを作ることもできます（ある程度の割合でエラーが起こることを想定し、必要以上に時間をかけて実行するということです）。

タスクを自動化して実行すると、さまざまなエラーが起きる可能性があります。

- データベース接続エラーによるデータの消失、不良データの発生
- スクリプトのバグによるスクリプトの無限実行

- ウェブサイトやAPIからのタイムアウトエラー、その他さまざまな要求エラー
- データやレポートの部品が誤動作をする境界条件の存在
- サーバーの負荷、その他ハードウェアの問題
- タイミングの取り方のまずさ、競合の発生（https://ja.wikipedia.org/wiki/競合状態、https://en.wikipedia.org/wiki/Race_condition、スクリプトがほかのタスクの完了を前提としている場合、競合によってデータが無効になることがあります）

当然ながら、潜在的な問題は予想をはるかに上回ることがあります。開発チームが大きければ大きいほど、貧弱なドキュメント、不十分な理解、チーム内のコミュニケーション不足によって自動化がうまくいかなくなる可能性が高くなります。すべてのエラーを防ぐことはできませんが、コミュニケーションとドキュメントをできる限り改善すれば、エラーを減らすことはできます。

最終的にシステムが立ち往生したときの準備のために、問題が起きたらアラートが送られるようにしましょう。何%のエラーなら受け入れられるかを決めるようにします。すべてのサービスがいつもうまく動作するとは限りません（だからこそ、ステータスページがあるのです）。しかし、完全を目指し、自動化にどれだけの時間と労力をかける価値があるかを判断することはできます。

自動化とその弱点次第では、問題を解消する方法がある場合があります。より弾力的にエラーに対処できる自動化システムを構築するための方法をいくつか挙げておきましょう。

- 決められた間隔を置いて、エラーを起こしたタスクをもう1度実行してみる。
- コードに多数の`try...except`ブロックを組み込み、エラーを処理できるようにする。
- ほかのマシン、データベース、APIとの接続を処理するコードに特別な例外ブロックを用意する。
- 自動化のために使っているマシンを定期的にメンテナンスし、モニタリングする。
- テストデータを使ってタスクと自動化を定期的にテストし、正しく動作することを確認する。
- スクリプトのドメインにおける依存関係、競合、APIルールを意識し、その知識に基づいてコードを書く。
- 難しい問題を簡単にしてくれる`requests`、`multiprocessing`などのライブラリを利用し、多くのスクリプトを苦しめている問題から謎の部分をいくらかでも取り除くようにする。

スクリプトの監視、自動化をうまく進めるための方法を示す過程で、これらのテクニック、アイデアを実際に使うことになるでしょう。しかし今は、データラングラーとしての私たちの日常を楽で単純なものにするために、どこで自動化されたスクリプトを実行するか、自動化のためにどのようなツールが使えるかに話題を移すことにしましょう。

14.4　自動化スクリプトを実行すべき場所

スクリプトのニーズによっては、どこで実行するかを決めることが重要な第一歩になります。どこでも最初から動作するなら、どこにでも持っていけるでしょうが、場所を移すと書き換えが必要になるものです。おそらく最初は、ローカルで実行できるようにする必要があります。スクリプトやタスクをローカル実行するとは、自分自身のマシンで実行することです。

それに対し、何かをリモート実行するとは、どこかにあるサーバーのような別のマシンで実行することです。スクリプトが実行に成功し、十分にテストできたら、それをリモート実行してみましょう。自分でサーバーを持っている、管理している、あるいはサーバーがある会社で働いている場合は、スクリプトをそれらのサーバーに移植するのは比較的簡単でしょう。そうすれば、自分のマシン（ノートPCやデスクトップ）では自分の仕事をして、いつ電源をオン/オフするかを気にしなくて済みます。スクリプトをリモート実行するということは、ISPに依存しないということでもあります。

アクセスできるサーバーはないものの、もう使っていない古いデスクトップやノートPCがある場合には、それをサーバーに転用することができます。OSが古い場合は、アップデートするか、そのOSを消して新しくLinuxをインストールし、Pythonを正しく実行できるようにしましょう。

ホームコンピュータをリモートデバイスとして使うには、いつも電源をオンにして自宅からインターネットに常時接続しなければいけません。Linuxのような今まで使ったことのないOSをインストールするつもりなら、新しいOSについて学ぶよい機会になり、自分用のサーバーの管理を勉強するためにも役に立つでしょう。Linuxを始めたばかりの読者には、Ubuntu（http://bit.ly/ubuntu_guide）やLinuxMint（http://linuxmint.com/）のような人気の高いディストリビューションを選ぶことをお勧めします。

自分用のサーバーを管理したいけれども、Linuxは初心者だという場合でも、心配いりません。サーバーを管理したことやサーバー管理を手伝ったことがない場合でも、クラウドサービスプロバイダの競争が激しくなって、サーバー管理は従来よりもかなり簡単になりました。クラウドプロバイダを使えば、あまり技術的な知識がなくても、新しいマシンを作って独自サーバーを実行することができます。そのようなプロバイダの1つであるDigitalOceanには、最初のサーバーの作り方（http://bit.ly/droplet_virtual_server）やサーバーの設定（https://www.digitalocean.com/help/getting-started/setting-up-your-server/）についての入門記事が多数あります。

スクリプトをローカル、リモートのどちらでホスティングする場合でも、マシンやサーバーをしっかりモニタリングし、アップデートされた状態に保つためのさまざまなツールがあります。自分のスクリプトやタスクは、簡単に管理、アップデートでき、普通に最後まで実行されるようにしておきます。また、スクリプトの設定を変えられるように、スクリプトのドキュメントを簡単に書けるようにもしておきたいものです。以下の節では、これらのテーマをすべて取り上げます。まず、スクリプトを自動化しやすく変えるために役立つPythonツールから始めましょう。

14.5　自動化のためのスペシャルツール

Pythonは、処理の自動化のためにさまざまなスペシャルツールを用意してくれています。Pythonを使って自動化プロセスを管理する方法や、ほかのマシン、サーバーを意のままに使う方法を見てみましょう。また、Pythonの組み込みツールを使ってスクリプトの入力を管理する方法や、人間による入力が必要に感じられる部分の自動化の方法も説明します。

14.5.1　ローカルファイル、argv、設定ファイルの使い方

スクリプトがどのように動作するかによっては、データベースやAPIから取り出せるとは限らず、取り出せるようにすべきでもないパラメータや入力を必要とすることがあります。単純な入力や出力では、ローカルファイルやパラメータを使ってデータを渡すことができます。

14.5.1.1　ローカルファイル

入出力にローカルファイルを使う際は、毎日同じマシンでスクリプトを実行できるようにするか、入出力ファイルとともに簡単に移植できるようにします。スクリプトの成長にともない、スクリプトが使うファイルとともにスクリプトを移したり書き換えたりする場合があります。

本書ではすでにローカルファイルを使っていますが、日常的に実行するコードの観点からローカルファイルの使い方を復習しておきましょう。次のコードは、標準データ型を使ってファイルを読み書きするもので、再利用の範囲が広く、スクリプトのニーズに合わせて拡張しやすくできています。

```
from csv import reader, writer


def read_local_file(file_name):
    if file_name.endswith('.csv'):  # ❶
        rdr = reader(open(file_name, 'r'))
        return rdr
    return open(file_name, 'r')  # ❷


def write_local_file(file_name, data):
    with open(file_name, 'w') as open_file:  # ❸
        if type(data) is list:  # ❹
            wr = writer(open_file)
            for line in data:
                wr.writerow(line)
        else:
            open_file.write(data)  # ❺
```

❶ ファイルがcsvモジュールでオープンするのに適したものかどうかをテストします。ファイル名の末尾が.csvであれば、CSVリーダーでオープンすべきだと判断します。

❷ CSVリーダーを使っていなければ、ここでオープンファイルを返します。ファイルの拡張子に基いてさまざまなファイルをオープン、パースできるようにしたければ、そのようにすることもできます（たとえば、JSONファイルには`json`モジュール、PDFには`pdfminer`を使います）。

❸ `with...as`を使って`open`関数の出力を`open_file`変数に代入して返します。インデントされたブロックが終わると、Pythonは自動的にファイルをクローズします。

❹ リストを扱う場合には、CSVライターを使ってリストの個々の要素をデータ行として書き込みます。辞書を扱う場合には、`DictWriter`クラスを使ったコードがほしいところです。

❺ データがリストではない場合にも、しっかりと予備の方法を用意したいところです。そこで、ここではデータを未加工のままファイルに書き込んでいます。データ型によって異なるコードを書き込むコードを作ることもできたところです。

次に、ディレクトリでもっとも新しいファイルが必要になったときに、それを返す関数を見てみましょう。最新ファイルは、過去に遡ってログファイルをパースしなければならないときや、ウェブスパイダーの最近の実行結果を見たいときに役に立ちます。

```
import os

def get_latest(folder):
    files = [os.path.join(folder, f) for f in os.listdir(folder)]  # ❶
    files.sort(key=lambda x: os.path.getmtime(x), reverse=True)  # ❷
    return files[0]  # ❸
```

❶ Python組み込みの`os`モジュールの`listdir`メソッドを使って、フォルダ内のファイルのリストを作ってから、`path`モジュールの`join`メソッドを使って、ファイルのフルパスを表す長い文字列を作ります。これは、フォルダのパスという文字列だけを渡してフォルダ内のすべてのファイルのリストを簡単に手に入れる方法です。

❷ ファイルを最終変更日時に基づいてソートします。`files`はリストなので、ソートキーを引数として`sort`メソッドを呼び出すことができます。`os`モジュールの最終変更日時取得メソッドである`getmtime`にファイルのフルパスを渡しています。`reverse`引数は、最新ファイルがリストの先頭に来るようにしています。

❸ 最新ファイルだけを返します。

このコードは最新ファイルを返していますが、最新ファイルから順にすべてのファイルのリストを返したい場合には、最初のインデックスではなくリスト全体、またはスライスを返すように書き換えるだけのことです。

osライブラリには、ローカルマシン（またはサーバーのローカルファイルシステム）のファイルをルックアップ、変更、操作するための強力なツールが多数含まれています。Stack Overflowを検索すれば、過去7日間に書き換えられたファイルだけを見つける方法や先月書き換えられた.csvファイルだけを見つける方法などについて、しっかりとした知識に基づく回答が返されます。ローカルファイルの利用は、特に必要なデータがすでにローカルファイルにある場合（または`wget`で簡単にローカルファイルに書き込める場合）には自動化を単純にするための方法として優れています。

14.5.1.2 設定ファイル

機密情報のためにローカル設定ファイルを用意することは至上命令です。Twelve-Factor App（http://12factor.net/config）で断言されているように、設定情報（パスワード、ログインID、メールアドレス、その他の機密情報）をコードベースの外に格納することは、優れた開発者になるための必要条件の1つです。データベースへの接続、メール送信、APIの利用、支払情報の保存などをするなら、そこで使われる機密情報は設定ファイルに保存しておきます。

通常、設定ファイルはリポジトリ内の専用フォルダ（たとえば、config/）に格納します。リポジトリ内のすべてのコードがこれらのファイルにアクセスできますが、.gitignoreファイルを使えば、設定ファイルはバージョン管理システムから外すことができます。これらのファイルを必要とする開発者、サーバーのためには、手作業でファイルをコピーして送ります。

リポジトリのREADME.mdには、これらの特別な設定ファイルの入手方法を説明するセクションを設けて、適切なファイルを誰に請求すればよいかが新しいユーザーや協力者にもわかるようにしておくことをお勧めします。

ファイルを1つ作るだけでなく、フォルダを作れば、スクリプトが実行されるマシン、環境に合わせて異なる設定ファイルを使えるようになります。たとえば、テスト用のAPIキーと本番ファイルを用意したテスト環境用には、1つの専用設定ファイルを作ります。どのマシンでスクリプトを実行するかによって複数のデータベースを使い分ける場合もありますが、そのようなマシンごとの専用情報は、次の例のように.cfgファイルに格納します。

```
# サンプル設定ファイル
[address] # ❶
name = foo # ❷
email = myemail@bar.com
postalcode = 10177
street = Schlangestr. 4
city = Berlin
telephone = 015745738292950383
```

```
[auth_login]
user = test@mysite.com
pass = goodpassword

[db]
name = my_awesome_db
user = script_user
password = 7CH+89053FJKwjker)
host = my.host.io

[email]
user = script.email@gmail.com
password = 788Fksjelwi&

[api_login]
user = script_user
auth_key = 6965367709569406
```

❶ 各セクションは、読みやすいセクション名を入れた角かっこで区切られます。

❷ 各行には、*key* = *value*ペアから構成されます。ConfigParserは、これらを文字列として解釈します。値としては特殊文字を含むあらゆる文字を使えますが、キーはPEP-8の読みやすい構文と構造の規約に従わなければなりません。

設定はセクション、キー、値から構成されるため、セクション、キーを指定すれば、値にアクセスできます。そのため、セキュリティで妥協することなく、明解なPythonスクリプトを書くことができます。先ほどの例に示すような設定ファイルの準備ができたら、Pythonでそれをパースし、スクリプトや自動化で使うのは簡単なことです。次の例を見てみましょう。

```
import configparser
from some_api import get_client  # ❶


def get_config(env):
    config = configparser.ConfigParser()  # ❷
    if env == 'PROD':
        config.read(['config/production.cfg'])  # ❸
    elif env == 'TEST':
        config.read(['config/test.cfg'])
    else:
        config.read(['config/development.cfg'])  # ❹
    return config


def api_login():
```

```
    config = get_config('PROD')  # ❺
    my_client = get_client(config.get('api_login', 'user'),
                           config.get('api_login', 'auth_key'))  # ❻
    return my_client
```

❶ インポートできる架空のAPIクライアントフックの例です。

❷ ConfigParserクラスを呼び出して、configオブジェクトを作っています。この時点ではこのオブジェクトの中身は空です。

❸ 設定ファイルのリストを引数として設定パーサーオブジェクトのreadメソッドを呼び出しています。ここでは、これらの設定ファイルは、プロジェクトのルートフォルダに含まれるconfigというフォルダに格納してあります。

❹ 渡された環境変数が本番（'PROD'）でもテスト（'TEST'）でもなければ、開発用の構成を返すものとします。環境変数を定義し忘れたときのために、設定ファイルパースコードのなかにこのようなデフォルトを設けておくようにします。

❺ このサンプルは本番APIを必要とするという前提で書かれているため、この行は'PROD'環境を要求しています。このような区別をbash環境に保存しておき、組み込みのos.environメソッドで環境を読み出すという方法もあります（http://bit.ly/process_parameters）。

❻ セクション名とキー名を指定して設定に格納されている値にアクセスしています。返される値は文字列形式なので、整数その他の型の値が必要なら、型の変換が必要です。

組み込みのconfigparserライブラリを使えば、設定ファイル内のセクション、キー、値に簡単にアクセスできます。設定情報を種類別に専用ファイルに格納して、特定のスクリプトでそれらのファイルのリストをパースしたい場合には、次のようなコードを使います。

```
config = configparser.ConfigParser()
config.read(['config/email.cfg', 'config/database.cfg', 'config/staging.cfg'])
```

ニーズに合わせてコードと設定は自由に構成してかまいません。設定の値にアクセスするための構文では設定ファイル内のセクション名（つまり、[*section_name*]）とキー名を使うだけです。そのため、次のような設定ファイル

```
[email]
user = test@mydomain.org
pass = my_super_password
```

には、次のようにすればアクセスできます。

```
email_addy = config.get('email', 'user')
email_pass = config.get('email', 'pass')
```

設定ファイルは、すべての機密情報を1か所にまとめておくための簡単なツールです。.ymlなどの拡張ファイルを使いたい場合は、対応したリーダーがあります。いずれにしても、認証情報などの機密情報をコードとは別の場所に格納することが大切です。

14.5.1.3 コマンドラインパラメータ

Pythonは、自動化のためにコマンドラインパラメータを使えるようになっています。これらのパラメータは、スクリプトをどのように機能させるかについての情報を提供します。たとえば、開発構成でスクリプトを実行したいということをスクリプトに知らせなければならないときには、次のような形で実行します。

```
python my_script.py DEV
```

ここでは、pythonを呼び出し、スクリプト名を渡し、最後にDEVを添えるというコマンドラインでファイルを実行するときとまったく同じ構文を使っています。Pythonでこのようなパラメータをパースするにはどうすればよいのでしょうか。それを行うコードを書いてみましょう。

```
import sys
from import_config import get_config


def main(env):
    config = get_config(env)
    print(config)

if __name__ == '__main__':
    if len(sys.argv) > 1:  # ❶
        env = sys.argv[1]  # ❷
    else:
        env = 'TEST'
    main(env)  # ❸
```

❶ 組み込みのsysモジュールは、コマンドラインパラメータのパースなどのシステムタスクを支援します。渡されたコマンドラインパラメータリストの長さが1よりも大きければ、追加のパラメータがあるということです。第1パラメータはいつもスクリプト名になります（そのため、パラメータリストの長さが1なら、パラメータはスクリプト名だけです）。

❷ パラメータの値を得るために、sysモジュールのargv変数にパラメータのインデックスを渡します。この行では、envにその値を代入します。argvのインデックス0は常にPythonスクリプト名だということを忘れないようにしてください。そこで、パラメータのパースはインデックス1から始めます。

❸ パースしたコマンドラインパラメータかデフォルト値の'TEST'をmainの引数にしています。

スクリプト名以外に複数のパラメータをパースしたければ、argvはリストだということを意識すればパースできます。パラメータはいくつでも指定できますが、4個以下にすることをお勧めします。5個以上のパラメータを必要とする場合は、スクリプト内部に何らかのロジックを追加することを検討しましょう（たとえば、火曜日にはテストだけ実行する場合、火曜日になったらコードのテストセクションを使うなどです）。

パラメータは、同じコードを再利用して異なるタスクを実行するときやコードを別の環境で実行しなければならないときに役に立ちます。たとえば、収集か分析を行うスクリプトを持っていて、どちらを実行するかを切り替えたいときには、次のようにしてスクリプトを実行します。

```
python my_script.py DEV ANALYSIS
python my_script.py PROD COLLECTION
```

あるいは、複数の環境でログを取り出さなければならないスクリプトは、それぞれの環境のログフォルダを指定して実行できるようにします。

```
python my_script.py DEV /var/log/apache2/
python my_script.py PROD /var/log/nginx/
```

コマンドラインパラメータを活用すれば、移植性が高く堅牢な自動化を実現できます。すべてのスクリプトでこの種のパラメータを使う必要があるわけではありませんが、これはPythonの標準ライブラリに組み込まれているすばらしいソリューションで、必要なときに柔軟性を与えてくれます。

今までに説明してきた単純で簡単なデータのパースとスクリプトへの補助情報の提供以外にも、クラウドやデータベースなどのより高度で分散化されたアプローチがあります。次は、それらを見ていきましょう。

14.5.2　データ処理のためのクラウドの使い方

クラウド（cloud）は、サーバーなどのリソースの共有プールを表す用語です。クラウドサービスを提供している企業はたくさんあります。AWS（Amazon Web Services）は、そのなかでももっとも有名なものの1つです。

クラウドという用語は必要以上に使われすぎています。クラウドベースのサーバーでコードを実行している場合は、「クラウドで実行している」ではなく「サーバーで実行している」と言うべきでしょう。

クラウドはどのようなときに使えばよいのでしょか。クラウドは、手持ちのマシンで処理するにはデータが大きすぎる場合や、処理に時間がかかり過ぎる場合に適しています。自動化したいほとんどのタスクは、クラウドに適しています。クラウドで実行すれば、マシンの電源を入れたり落としたりするときに、スクリプトが実行されているかどうかを気にしなくて済みます。

AWSを使うことにした場合、初めてログインしたときにさまざまな種類のサービスが提供されていることに戸惑うかもしれません。しかし、データラングラーとして必要なサービスはそのうちのごく一部だけです。

表14-1 AWSのクラウドサービス

サービス	データラングリングでの目的
S3 (Simple Storage Service)	単純なファイルストレージサービスで、データファイル(JSON、XMLなど)の出力に使う。
EC2 (Elastic Computing)	オンデマンドサーバー。ここでスクリプトを実行する。
EMR (Elastic MapReduce)	Hadoopのマネージドフレームワークを通じて分散データ処理を提供する。

これらはAWSの基本サービスであり、しっかりと理解しておくとよいでしょう。IBMのBluemix and Watson Developer Cloudのような競合サービスもあります(Watsonの論理/自然言語処理機能など、複数の大規模データプラットフォームへのアクセスが提供されます)。これらよりも安いクラウドリソースを提供するDigitalOceanやRacspaceを使うという方法もあります。

どれを使う場合でも、クラウドサーバーにコードをデプロイする必要があります。そのためには、Git (https://git-scm.com)を使うことをお勧めします。

14.5.2.1 Pythonコードをデプロイするための Gitの使い方

ローカルマシン以外の場所で自動化を実行したい場合には、Pythonスクリプトのデプロイが必要になります。まず、単純な方法を説明してから、少し複雑な方法を説明することにします。

バージョン管理を使えば、チームで同じコードリポジトリを並行して開発しても、互いに問題を起こさないようにすることができます。Gitは、同じチームのメンバーがそれぞれ特定のアイデアを追究したり、新しいインテグレーションを独立に進めていったりするために別々のブランチを作りつつ、最後にそれらをコードベースのメイン/マスターブランチにマージし戻すことができるようになっています。このとき、コアの機能が失われることはありません。また、Gitは全員が最新のコードを入手できるようになっています(サーバー、リモートマシンを含めて)。

Pythonスクリプトのもっとも簡単でわかりやすいデプロイ方法は、Gitによるバージョン管理のもとにリポジトリを置き、Gitのデプロイフックを使ってリモートホストにコードを「出荷」するというやり方です。まず、Git (http://bit.ly/installing_git)をインストールする必要があります。

Gitを初めて使う場合は、Code SchoolのGitHubチュートリアル(https://try.github.io/levels/1/challenges/1)を試すか、AtlassianのGitチュートリアル(https://www.atlassian.com/git/tutorials/)をひと通り読むことをお勧めします。最初から簡単に進めることができ、もっともよく使われるコマンドにはすぐに慣れるでしょう。ひとりでリポジトリを操作している場合には、リモートの変更をプルすることにそれほど神経質になる必要はありませんが、はっきりとしたルーチンを作っておけば間違いはありません。

Gitのインストールが終わったら、プロジェクトのコードフォルダで次のコマンドを実行します。

```
git init .  # ❶
git add my_script.py  # ❷
git commit -a  # ❸
```

❶ カレントディレクトリをGitリポジトリのルートとして初期化します。

❷ リポジトリにmy_script.pyを追加します。設定ファイルではなく、リポジトリのファイル名、フォルダを使ってください。

❸ ほかの保留中の変更とともに(-a)、リポジトリに変更をコミットします。

コミットメッセージを求められたときには、加えた変更についての簡単な説明を書いておきます。明確ではっきりとした説明を書くようにしましょう。あとでどのコミットがどの変更を実装したのかを調べなければならなくなることがあります。いつも明確なメッセージを書いていれば、そのようなときにコミットを見つけやすくなります。説明がよければチームの他のメンバーや同僚が自分のコードやコミットを理解しやすくもなります。

git fetchコマンドでリモートの変更をフェッチしたり、git pull --rebaseコマンドで新しいコミットによりローカルリポジトリを更新することに慣れましょう。そのあとで自分のコードを操作し、成果をコミットし、アクティブブランチにコミットをプッシュします。自分のブランチをマスターにマージすべきときが来たら、プルリクエスト(https://help.github.com/articles/using-pull-requests/)を送り、ほかの人々にマージを評価してもらい、良ければマスターブランチに直接マージします。古くなったブランチは、不要になったら削除することを忘れないようにしましょう。

216ページのコラム「Gitと.gitignore」でも説明したように、変更をプッシュ/プルするときにGitに無視させたいファイルパターンをまとめた.gitignoreファイルの設定も重要です。.gitignoreは、各フォルダに1つずつ配置することも、リポジトリのベースフォルダに1つだけ配置することもできます。ほとんどのPythonプロジェクトの.gitignoreファイルは、次のような内容になるでしょう。

```
*.pyc
*.csv
*.log
config/*
```

この.gitignoreは、コンパイル済みPythonファイル、CSVファイル、ログファイル、設定ファイルがリポジトリに格納されるのを防ぎます。リポジトリフォルダにほかのタイプのファイルも含まれている場合には、パターンを追加することになるでしょう。

リポジトリは、複数のサイトにホスティングできます。GitHub(https://github.com/)は無料の公開リポジトリを提供していますが、無料の非公開リポジトリは提供していません。コードを非公開にしたい場合、Bitbucket（https://bitbucket.org/）には無料の非公開リポジトリを設けられます。すでにローカルでGitを使い始めている場合は、既存のGitリポジトリをGitHub（http://bit.ly/set_up_git）やBitbucket（http://bit.ly/create_bitbucket_repo）にプッシュするのは簡単です。

リポジトリを設定できたら、簡単にGitにリモートエンドポイントを設定できます（http://gitscm.com/docs/git-remote）。次に示すのは、sshでアクセスできるフォルダにデプロイしたいときの例です。

```
git remote add deploy ssh://user@342.165.22.33/home/user/my_script
```

サーバーにコードをプッシュするには、コマンドをいくつか実行して受信側にフォルダを設定する必要があります。デプロイしたいサーバーフォルダで次のコマンドを実行しましょう。

```
git init .
git config core.worktree `pwd`
git config receive.denycurrentbranch ignore
```

ここでは、ローカルマシンからコードを送るための空リポジトリを初期化し、単純な構成を定義して、これがリモートエンドポイントになることをGitに知らせます。post-receiveフックの設定もしておきましょう。初期化したばかりのフォルダのなかの.git/hooksフォルダにpost-receiveという実行可能ファイル（パーミッションによって実行可能にします）を作れば設定できます。このファイルは、デプロイエンドポイントがGitプッシュを受け取ったときに実行されます。ファイルには、データベースの同期、キャッシュのクリア、プロセスの再起動など、プッシュをするたびに実行すべきタスクを書いておきます。最低限でも、エンドポイントのアップデートは必要です。

単純な.git/hooks/post-receiveファイルは次のようなものになります。

```
#!/bin/sh
git checkout -f
git reset --hard
```

このファイルは、ローカルな変更（リモートマシン上での）をリセットし、コードをアップデートします。

コードに対する変更は、すべてローカルマシンで書き、テストしてから、デプロイエンドポイントにプッシュします。最初からこのような習慣を身につけましょう。そうすれば、コードはバージョン管理され、サーバーコードの直接的な書き換えのためにときどきバグやエラーが入り込むことを防げます。

エンドポイントが設定されたら、ローカルリポジトリで次のコマンドを実行すれば、サーバー側のコードがすべての新しいコミットで更新されます。

```
git push deploy master
```

これは、リポジトリとサーバー、リモートマシンを管理する方法として非常に優れています。設定も使うのも簡単で、マイグレーションが必要になったときには簡単にマイグレーションできます。

デプロイやバージョン管理を初めて使う場合は、Fabric (http://www.fabfile.org/) のような複雑なデプロイオプションに移る前に、Gitで初歩を学び、Gitに慣れておくことをお勧めします。複数のサーバーにまたがってコードをデプロイ、管理するための大規模な自動化については、この章のあとの方で説明します。

14.5.3 並列処理の使い方

並列処理は、1つのスクリプトから同時に実行されるプロセスを多数起動できるようにするもので、スクリプトを自動化するときには非常にすばらしいツールです。スクリプトが複数のプロセスを必要とする場合は、Python組み込みのmultiprocessingライブラリを使うことになるでしょう。並列実行しなければならない一連のタスクがある場合や、並列実行すればスピードアップできるタスクがある場合には、multiprocessingが正しいツールです。

では、multiprocessingはどのようにして利用すればよいのでしょうか。簡単な例を考えます。

```
from multiprocessing import Process, Manager  # ❶
import requests

ALL_URLS = [
    'google.com', 'bing.com', 'yahoo.com',
    'twitter.com', 'facebook.com', 'github.com',
    'python.org', 'myreallyneatsiteyoushouldread.com']


def is_up_or_not(url, is_up, lock):  # ❷
    resp = requests.get('http://www.isup.me/%s' % url)  # ❸
    if b'is up.' in resp.content:  # ❹
        is_up.append(url)
    else:
        with lock:  # ❺
            print('HOLY CRAP %s is down!!!!!' % url)


def get_procs(is_up, lock):  # ❻
    procs = []
    for url in ALL_URLS:
        procs.append(Process(target=is_up_or_not,
                             args=(url, is_up, lock)))  # ❼
    return procs
```

```
def main():
    manager = Manager()  # ❽
    is_up = manager.list()  # ❾
    lock = manager.Lock()  # ❿
    for p in get_procs(is_up, lock):  # ⓫
        p.start()
        p.join()
    print(is_up)

if __name__ == '__main__':
    main()
```

❶ プロセス管理で使うために、組み込みのmultiprocessingライブラリからProcess、Managerクラスをインポートします。

❷ メインワーカー関数のis_up_or_notを定義します。この関数は、URL、共有リスト、共有ロックの3つの引数を必須としています。リストとロックは私たちのすべてのプロセスによって共有され、各プロセスがそれらを書き換えたり使ったりすることができます。

❸ requestsを使って、指定したURLが現在オンラインになっていて利用できる状態かどうかをisup.meに尋ねます。

❹ ページ上で"is up"という文字列を読み取れるかどうかをテストします。このテキストがあれば、URLは生きていることがわかります。

❺ withブロックを介してロックのacquireメソッドを呼び出します。このメソッドはロックを獲得し、引き続きインデントされたコードを実行します。そして、コードブロックの末尾に達したときにロックを解放します。ロック（http://bit.ly/python_threads_synch）はブロックを引き起こすので、コードのブロックが必要な場合に限り使うようにします（たとえば、共有変数を変更する場合や、並列実行されているコードが終了地点に達しているかどうかをチェックする場合など、特別なロジックを実行するプロセスを1つだけに絞らなければならないときです）。

❻ プロセスを生成するときに使う共有ロックとリストを渡します。

❼ キーワード引数を渡してProcessオブジェクトを作ります。引数はターゲット（つまり、実行すべき関数）とターゲットに渡す引数です。この行は、すべてのプロセスをリストに追加し、プロセスを1か所にまとめます。

❽ Managerオブジェクトを初期化します。このオブジェクトは、プロセス全体を対象として共有アイテムとロギングを管理します。

❾ どのサイトがアップしているかを管理する共有リストオブジェクトを作ります。個々のプロセスは、このリストを書き換えることができます。

❿ 動いていないサイトを見つけたときに停止してアナウンスする共有ロックオブジェクトを作ります。これらが私たちで管理しているすべてのサイトなら、ここでは「すべてを停止」するくらい

の緊急事態のための重要なビジネスロジックを定義してもよいところです。

⓫ `get_procs`が独立に返してくる個々のプロセスを起動します。プロセスが起動したら、`join`によって、`Manager`オブジェクトとその子プロセスは最後のものが終了するまで通信することができます。

マルチプロセッシングを使うときには、通常1つのマネージャプロセスと多数の子プロセスを作ります。子プロセスには引数を渡すことができ、共有メモリや共有変数を使うことができます。この情報共有は、マルチプロセッシングをどのように利用し、どのように組み立てるかを決める力を生み出します。スクリプトのニーズ次第では、マネージャにスクリプトのロジックの大半を任せ、レイテンシが高く時間のかかる特定の1か所を実行するために子プロセスを使うようにすべきです。

共有ロックオブジェクト（http://bit.ly/lock_objects）を使えば、複数のプロセスを同時に実行しながら、内部ロジックの特定の部分を保護できます。共有ロックは、ロックするロジックを`with`文（http://bit.ly/lock_objects）のなかに配置するとうまくいきます。

スクリプトがマルチプロセッシング向きかどうかがはっきりわからないときには、かならずスクリプトの部分部分（サブタスク）をテストしましょう。そして、並列プログラミングの目標を達成できるか、いたずらにロジックを複雑化させるだけかを判断します。タスクのなかには、大規模な自動化とキューイングを使う方が適しているものがあります。それについては、「**14.7　大規模な自動化**」で取り上げます。

14.5.4　分散処理の使い方

マルチプロセッシングだけでなく、多数のマシンにプロセスを分散させる分散処理というものもあります（前節で説明したような形の並列処理は、1台のマシンだけで実現されています）。1台のマシンで行う並列処理の方が高速ですが、それだけではパワーが足りない場合があります。

分散処理に関わるコンピューティング問題は1つだけに留まりません。多数のマシンに分散されたプロセスを管理するためのツールやライブラリがあり、多数のマシンにまたがったストレージを管理するためのツールやライブラリがあります。これらの問題に関連する用語には、分散コンピューティング、MapReduce、Hadoop、HDFS、Spark、Pig、Hiveなどがあります。

2008年、クリントン大統領記念図書館と国立公文書館は、1993年から2001年にかけてのファーストレディとしてのヒラリー・クリントンのスケジュールを公開しました。この記録は17,000ページ分のPDFイメージから構成されており、使用できるデータセットにするためには、OCR（光学的文字認識）処理が必要でした。大統領選挙のための民主党予備選の時期に重なっていたので、報道機関はデータを公刊したいと考えました。そこで、ワシントン・ポストは分散処理サービスを利用して17,000枚のイメージをテキストに変換しました。100台以上のマシンに処理を分散したので、作業には24時間もかかりませんでした。

Hadoopなどのフレームワークを使った分散処理は、2つの大きなステップから構成されます。第1のステップは、データ、入力のマッピングです。この処理は、一種のフィルタのように機能します。マッパーは、「テキストファイル内のすべての単語を分割せよ」とか「この1時間に特定のハッシュタグを付けて投稿されたツイートをユーザーごとに分割せよ」といった指令を処理するために使われます。次のステップは、マッピングされたデータを何とか使える情報に減らし（リデュース）ます。これは、第9章で使った集計関数とよく似ています。spritzerフィードに含まれるすべてのツイートを処理する場合なら、ハンドルネームごとのツイート数や地域別テーマ別のツイート（「このタイムゾーンからのツイート全体ではこの単語がもっとも多く使われていた」）の集計を取ろうとするでしょう。リデューサは、大規模なデータをアクショナブルなレポートとして読めるように減らします。

読者も感じられているように、すべてのデータセットがマップとリデュースを必要とするわけではなく、MapReduceの理論は、すでにPythonデータライブラリの多くで使われています。しかし、本当に超巨大なデータセットを相手にするときには、HadoopのようなMapReduceツールを使うと、計算時間を大きく短縮できます。Michael NollのPythonによるHadoop MapReduceプログラムの書き方についてのチュートリアル（http://bit.ly/python_mapreduce）は、語数計算を通じてPythonとHadoopを掘り下げていくもので非常に優れており、お勧めします。また、Yelp（http://www.yelp.com）の開発者たちが執筆、メンテナンスしているmrjobの優れたドキュメント（https://pythonhosted.org/mrjob/）もお勧めできるものです。このテーマについて詳しく取り上げた本を探しているなら、Kevin SchmidtとChristopher Phillipsの『Programming Elastic MapReduce』（O'Reilly）をお勧めします。

同じようにデータセットが大規模でも、分類しづらい形で格納されていたり、リアルタイム（またはほぼリアルタイム）で生成されていたりする場合は、Spark（http://spark.apache.org/）を検討してみるとよいでしょう。Sparkはスピード、機械学習に使えること、ストリームを処理できることから人気を集めてきているシステムで、これもApacheプロジェクトの1つです。タスクがリアルタイムデータのストリーム（サービス、APIが生成するもの。ログも含まれます）を処理するものなら、HadoopよりもSparkを選択するほうが適切です。同じMapReduceの構造を処理できます。Sparkは、機械学習を使わなければならないときや、データを生成して出たクラスタに「フィード」しなければならないような分析をするときにも適しています。Sparkを使うためのPython APIであるPySpark（http://bit.ly/spark_python_docs）は同じ開発者によってメンテナンスされており、PythonでSparkを使えるようにしています。

Sparkを初めて使う読者には、インストール、Jupyterノートブックとの統合、最初のプロジェクトの設定の方法を詳しく説明しているBenjamin Bengfortのブログ（http://bit.ly/gs_with_spark）をお勧めします。PySparkとJupyterノートブックの統合のほか、ノートブックによるデータ収集、分析の可能性を追究しているJohn Rameyの投稿（http://bit.ly/ipy_notebook_pyspark）もお勧めです。

14.6 単純な自動化

Pythonによる単純な自動化は簡単です。コードが多数のマシンによる実行を必要とするようなものではなく、サーバーが1台あり、タスクがイベント駆動でなければ（つまり、毎日同じ時刻に実行できるものなら）、単純な自動化が使えます。プログラム開発の重要な教義の1つは、もっとも明解で単純なパスを選ぶことです。自動化もその例外ではありません。タスクの自動化のためにcronジョブが使えるなら、システムを作り込んで複雑にするために時間を浪費すべきではありません。

ここでは、OS組み込みのcron（Unixベースシステムのタスクマネージャ）や自分が書いたスクリプトにチームが簡単にアクセスできるようにするためのさまざまなウェブインターフェイスを取り上げます。人間の直接的な介入を必要としない単純な自動化は、これらによって実現できます。

14.6.1 cronジョブ

cron（https://ja.wikipedia.org/wiki/Crontab、http://en.wikipedia.org/wiki/Cron）は、サーバーのロギング、管理ユーティリティを使ってスクリプトを自動実行するUnixベースのジョブスケジューラです。cronを使うためには、タスクをどれくらいの頻度で実行するか、あるいはタスクを何時何分に実行するかを決める必要があります。

スクリプトを実行するスケジュールを簡単に定義できない場合は、cronは使いにくいかもしれません。そのようなときには、タスクを実行するために必要な条件が揃っているかどうかをテストするcronタスクを定期的に実行し、データベースかローカルファイルを使って実行のシグナルを出すようにする方法があります。この場合、もう1つのcronタスクでファイルやデータベースをチェックしてタスクを実行します。

cronを使ったことがなくても、恐れることはありません。簡単に使えます。次のように入力すれば、ほとんどのジョブ定義（crontab）を編集できます。

```
crontab -e
```

使用OSによっては、初めてcronを定義しようとしたときに、エディタを選択するようプロンプトが表示される場合があります。デフォルトを使っても、ほかに気に入っているものがあればそれに変更してもかまいません。

crontabの仕組みについてはさまざまなドキュメントが書かれ、ファイル内のコメントでも説明されています。#記号で始まっている行を除くcrontabのすべての行は、cronタスクを定義しています。

個々のcronタスクは、次のようなパラメータリストで定義されます。

```
分　時　日　月　曜日　ユーザーコマンド
```

ウィークデーに1時間ごとにスクリプトを実行するなら、次のような行を書きます。

```
0 * * * 1-5 python run_this.py
```

この行は、毎月月曜から金曜までの毎日、毎時0分にスクリプトを実行するようcronに指示しています。どのようなオプションがあるかを正確に説明する優れたチュートリアル（https://help.ubuntu.com/community/CronHowto）は多数ありますが、ヒントになることをいくつかまとめておきます。

- コードの定義行の前に`MAILTO=your@email.com`をかならず入れましょう。すると、スクリプトがエラーを起こしたときにcronが例外をメールするので、動作しなかったことがわかります。メールを送るためには、ノートPC、デスクトップ、サーバーなどの設定が必要になります。OSやISPによっては、設定が必要な場合もあります。メールの設定方法については、Macユーザー向けの優れたGitHub Gist（http://bit.ly/sendmail_setup）があります。また、Ubuntuユーザー向けにはHolaRailsの便利な投稿（http://bit.ly/configure_sendmail）があります。
- マシンのリブート時に再起動すべきサービスがある場合は、`@reboot`機能を使いましょう。
- スクリプトを正しく動作させるために複数のパス関連の環境を設定したり、その他のコマンドを実行する場合は、リポジトリのなかにcron.shファイルを作ります。`&&`記号で長いコマンドリストをつなげるのではなく、必要なコマンドをすべてそのファイルに収めてcronではそのファイルを直接実行してください。
- 答えを検索するのを躊躇してはなりません。あなたがcron初心者で問題を抱えている場合、Googleでちょっと検索すれば誰かがソリューションを投稿しているのを見つけられることがよくあります。

cronの使い方を試すために、簡単なPythonサンプルを書いてみましょう。まず、hello_time.pyという名前の新しいPythonファイルを作り、次のコードを書き込みます。

```
from datetime import datetime

print('Hello, it is now %s.' % datetime.now().strftime('%d-%m-%Y %H:%M:%S'))
```

次に、同じフォルダにcron.shファイルを作り、次のbashコマンドを書き込みます。

```
export ENV=PROD
cd /home/your_home/folder_name
python3 hello_time.py
```

ここでは環境変数を使っているわけではないので、環境変数を設定する必要はありませんが、コードが格納されているフォルダに正しく移動するように`cd`行を書き換える必要はあります（これは、

Pythonファイルがあるパスです)。しかし、これはbashコマンドを使って変数を設定し、仮想環境を外部に提供し、ファイルをコピー/移動して、新しいフォルダに移動するためのbashコマンドの使い方のよい例になっています。bashコマンドは、本書の冒頭から使ってきているので、まだ初心者でも恐れる必要はありません。

最後に、crontab -eでファイルを編集し、cronタスクを設定しましょう。次の行を追加します。

```
MAILTO=youremail@yourdomain.com
*/5 * * * * bash /home/your_home/folder_name/cron.sh > /var/log/my_cron.log 2>&1
```

サンプルのなかの架空のメールアドレスは実際のメールアドレスに書き換え、作成したばかりのcron.shファイルの正しいパスを使うようにしてください。そして、同じフォルダには、hello_time.pyスクリプトも格納しておく必要があります。この例では、cronが使うログファイル(/var/log/my_cron.log)も設定してあります。行末の2>&1は、cronに対し、標準出力と標準エラー出力の両方をログファイルに書き込むことを指示しています。エディタから抜けて、crontabを保存すると、新しいcronタスクがインストールされたことを確認するメッセージが表示されるはずです。数分待ってログファイルをチェックします。スクリプトから出力されたメッセージがログファイルに書き込まれているはずです。そうでなければ、システムログ(通常は/var/log/syslog)か自分のcronログ(通常は/var/log/cron)でcronのエラーメッセージをチェックします。このcronタスクを削除したい場合は、単純にcrontabを再び編集して該当行を削除するか、行頭に#を置いてコメントアウトします。

cronはスクリプトの実行とアラート生成を自動化するための非常に単純な方法です。cronは、1970年代半ばにUnixが初めて開発されていた頃のベル研究所で設計され、今も広く使われている強力なツールです。自動化コードをいつ実行すべきかが簡単に予測できる場合やごくわずかのbashコマンドで実行できる場合は、cronはコードの自動化のために役立ちます。

cronタスクにコマンドラインパラメータを渡さなければならない場合には、crontabファイルの行を次のように書きます。

```
*/20 10-22 * * * python3 my_arg_code.py arg1 arg2 arg3
0,30 10-22 * * * python3 my_arg_code.py arg4 arg5 arg6
```

cronはかなり柔軟でありながら非常に単純です。自分のニーズがそれで満たされればすばらしいことです。しかし、そうでない場合には、データラングリングを自動化するほかの簡単な方法を説明するので、続きを読んでください。

14.6.2 ウェブインターフェイス

スクリプト、スクレイパー、レポート作成タスクをオンデマンドで実行したいときには、ユーザーがログインしてボタンをクリックするとそれらが実行されるようなウェブインターフェイスを作れば簡単に解決します。Pythonが使えるウェブフレームワークの選択肢はたくさんあるので、どれを使うか、ウェブインターフェイスの開発にどれだけの時間を割くかは自分次第です。

初心者にも簡単なのは、Flask-Admin（https://flask-admin.readthedocs.org/en/v1.4.2/）です。これは、Flaskウェブフレームワーク（http://flask.pocoo.org/）を基礎として作られた管理サイトです。Flaskはマイクロフレームワーク、すなわちあまりコードを書かなくても始められるフレームワークです。クイックスタートガイド（http://flask.pocoo.org/docs/0.10/quickstart/）の指示に従ってサイトを立ち上げたら、Flaskアプリケーションのなかでタスクを実行するビューを設定するだけです。

ウェブで適切なレスポンスを返せるような時間では終わらないことが多いので、処理が終わったらほかの方法（メール、メッセージングなど）でユーザーや自分自身にアラートを送れるようにしましょう。また、ユーザーが立て続けに何度もタスクを要求しないように、タスクが開始したときにもユーザーに通知を送るようにすべきです。

Pythonで人気があってよく使われるほかのマイクロフレームワークとしては、Bottle（http://bottlepy.org/docs/dev/index.html）もあります。BottleもFlaskと同じように使うことができ、ユーザーがボタンクリックなどの単純な操作を行うとタスクを実行できるようになっています。

Django（https://www.djangoproject.com/）は、これらよりも大規模なPythonウェブフレームワークで、Python開発者によく使われています。もともとは、簡単にコンテンツを公開できるニュースルームを実現するために開発されたものなので、組み込みで認証、データベースシステムを持っており、これらの機能の大半は設定ファイルで設定できます。

どのフレームワークを使い、どのようにビューを作ったとしても、ほかの人々がタスクを要求できるようにするために、フレームワークをどこかにホスティングしておきます。DigitalOceanやAWSを使えば、専用サイトをかなり簡単にホスティングできます（付録G参照）。また、Heroku（https://www.heroku.com/）のように、Python環境をサポートするサービスプロバイダを使うこともできます。この方法に興味があるなら、Kenneth ReitzがHerokuを使ってPythonアプリをデプロイする方法についてのすばらしい入門ページを作っているので（http://bit.ly/python_heroku）、参考にするとよいでしょう。

フレームワークまたはマイクロフレームワークとしてどれを使う場合でも、認証とセキュリティのことを考える必要があります。使用するウェブサーバーに合わせてサーバーサイドで設定するか、フレームワークが提供するオプション（プラグインなどのサポート機能）を検討することになります。

14.6.3 Jupyterノートブック

Jupyterノートブックの設定については第10章で取り上げましたが、これはコードをシェアするための優れた方法にもなります。特に、Pythonを知る必要はないものの、スクリプトが生成するグラフその他の出力を必要とする人々にシェアするときに役に立ちます。共有したい人に、ノートブック内のすべてのセルの実行や、新レポートをダウンロードしたあとのシャットダウンなどの簡単なコマンドの使い方を教えれば、Jupyterノートブックは時間の節約に役立ちます。

共有ノートブックの使い方を説明するためにMarkdownセルを追加すると、誰もがコードの使い方をはっきりと理解し、あなたに助けがなくても簡単に先に進めるようになります。

スクリプトが関数を使って適切に構造化され、変更する必要のないものになっているなら、Jupyterノートブックがコードをインポートして使える場所にリポジトリを置くとよいでしょう（サーバーやノートブックで環境変数PYTHONPATH: http://bit.ly/add_dir_pythonpathを設定し、使っているモジュールがかならずアクセス可能にしておくのもよい方法です）。こうすれば、ユーザーがノートブックの「Play All」ボタンをクリックしたときに、ノートブックにmain関数をインポートし、スクリプトを実行してレポートを生成することができます。

14.7 大規模な自動化

システムが1台のマシンやサーバーでは処理できないくらい大規模であったり、レポートが分散アプリケーションやイベント駆動システムと結びついていたりする場合は、単なるウェブインターフェイス、ノートブック、cronよりも堅牢なメカニズムが必要になります。あなたがPythonを使いたいと思っていて、本物のタスク管理システムが必要なら、非常にラッキーです。この節では、大規模なタスクのスタックを処理し、ワーカー（ワーカーについては次節で説明します）を自動化し、モニタリングソリューションを提供する堅牢なタスク管理ツール、Celery（http://www.celeryproject.org）を紹介します。

この節では、さまざまなニーズを持つサーバー群や環境を管理しているときに役立つ運用の自動化も扱います。Ansible（http://www.ansible.com）は、データベースのマイグレーションのような決まりきった仕事から、大規模な統合デプロイまで、さまざまなタスクで使える優れた自動化ツールです。

Celeryと競合するシステムもいくつかあります。たとえば、SpotifyのLuigi（https://github.com/spotify/luigi）は、Hadoopを使っていて大規模タスク管理が必要な場合（特に実行に時間のかかるタスクがある場合。このようなタスクはボトルネックになりがちです）に役に立ちます。運用の自動化では、かなり多くのシステムがしのぎを削っています。管理対象のサーバーが数台で、Pythonのみのデプロイなら、Fabric (http://www.fabfile.org/) はよいシステムです。

大規模なサーバー管理では、SaltStack (http://saltstack.com/) がよいシステムであり、Chef (https://www.chef.io/chef/) やPuppet (https://puppetlabs.com/) などのデプロイ、管理ツールとVagrant (https://www.vagrantup.com/) の組み合わせも使えます。この節では、私たちが使ったことのあるツールにスポットライトを当てることにしましたが、Pythonを使った大規模自動化のツールはそれらだけではありません。この分野の必要性や人気を考えるなら、Hacker News (https://news.ycombinator.com/) などのテクノロジディスカッションサイトで大規模自動化についての議論をフォローしていくことをお勧めします。

14.7.1 Celery：キューベースの自動化

Celery (http://www.celeryproject.org/) は、分散キューシステムを作るためのPythonライブラリです。Celeryはスケジューラを使ってイベントやメッセージングを介してタスクを管理します。長時間実行されるイベント駆動タスクを処理できるスケーラブルなシステムを探しているなら、Celeryは完璧なソリューションです。Celeryは、数種類のキューバックエンドとうまく統合されます。タスクの管理のために、設定ファイル、ユーザーインターフェイス、API呼び出しを使います。そして、初心者にも簡単で、初めて使うタスク管理システムがCeleryでも、恐れる必要はありません。

Celeryプロジェクトをどのように設定しても、次のタスク管理システムコンポーネントが含まれることになるでしょう。

メッセージブローカー (RabbitMQ：https://www.rabbitmq.com/のようなもの)
: 処理待ちのタスクのキューとして機能します。

タスクマネージャ／キューマネージャ (Celery)
: いくつのワーカーを使うか、どのタスクに高い優先順位を与えるか、どのようなときに再試行するかなどを決めるロジックを管理します。

ワーカー
: Celeryに制御されるPythonプロセスで、Pythonコードを実行します。ワーカーは、あなたがどのタスクのためにワーカーを設定したかを把握しており、そのPythonコードを最後まで実行しようとします。

モニタリングツール (たとえばFlower: http://flower.readthedocs.org/en/latest/)
: これらによって、ワーカーやキューの状態を表示できます。「昨晩何がエラーを起こしたのか」といった疑問に答えるために役立ちます。

Celeryには、役に立つ初心者向けガイド (http://bit.ly/first_steps_w_celery) がありますが、最大

の問題は、Celeryの使い方を学ぶことではなく、キューに向いているタスク、向いていないタスクがどのようなものかを学ぶことです。**表14-2**にキューベースの自動化をめぐる問題と考え方をまとめました。

表14-2 キューすべきかせざるべきか

キューベースタスク管理の要件	キューなしの自動化の要件
タスクに決められた期限がない。	タスクに決められた期限がある。
タスクがいくつあるかを知る必要がない。	実行するタスクの量を簡単に答えられる。
タスクの優先度は、一般的なレベルでしかわからない。	どのタスクを優先すべきかが正確にわかっている。
タスクがかならずしも順番に実行されなくてよい。と言うよりも、通常は順序が決められていない。	タスクは順番に実行されなければならない。
タスクの実行に時間がかかったりそうでもなかったりすることがあり、それが認められている。	タスクにどれだけの時間がかかるかを正確に知らなければならない。
タスクは、イベントやほかのタスクの終了に基づいて実行される(またはキューイングされる)。	タスクはクロックなどの予測可能なものに基いて実行される。
タスクが失敗しても問題はない。再試行すればよい。	タスクがエラーを起こしたらかならずそれがわかっていなければならない。
タスクは多数あり、タスク数が増える可能性は高い。	1日に実行するタスクはごく少数である。

これらの要件は一般化されていますが、タスクキューを使うとよい場合とアラート、モニタリング、ロギングを備えスケジュールに沿って実行した方がよい場合とで考え方に根本的な違いがあることはわかると思います。

タスクの部分部分を異なるシステムにまとめるのは悪いことではありません。比較的大規模な企業では、異なるタスク「バケット」を持っているところをよく見かけるはずです。キューベースと非キューベースの両方のタスク管理を試して、自分と自分のプロジェクトにとって適切なのはどちらかを判断するのもよいでしょう。

Python用のタスク/キュー管理システムとしては、ほかにもPython RQ(http://python-rq.org/)やPyRes(https://github.com/binarydud/pyres)などもあります。これらはどちらも新しいシステムで、そのため問題の解決方法をGoogleで検索したときにあまり上位に来ないかもしれません。しかし、先にCeleryを試してからほかのシステムも試してみたいと思うなら、これらも立派な選択肢の1つに入ります。

14.7.2 Ansible:運用の自動化

タスク管理のためにCeleryが必要なくらいの規模のシステムを抱えているなら、ほかのサービスやオペレーションの管理でも支援システムが必要かもしれません。プロジェクトが分散システムを必要とするようなものなら、それらを構造化して、自動化で簡単に分散処理できるようにしておきます。

Ansible(http://www.ansible.com/home)は、プロジェクトの運用面を自動化するときに非常にすばらしいシステムです。Ansibleには、コードをスピーディにスピンアップ、デプロイ、管理するために使える一連のツールが含まれています。Ansibleを使えば、プロジェクトをマイグレートし、リモートマシンのデータのバックアップを取ることができます。必要に応じてセキュリティフィックスや新パッケージでサーバーをアップデートするときにも使えます。

Ansibleにはクイックスタートビデオ（http://docs.ansible.com/quickstart.html）があり、基本的なことをすべて学べるようになっていますが、ここではドキュメントで説明されている機能のなかでももっとも便利ないくつかにスポットライトを当てたいと思います。

- MySQLデータベース管理（http://docs.ansible.com/mysql_db_module.html）
- Digital Oceanドロップレット、キー管理（http://bit.ly/ansible_digital_ocean）
- ローリングアップグレード/デプロイガイド（http://docs.ansible.com/guide_roll）

Justin EllingwoodのAnsible playbook入門（http://bit.ly/digital_ocean_ansible）やServers for HackersのAnsible入門（https://serversforhackers.com/an-ansible-tutorial）もチェックしておくことをお勧めします。

サーバーが1台か2台しかないときか、デプロイしているプロジェクトも1個か2個しかない場合には、おそらくAnsibleは高度過ぎ、複雑過ぎるでしょう。しかし、プロジェクトが成長し、組織立った運用を維持できるものが必要になったときには、非常に大きな力になります。運用とシステム管理に関心があるなら、Ansibleは学習、マスターすべきすばらしいツールです。

ここまでしなくても、自分のイメージで運用し、システムを毎回確実に繰り返せればよいのなら、無数のクラウドプロバイダがそのための仕事をしてくれます。データラングリングの分野では、運用の自動化のエキスパートにならなければならない差し迫ったニーズはありません。

14.8 自動化のモニタリング

自動化の監視に時間を割くのは当然のことです。タスクが完了したのか、成功したのか失敗したのかがわからないのでは、タスクを実行しない方がましです。そのような理由から、スクリプトとそれを実行するマシンのモニタリングは、プロセスの重要な構成要素です。

たとえば、目に見えないバグがあって、実際にはデータが毎日、毎週という形で更新されていなければ、古いデータでレポートを作ることになります。これは恐ろしいことでしょう。自動化のもとでは、スクリプトは古いデータなどのエラー、不一致があっても動作し続けるため、処理の失敗はかならずしも自明ではありません。

モニタリングのフットプリントは、タスクの規模やニーズによって大きくなることもあれば、小さくなることもあります。多数のサーバーを使って大規模な自動化を実行するつもりなら、大規模な分散モニタリングシステムや、Monitoring as a Serviceを標榜するサービスを使わなければならないでしょう。しかし、ホームサーバーでタスクを実行しているだけなら、Python組み込みのロギングツールを使えばおそらく十分です。

スクリプトに関するアラートや通知も必要になるでしょう。Pythonのもとでは、処理結果をアップロード、ダウンロード、メール、SMS送信するのは簡単です。この節では、さまざまなロギングオプションを紹介し、通知を設定するための方法を見ていきます。日々のモニタリングを通じ、徹底的なテストを行うとともに、起こる可能性のあるすべてのエラーの状況をしっかりと把握すれば、タスクを完全に自動化しつつ、アラートでエラーを管理することができます。

14.8.1 Pythonのロギング

スクリプトが必要とするもっとも基本的なモニタリングは、ロギングです。幸い、Pythonでは、標準ライブラリの一部として、非常に堅牢で機能が豊富なロギング環境があります。システムがやり取りするクライアントやライブラリには、通常、Pythonロギングエコシステムに統合されたロガーがあります。

Pythonの組み込みロギングモジュールの単純な基本構成を使えば、ロガーのインスタンスを作って実行することができます。その上で、さまざまな設定オプションを利用すれば、スクリプトの特殊なロギングニーズを満たすことができます。Pythonロギングでは、ロギングレベル（http://bit.ly/logging_levels）やログレコードの属性（http://bit.ly/logrecord_attributes）を設定し、出力形式を調整することができます。ロガーオブジェクトには、ニーズによって役に立つメソッドや属性（http://bit.ly/logger_objects）が備わっています。

コード内でロギングを設定して使う方法を見てみましょう。

```
import logging
from datetime import datetime


def start_logger():
    logging.basicConfig(filename='/var/log/my_script/daily_report_%s.log' % *1
                        datetime.strftime(datetime.now(), '%m%d%Y_%H%M%S'), # ❶
                        level=logging.DEBUG, # ❷
                        format='%(asctime)s %(message)s', # ❸
                        datefmt='%m-%d %H:%M:%S') # ❹
```

＊1　技術監修者注：/var/log/my_scriptディレクトリがない場合、FileNotFoundErrorになります。

```
def main():
    start_logger()
    logging.debug("SCRIPT: I'm starting to do things!") # ❺

    try:
        20 / 0
    except Exception:
        logging.exception('SCRIPT: We had a problem!') # ❻
        logging.error('SCRIPT: Issue with division in the main() function') # ❼

    logging.debug('SCRIPT: About to wrap things up!')

if __name__ == '__main__':
    main()
```

❶ loggingモジュールのbasicConfigメソッドを使ってロギングを初期化します。引数としてログファイル名を渡します。このコードは、/var/logフォルダの下のmy_scriptフォルダに、daily_report_<DATEINFO>.logというファイル名でログを書き込みます。<DATEINFO>の部分はスクリプトの実行を開始した年月日時分秒です。スクリプトがいつどのような理由で実行されたかがファイル名からわかるようになっているところが優れています。

❷ ロギングレベルを設定します。ほとんどの場合はレベルをDEBUGにして、コード内でデバッグメッセージを残し、それをログのなかで追跡できるようにします。もっと情報が必要な場合は、設定をINFOにすれば、ヘルパーライブラリからの情報もロギングされます。ログを減らすためにWARNINGやERRORを選ぶ人もいます。

❸ ログレコード属性を使ってPythonロギングの出力形式を設定します。ここでは、ロギングに送られたメッセージとロギングされた時刻を残しています。

❹ 人間が読めるような日付の出力形式を設定し、好みの日付形式でログを簡単にパース、検索できるようにしています。ここでは、月日時分秒をロギングしています。

❺ loggingモジュールのdebugメソッドを呼び出してロギングを開始します。このメソッドは、ログに出力される文字列を取ります。ログエントリの冒頭にSCRIPT:という単語を付けていますが、このような検索できる目印をログに付けておくと、どのプロセス、ライブラリがログに出力しているのかをあとで確かめやすくなります。

❻ loggingモジュールのexceptionメソッドを使っています。exceptionメソッドは、指定された文字列にPython例外のトレースバックを添えて出力するため、使えるのは例外ブロックのなかだけです。これを使えば、スクリプトにいくつの例外が含まれていることがわかり、エラーのデバッグで特に役に立ちます。

❼ errorレベルを使って長いエラーメッセージをロギングしています。loggingモジュールは、debug、info、warning、error、criticalというレベルでロギングすることができます。ロ

ギングでは一貫性を保つことが大切です。debug、infoは通常のメッセージに使い、errorはスクリプトのエラー、例外に関するメッセージのみに使います。そうすれば、問題をどこで探せばよいか、ログを正しくパースするにはどうすればよいかが常にわかります。

この例でも行っているように、ログメッセージの冒頭にメッセージを書いているモジュールやコード内の領域を示す目印を付けておくと便利です。これがあれば、どこでエラーが起きたかがわかりやすくなります。自分のスクリプトが起こしたエラーや問題点がはっきりするので、ログの検索、パースもしやすくなります。ロギングのベストアプローチは、自分に対するメッセージをどこに置くかを決めて（あなたのスクリプトを最初に書いているのはあなたなので）、重要なメッセージは何かが問題を起こしたかどうか、それはどのような問題かを知らせるために取っておくことです。

例外は、想定内のものであってもすべてロギングすべきです。そうすれば、例外がどのような頻度で発生するかを把握し、それを例外ではなく正常な条件として扱うべきかどうかを判断できます。loggingモジュールにはexception、errorメソッドが用意されており、例外とPythonのトレースバックをロギングした上で、さらに何が起きたのか、コードのどこでそれが起きたのかをerrorで細かく説明することができます。

データベース、API、外部システムとのやり取りもログに残すべきです。そうすれば、スクリプトとこれらの外部システムとのやり取りで問題が起きたときにそれを知ることができ、スクリプトの安全性、信頼性、問題回避能力を保証できます。スクリプトが使うライブラリの多くも、それぞれ自分のログ設定に合わせてログを出力させることができます。たとえば、requestsモジュールは、接続問題を自分のスクリプトのログに直接出力します。

スクリプトのためにほかのモニタリング、アラートを設定しない場合でも、ロギングだけは使うようにすべきです。ロギングは単純であり、未来の自分やほかの人々に対して優れたドキュメントを提供します。ログだけがソリューションではありませんが、ログは優れた標準であり、自動化のモニタリングのための基礎として役立ちます。

ログに加えて、スクリプトに対する分析しやすいアラートを設定することができます。次節では、スクリプトが自分の成否についてのメッセージをあなたに送る方法について説明します。

14.8.2 自動メッセージの追加

スクリプトからのメールその他のメッセージの直接送信は、レポートの転送、スクリプトの追跡、エラーの通知のための簡単な方法の1つです。このタスクで役に立つPythonライブラリは多数あります。まず、スクリプトやプロジェクトでどのようなタイプのメッセージを送らなければならないかをはっきり決めるところから始めるとよいでしょう。

次のことが自分のスクリプトに当てはまるでしょうか。

- 送信先リストを用意して送らなければならないようなレポートを作っている。
- 明確な成否のメッセージがある。
- 他の同僚、協力者が関係している。
- ウェブサイトやダッシュボードでは簡単に表示できない結果がある。

このなかで自分のプロジェクトにも当てはまると思うような項目があるなら、何らかの自動メッセージの送信を検討しましょう。

14.8.2.1 メール

Pythonによるメール操作は簡単なものです。このとき、好みのメールプロバイダ（私たちはGmailを使いました）でスクリプション専用のメールアドレスを設定することをお勧めします。そのままの形でPythonに自動的に統合できないようであれば、適切な設定のリストや役に立つサンプル設定がオンライン検索で見つかるはずです。

送信先リストに添付ファイルつきのメールを送るために使ったコードを見てみましょう。このコードは、@dbieber（https://gist.github.com/dbieber/5146518）が書いたGistにあったものに修正を加えたもので、その@dbieberのコードは、Rodrigo Cutinhoの「Sending emails via Gmail with Python（PythonでGmailからメールを送信する方法）」という投稿（http://bit.ly/sending_gmail_python）のコードを修正したものです。

```
#!/usr/bin/python
# を修正した https://gist.github.com/dbieber/5146518 から再度変更
# 設定ファイルにはemailというセクションを設け、
# user、passwordパラメータを定義すること

import smtplib  # ❶
from email.mime.multipart import MIMEMultipart  # ❷
from email.mime.base import MIMEBase
from email.mime.text import MIMEText
from email import encoders
import os
import configparser


def get_config(env):  # ❸
    config = configparser.ConfigParser()
    if env == "DEV":
        config.read(['config/development.cfg'])  # ❹
    elif env == "PROD":
        config.read(['config/production.cfg'])
    return config
```

```
def mail(to, subject, text, attach=None, config=None):  # ❺
    if not config:
        config = get_config("DEV")  # ❻
    msg = MIMEMultipart()
    msg['From'] = config.get('email', 'user')  # ❼
    msg['To'] = ", ".join(to)  # ❽
    msg['Subject'] = subject
    msg.attach(MIMEText(text))
    if attach:  # ❾
        part = MIMEBase('application', 'octet-stream')
        part.set_payload(open(attach, 'rb').read())  # ❿
        encoders.encode_base64(part)
        part.add_header('Content-Disposition',
                        'attachment; filename="%s"' % os.path.basename(attach))
        msg.attach(part)
    mailServer = smtplib.SMTP("smtp.gmail.com", 587)  # ⓫
    mailServer.ehlo()
    mailServer.starttls()
    mailServer.ehlo()
    mailServer.login(config.get('email', 'user'),
                     config.get('email', 'password'))
    mailServer.sendmail(config.get('email', 'user'), to, msg.as_string())
    mailServer.close()


def example():
    mail(['listof@mydomain.com', 'emails@mydomain.com'],
        "Automate your life: sending emails",
        "Why'd the elephant sit on the marshmallow?",
        attach="my_file.txt")  # ⓬
```

❶ Python組み込みのsmtplibライブラリ（https://docs.python.org/3/library/smtplib.html）は、メール送信のための標準プロトコルであるSMTPに対するラッパーを提供します。

❷ Pythonのemailライブラリ（https://docs.python.org/3/library/email.html）は、メールメッセージと添付を作り、適切な形式に保ちます。

❸ get_config関数は、一連のローカル設定ファイルから設定を読み出します。この関数には、ローカル実行用（"DEV"）かリモート本番環境用（"PROD"）かを示す変数envを渡します。環境が1種類しかなければ、プロジェクトが持つ唯一の設定ファイルの内容を返せばよいでしょう。

❹ PythonのConfigParserを使って.cfgファイルを読み出し、configオブジェクトを返します。

❺ mail関数は、引数としてメールアドレスのリスト（to）、メールのタイトルと本文、オプションの添付ファイル、オプションのconfigを取ります。添付はローカルファイル名を想定しています。configは、Python ConfigParserオブジェクトでなければなりません。

❻ configが渡されなかったときのデフォルト設定を定義しています。安全のために、"DEV"を

使っています。

❼ ConfigParserオブジェクトを使って設定ファイルからメールアドレスを抽出しています。メールアドレスをリポジトリコードから切り離しセキュアに保っています。

❽ メールの送信先リストの個々の要素を抽出し、カンマとスペースで区切って1つの文字列にしています。

❾ 添付ファイルがある場合、添付ファイルを送るためのMIMEマルチパート標準の要件を満たすためにこの行から特別な処理を行っています。

❿ 渡されたファイル名文字列を使ってファイルをオープンし、すべてを読み出します。

⓫ Gmailを使っていない場合は、そのプロバイダのホスト名、SMTPポートを設定してください。しっかりとしたドキュメントがあれば、これらはすぐにわかります。なければ、「SMTP 設定 <プロバイダ名>」で検索すればわかるはずです。

⓬ このmail関数が引数としてどのようなものを期待しているかを示すためのサンプルコードです。引数のデータ型と順序（リスト、タイトルの文字列、本文の文字列、添付ファイル名文字列、設定ファイル名文字列）がわかるはずです。

Pythonの単純な組み込みライブラリ、smtplibとemailは、それぞれのクラスとメソッドを通じてメールメッセージの作成、送信をサポートします。スクリプトのその他の部分の一部（メールアドレスとパスワードを設定ファイルに保存することなど）を抽象化することは、スクリプトとリポジトリをセキュアで再利用可能なものにするために重要な意味を持ちます。また、デフォルト設定を用意することにより、スクリプトはいつでもメールを送れるようになります。

14.8.2.2 SMSと音声

アラートと電話メッセージを統合したい場合には、Pythonを使ってテキストメッセージを送ったり、電話をかけたりすることができます。Twilio（http://twilio.kddi-web.com/、https://www.twilio.com）は、メディアつきメッセージと自動発呼をサポートする、非常にコストパフォーマンスのよいライブラリです。

このAPIを使うためには、サインアップして権限コードとキーを入手し、Twilio Pythonクライアント（https://github.com/twilio/twilio-python）をインストールします。Pythonクライアントのドキュメント（https://twilio-python.readthedocs.org/en/latest/）には、長いコード例のリストが含まれているので、音声やテキストでしなければならないことがある場合、使える機能がたいてい見つかります。

では、テキストを送るのがいかに簡単かを見てみましょう。

```
from twilio.rest import TwilioRestClient  # ❶
from configparser import ConfigParser
```

```
def send_text(sender, recipient, text_message, config=None):  # ❷
    if not config:
        config = ConfigParser('config/development.cfg')

    client = TwilioRestClient(config.get('twilio', 'account_sid'),
                              config.get('twilio', 'auth_token'))  # ❸
    sms = client.sms.messages.create(body=text_message,
                                     to=recipient,
                                     from_=sender)  # ❹

def example():
    send_text("+11008675309", "+11088675309", "JENNY!!!!")  # ❺
```

❶ Twilio Pythonクライアントを使ってPythonからTwilio APIを直接操作します。

❷ テキストの送信に使える関数を定義します。送信者と受信者の電話番号（国名コード付き）と送信したい簡単なテキストメッセージが必要で、設定オブジェクトも渡せるようにしてあります。設定オブジェクトは、Twilio APIの権限付与のために使います。

❸ クライアントオブジェクトを設定します。Twilioアカウントを使って権限を獲得します。Twilioにサインアップすると、`account_sid`と`auth_token`を入手できます。スクリプトが使う設定ファイルの`twilio`というセクションにこれらの情報を書き込んでおきます。

❹ テキストを送信するために、クライアント内のSMSモジュールでメッセージリソースの`create`メソッドを呼び出します。Twilioのドキュメント（http://bit.ly/twilio_message）に書かれているように、わずかなパラメータだけでテキストメッセージを送ることができます。

❺ Twilioは国際的に動作し、国際電話番号を要求します。国番号がわからない場合は、Wikipediaに見やすいリストがあるので、それを使えばよいでしょう（https://ja.wikipedia.org/wiki/国際電話番号の一覧、https://en.wikipedia.org/wiki/List_of_country_calling_codes）。

スクリプトに「しゃべら」せたい場合は、pyttsx（Python Text-to-speech x-platform、https://pyttsx.readthedocs.org/en/latest/）を使えば、電話越しにテキストを「読む」ことができます。

14.8.2.3　チャット統合

アラートにチャットを統合したい場合、チームやコラボレーターがよくチャットを使っている場合には、多数あるPython用チャットツールキットを使います。チャットクライアントとニーズによってPythonかAPIによるソリューションがあるはずです。RESTクライアントの知識を使えば、適切な人々と接続してメッセージを交換できるはずです。

HipChatを使っている場合、そのAPI（https://www.hipchat.com/docs/apiv2）は、Pythonアプリ/スクリプトと簡単に統合できます。チャットルームや個人に単純なメッセージを送るPythonライブラリも複数作られています（https://www.hipchat.com/docs/apiv2/libraries）。

HipChat APIを使うためには、まずログイン（https://hipchat.com/account/api）してAPIトークンを入手します。APIトークンを用意したら、PythonライブラリのHypChat（https://github.com/RidersDiscountCom/HypChat）を使ってチャットルームにメッセージを送ることができます。

まず、pipを使ってHypChatをインストールします。

```
pip install hypchat
```

それでは、Pythonを使ってメッセージを送りましょう。

```
from hypchat import HypChat
from utils import get_config

def get_client(config):
    client = HypChat(config.get('hipchat', 'token'))  # ❶
    return client


def message_room(client, room_name, message):
    try:
        room = client.get_room(room_name)  # ❷
        room.message(message)  # ❸
    except Exception as e:
        print(e)  # ❹


def main():
    config = get_config('DEV')
    client = get_client(config)
    message_room(client, 'My Favorite Room', "I'M A ROBOT!")
```

❶ HypChatライブラリを使ってチャットクライアントとやり取りします。ライブラリは、HipChatトークンを使って新しいクライアントを初期化します。トークンは、設定ファイルに格納しておきます。

❷ `get_room`メソッドを使って引数の文字列名に対応するチャットルームを探します。

❸ `message`メソッドに言いたいメッセージの文字列を渡してチャットルームや個人にメッセージを送ります。

❹ APIベースのライブラリでは、接続エラーやAPIの変更に備えて、かならず`try...except`ブロックを使いましょう。ここではエラーを表示しているだけですが、スクリプトを完全に自動化するときには、ログに記録する必要があります。

❺ ここで使っている`get_config`関数は、別のスクリプトからインポートしたものです。このようなヘルパー関数を作り、個々のモジュールで再利用して、モジュラープログラミングを実践しています。

チャットにログを流したい場合には、HipLogging (https://github.com/invernizzi/hiplogging) を試してみてください。ニーズとチームの動き方に合わせてチャットへのロギングを設定できます。しかし、相手が見そうなところにいつでもメモを残せるのはすばらしいことです。

Google Chatを使いたい場合は、SleekXMPP (http://bit.ly/sleekxmpp_send_msg) によるチャットの利用方法のすばらしいサンプルがあります。SleekXMPPは、Facebookのチャットメッセージも送れます (http://bit.ly/facebook_msg_sleekxmpp)。

Slackメッセージングについては、SlackチームのPythonクライアント (https://github.com/) をチェックしてみてください。

ほかのチャットクライアントについては、「Python <クライアント名>」でGoogle検索をしてみることをお勧めします。誰かがPythonコードでそのクライアントに接続しているかもしれませんし、あなたが使えるAPIがあるかもしれません。APIの使い方は第13章でマスターした通りです。

スクリプト (そして自動化) の成否についてのアラートやメッセージングには非常に多くの選択肢があるので、どれを使うべきか迷ってしまいます。重要なのは、自分や自分のチームが日常的に使って納得したものを選ぶということです。使いやすさと日常の業務との統合を優先するのは重要です。自動化は、時間を節約するためのもので、サービスのチェックのために余分な時間を使っていたのでは意味がありません。

14.8.3 アップロード、その他の報告の方法

自動化の一部として、レポートや図表を別個のサービスやファイルシェアにアップロードしなければならない場合には、すばらしいツールがあります。操作しなければならないものがオンラインフォームやサイトなら、第12章で学んだSeleniumによるスクレイピングのスキルを活用することをお勧めします。FTPサーバーなら、Python用の標準FTPライブラリがあります (https://docs.python.org/3/library/ftplib.html)。レポートの送り先がAPIであったり、送るときにウェブプロトコルを使ったりしなければならない場合には、`requests`ライブラリや第13章で学んだAPIのスキルが使えます。XMLを送信する場合は、LXML (第11章参照) でXMLを作ることができます。

相手にするサービスが何であれ、そのサービスとの通信については何らかの経験をしています。あなたは、自信をもってそのスキルを活用し、自力で問題を解決できるでしょう。

14.8.4 Logging and Monitoring as a Service

あなたのニーズが1つのスクリプトで処理できることよりも大きい場合や、自動化をもっと大きい全社的なフレームワークに組み込みたい場合には、Logging and Monitoring as a Serviceを検討す

るとよいかもしれません。多くの企業が、データアナリストや開発者の負担を軽くするために、ロギングを管理するツール、システムを作ろうとして力を注いでいます。これらのツールとして、自分のロギングやモニタリングをサービス提供会社のプラットフォームに送信するための単純なPythonライブラリなどもあります。

Logging as a Serviceは、モニタリングとロギングの管理にかける時間を短縮し、調査とスクリプトに費やす時間を増やすことができます。優れたダッシュボードや組み込みのアラートを備えているサービスが多いので、チームの開発者以外のメンバーが「スクリプトは動いているだろうか、動いているならどれくらいしっかりと動いているのだろうか」といったことをあまり考えなくても済みます。

自動化の規模やレイアウトによっては、スクリプトやエラーのモニタリングだけではなく、システムのモニタリングも必要になるかもしれません。この節では、専門的なサービスだけではなく、両方を行うサービスも取り上げます。現状ではそのようなものが必要になるほど大規模なシステムがなくても、何が可能かを知っていることには意味があります。

14.8.4.1 ロギングと例外

Pythonベースのロギングサービスは、ローカル、リモートのさまざまなマシンでスクリプトを実行しながら、1つの中央のサービスにログを集める機能を持っています。

そのようなサービスで優れたPythonサポートを持つものの1つに、Sentry（https://getsentry.com/welcome/）があります。月々の使用料は比較的安く抑えられていますが、エラーダッシュボード、例外しきい値に基づくアラートの送信、日、週、月単位でエラーと例外のタイプをモニタリングしてくれます。SentryのPythonクライアント（https://github.com/getsentry/raven-python）は、簡単にインストール、設定し、使うことができます。Django、Celery、あるいは単純なPythonロギング（http://bit.ly/sentry_python）といったツールを使ってきた場合、Sentryは統合ポイントを持っており、コードを大きく書き換えなくても使い始められるようになっています。その上で、コードベースは絶えずアップデートされ、スタッフは疑問点に親身に答えてくれます。

Rubyベースの例外トラッカーとしてスタートし、PythonもサポートするようになったAirbrake（https://airbrake.io/languages/python_bug_tracker）やRollbar（https://rollbar.com）もよいシステムです。この分野は人気があり、本書が出版される前に新しいものが登場しているかもしれません。

ログを集めてパースするLoggly（https://www.loggly.com/）やLogstash（https://www.elastic.co/products/logstash）などのサービスもあります。これらは、集計レベルでログをモニタリングしたり、ログをパースして問題を探したりすることができます。これらのシステムが役に立つのは、大量のログがあり、それをチェックするだけの時間がある場合に限られますが、大量のログを生成する分散システムでは力を発揮します。

14.8.4.2 ロギングとモニタリング

分散システムを抱えている場合や、企業、大学のPythonベースサーバー環境にスクリプトを統合したい場合には、単にPythonだけではなく、システム全体をしっかりとモニタリングしてくれるサービスが必要になる場合があります。システムの負荷、データベーストラフィック、ウェブアプリケーション、自動化されたタスクをモニタリングするサービスはたくさんあります。

このようなサービスのなかで特に人気を集めているものの1つにNew Relic（http://newrelic.com/）があります。New Relicはウェブアプリケーションだけでなく、サーバーやシステムプロセスも監視できます。MongoDBとAWSを使っている？ MySQLとApache ？ New Relicのプラグイン（http://newrelic.com/plugins）を使えば、サーバーやアプリの健全性をモニタリングするために使っている同じダッシュボードにサービスのロギングも統合できます。さらに、New RelicにはPythonエージェント（http://bit.ly/new_relic_python）もあるので、Pythonアプリ（またはスクリプト）のログも簡単に同じエコシステムに統合できます。すべてのモニタリングを1か所にまとめれば、問題を見つけやすくなり、チームの適切な人にすぐに異常を知らせるアラートを設定できます。

システムとアプリのモニタリングを提供するサービスとしては、Datadog（https://www.datadoghq.com/）もあります。DataDogは、1つのダッシュボードに非常に多くのサービスを統合できます（https://www.datadoghq.com/product/integrations/）。時間と労力を節約しながらプロジェクト、アプリ、スクリプトの問題点を簡単に見つけることができます。DatadogのPythonクライアント（https://github.com/DataDog/datadogpy）を使えば、モニタリングしたいさまざまなイベントをロギングできるようになりますが、カスタマイズが少し必要になります。

どのモニタリングサービスを使っても、いや独自システムを作るかサービスを利用するかにかかわらず、大切なのは、日常的にアラートを発行し、使用するサービスについて深い知見を持ち、自分のコードと自動化システムがどこまで完全かを理解することです。

仕事やプロジェクトの中心的ではない部分を終わらせるために自動化に頼る場合、使いやすくわかりやすいモニタリングシステムを使って、エラーその他の問題を見逃すことなく、プロジェクトの中心的な部分に精力を注げるようにすることが大切です。

14.9 絶対安全なシステムはない

この章で説明してきたように、どのようなシステムでも、そのシステムに全面的に頼ってしまうのは無謀です。避けなければなりません。スクリプトやシステムがいかに完全に見えたとしても、どこかでエラーを起こす可能性は確実にあります。スクリプトがほかのシステムに依存している場合、そのシステムはいつでもエラーを起こす可能性があります。スクリプトがAPI、サービス、ウェブサイトのデータを使う場合、APIやサイトが変更されたり、メンテナンスのためにシステムダウンしたり、その他自動化の失敗の原因になるようなイベントを起こす可能性はかならずあります。

絶対的にミッションクリティカルなタスクは、自動化すべきではありません。その一部、いやほとんどを自動化することができても、エラーが起こっていないことを確かめる監視の仕組みと人員がかならず必要です。重要でももっとも重要というわけでないなら、その部分のモニタリングとアラートは、その部分の重要性のレベルを反映したものでなければなりません。

データラングリングと自動化に深入りすると、高品質のタスクやスクリプトを作る時間が減り、トラブルシューティングやシステムの批判的な検討、あるいは分析のノウハウと専門分野の知識を仕事に反映させることのために使う時間が増えるようになります。自動化はこれらの仕事のために役に立ちますが、いつもどの仕事をどのように自動化するかについて冷静に判断するようにします。

自動化したプログラムが成熟し進化するにしたがって、自動化は改善され強靭になるだけでなく、コードベース、Python、データとレポートについての知識も深まるでしょう。

14.10 まとめ

この章では、大小さまざまな規模のソリューションを使ってデータラングリングの多くの部分を自動化する方法を学んできました。スクリプトとタスク、サブタスクは、ロギング、モニタリング、クラウドベースソリューションを使って監視、追跡することができます。これは、システムの状態について考える時間を減らし、実際のレポート作成に時間をかけられるようになるということです。この章では、自動化がどのように成功、または失敗するかをはっきりさせ、自動化をめぐる明解なガイドラインを作るために役立つ材料を学んできました（すべてのシステムは常にエラーを起こす可能性があり、最終的には動かなくなることを頭に入れながら）。ほかのチームメイト、同僚にシステムへのアクセスを提供して、彼らが自分でタスクを実行できるようにすることを学び、Python自動化をデプロイ、設定する方法も少し学びました。

表14-3にこの章で新しく学んだコンセプトとライブラリをまとめました。

表14-3　この章で新たに学んだPythonとプログラミングのコンセプトとライブラリ

コンセプト/ライブラリ	目的
スクリプトのリモート実行	コードをサーバーその他のマシンで実行できるようにすれば、自分がマシンを使うことによってコードの実行が邪魔されることを気にしなくて済むようになる。
コマンドラインパラメータ	`argv`を使えば、Pythonスクリプトを実行したときのコマンドラインをパースすることができる。
環境変数	環境変数は、スクリプトのロジックを少し変えることができる（コードをどのサーバーで実行するか、どの設定ファイルを使うかなど）。
cron	サーバーやリモートマシンでcronタスクとして決められたときに実行されるシェルスクリプトを作る。自動化の基本的な形態。
設定ファイル	Pythonスクリプトが使う機密データ、特殊データを定義するために使う。

コンセプト/ライブラリ	目的
Gitを使ったデプロイ	Gitを使えば、1つ以上のリモートマシンに自分のコードを簡単にデプロイできる。
並列処理	Pythonの`multiprocessing`ライブラリを使えば、共有データやロックメカニズムを持ちつつ、多数のプロセスに簡単にアクセスできる。
MapReduce	分散データ処理では、特定の特徴に従って、あるいは一連のタスクの実行を通じてデータをマッピングしてから、そのデータを減らし（リデュース）て集計にまとめることができる。
HadoopとSpark	クラウド環境でMapReduce処理を実行する2つの重要なツールで、Hadoopはすでに定義され格納されたデータセットに適しているのに対し、Sparkはストリーミングされるデータ、極端に大規模なデータ、動的に生成されるデータに適している。
Celery（タスクキューの使い方と管理）	Pythonを使ってタスクキューを作り、管理することができる。開始、終了の日時がはっきりしていないタスクを自動化できる。
`logging`モジュール	アプリやスクリプトが使える組み込みモジュールで、エラー、デバッグメッセージ、例外の追跡が簡単になる。
`smtp`、`email`モジュール	Pythonスクリプトからメールでアラートを送るために使える組み込みライブラリ。
Twilio	電話、テキストメッセージサービスを利用するためのサービスで、Python APIを持っている。
HypChat	HipChatチャットクライアントと併用されるPython APIライブラリ。
Logging as a Service	ロギング、エラー率、例外などを管理するために使えるSentry、Logstashなどのサービス。
Monitoring as a Service	ログだけでなく、サービスのアップタイム、データベースの問題、パフォーマンス（たとえば、ハードウェアの問題の識別）を監視するNew RelicやDataDogなどのサービス。

今までの章で学んできた豊かな知識も組み合わせれば、あなたはもう優れたツールを構築するために時間を使い、単調作業をそれらのツールに任せることができるようになっています。古いスプレッドシートの数式を捨てて、Pythonを使ってデータをインポートし、分析を実行し、メールボックスに直接レポートを送りましょう。機械的なタスクはロボット助手のようなPythonに任せ、自分のレポートのなかでも重要で難しい部分に力を注ぎ込むのです。

15章
終わりに

ようやくこの本の最後までたどり着きました。勉強を始めたときにはPythonのことなどほとんど知らず、データの精査のためにプログラミングを使ったことなどなかったかもしれません。

しかし、今皆さんが持っている力はまったく違います。データを見つけてクリーンアップするために必要な知識と経験を積みました。自分の疑問に重点をおいて、与えられたデータセットについて何が答えられ何が答えられないかを判断するスキルを磨きました。簡単な正規表現も複雑なウェブスクレイパーも書くことができます。コードの保存、デプロイの方法やデータベースへの接続の方法も学びました。クラウドにデータとプロセスをスケーリングでき、自動化でデータラングリングを管理できます。

しかし、面白いことはここで終わりではありません。データラングラーというキャリアのために学ぶべきこと、実行すべきことはほかにもたくさんあります。この本で学んだスキルとツールをもとに、知識をさらに深めてデータラングリングという分野の境界を広げていくことができます。優れたものの探求をさらに先に進め、データ、プロセス、メソッドについて難しい問題を提起し続けてください。

15.1 データラングラーの義務

本書全体の説明とさまざまな探究を通じて明らかにしたように、データは膨大にあり、データラングラーとして皆さんが到達できる結論も広大です。しかし、このチャンスには責任がともないます。

データラングリング警察のようなものはありません。しかし、本書全体を通じて、ある種の倫理を学んだはずです。ウェブスクレイピングでは良心的であるべきこと、電話をかけてさらなる情報を求めること。自分が発見したことを発表するときには、プロセスを説明し、記録化すること。データソースにはほかの動機があるかもしれないようなところで、難しいテーマについて難しい質問をするためにはどうすればよいかを学んできました。

データラングラーとして学習を続け成長していくと、倫理的な意識も成長し、皆さんの仕事やプロセスを導いたり、課題を突きつけてきたりします。ある意味では、皆さんは調査記者になったようなものです。皆さんが達する結論、皆さんが発する疑問は、皆さんの世界で違いを生み出していきます。

それだけの知識を備えた上で、負担の重い義務を背負わなければなりません。
たとえば次のような義務があります。

- 自分の知識、スキル、能力を正しくよい目的のために使うこと。
- 自分のまわりの他者が知識を獲得するために貢献すること。
- 自分を支援したコミュニティにお返しをすること。
- 今までに学んだ倫理を反対論で鍛え、さらに倫理を発展させ続けること。

皆さんがデータラングラーとしてのキャリアを通じてステップアップし、これらの要請を満足していくことを祈っています。他の人々と仕事をしたり、仕事を教えたりするのが好きですか。それならメンターになってください。とても気に入っているオープンソースパッケージがありますか。それなら、コードやドキュメントでコントリビュータになってください。重要な社会、医療問題を研究しているのですか。発見したことを学会や社会に還元してください。特定のコミュニティや情報ソースで苦労したことがありますか。それを世界に向けてシェアしてください。

15.2 データラングリングを越えて

皆さんのスキルは本書全体を通じて大きく伸びましたが、まだ学ばなければならないこともたくさん残っています。スキルセットや関心次第ですが、皆さんがさらに深めていける分野がたくさんあります。

15.2.1 より優秀なデータアナリストになるために

本書は、統計分析、データ分析の初歩を説明してきました。統計と分析のスキルを本格的に磨きたいなら、これらの方法を背後から支える科学についてもっと多くのものを読むとともに、一部の強力なPythonパッケージについても学んで、データセットの分析力と柔軟性を身につけましょう。

より高度な統計学を学ぶには、データ分析の背後の回帰モデルと数学の理解は必要不可欠です。統計学の講義を受けていない方は、edXにカリフォルニア大学バークレー校の統計学講座のアーカイブがあります（https://courses.edx.org/courses/BerkeleyX/Stat_2.1x/1T2014/info）。本で勉強したい場合は、Allen Downeyの『Think Stats』（O'Reilly、邦題『Think Stats 第2版 ― プログラマのための統計入門オライリー・ジャパン、2015）が統計数学のコンセプトのすばらしい入門書であり、Pythonも使っているのでお勧めです。Cathy O'NeillとRachel Schuttの『Doing Data Science』（O'Reilly、邦題『データサイエンス講義』オライリー・ジャパン、2014）は、データ科学の分野のより深い分析を教えてくれます。

`scipy`スタックをもっと学びたい場合やより高度な数学、統計学でPythonがどのように役に立つのかを知りたい場合には、よい本があります。`pandas`の中心的なコントリビュータのWes McKinneyが、著書『Python for Data Analysis』（O'Reilly、邦題『Pythonによるデータ分析入門』

オライリー・ジャパン、2013)のなかでpandasのことを詳しく説明しています。pandasのドキュメント(http://pandas.pydata.org/pandas-docs/stable/10min.html)も、学習のスタート地点として優れています。numpyについては第7章で簡単に触れましたが、numpyの内部構造に興味のある方は、SciPyサイトのnumpy入門(https://docs.scipy.org/doc/numpy/user/basics.html)を読んでみてください。

15.2.2 より優秀な開発者になるために

あなたが本格的にPythonのスキルを磨いていきたいと思うなら、Luciano Ramalhoの『Fluent Python』(O'Reilly)では、Python的思考のもとでのデザインパターンをより深く論じています。また、世界中のPython関連のイベントで撮影された動画を見て(http://pyvideo.org/)、興味を感じたテーマを深めていくことも強くお勧めします。

本書が初めてのプログラミング入門書だった方は、コンピュータサイエンスの講座を受講した方がよいかもしれません。独学で学びたい方は、Courseraが提供しているスタンフォード大学の講座があります(https://www.coursera.org/course/cs101)。コンピュータサイエンスの背後の理論を説明したオンライン教科書を読みたい方は、Harold AbelsonとGerald Jay Sussmanの『Structure and Interpretation of Computer Programs』(https://mitpress.mit.edu/sicp/full-text/book/book.html、MIT Press、邦題『計算機プログラムの構造と解釈 第2版』http://sicp.iijlab.net/fulltext/、翔泳社、2014)をお勧めします。

ほかの人々とシステムを作りながら開発の原則をもっと学びたい場合には、地域の勉強会を見つけて参加することをお勧めします。そういった勉強会の多くは、地域内外でハッカソンを主催しているので、ほかの人々と肩を並べてコーディングをすることができ、実践から学ぶことができます。

15.2.3 より優秀なビジュアルストーリーテラーになるために

本書のビジュアルストーリーテリングの部分に特に関心を持たれた場合、この分野の知識を深める方法はたくさんあります。私たちが使ったライブラリのスキルをさらに伸ばしたい場合には、Bokehチュートリアル(http://bokeh.pydata.org/en/latest/docs/user_guide/tutorials.html)をひと通り読むとともに、Jupyterノートブックを試してみることをお勧めします。

JavaScriptとJSコミュニティが生み出した人気のビジュアライゼーションライブラリを学ぶのも、優れたビジュアルストーリーテラーになるために役に立ちます。Squareは、人気のあるJavaScriptライブラリ、D3(http://d3js.org/)の入門講座を提供しています(https://square.github.io/intro-to-d3/)。

最後に、データ分析の立場からビジュアルストーリーテリングを支える理論、発想を学びたい場合には、Edward Tufteの「Visual Display of Quantitative Information」(https://www.amazon.com/dp/0961392142/、Graphics Press)をお勧めします。

15.2.4 より優秀なシステムアーキテクトになるために

システムのスケーリング、デプロイ、管理を学ぶのが特に面白いと思われた場合、この分野の広さからすれば、本書で扱ったのはごく表面的なことだけに過ぎません。

Unixについてもっと学びたい方は、サリー大学のUnixのコンセプトを扱った短い入門記事（http://www.ee.surrey.ac.uk/Teaching/Unix/index.html）が参考になります。Linux Documentation Projectも、bashプログラミングの短い入門記事（http://tldp.org/HOWTO/Bash-Prog-Intro-HOWTO.html）を用意しています。。

この分野に興味のある方には、時間を作ってスケーラブルで柔軟なサーバー、システム管理ソリューション、Ansible（http://docs.ansible.com/ansible/intro_getting_started.html）を学ぶことをお勧めします。データソリューションのスケーリングに興味がある場合には、UdacityがHadoopとMapReduceの入門講座を提供しています（https://www.udacity.com/course/intro-to-hadoop-and-mapreduce--ud617）。また、スタンフォード大学のApache Spark入門（http://stanford.edu/~rezab/sparkclass/slides/itas_workshop.pdf）とPySparkプログラミングガイド（https://spark.apache.org/docs/0.9.0/python-programming-guide.html）にも目を通しておくとよいでしょう。

15.3 ここからどこに進むべきか

皆さんはここからどこに向かいますか。皆さんは新しいスキルをたくさん手に入れ、自分自身や見つけてきたデータが暗黙のうちに設けている前提条件に疑問を投げかける力も持っています。Pythonの生きた知識もありますし、無数の役に立つライブラリを自在に使いこなせます。

まだ特定の分野やデータセットに情熱を持てないなら、新しい研究分野を学んでデータラングラーとして進歩、上達を続けていくようにすべきです。刺激的なストーリーを書いている優れたデータアナリストはたくさんいます。その一部を紹介しましょう。

- FiveThirtyEight（http://fivethirtyeight.com/）。Nate Silverがニューヨーク・タイムズのために書いていたブログとしてスタートしましたが、現在はさまざまなテーマを研究する多くのライター、アナリストが執筆する独立したサイトになっています。ファーガソン大陪審によるDarren Wilson氏[*1]不起訴の決定後、FiveThirtyEightはこの決定が統計的に見て異常値だったことを示す記事を発表しました（https://fivethirtyeight.com/datalab/ferguson-michael-brown-indictment-darren-wilson/）。激しい論争となっているテーマについて、データの傾向を示せたことにより、ストーリーから感情的な部分をある程度取り除いて、データが実際に物語っていることをそのまま明らかにすることができた記事です。
- ワシントン・ポストによる収入格差についての研究（http://bit.ly/rich_kids_game_system）は、

＊1 訳注：黒人少年を射殺した白人警官。

納税額と国勢調査データを使って、就職と初任給では人脈の効果が残るものの、最初の就職以降の収入は通常平均化され、人脈との相関関係はないことを示しています。

- 私たちは、紛争鉱物の採鉱を含む児童労働を使っているアフリカのグループの影響を研究しています。アムネスティ・インターナショナルとグローバル・ウィットネスの最近のレポート（http://www.bbc.com/news/business-32403315）は、ほとんどのアメリカ企業が製品の一部として紛争鉱物を使わないようにサプライチェーンを十分にチェックすることを怠っていることを明らかにしました。

世界には語られていない物語が無数にあります。皆さんに情熱か信念があれば、皆さんの知見とデータラングリングのスキルが人々とコミュニティを助けることができます。まだ情熱がなくても、ニュース、ドキュメンタリ、オンラインで紹介されるデータ分析をチェックして学習を続けることをお勧めします。

読者の関心がどこにあっても、本書で学んだコンセプトの理解を深められるチャンスはいくらもあります。何であれ皆さんの心を釘付けにしたものは、将来の学習に向かってのすばらしい道になります。データラングラーとしてのキャリア全体を通じて行っていくことになる仕事がどのようなものかが本書を通じて少しでも伝わっていれば幸いです。

付録A
本書で触れた言語との比較

プログラミング言語を相手にしていると、ほかの人々からなぜその言語を使っているのかと尋ねられることがよくあります。なぜXやYを使わないのかと。XやYは、その人が何を知っているか、熱心な開発者かどうかによって変わります。なぜそういうことを尋ねてくるのかということを理解するようにします。そして自分の答えを考えることも大切です。なぜPythonなのかと。この付録では、Pythonとほかの役に立つプログラミング言語を比較して、この問いに答えられるようにするとともに、私たちのプログラミング上の選択について理解を深めていただこうと思います。

A.1 C、C++、JavaとPython

C、C++、Javaと比較すると、Pythonは特にコンピュータサイエンスの基礎知識を持たない人々にとって習得しやすい言語です。あなたと同じような位置からスタートした多くの人々が、データサイエンスやデータラングリングの分野でPythonをもっと強力な使える言語にするために、役に立つアドオンやツールを作ってきました。

専門的な違いを言えば、Pythonは高水準言語であるのに対し、C、C++は低水準言語です。Javaは高水準言語ですが、低水準言語的な部分を持っています。これはどういうことなのでしょうか。高水準言語は、マシンのアーキテクチャとのやり取りを抽象化しています。つまり、高水準言語では、人間の言葉に近い言葉でコードを書けます。プログラミング言語がそれをマシンで実行できるコードに書き直しているのです。それに対し、低水準言語はマシンを直接操作します。低水準言語は高水準言語よりも高速に実行でき、メモリ管理などを最適化してシステムをより直接的にコントロールすることができます。高水準言語が学びやすいのは、低水準の問題の大半がすでに解決されているからです。

本書で取り上げた課題では、システムの低水準の部分を操作したり、数秒高速化したりする必要はありません。そのため、低水準言語は必要ありません。Javaは高水準言語ですが、Pythonと比べてはるかに習得が難しい言語です。そのため、Javaを使おうとすると、仕事のスタート地点に立つまで余分に時間がかかってしまいます。

A.2　R、MATLABとPython

Pythonは、RやMATLABの機能の多くを実現するライブラリ（補助コード）を持っています。それは、pandas（http://pandas.pydata.org/）とかnumpy（http://www.numpy.org/）といったもののことです。これらのライブラリは、ビッグデータや静的分析に関連する専門的なタスクを処理します。それらのことについてもっと知りたい方は、是非Wes McKinneyの『Python for Data Analysis』（邦題『Pythonによるデータ分析入門』オライリー・ジャパン、2013）を読んでみてください。RやMATLIBのしっかりとした力がある方なら、データラングリングでもそれらを使うことができるでしょう。その場合でも、Pythonは優れた補助ツールになります。しかし、ワークフローのすべての部分を同じ言語で書いた方が、データ処理は簡単でメンテナンスしやすくなります。もっとも、R（またはMATLIB）とPythonの両方を学べば、プロジェクトのニーズによって使いたい言語を選ぶことができ、幅のある適応力を持てるようになります。

A.3　HTMLとPython

データラングリングのためにHTMLを使わない理由を説明するのは、車のガソリンタンクに水を入れない理由を説明するのと同じで、そんなことはしないというだけのことです。HTMLはデータラングリング用には作られていません。HTMLは、ハイパーテキストマークアップ言語（HyperText Markup Language）の略語で、ブラウザで表示するためにウェブページに構造を与える言語です。第3章でXMLを説明したときに言ったのと同じように、Pythonを使ってHTMLをパースすることはできますが、逆は不可能です。

A.4　JavaScriptとPython

JavaScript（Javaと混同してはなりません）は、ウェブページに対話的な部分や機能的な部分を追加するための言語で、ブラウザのなかで実行されます。Pythonはブラウザとは切り離され、コンピュータシステム上で動作します。Pythonは、データ分析に関連した機能を追加するためのライブラリを豊富に取り揃えています。JavaScriptは、ブラウザ固有の目的に関連した機能を持っています。JavaScriptは、ウェブをスクレイピングしてグラフ、チャートにすることはできますが、統計的な集計作業はできません。

A.5　Node.jsとPython

Pythonは言語ですが、Node.jsはウェブプラットフォームです。FlaskやDjangoのように、Pythonで書かれたNode.jsのようなフレームワークはありますが、Node.jsはJavaScript言語で書かれています。FlaskやDjangoのようなものを使うときには、おそらくフロントエンドのニーズのためにJavaScriptを学ばなければならないでしょう。しかし、本書の課題の大半はバックエンド処理であり、フロントエンドよりも大規模なデータ処理です。PythonはNode.jsよりも近づきやすく、習得しやすい上に、データラングリングのために作られたデータ処理ライブラリがすでにあります。そのような理由から、私たちはPythonを使っています。

A.6 Ruby、Ruby on RailsとPython

Ruby on Railsという名前を聞いたことがあるかもしれません。これは、Ruby言語を基礎として作られた人気のあるウェブフレームワークです。Pythonにも、Flask、Django、Bottle、Pyramidなど、同じようなものがたくさんあります。Rubyはウェブフレームワークなしでもよく使われている言語です。私たちがPythonを使っているのは、高速な処理とデータラングリングで使える機能のためであり、ウェブの機能からではありません。確かに、本書でもデータのプレゼンテーションについての話はしていますが、ウェブサイトを構築するために本書を読んでいるのであれば、それは本の選択が間違っています。

付録B
初心者向けのオンライン教材とオフライングループ

この付録は、新人Python開発者向けのグループと教材のリストです。決して網羅的なものではありませんが、Python開発者として成長するために使えるサイト、フォーラム、チャットルーム、オフライングループの多くを紹介しています。

B.1 オンライン教材

- Stack Overflow（http://stackoverflow.com）は、コーディングとPythonに関して質問したり、他人の質問を見たり、質問に答えたりすることができる非常に役に立つウェブサイトです。このサイトには、質問を投稿したり、回答を評価する投票をしたり、すでに回答されている質問の大規模なアーカイブを検索したりするための仕組みが備わっています。何かのために立ち往生してしまったときには、Stack Overflowに行けば手がかりが得られるでしょう。
- Pythonウェブサイト（http://python.org）は、自分の開発作業のために役立つライブラリとしてどのようなものがあるかを詳しく調べたいときに、大きな力になってくれます。Python標準ライブラリのある機能がどのような動作をするかとか、新たに使うとよいと勧められているライブラリはどれかといったことを知りたいときにも、Pythonウェブサイトはよいスタート地点になります。
- Read the Docs（https://readthedocs.org/）は、多くのPythonライブラリがドキュメントを置いている役に立つウェブサイトです。特定のライブラリの使い方について詳しい情報を知りたいときに行くべきサイトです[*1]。

＊1　技術監修者注：Python Hosted（https://python-hosted.com）にも多くのライブラリドキュメントがホスティングされています。

B.2　オフライングループ

- PyLadies（http://pyladies.com）は、Pythonにおけるあらゆる多様性を促進するために、発足したWIE（Women in Engineering）グループです。世界中に支部があり、freenodeに活発なIRCチャンネルを持っており、PyLadiesウェブサイトには無数のワークショップその他の役に立つツールが掲載されています。ほとんどの支部はすべてのメンバーに開かれていますが、ミートアップが女性限定でないかどうかは、地域支部のミートアップグループに問い合わせるようにしましょう。
- Boston Python（http://www.meetup.com/bostonpython/）は、世界最大級のPythonミートアップです。著名な開発者、教育者の活発なグループによって運営されており、ワークショップ、プロジェクトナイト、その他のさまざまな教育的イベントを支援しています。ボストン近辺に住んでいるなら是非参加してみてください。
- PyData（http://pydata.org/）は、Pythonによるデータ分析を中心とするコミュニティを作ろうとしている組織です。世界中でミートアップやカンファレンスを開催しており、近くにも支部があるかもしれません（新しい支部を作るのもよいでしょう）。
- Meetup.com（http://www.meetup.com/）は、多くの技術教育イベントが投稿されているサイトです。自分の地域のPython、データ分析のミートアップを検索することをお勧めします。サインアップは簡単であり、自分の関心に合った新しいミートアップグループができたときには通知が送られるので、データとPythonで同じような関心を持つ人々と出会うことができます。
- Django Girls（https://djangogirls.org/）は、Pythonによるメジャーなウェブ開発フレームワーク、Djangoを介してPython開発を推進することを目的とするWIE（Women in Engineering）グループです。世界中に活発な支部を展開しており、ワークショップやトレーニングイベントを開催しています。

付録C
コマンドライン入門

コマンドラインだけを使ってマシンのなかを自在に動き回れるようになれば、それは強力な開発ツールになります。使っているオペレーティングシステムが何であれ、マシンを直接操作する方法を知っていれば、データラングリングやコーディングのキャリアのなかで力になります。システム管理者になる必要があると言っているわけではありませんが、コマンドラインを使った操作に慣れていると何かとよいことがあります。

自分が見つけたシステムとコードの問題をデバッグできたときは、開発者として特にすばらしい気持ちになれるときです。コマンドラインを介してマシンを理解、操作できれば、そういった問題についての洞察が得られます。システムエラーを見つけ、本書で学んだデバッグのヒントを活用できれば、使っているマシン、オペレーティングシステムについて新たなことを学ぶことができ、コマンドライン操作も上達します。そのあとで自分のPythonコードでシステムエラーが起きたときには、一歩先に進んだところからそれらの問題のデバッグ、フィックスを始められます。

この付録では、bash（Macと多くのLinuxディストリビューションで使われているシェル）とWindowsのcmd、Powershellユーティリティの基礎を説明します。

C.1 bash

bashベースのコマンドラインを使っている場合、今使っているオペレーティングシステムが何であれ、bashを使っていて学んだことはすべてほかのbashベースクライアントにも当てはまります。bashは、多くの機能を持つシェル（コマンドライン）言語です。まず、マシンのファイルの探し方からbashの使い方を学んでいきましょう。

C.1.1 ファイルシステム内の移動

コマンドラインからマシンのファイルシステム内で移動するための方法を学ぶと、Pythonで同じことをする方法が理解しやすくなります。ターミナルやテキストエディタから動かなければ集中し続けることができます。

基礎から始めましょう。ターミナルをオープンします。オープンしたときにいる場所は、おそらく「~」、すなわち自分のホームディレクトリです。ホームディレクトリは、Linuxの場合なら/home/<your_name>、Macの場合なら/Users/<your_name>となります。自分がどのディレクトリにいるかを知るには、次のように入力します。

```
pwd
```

すると、次の2つのうちのどちらかのような応答が返ってくるでしょう。

```
/Users/katharine
/home/katharine
```

pwdはprint working directory（作業ディレクトリを表示せよ）を略したものです。bashに対して現在作業をしているディレクトリ（フォルダ）を尋ねているわけです。コマンドラインを使ったディレクトリ移動を初めて学ぶとき、特に自分が正しいフォルダにいることをダブルチェックしたいときに、このコマンドはとても役に立ちます。

フォルダにどのようなファイルがあるかを表示するコマンドも役に立ちます。カレントディレクトリ（作業ディレクトリ）にどのようなファイルがあるかを知るためには、次のように入力します。

```
ls
```

次のような応答が返ってくるでしょう。

```
Desktop/
Documents/
Downloads/
my_doc.docx
...
```

使っているオペレーティングシステムによって内容は異なり、表示される色も異なるでしょう。lsはlistという意味です。lsは、フラグと呼ばれるパラメータを付けて実行することもできます。こういったパラメータを付けると、出力が変わります。次のコマンドを試してみましょう。

```
ls -l
```

出力は列のリストになっており、最後の列はlsだけを入力したときに表示されるのと同じものです。-lフラグは、ディレクトリの内容物の詳細（長い）情報を表示します。ディレクトリに含まれているファイルとディレクトリの名前、パーミッション、作成者の名前、オーナーのグループ、サイズ、最終変更日時を表示するのです。出力は、たとえば次のようになります。

```
drwxr-xr-x  2 katharine katharine  4096 Aug 20  2014 Desktop
drwxr-xr-x 22 katharine katharine 12288 Jul 20 18:19 Documents
drwxr-xr-x 26 katharine katharine 24576 Sep 16 11:39 Downloads
```

これだけ詳細な情報が表示されれば、パーミッションに関連した問題を見つけることができますし、ファイルサイズその他の情報もわかります。lsは、パラメータとして渡されたディレクトリのファイルリストも表示できます。ダウンロードフォルダの内容をチェックしてみましょう（次のように入力します）。

```
ls -l ~/Downloads
```

先ほどの出力例と同じような長い出力が表示されますが、表示されているファイルとディレクトリは、すべてDownloadsディレクトリに含まれているものに変わります。

異なるディレクトリのファイルリストの表示方法がわかったので、カレントディレクトリの変更方法を覚えましょう。cd（change directory）コマンドを使います。次のように入力してみましょう。

```
cd ~/Downloads
```

pwdを使ってカレントディレクトリをチェックしたり、lsでディレクトリ内のファイルリストを表示すると、ダウンロードディレクトリのなかにいることがわかります。それでは、ホームディレクトリに戻りたいときにはどうすればよいのでしょうか。ホームディレクトリは親ディレクトリだということがわかっています。親ディレクトリは、..で表します。次のコマンドを試してみましょう。

```
cd ..
```

ホームディレクトリに戻ってきました。bashで..は「1つ上のディレクトリ」という意味です。

コマンドラインでディレクトリを移動したりファイルを選択したりするときに[Tab]キーを押すと、ファイル名やフォルダ名が自動補完されます（一部を入力しただけで残りの部分が自動的に補われるということです）。ほかに同じような名前のファイルがなければ、コマンドラインが自動的に完成するのです。これを活用すれば入力のための時間と労力を節約できます。

これでコマンドラインを使ったファイルシステムの移動にはかなり慣れたことでしょう。次に、コマンドラインを使ってファイルを移動したり変更を加えたりする方法を学びましょう。

C.1.2 ファイルの変更

bashでファイルを移動、コピー、作成するのは簡単です。まず、新しいファイルを作るところから始めましょう。最初に、ホームディレクトリに移動します（cd ~で移動できます）。そして、次のように入力します。

```
touch test_file.txt
```

このコマンドを実行してから、lsを実行してみましょう。test_file.txtという名前の新しいファイルがあることがわかります。touchは、新たにファイルを作りたいときに使えます。touchコマンドは、まず、指定された名前のファイルを探します。そのファイルが存在する場合には、最終変更日時のタイムスタンプをそのときの日時に変更しますが、中身には手を付けません。指定されたファイルがない場合には、そのファイルを作ります。

atomコマンド

テキストエディタとしてAtom.io (https://atom.io) を使っている場合、次のコマンドを実行すれば、今作ったファイル（あるいはその他のファイル）をエディタのなかでオープンすることができます。

```
atom test_file.txt
```

エラーが返された場合は、おそらくコマンドラインオプションがインストールされていないからです。インストールするには、[Shift-Cmd-P]を押してコマンドパレットを開き、`Install Shell Commands`というコマンドを実行しましょう。

なお、Atomのコマンドラインオプションの一覧を見たいときには、`atom --help`と入力します。

これで使えるファイルが作れたので、ダウンロードディレクトリにコピーしてみましょう。

```
cp test_file.txt ~/Downloads
```

ここでは、test_file.txtファイルを~/Downloadsディレクトリにコピーせよと言っています。bashは~/Downloadsがディレクトリだということを知っているので、自動的にファイルをディレクトリにコピーします。ファイルをコピーすると同時に、ファイル名も変更したいときには、次のようなコマンドを実行します。

```
cp test_file.txt ~/Downloads/my_test_file.txt
```

このコマンドは、bashに対して、test_file.txtファイルをダウンロードディレクトリにコピーし、コピーのファイル名をmy_test_file.txtに変えよと指示しています。これで、ダウンロードファイルには、test_file.txtの2つのコピーが含まれていることになります。1つには元の名前、もう1つにはこの新しい名前が与えられています。

コマンドを複数回実行しなければならないときには、上矢印キーを押すだけで、コマンドラインの履歴をたどっていくことができます。最近のコマンドラインの履歴をすべて表示したい場合は、`history`と入力します。

ファイルをコピーするのではなく、移動したりファイル名を変えたりしたい場合があります。bashでは、mvという同じコマンドでファイルを移動することも、ファイル名を変更することもできます。まず、ホームディレクトリに作ったファイルの名前を変えてみましょう。

```
mv test_file.txt empty_file.txt
```

ここでbashに指示しているのは、「test_file.txtという名前のファイルをempty_file.txtという名前のファイルに移動せよ」ということです。コマンドを実行したあとでlsを実行すると、test_file.txtはもう存在せず、empty_file.txtというファイルがあることがわかります。単純に移動することによって、ファイル名を変更したのです。mvを使えば、フォルダ間でファイルを移動することもできます。

```
mv ~/Downloads/test_file.txt .
```

ここでは、「ダウンロードフォルダのtest_file.txtファイルをここに移動せよ」と言っています。bashでは、.はカレントディレクトリの意味です（..がカレントディレクトリの1つ上のフォルダという意味になるように）。ここでlsを実行すると、ホームディレクトリに再びtest_file.txtファイルがあることがわかります。また、ls ~/Downloadsを実行すれば、ダウンロードフォルダにはこのファイルがもうないこともわかります。

最後に、コマンドラインを使ってファイルを削除したい場合もあるでしょ。そのためには、rmコマンド（removeの略）を使います。次のコマンドを試してみましょう。

```
rm test_file.txt
```

lsを実行すると、フォルダからtest_file.txtファイルが削除されていることがわかります。

マウスでファイルを削除するときとは異なり、コマンドラインでファイルを削除すると、そのファイルは本当に削除されてしまいます。間違えて削除したファイルを復元するための「ゴミ箱」はありません。そのため、rmを使うときには注意が必要です。また、マシンのために定期的にバックアップをスケジューリングするようにしましょう。

bashを使ったファイルの移動、名称変更、コピー、削除の方法がわかったので、次はコマンドラインからファイルを実行する方法に移りましょう。

C.1.3 ファイルの実行

bashを使ったプログラムファイルの実行はごく単純なものです。第3章ですでに学んでいるかもしれませんが、Pythonファイルを実行するには、単純に次のコマンドを実行します。

```
python my_file.py
```

ここでmy_file.pyはPythonファイルです。

プログラミングに使われるほとんどの言語は、言語名（python、rubyなど）を入力してからプログラムファイル名（適切なファイルパスを付けるか、ファイルがあるディレクトリをカレントディレクトリにして）を入力すると、プログラムが実行されます。特定の言語を使っていてファイルの実行がうまくいかない場合には、Webで言語名と「コマンドラインオプション」を指定してウェブを検索することをお勧めします。

Python開発者としてほかのコマンドを実行することもあるでしょう。**表C-1**は、ライブラリをインストール、実行するために必要なコマンドに慣れておくために、関連コマンドの一部をまとめたものです。

表C-1　プログラム実行関連のbashコマンド

コマンド	ユースケース	ドキュメント
`sudo`	後ろに続くコマンドをsu、すなわちスーパーユーザーとして実行する。ファイルシステムの重要な部分に変更を加えたり、パッケージをインストールしたりするときに必要になる。	https://ja.wikipedia.org/wiki/Sudo、https://en.wikipedia.org/wiki/Sudo
`bash`	bashファイルを実行するか、bashシェルに入るときに使う。	http://ss64.com/bash/
`./configure`	環境に合わせたパッケージの準備をする（ソースからパッケージをインストールするときの最初のステップ）	https://ja.wikipedia.org/wiki/Autotools、https://en.wikipedia.org/wiki/GNU_build_system#GNU_Autoconf
`make`	パッケージの準備が終わってから、makefileに基づいてコードをコンパイルしてインストールの準備をする（ソースからパッケージをインストールするときの第2ステップ）	http://www.computerhope.com/unix/umake.htm
`make install`	makeでコンパイルしたコードを使ってパッケージをインストールする（ソースからパッケージをインストールするときの最終ステップ）	http://www.codecoffee.com/tipsforlinux/articles/27.html
`wget`	コマンドラインパラメータとしてURLを取り、そのURLの位置のファイルをダウンロードする。	http://www.gnu.org/software/wget/manual/wget.html
`chown`	ファイルやフォルダのオーナーを変更します。ファイルのグループを変更するchgrpとよく併用される。ファイルを移動して他のユーザーがそのファイルを実行できるようにしなければならないときに役に立つ。	http://linux.die.net/man/1/chown
`chmod`	ファイルやフォルダのパーミッションを変更する。実行可能にしたり、ほかのユーザーやグループが使えるようにしたりするためによく使われる。	http://ss64.com/bash/chmod.html

コマンドラインを使っているうちに、ほかのコマンドやドキュメントを目にすることがあるでしょう。時間を作ってそれらを学び、使い、質問することをお勧めします。bashはひとつの言語であり、その癖や使い方を身につけるまでは時間がかかります。コマンドライン入門の締めくくりとして、bashを使って名前や内容からファイルを検索する方法を紹介しましょう。

C.1.4 コマンドラインによる検索

bashのもとでは、ファイルやファイルの内容を検索するのは比較的簡単です。初心者向けのオプションをいくつか紹介しましょう。まず、ファイル内のテキストを検索するコマンドから使ってみます。まず、wgetを使ってファイルをダウンロードしましょう。

```
wget http://corpus.byu.edu/glowbetext/samples/text.zip
```

こうすると、検索のサンプルとして使えるテキストコーパスがダウンロードされます。テキストを解凍して新しいフォルダに展開するには、次のように入力します。

```
mkdir text_samples
unzip text.zip text_samples/
```

すると、text_samplesという新フォルダに多数のテキストコーパスファイルが展開されます。cd text_samplesを使ってそのディレクトリに移動しましょう。grepというツールを使って、これらのファイルの内容から検索をかけます。

```
grep snake *.txt
```

ここでbashに指示しているのは、フォルダ内のファイル名が.txtで終わるすべてのファイルを対象としてsnakeという文字列を探せということです。ここで使われている特殊文字（*）は、「**7.2.6 正規表現マッチング**」とは意味が異なるもので、ワイルドカード、どんな文字列でもマッチするという意味で使われています。

このコマンドを実行すると、マッチしたテキストが次々に表示されるでしょう。grepは、検索した文字列を含むすべてのファイルからマッチした行を返します。たとえば非常に大規模なリポジトリのなかで、更新、変更しなければならない関数が含まれているファイルを探したいときなどに、このコマンドはとても役に立ちます。grepは、前後の行の表示などの機能を追加するパラメータ、オプションも持っています。

bashで実行するコマンドのオプションは、単純にコマンド名の後ろにスペースを挟んで--helpと入力すれば表示されます。grep --helpと入力して、grepのオプション、機能の説明を読んでみてください。

catも便利なコマンドです。指定したファイルの内容を単純に表示します。これは、出力を何か別のコマンドの入力として渡したいときに、特に役に立ちます。bashでは、|文字を使えば、ファイルやテキストに実行したい一連の処理をまとめて指定することができます。たとえば、catであるファイルの内容を出力し、grepを使ってその出力から単語を検索してみましょう。

```
cat w_gh_b.txt | grep network
```

このコマンドラインは、w_gh_b.txtファイルに含まれている内容全部をパイプに流し込み、そのパイプから出てきた内容をgrepに渡して、networkという単語が含まれている行をターミナルに出力します。

bashの履歴データでもパイプを使って同じようなことができます。

```
history | grep mv
```

このコマンドは、bashの学習をしている過程で忘れてしまったコマンドを探して再利用しようというものです。

それでは、一歩進んだファイル検索をしてみましょう。findコマンドは、指定されたパターンにマッチするファイル名を探し、さらに子ディレクトリでも同じようにマッチするファイル名を探します。カレントディレクトリとその子孫ディレクトリ

でテキストファイルを探してみましょう。

```
find . -name "*.txt" -type f
```

ここでは、（このディレクトリを起点としてそのすべての子孫ディレクトリで）ファイル名の末尾が.txtになっているファイル（その前の名前は何でもよい）でファイルタイプがf（通常のファイルという意味。ディレクトリならタイプdになります）のものを探せと言っています。出力は、この条件にマッチするファイル名のリストです。では、それらのファイルをパイプに通してgrepで処理してみましょう。

```
find . -name "*.txt" -type f | xargs grep neat
```

ここでbashに指示しているのは、「同じテキストファイルを探し出し、今回はそれらのファイルからneatという単語を探せ」ということです。findの出力を適切にgrepに渡すためにxargs（https://ja.wikipedia.org/wiki/Xargs、https://en.wikipedia.org/wiki/Xargs）を使っています。xargsは、パイプから与えられた入力を指定されたコマンド（この場合は、grep）のコマンドラインパラメータにしてコマンドを実行します。ここでは、grepを使ってfindコマンドの出力のファイルの内容からneatという文字列を探そうとしているのであって、ファイル名にneatが含まれているものを探そうとしているわけではないのです。

この節ではファイル検索の巧妙なトリックを学んできました。相手にしているコードやプロジェクトが大規模で複雑なものになってきたときには、これらのトリックが役に立つことがあるでしょう。

最後に、もっと詳しい説明が載っている参考資料を紹介します。

C.1.5 参考資料

インターネットにはbashの参考資料はたくさんあります(http://wiki.bash-hackers.org/scripting/tutoriallist)。Linux Documentation Projectは、かなり高度なbashプログラミングまで初心者を導いてくれる優れたガイド(http://www.tldp.org/LDP/Bash-Beginners-Guide/html/)を作っています。O'Reillyの偉大な『bash Cookbook』(邦題『bashクックブック』オライリー・ジャパン、2008)も、初心者の学習プロセスを豊かなものにしてくれます。

C.2 WindowsのCMD/PowerShell

Windowsのコマンドライン、cmdは、Windowsの前身であるMS-DOSをベースとした強力なユーティリティで、最近ではPowerShell(https://ja.wikipedia.org/wiki/Windows_PowerShell、https://en.wikipedia.org/wiki/Windows_PowerShell)がさらに機能を補っています。サーバーインスタンスを含むすべてのバージョンのWindowsで同じ構文を使うことができるので、その構文を学べば、より力のあるPythonプログラマになるために役立ちます(ほかのプログラミング言語も学ぶことにした場合でもそうです)。

C.2.1 ファイルシステム内での移動

cmdを使ったファイルシステム内での移動は非常に簡単です。cmdユーティリティを開き、カレントフォルダを調べるところから始めましょう。

```
echo %cd%
```

このコマンドは、カレントディレクトリを表す%cd%をエコー(表示)せよとcmdに指示しています。すると、次のような応答が返ってきます。

```
C:\Users\Katharine
```

カレントフォルダのすべてのファイルのリストを表示するには、次のように入力します。

```
dir
```

すると、次のような出力が返されます。

```
2015/03/13  16:07    <DIR>          .ipython
2015/09/11  19:05    <DIR>          Contacts
2015/09/11  19:05    <DIR>          Desktop
2015/09/11  19:05    <DIR>          Documents
2015/09/11  19:05    <DIR>          Downloads
2015/09/11  19:05    <DIR>          Favorites
2014/02/10  15:15    <DIR>          Intel
```

```
2015/09/11  19:05    <DIR>          Links
2015/09/11  19:05    <DIR>          Music
2015/09/11  19:05    <DIR>          Pictures
2015/03/13  16:26    <DIR>          pip
2015/09/11  19:05    <DIR>          Saved Games
```

dirには、並び順、表示対象の絞り込み、情報の追加のためのオプションがたくさんあります(http://ss64.com/nt/dir.html)。それではDesktopフォルダを見てみましょう。

```
dir Desktop /Q
```

ここでは、Desktopディレクトリのファイルをオーナー情報付きで表示するよう指示しています。各ファイルのオーナーは、MY-LAPTOP\Katharineのような形でファイル名の前に表示されます。これはフォルダとファイルを合わせて表示するためにとても便利です。サブフォルダを表示したり、変更日時のタイムスタンプの新しい順、古い順に並べ替えたりするためのオプションもあります。

Desktopフォルダに移動しましょう。次のように入力してください。

```
cd Desktop
```

ここでecho %cd%と入力して、カレントフォルダを表示すると、先ほどとは変わっていることがわかります。親フォルダへの移動では、単純に..を使います。たとえば、カレントフォルダの親フォルダに移動したい場合は、次のように入力します。

```
cd ..
```

この親フォルダ記号をつなげることもできます(たとえば、cd ..\..とすると、親フォルダの親に移動します)。ファイル構造によりますが、カレントフォルダに親がない場合(つまり、ファイルシステムのルートにいる場合)にはエラーが返される場合があります。

ホームディレクトリに戻ってくるには、次のように入力します。

```
cd %HOMEPATH%
```

最初に使ったフォルダに帰ってきたはずです。ファイルシステム内を自由に移動できるようになったので、ファイルの作成、コピー、変更に移りましょう。

C.2.2　ファイルの変更

手始めに、書き換えてもよい新しいファイルを作りましょう。

```
echo "my awesome file" > my_new_file.txt
```

dirを使ってフォルダ内のファイルを表示すると、my_new_file.txtもあるはずです。テキストエディタでファイルを開くと、先ほど書いた「my awesome file」が入っているはずです。Atomを使っている場合、cmdからAtomを直接起動できます(「**3.1.2　ファイルの変更**」のコラム「**atomコマンド**」

参照）。

テスト用のファイルを作ったので、それを別のフォルダにコピーしてみましょう。

```
copy my_new_file.txt Documents
```

次のようにしてドキュメントフォルダのファイルリストを表示すると、

```
dir Documents
```

my_new_file.txtファイルがそこにコピーされていることを確認できます。

入力中に[Tab]キーを押すと、ファイル名やパスが自動補完されます。copy myまで入力してから[Tab]キーを押してみましょう。cmdはmy_new_file.txtファイルのことだと推測して、ファイル名を補ってくれます。

ファイルの移動や名称変更もしたいところです。ファイルの移動、名称変更にはmoveコマンドを使います。次のコマンドを試してみましょう。

```
move Documents\my_new_file.txt Documents\my_newer_file.txt
```

ここでDocumentsディレクトリのファイルリストを表示すると、my_new_file.txtはなくなり、my_newer_file.txtが作られていることがわかります。moveは、ファイルの名称変更（今行ったように）やファイル、フォルダの移動に使えます。

最後に、不要になったファイルを削除したい場合があるでしょう。cmdでファイルを削除したいときには、delコマンドを使います。次のコマンドを実行してみましょう。

```
del my_new_file.txt
```

dirでカレントフォルダのファイルを表示しても、もうmy_new_file.txtは表示されません。これはファイルを完全に削除してしまうことに注意してください。ファイルが絶対的に不要だということがはっきりしているときに限り、実行するようにしましょう。また、問題が起きたときのために、定期的にハードディスクをバックアップするのもよいことです。

ファイルの変更方法がわかったので、cmdからファイルを実行する方法に移りましょう。

C.2.3 ファイルの実行

Windowsのcmdから Pythonなどの言語で書かれたファイルを実行するには、通常言語名を入力してからファイルパスを入力します。たとえば、Pythonファイルを実行するには、次のように入力します。

```
python my_file.py
```

こうすると、カレントフォルダにmy_file.pyがあれば、そのファイルが実行されます。`.exe`ファイルは、cmdにフルパス名を入力してEnterを押せば実行できます。

Pythonをインストールしたときにしたように、インストールされた実行可能ファイルのパスを環境変数Pathに追加しておけば、フルパス名を指定しなくても実行できます（詳しくは、「1.2.2.2　Windows 8とWindows 10」を参照してください）。環境変数Pathで指定されたディレクトリにある実行可能ファイルは、フルパスを指定せず、ファイル名だけ（.exeは省略可能）を入力すれば実行できます。

コマンドラインを使ったもっと強力な操作に関しては、Windows PowerShellを学ぶことをお勧めします。PowerShellはスクリプト言語を搭載しており、その言語で書いたスクリプトは単純なコマンドラインで実行できます。PowerShellについては、Computerworldが初心者向けのすばらしい入門記事（http://bit.ly/powershell_intro）を載せています。

`start`コマンドを使えば、コマンドラインからインストールされているプログラムを実行できます。次のコマンドラインを試してみてください。

```
start "http://google.com"
```

こうすると、デフォルトブラウザが開き、Googleのホームページが表示されます。詳しくは、`start`コマンドのドキュメント（http://bit.ly/start_command）を参照してください。

コマンドラインを使ってプログラムを実行する方法がわかったので、最後にマシン内のファイルやフォルダを探す方法を調べましょう。

C.2.4　コマンドラインによる検索

使えるコーパスのダウンロードから始めましょう。Windows Vista以降のシステムなら、PowerShellコマンドを実行できるはずです。次のように入力してPowerShellを起動しましょう。

```
powershell
```

次のような新しいプロンプトが表示されたはずです。

```
Windows PowerShell
...
PS C:\Users\Katharine>
```

PowerShellが起動したら、そこから検索のために使うファイルをダウンロードしましょう（次のコマンドとその次のコマンドは、1行に入力してください。ここでは、ページ幅の制約から折り返しているだけです）。

```
Invoke-WebRequest -OutFile C:\Downloads\text.zip
 http://corpus.byu.edu/glowbetext/samples/text.zip
```

PowerShellがver.3.0以上でなければ、このコマンドはエラーを投げます。エラーが起きたら、古いバージョンのPowerShellでも動作する次のコマンドを試してください。

```
(new-object System.Net.WebClient).DownloadFile(
'http://corpus.byu.edu/glowbetext/samples/text.zip','C:\Downloads\text.zip')
```

これらのコマンドはPowerShellを使ってコーパスファイルをダウンロードします。ファイルをunzipするための新しいフォルダを作りましょう（カレントフォルダがホームフォルダになっていることを前提としています）。

```
mkdir Downloads\text_examples
```

ここで、.zipファイルを展開する新しい関数をPowerShellに追加します。次の内容を入力してください。

```
Add-Type -AssemblyName System.IO.Compression.FileSystem
function Unzip
{
    param([string]$zipfile, [string]$outpath)

        [System.IO.Compression.ZipFile]::ExtractToDirectory($zipfile, $outpath)
}
```

これで関数は定義され、この関数を使ってファイルをunzipできるようになりました。ダウンロードしたコンテンツを新しいフォルダにunzipしましょう。

```
Unzip Downloads\text.zip Downloads\text_examples
```

PowerShellを終了するには、単純に`exit`と入力します。プロンプトは通常のcmdのプロンプトに戻ります。`dir Downloads\text_examples`を実行すると、ダウンロードしたコーパスの.zipファイルに含まれているテキストファイルのリストが表示されるはずです。`findstr`を使ってこれらのファイルの内容を検索しましょう。

```
findstr "neat" Downloads\text_examples\*.txt
```

大量のテキスト出力がコンソールのなかで飛んでいくのが見えるでしょう。これらは、neatという単語が含まれているテキストファイルのなかの行です。

ファイル内の文字列ではなく、特定のファイル名を検索したい場合があります。そのような場合には、フィルタ付きの`dir`コマンドを使います。

```
dir -r -filter "*.txt"
```

こうすると、ホームフォルダとその子孫フォルダに含まれる.txtファイルがすべて見つかります。選ばれたファイルのなかで検索したい場合は、パイプを使います。`|`は、「パイプ」として、最初のコマンドの出力を次のコマンドに渡します。これを使えば、特定の関数名を含むすべてのPythonファ

イルを探したり、特定の国名を含むすべてのCSVファイルを探したりすることができます。

```
findstr /s "snake" *.txt | find /i "snake" /c
```

このコードは、すべてのテキストファイルからsnakeという単語が含まれている行を探し、findを使って行数を数えています。

C.2.5　参考資料

cmdで使えるコマンドについては、日々のプログラミング、データラングリングのニーズのためにcmdをどのように使えばよいかを学べるすばらしいオンラインページがあります（http://ss64.com/nt/）。

PowerShellとWindowsサーバー/コンピュータ用の強力なPowerShellスクリプトの買い方について学びたい場合は、MicrosoftのGetting Started with PowerShell 3.0 Jump Start（http://bit.ly/gs_with_powershell）のようなチュートリアルをご覧ください。最初のスクリプトの書き方については、O'Reillyの『Windows Powershell Cookbook』（邦題『Windows Powershellクックブック』オライリー・ジャパン、2008）も役に立ちます。

付録D
高度な構成のPythonの設定

本書のはじめでは、基本的な構成のPythonを設定しました。なぜかと言えば、それは手っ取り早く簡単に使えるからです。しかし、複雑なライブラリやツールを使い始めると、より高度な構成が必要になります。プロジェクトを構造化しようと思うときには、マシンに高度な構成のPythonを設定すると役に立ちます。高度な構成は、Python 2.7とPython 3以降の両方を実行しなければならない場合にも役に立ちます。

この付録では、エキスパートモードのPython環境の設定方法を説明します。しかし、この説明を読むためには依存情報がたくさんあるため、皆さんの知識では指示の意味がわからない部分がたぶんあるでしょう。困ったときには、どうすればよいかについて、ウェブ検索するか、ほかの人々に質問するようにしてください。

まず、2つのコアツールをインストールしてから、Pythonをインストールします。最後に、プロジェクトを分割し、プロジェクトごとに別々のバージョンのPythonライブラリを持てるようにする仮想化環境をインストール、設定します。

この付録は、Mac、Windows、Linuxでの設定方法を説明します。各ステップを読み進めるときには、実際に使うオペレーティングシステムのための指示をたどるように注意を払ってください。

D.1　ステップ1：GCCのインストール

GCC（Gnu Compiler Collection）の目的は、Cエクステンションをともなうライブラリをマシンが理解でき、実行できるものに変換することです。

Macでは、GCCは、Xcode（https://developer.apple.com/xcode/）とCommand Line Tools（https://developer.apple.com/downloads/）に含まれています。どちらかをダウンロードする必要があります。どちらの場合でも、ダウンロードのためにはApple ID（http://bit.ly/create_appleid）が必要になります。また、Xcodeは、インターネット接続の状況によってはダウンロードのためにかなり時間がかかることがあるので、ダウンロードに合わせて休憩を取るとよいでしょう。時間とメモリ使用量が気になる場合は、Command Line Toolsを使うようにしてください。XcodeやCommand Line Toolsのインストールはそれほど時間がかかりません。次節に進む前に、XcodeかCommand Line Toolsをインストールするようにしてください。

Windowsを使っている場合、Jeff PreshingがGCCをインストールするための役に立つチュートリアルを書いています（http://bit.ly/gcc_install_tutorial）。Linuxを使っている場合、ほとんどのDebianベースシステムではGCCはインストールされています。そうでなくても、`sudo apt-get install build-essential`を実行すればインストールできます。

D.2 ステップ2：(Macのみ) Homebrewのインストール

Homebrewは、Mac上のパッケージを管理します。具体的には、コマンドを入力すると、Homebrewがインストールを助けてくれます。

Homebrewをインストールする前に、かならずXcodeかCommand Line Toolsをインストールしておいてください。そうでなければ、Homebrewをインストールするときにエラーが起こります。

Homebrewをインストールするには、ターミナルを開き、次のコマンドラインを入力します（その後のプロンプトには、Homebrewインストールの許可を含め、そのまま従ってください）。

```
$ ruby -e "$(curl -fsSL https://raw.github.com/Homebrew/homebrew/go/install)"
```

出力に注意しましょう。Homebrewは、インストール上の問題をテスト、警告するために、`brew doctor`を実行することを推奨しています。システムの状態によっては、さまざまな項目に対処する必要があります。警告が返されなければ、次のステップに進みます。

D.3 ステップ3：(Macのみ) Homebrewの位置のPATHへの追加

Homebrewを使うには、Homebrewがどこにあるかをシステムに指示します。そのためには、.bashrcファイルか使っているほかのシェル（つまり、カスタムシェルを使っている場合、ここで追加する必要があります）にHomebrewを追加するか、.bashrcファイルは、まだシステムに存在していないかもしれません。存在する場合、ホームディレクトリに隠されています。

ファイル名の先頭が`.`になっているファイルは、`ls`を実行しても、明示的にそれらのファイルを表示するフラグを指定しない限り、表示されません。これには2つの目的があります。1つは、ファイルが表示されなければ、誤って削除、編集する危険性が下がるだろうということ、もう1つは、日常的に使われないファイルを見せないようにすれば、そうでないときよりもシステムの見晴らしがよくなることです。

それでは、lsにすべてのファイルを表示するフラグを付けると、ディレクトリがどのように見えるようになるかを試してみましょう。ホームディレクトリをカレントディレクトリとして、次のコマンドを入力してください[*1]。

```
$ ls -ag
```

出力は次のような感じになるはずです。

```
total 56
drwxr-xr-x+ 17 staff    578 Jun 22 00:08 .
drwxr-xr-x   5 admin    170 May 29 09:49 ..
-rw-------   1 staff      3 May 29 09:49 .CFUserTextEncoding
-rw-r--r--@  1 staff  12292 May 29 09:44 .DS_Store
drwx------   8 staff    272 Jun 10 00:45 .Trash
-rw-------   1 staff    389 Jun 22 00:07 .bash_history
drwx------   4 staff    136 Jun 10 00:35 Applications
drwx------+  5 staff    170 Jun 22 00:08 Desktop
drwx------+  3 staff    102 May 29 09:49 Documents
drwx------+ 10 staff    340 Jun 11 23:47 Downloads
drwx------@ 43 staff   1462 Jun 10 00:29 Library
drwx------+  3 staff    102 May 29 09:49 Movies
drwx------+  3 staff    102 May 29 09:49 Music
drwx------+  3 staff    102 May 29 09:49 Pictures
drwxr-xr-x+  5 staff    170 May 29 09:49 Public
```

まだ.bashrcファイルを持っていないので作る必要があります。

.bashrcファイルがある場合、問題が起きたときのためにバックアップを作っておきましょう。.bashrcのコピーを作るのはコマンドラインのなかでももっとも簡単な操作です。次のコマンドを実行して、.bashrc_bkupという名前の.bashrcのコピーを作るだけです。

```
$ cp .bashrc .bashrc_bkup
```

.bashrcを作るときには、まず、.bashrcファイルを呼び出す.bash_profileファイルを作らなければなりません。.bash_profileファイルを作らずに.bashrcファイルを追加しても、コンピュータはどうしたらよいのかわかりません。

始める前に、.bash_profileファイルを持っているかどうかをチェックしましょう。持っている場合は、ls -agのディレクトリリストに表示されているはずです。表示されていなければ、.bash_profileを作らなければなりません。

＊1　技術監修者注：ls -alなどでも良いです。

.bash_profileファイルを持っている場合は、次のコマンドでバックアップを作っておきましょう。

```
$ cp ~/.bash_profile ~/.bash_profile_bkup
```

そして、次のコマンドを実行してもう1つコピーを作り、同時に名前を変えましょう。

```
$ cp ~/.bash_profile ~/Desktop/bash_profile
```

既存の.bash_profileがある場合は、Desktopディレクトリにコピーしたファイルをエディタでオープンし、ファイルの末尾に次のコードを追加します。このコードは、「.bashrcファイルがあるなら、それを実行せよ」と言っているだけです。

```
# Get the aliases and functions
#（エイリアスと関数を取得）
if [ -f ~/.bashrc ]; then
    . ~/.bashrc
fi
```

.bash_profileファイルがまだない場合には、エディタでこの内容を編集して新しいファイルを作ります。そして、Desktopにbash_profileというドットなしの名前で保存します。

ホームディレクトリに.bash_profileと.bashrcがないことをかならずチェックしてください。ある場合には、先に進む前にバックアップを作るという指示にかならず従ってください。この作業をしておかないと、次の作業をしたときにオリジナルのファイルを上書きし、問題を起こす危険があります。

そして、ターミナルに戻り、次のコマンドを実行して、Desktopのbash_profileを.bash_profileという名前に変えてホームディレクトリに移動します。

```
$ mv ~/Desktop/bash_profile .bash_profile
```

ここで`ls -ag`を実行すると、ホームディレクトリに.bash_profileファイルがあることが確かめられます。`more .bash_profile`を実行すると、先ほど書いた.bashrcを呼び出すコードが含まれているはずです。

.bashrcファイルを参照する.bash_profileファイルができたので、.bashrcファイルの方を編集しましょう。まず、既存の.bashrcか新しいファイルをテキストエディタでオープンしましょう。末尾に次の行を追加します。これは、`$PATH`変数にHomebrewのインストール先を追加するものです。こうすると、古い`$PATH`に代わって新しい`$PATH`が使われるようになります。

```
export PATH=/usr/local/bin:/usr/local/sbin:$PATH
```

そして、ファイルをDesktopにドットなしのbashrcという名前で保存します。

コードエディタのコマンドライン用ショートカット

.bashrcの設定を書き換えるついでに、コマンドラインからコードエディタを起動するためのショートカットも作っておきましょう。これは必須ではありませんが、ディレクトリを移動しながらコードエディタでファイルをオープンしようとしたときに楽になります。GUIによるファイルシステム内での移動は、コマンドラインほど効率的ではありません。

Atomを使っている場合は、Atomとシェルコマンドをインストールしたときに、すでにショートカットが作られています（http://bit.ly/cl_open_atom）。Sublimeも、OS X用のコマンドを用意しています（http://bit.ly/os_x_cl_sublime）。

ほかのコードエディタを使っている場合は、プログラム名を入力したら起動するかどうか、あるいはプログラム名の後ろに`--help`を付けてコマンドラインヘルプがあるかどうかをチェックしましょう。また、「<プログラム名> コマンドラインツール」で検索して、役に立つ結果が得られるかどうかもチェックすることをお勧めします。

ターミナルに戻り、次のコマンドを実行して、Desktopのbashrcを.bashrcという名前に変えてホームディレクトリに移動します。

```
$ mv ~/Desktop/bashrc .bashrc
```

ここで`ls -ag`を実行すると、ホームディレクトリに.bashrcファイルと.bash_profileファイルがあることが確かめられます。ターミナルから新しいウィンドウを開き、`$PATH`変数をチェックして、これらが機能していることを確認しましょう。`$PATH`変数は、次のコマンドを実行してチェックします。

```
$ echo $PATH
```

次のような出力が得られるはずです。

```
/usr/local/bin:/usr/local/sbin:/usr/bin:/bin:/usr/sbin:/sbin:/usr/local/bin
```

出力の細かい違いはどうであれ、.bashrcで変数に追加した`/usr/local/bin:/usr/local/sbin:`が先頭に表示されるはずです。

新しい値が表示されない場合は、新しいウィンドウを開くようにしてください。設定変更は、明示的にカレントターミナルに反映させない限り、反映されません（詳しくは、http://ss64.com/bash/source.htmlでbashの`source`コマンドの説明を参照してください）

D.4　ステップ4：Pythonのインストール

MacにPythonをインストールするには、次のコマンドを実行します。

```
$ brew install python
```

Windowsでは、第1章の指示に従って、適切なWindows Installerパッケージをインストールします。Linuxでは、すでにPythonはインストールされているはずですが、さらにPython developer packageをインストールしておくとよいでしょう（http://bit.ly/install_python_dev_pkg）。

インストールが終わったら、正しく動作していることの確認に移ります。

ターミナルでPythonインタープリタを起動しましょう。

```
$ python
```

そして、次のコマンドを実行します。

```
import sys
import pprint
pprint.pprint(sys.path)
```

Macでの出力は、次のようになります[*1]。

```
>>> pprint.pprint(sys.path)
['',
 '/usr/local/Cellar/python3/3.6.1/Frameworks/Python.framework/Versions/3.6/lib/
python36.zip',
 '/usr/local/Cellar/python3/3.6.1/Frameworks/Python.framework/Versions/3.6/lib/
python3.6',
 '/usr/local/Cellar/python3/3.6.1/Frameworks/Python.framework/Versions/3.6/lib/
python3.6/lib-dynload',
 '/usr/local/lib/python3.6/site-packages']
```

Macを使っている場合、出力には、/usr/local/Cellar/が先頭についたファイルがいくつも含まれているはずです。そういうものがなければ、ターミナルウィンドウで設定を再ロードしていないかもしれません。今のウィンドウをクローズし、新しいウィンドウをオープンしてもう1度実行してください。

インストールエラーのデバッグはよい学習になります。この節で説明していないようなエラーが起きた場合は、ブラウザでエラーを検索してみましょう。おそらく、同じ問題を起こした人がすでにいるはずです。

この節までの内容が問題なく終わったら、次節に進むことができます。

＊1　技術監修者注：Python-3.6.1の結果を表示しています。その他のバージョンをインストールしている場合はバージョン番号が変わります。

D.5 ステップ5：venv

私たちはPythonの第2インスタンスを設定しましたが、今度は個別にPython環境を作ります。ここで役に立つのがプロジェクトと依存関係を互いに切り離すvenvです。複数のプロジェクトがあっても、個々の要件が相互干渉を起こさないようにすることができます[*1]。

D.6 ステップ6：新しいディレクトリの設定

先に進む前に、プロジェクト関連のコンテンツを管理するディレクトリを作りましょう。どこに作るかは、それぞれの好みです。ほとんどの人は、アクセス、バックアップが楽なホームディレクトリにこのディレクトリを作りますが、便利で覚えやすい場所ならどこに置いてもかまいません。Macでホームディレクトリにプロジェクトフォルダを作るには、ターミナルで次のコマンドを実行します。

```
$ mkdir ~/Projects/
```

Windowsでは次のようにします。

```
> mkdir C:\Users\<_your_name_>\Projects
```

次に、このフォルダのなかに私たちが書くデータラングリング固有ファイルを格納するためのフォルダを作ります。Macでは、次のコマンドを実行します。

```
$ mkdir ~/Projects/data_wrangling
$ mkdir ~/Projects/data_wrangling/code
```

Windowsでは次のようにします。

```
> mkdir C:\Users\_your_name_\Projects\data_wrangling
> mkdir C:\Users\_your_name_\Projects\data_wrangling\code
```

Windowsでは次のようにします。

```
> mkdir C:\Users\_your_name_\Envs
```

Windowsで隠しフォルダを作りたい場合は、コマンドラインから次のようにして属性を変更します。

```
> attrib +s +h C:\Users\_your_name_\Envs
```

隠しフォルダを通常のフォルダに戻すには、単純に属性を削除します。

```
> attrib -s -h C:\Users\_your_name_\Envs
```

これでProjectsフォルダ内にdata_wranglingフォルダが作られ、さらにそのなかに空のcodeフォ

＊1 venvはPython3.4から標準ライブラリに入りました。それ以前のバージョンのPythonを使う場合はvirtualenvを使って同様な処理ができます。

ルダが作られました。そして、ホームディレクトリには仮想環境フォルダが設定されています。

D.7　新しい環境についての練習(Windows、Mac、Linux)

ここで示す例はMacを対象としていますが、WindowsやLinuxでもプロセスは同じです。この節では、新しい設定の使い方について少し学び、すべてのコンポーネントがしっかりと噛み合っていることを確認します。

まず、testprojectsという新しい環境を作りましょう。ちょっとしたテストなどを実行するために気軽に使える環境が必要なときにこれをアクティブにします。環境を作るには、次のコマンドを実行します。

```
$ python -m venv testprojects
$ source testprojects/bin/activate
```

環境を作ると、ターミナルのプロンプトの先頭に環境の名前が表示されます。私の場合、プロンプトは次のようになります。

```
(testprojects)Jacquelines-MacBook-Pro:~ jacquelinekazil$
```

私たちの環境にPythonライブラリをインストールしましょう。まず最初にインストールするライブラリは`ipython`です。アクティブ環境で次のコマンドを実行しましょう。

```
(testprojects) $ pip install ipython
```

このコマンドが成功すると、出力の最後の数行は、次のようになるはずです。

```
Installing collected packages: ipython, gnureadline
Successfully installed ipython gnureadline
Cleaning up...
```

ここでターミナルに`pip freeze`と入力すると、現在の環境にインストールされているライブラリとそのバージョン番号が表示されます。出力は、次のようになるはずです。

```
gnureadline==6.3.3
ipython==5.3.0
```

この出力は、testprojectsに`gnureadline`、`ipython`、`wsgiref`の3つのライブラリがインストールされていることを示します。`ipython`は、今インストールしたものです。`gnureadline`は、`ipython`の依存ライブラリなので、`ipython`をインストールしたときにインストールされています(そのため、あなたは依存ライブラリを直接インストールしなくても済みます。すばらしいと思いませんか)。第3の`wsgiref`ライブラリは、デフォルトでインストールされていますが、必須というわけではありません。

そういうわけで、ipythonというライブラリをインストールしたわけですが、このライブラリでどんなことができるのでしょうか。IPythonは、Pythonのデフォルトのインタープリタよりも使いやすい代替インタープリタです（IPythonについては、付録Fで詳しく説明します）。IPythonを起動するには、単純にipythonと入力します。

次のようなプロンプトが表示されるはずです。

```
IPython 3.1.0 -- An enhanced Interactive Python.
?         -> Introduction and overview of IPython's features.
%quickref -> Quick reference.
help      -> Python's own help system.
object?   -> Details about 'object', use 'object??' for extra details.

In [1]:
```

テストのために、次のように入力してみましょう。

```
In [1]: import sys

In [2]: import pprint

In [3]: pprint.pprint(sys.path)
```

環境が動作していることを確認すると、以前と同じ出力が返されるでしょう。sysとpprintはいわゆる標準ライブラリモジュールで、Pythonに付属しています。

では、IPythonから抜け出しましょう。方法は2つあります。Ctrl+Dキーを押し、プロンプトが表示されたらyesを表すyを入力するか、quit()と入力するかです。これらは、デフォルトPythonシェルと同じように動作します。

IPythonから抜け出すと、コマンドラインに戻ってきます。これで、3つのライブラリがインストールされたtestprojectsという環境が作られています。しかし、ほかのプロジェクトのために別の環境が必要になったらどうすればよいのでしょうか。まず、次のコマンドを入力して、現在の環境を非アクティブにします。

```
$ deactivate
```

次に、sandboxという名前の新しい環境を作ります。

```
$ python -m venv sandbox
```

このコマンドを実行すると、あなたは新しい環境のなかにいます。pip freezeと入力すると、この環境にはIPythonがインストールされていないことがわかるでしょう。これは、sandboxがフレッシュな環境で、testprojectsからは完全に切り離されているからです。この環境にIPythonをインストールすると、このマシンに第2のインスタンスをインストールすることになります。こうすることにより、ある環境で行ったことがほかの環境に影響を及ぼすことを防げるのです。

なぜこれが重要なのでしょうか。新しいプロジェクトをスタートすると、異なるライブラリ、異なるバージョンのライブラリをインストールすることになるでしょう。本書のために1つの仮想環境を設定するとともに、新しいプロジェクトを立ち上げるときには、新しい仮想環境をスタートさせることをお勧めします。このように、別のプロジェクトの仕事をするための環境の切り替えは簡単です。

リポジトリのなかには、すべての必須ライブラリがrequirements.txtというファイルに格納されているものがあります。ライブラリの作者が仮想環境を使っていて、`pip freeze`で依存ライブラリリストを保存し、ユーザーがライブラリ本体と依存ライブラリをインストールできるようにしているのです。このrequirements.txtからインストールするには、`pip install -r requirements.txt`を実行します。

さて、私たちは環境を作り、環境を非アクティブ化する方法はわかっていますが、すでに存在する環境をアクティブ化する方法はまだ知りません。sandboxというサンプル環境をアクティブ化するには、次のコマンドを実行します（すでにsandbox環境にいる場合は、違いを確かめるためにまず非アクティブ化してください）。

```
$ source sandbox/bin/activate
```

最後に、環境を破棄するにはどうすればよいでしょうか。まず、削除したい環境から外に出ます。`workon sandbox`と入力しただけで、あなたはsandbox環境に入っています。破棄するためには、まず非アクティブ化してから削除します。

```
$ deactivate
$ rm -rf sandbox
```

これで、手元の環境はtestprojectsだけになっているはずです。

D.8　高度な設定のまとめ

手元のマシンは、高度な構成のPythonを実行するように設定されました。コマンドライン操作やパッケージのインストールが以前よりも快適になっていることがわかるでしょう。付録Cをまだ読んでいない読者は、読んでコマンドライン操作を覚えてください。

表D-1は、仮想環境でよく使われるコマンドをまとめたものです。

表D-1　よく使われるコマンド

コマンド	動作
`python -m venv`	環境を作成する。
`source venv/bin/activate`	環境をアクティブにする。
`deactivate`	現在アクティブな環境をアクティブでなくす。
`pip install`	アクティブ環境にインストールする[*1]。
`pip uninstall`	アクティブ環境からアンインストールする[*2]。
`pip freeze`	アクティブ環境にインストールされているライブラリのリストを返す。

＊1　アクティブな環境がなければ、ライブラリはHomebrewを使ってインストールされた副次コピーのPythonにインストールされます。システムPythonは影響を受けません。

＊2　前脚注参照。

付録E
Pythonのなるほど集

Pythonは、ほかのプログラミング言語と同様に、独特の癖と特徴を持っています。そのなかには、すべてのスクリプト言語が共通に持つものもあるので、スクリプト言語の経験があれば、それらを見ても意外には思わないでしょう。しかし、Pythonにしか見られない癖もあります。ここでは、Pythonの癖になじんでいただくために、それらの一部をまとめたリストを作ってみました。決して全部ではありません。この付録がデバッグのときに役立てば、そしてPythonがなぜそのようなやり方をしているのかについての洞察を生み出すきっかけになれば幸いです。

E.1 空白万歳

たぶんもうお気付きのように、Pythonはコード構造の重要な一部として空白文字を使っています。空白文字は、関数、メソッド、クラスのインデント、`if-else`文の範囲、継続行の作成のために使われています。Pythonでは、空白文字は特別な演算子であり、Pythonコードを実行可能コードに翻訳する上で役に立っているのです。

Pythonファイル内での空白文字の使い方についてのベストプラクティスをまとめておきましょう。

- タブを使わず、スペースを使う。
- インデントでは4個のスペースを使う。
- 長い行の折り返しのインデントには適切なスペース数を選ぶ（区切り文字に合わせたり、余分にインデントしたり、1個のインデントにしたりすることができますが、もっとも読みやすく使いやすい方法はどれかということをベースとして選ぶようにします。PEP-8（http://bit.ly/pep-8_indentation）を参照してください）。

PEP-8（Python Enhancement Proposals No.8）は、インデントのグッドプラクティスのほか、変数名の付け方、読みやすく使いやすくシェアしやすいコードの整形方法などをまとめたPythonスタイルガイドです。

コードのインデントが不適切でPythonがファイルをパースできないと、`IndentationError`エラーが返されます。エラーメッセージは、どの行のインデントが不適切かを示してくれます。また、コードを書いているときに自動的にコードをチェックしてくれるPython linterを好みのテキストエディタに設定するのも簡単です。たとえば、Atomには適切なPEP-8 linterが作られています（https://atom.io/packages/linter-python-pep8）[*1]。

E.2　恐ろしいGIL

グローバルインタープリタロック（GIL）は、同時に実行されるスレッドが1つだけになるようにしてコードを実行するための、Pythonインタープリタのメカニズムです。つまり、Pythonスクリプトを実行しているときは、マルチプロセッシングマシンを使っている場合でも、コードは線形に実行されるということです。このような設計方針になったのは、PythonがCコードを使って高速実行できるようにしつつ、スレッドセーフにするためです。

GILという制約のおかげで、標準インタープリタを使う限り、Pythonは本当の意味での並列処理をすることはできません。これは、I/Oを多用するアプリケーションやマルチプロセッシングに大きく依存するアプリケーションでは不利です[*2]。マルチプロセッシング、非同期サービスを使ってこの問題を回避するPythonライブラリは作られていますが[*3]、それらでも、GILが存在するという事実を変えられるわけではありません。

とはいえ、GILのメリットだけではなく、問題点も意識しているPythonコア開発者はたくさんいます。GILがペインポイントになるような状況では、問題を回避するためのよい手段が考え出されていることが多く、C以外の言語で書かれた代替インタープリタもあります。GILがコードの問題の原因になっていることがわかった場合でも、コードを作り変えたり、別のコードベース（たとえばNode.js）を使ったりしてニーズを満たすことはできるはずです。

＊1　技術監修者注：Python IDEであるPyCharmはこれらの`lint`は初期状態で設定されています。

＊2　GILの動作について図表付きで詳しく書かれたものとして、David Beazleyの「A Zoomable Interactive Python Thread Visualization」（http://www.dabeaz.com/GIL/gilvis/）がお勧めです。

＊3　これらのパッケージの機能について詳しく知りたい場合は、GILの問題を緩和する方法についてJeff Knuppが書いた文章（http://bit.ly/python_gil_problem）を読んでみてください。

E.3 =、==、isの違いとcopyを使うべきとき

Pythonでは、一見同じように見えるものの間で厳格な区別がなされていることがあります。それらの一部についてはすでに知っていますが、コードと出力（IPythonを使用）を使って復習してみましょう。

```
In [1]: a = 1  # ❶

In [2]: 1 == 1  # ❷
Out[2]: True

In [3]: 1 is 1  # ❸
Out[3]: True

In [4]: a is 1  # ❹
Out[4]: True

In [5]: b = []

In [6]: [] == []
Out[6]: True

In [7]: [] is []
Out[7]: False

In [8]: b is []
Out[8]: False
```

❶ 変数aに1を代入しています。

❷ 1が1と等しいかどうかをテストしています。

❸ 1が1と同じオブジェクトかどうかをテストしています。

❹ aが1と同じオブジェクトかどうかをテストしています。

IPythonでこれらの行を実行すると（ここに示したように結果を表示させるために）、面白い、ときには予想外の結果に気付くことがあります。整数なら、等しいかどうかはさまざまな方法で簡単に確かめられます。しかし、リストオブジェクトについては、ほかの値とは動作が異なることがわかります。Pythonのメモリ管理は、ほかのいくつかの言語とは異なるのです。Pythonがメモリ内でオブジェクトをどのように管理しているかについては、Sreejith Kesavanのブログに図表付きのすばらしい文章があります（http://foobarnbaz.com/2012/07/08/understanding-python-variables/）。

視点を変えてこの問題を考えるために、オブジェクトがメモリのどこに格納されているのかを見てみましょう。

```
In [9]: a = 1

In [10]: id(a)
Out[10]: 14119256

In [11]: b = a  # ❶

In [12]: id(b)  # ❷
Out[12]: 14119256

In [13]: a = 2

In [14]: id(a)  # ❸
Out[14]: 14119232

In [15]: c = []

In [16]: id(c)
Out[16]: 140491313323544

In [17]: b = c

In [18]: id(b)  # ❹
Out[18]: 140491313323544


In [19]: c.append(45)

In [20]: id(c)  # ❺
Out[20]: 140491313323544
```

❶ bにaを代入します。

❷ ここでidをテストすると、bとaはともにメモリ内の同じ場所を保持していることがわかります。つまり、2つはメモリ内では同じオブジェクトです。

❸ ここでidをテストすると、aが新しい位置に移動していることがわかります。aはその新しい場所で2という値を保持しています。

❹ リストの場合でも、代入をしたときにはidは同じ値になることがわかります。

❺ リストに変更を加えても、メモリ内での位置は変わらないことがわかります。Pythonのリストは、整数や文字列と動作が異なるのです。

ここから学びたいのは、Pythonのメモリ管理についての深い知識ではなく、自分が代入していると思っているものと実際に代入されているものはかならずしも同じではないということです。リストと辞書を扱うときには、新しい変数に代入をしても、新変数ともとの変数はメモリ内では同じオブジェクトだということです。片方に変更を加えると、もう片方も変わります。どちらか片方だけを変更したい場合、つまりもとのオブジェクトのコピーとして新しいオブジェクトを作りたいときには、copyメソッドを使わなければなりません。

最後に、copyと代入の違いを示すサンプルを見てみましょう。

```
In [21]: a = {}

In [22]: id(a)
Out[22]: 140491293143120

In [23]: b = a

In [24]: id(b)
Out[24]: 140491293143120

In [25]: a['test'] = 1

In [26]: b  # ❶
Out[26]: {'test': 1}

In [27]: c = b.copy()  # ❷

In [28]: id(c)  # ❸
Out[28]: 140491293140144

In [29]: c['test_2'] = 2

In [30]: c  # ❹
Out[30]: {'test': 1, 'test_2': 2}

In [31]: b  # ❺
Out[31]: {'test': 1}
```

❶ aとbはメモリ内の同じ位置に格納されているため、aに変更を加えるとbも変更されることがわかります。

❷ copyを使って新変数cを作っています。cは最初の辞書のコピーです。

❸ copyによって新しいオブジェクトが作られたことがわかります。新変数は新しいidを持っています。

❹ 変更を加えたあとのcには、2つのキーと値があることがわかります。

❺ cが変更されたあとも、bは変わりません。

この最後の例を見れば、辞書やリストのコピーがほしいときには、copyを使わなければならないことは明らかでしょう。同じオブジェクトでよければ=を使えます。同様に、2つのオブジェクトの値が「等しい」かどうかをテストするためには==を使えますが、2つのオブジェクトが「同じ」オブジェクトかどうかを知りたいときにはisを使わなければなりません。

E.4　関数のデフォルト引数

Pythonの関数やメソッドにデフォルトの引数を指定したい場合があります。そのような場合には、Pythonがこれらのデフォルト引数をいつどのように使うかを完全に理解していなければなりません。

```
def add_one(default_list=[]):
    default_list.append(1)
    return default_list
```

では、IPythonでこの関数の振る舞いを調べましょう。

```
In  [2]: add_one()
Out [2]: [1]

In  [3]: add_one()
Out [3]: [1, 1]
```

どちらの呼び出しも、1という要素を1つだけ持つ新しいリストが返されるはずだと予想していたかもしれません。しかし、2つの呼び出しは同じリストオブジェクトを書き換えています。実際には、デフォルト引数はスクリプトが最初に解釈されたときに宣言されているのです。毎回新しいリストが必要なら、関数を次のように書き換えます。

```
def add_one(default_list=None):
    if default_list is None:
        default_list = []
    default_list.append(1)
    return default_list
```

すると、コードは期待通りに動作するようになります。

```
In  [6]: add_one()
Out [6]: [1]

In  [7]: add_one()
Out [7]: [1]

In  [8]: add_one(default_list=[3])
Out [8]: [3, 1]
```

今までの説明で、メモリ管理とデフォルト引数についての知識を深めることができたはずなので、その知識を活用すれば、関数や実行可能コードでいつ変数をテスト、セットすべきかも判断できるはずです。Pythonがいつどのようにオブジェクトを定義するかを深く理解していれば、コードにバグが入り込まないようにすることができます。

E.5 Pythonのスコープと組み込み関数、メソッド：変数名の重要性

Pythonでは、スコープは予想とは少し異なる振る舞いをするかもしれません。関数のスコープ内で変数を定義した場合、その変数は関数の外では参照できません。例を見てみましょう。

```
In [10]: def foo():
   ....:     x = "test"

In [11]: x
.---------------------------------------------------------------------------
NameError                                 Traceback (most recent call last)
<ipython-input-94-009520053b00> in <module>()
----> 1 x
NameError: name 'x' is not defined
```

しかし、以前にxを定義していれば、xには古い定義がそのまま残ります。

```
In [12]: x = 1

In [13]: foo()

In  [14]: x
Out [14]: 1
```

これが組み込み関数やメソッドに影響を与えます。間違って組み込み関数やメソッドを書き換えてしまうと、そのときからその組み込み関数、メソッドは使えなくなってしまいます。listやdateといった特別な名前を書き換えると、それらの組み込みの名前はコード全体で（その時点以降）本来の機能を果たさなくなります。

```
In [43]: from datetime import date

In [44]: date(2017, 2, 5)
Out[44]: datetime.date(2017, 2, 5)

In [45]: date = 'my date obj'

In [46]: date(2017, 2, 5)
---------------------------------------------------------------------------
TypeError                                 Traceback (most recent call last)
<ipython-input-46-7fa925b72ef7> in <module>()
----> 1 date(2017, 2, 5)
```

```
TypeError: 'str' object is not callable
```

このように名前を共有する（つまり、Pythonの標準ネームスペースや使っているほかのライブラリに含まれるものと名前を共有する）変数を使うと、デバッグが悪夢のようになってしまいます。変数名、モジュール名を意識しながらコードのなかで使う名前を選んでいれば、ネームスペースの問題のデバッグで何時間も費やすようなことはなくなるでしょう。

E.6 オブジェクトの定義と変更

Pythonでは、新しいオブジェクトの定義は、もとからあるオブジェクトの変更とは別のものです。整数に1を加える関数があったとします。

```
def add_one_int():
    x += 1
    return x
```

この関数を実行すると、`UnboundLocal Error: local variable 'x' referenced before assignment`（ローカル変数xを代入前に参照した）というエラーを返します。しかし、関数内で`x`を定義すると、結果は変わります。

```
def add_one_int():
    x = 0
    x += 1
    return x
```

このコードは少しややこしくなっていますが（なぜ単純に`1`を返さないのでしょうか）、注目すべきなのは、変数を変更するためには、代入のように見える場合（`+=`）でも、まず変数を定義しなければならないということです。リストや辞書のようなオブジェクトを操作するときには（E.3項で説明したように、オブジェクトの変更が同じメモリ位置にあるほかの変数に影響を及ぼします）、このことを頭に入れておくことがとりわけ重要になります。

大切なのは、オブジェクトを書き換えようとしているときと、新しいオブジェクトを作ったり返したりしようとするときの違いを簡潔明瞭に覚えておくことです。明確で予想通りの動作をするスクリプトを書くためのポイントは、変数にどのような名前を付け、関数をどのように書くかです。

E.7 イミュータブルなオブジェクトの変更

イミュータブル（変更不能）なオブジェクトを書き換えたいときには、新しいオブジェクトを作る必要があります。Pythonは、タプルなどのイミュータブルなオブジェクトの書き換えを認めません。実行できるのは常に再代入です。実際の例を見てみましょう。

```
In [1]: my_tuple = (1,)
```

```
In [2]: new_tuple = my_tuple

In [3]: my_tuple
Out[3]: (1,)

In [4]: new_tuple
Out[4]: (1,)

In [5]: my_tuple += (4, 5)

In [6]: new_tuple
Out[6]: (1,)

In [7]: my_tuple
Out[7]: (1, 4, 5)
```

ここでわかるのは、+=演算子でもとのタプルに変更を加えようとし、それに成功したものの、実際に受け取ったのは、もとのタプルに(4, 5)を追加してできたタプルを格納する新しいオブジェクトだったということです。メモリ内の新しい位置に新しいオブジェクトを代入したということなので、new_tuple変数は変更されていません。+=の前後でidをチェックすれば、変更されていることがわかります。

イミュータブルなオブジェクトについて覚えておきたいのは、変更しようとしても、実際にはまったく新しいオブジェクトを作ることになるので、メモリの同じ場所には保持されないということです。

これは、イミュータブルなオブジェクトが属するクラスのメソッドや属性を使うときに特に重要なことです。

E.8 型チェック

Pythonは簡単な型のキャストを認めています。つまり、文字列を整数に、リストをタプルに変換できるということです。しかし、この動的な型付けのために、特に大規模なコードベースを操作しているときや新しいライブラリを使っているときなどに問題が起こることがあります。よくある問題は、関数、クラス、メソッドなどが特定の型のオブジェクトを期待しているのに、誤った型の変数を渡してしまうことです。

コードが発展し、複雑になってくると、これは次第に問題を起こしやすくなってきます。コードの抽象化が進むと、すべてのオブジェクトが変数に格納されるようになります。関数やメソッドが予想外の型（たとえば、リストではなくNoneなど）のオブジェクトを返した場合、そのオブジェクトは別の関数に渡されることがあります。そして、その関数がNoneを受け付けないものであれば、エラーが投げられます。そのエラーはコードにキャッチされる場合さえあるかもしれません。そしてコードはほかの問題のためにその例外が起きたのだろうと想定して処理を続行してしまうのです。

このような問題に対処するためには、とにかく簡潔で明解なコードを書くことです。コードを積極的にテストし（バグがなくなるようにするために）、スクリプトの動作を監視し、奇妙な動作に注意して、関数がかならず想定されたものを返すようにします。ロギングを追加して、オブジェクトの内容を確かめやすくしましょう。そして、すべての例外を同じようにキャッチしたりせず、キャッチする例外を明確に指定すれば、これらの問題は簡単に見つかって修正できるはずです。

最後になりましたが、Pythonは将来のある時点でPEP-484（https://www.python.org/dev/peps/pep-0484/）を実装する予定になっています[*1]。これは、型のヒントをやり取りできるようにして、渡された変数とコードがこれらの問題を自分で身つけられるようにするというものです。この機能は将来のPython 3リリースまで組み込まれませんが、これが予定に入っており、将来は型チェックが少し構造化されることを期待できるというだけでも悪い話ではありません。

E.9 複数の例外のキャッチ

コードが発達してくると、同じ行で複数の例外をキャッチしたくなることがあります。たとえば、AttributeErrorに加えてTypeErrorをキャッチしたい場合です。辞書を渡しているつもりで、実際にはリストを渡しているようなときにこれが必要になることがあります。属性はすべてではなくても一部同じものが含まれている場合があります。1行で複数のエラータイプをキャッチしなければならないときには、タプルのなかにそれらの例外を入れます。実際のコードを見てみましょう。

```
my_dict = {'foo': {}, 'bar': None, 'baz': []}

for k, v in my_dict.items():
    try:
        v.items()
    except (TypeError, AttributeError) as e:
        print("We had an issue!")
        print(e)
```

次のような出力が得られるはずです（順序は異なるかもしれませんが）。

```
We had an issue!
'NoneType' object has no attribute 'items'
We had an issue!
'list' object has no attribute 'items'
```

私たちの例外処理コードは、両方のエラーをキャッチして例外ブロックを実行することに成功しています。このように、キャッチしなければならないエラーのタイプと構文（例外タイプをタプルにま

---

*1 技術監修者注：Python3.5でtypingが実装されました。これはPEP-484とPEP-526によって規定された型ヒントの実装です。

とめること）を知っていることは、コードを書く上できわめて重要です。単に並べただけなら（リストを使ったり、単にカンマで区切ったりして）、コードは正しく動作せず、両方の例外をキャッチすることはできないでしょう。

E.10 デバッグの力

開発者、データラングラーとして上達してくると、さまざまな問題、エラーをデバッグしなければならなくなります。私たちとしては、だんだん簡単になっていくと言いたいところですが、簡単になる前に厳しく、集中力を必要とするものになるでしょう。それは、高度なコード、ライブラリを相手にするようになるからであり、もっと難しい問題に取り組まなければならなくなるからです。

とはいえ、あなたには、問題解決のために自由に使えるスキルやツールがたくさんあります。IPythonでコードを実行すれば、開発中のフィードバックが増えます。スクリプトにロギングを追加すれば、何が起きているかを理解しやすくなります。ページのパースで問題を抱えている場合は、ウェブスクレイパーにスクリーンショットを撮らせてファイルに保存することができます。IPythonノートブックやさまざまなサイトでコードをシェアすれば、フィードバックが得られます。

Pythonのデバッグには、まだほかにもpdb（https://docs.python.jp/3/library/pdb.html）のような優れたツールがあります。pdbを使えば、自分のコード（あるいはモジュール内の他人のコード）をステップ実行したり、エラーの前後に個々のオブジェクトが保持していた値を見たりすることができます。YouTubeにはすばらしいpdb入門ビデオ（http://bit.ly/pdb_intro）があり、コードのなかでpdbをどのように使えばよいかを教えてくれます。

さらに、皆さんはドキュメントとテストの両方を読み書き（テストはさらに実行）しているはずです。本書でも基礎を説明しましたが、それを出発点としてドキュメントとテストについてはさらに深く学ぶことを強くお勧めします。Ned Batchelderが最近のPyConで行ったテスト入門の講演（http://bit.ly/pycon2014_batchelder）は、まず最初に見るべきものとして優れています。Jacob Kaplan-Mossも、PyCon 2011でドキュメント入門のすばらしい講演（http://bit.ly/writing_great_docs）をしています。ドキュメントとテストを読み書き（実行）すれば、誤解によってコードにエラーを持ち込んだり、テストを省略してエラーを見落としたりすることはなくなるでしょう。

本書がこれらのコンセプトの最初の説明として役立てば幸いですが、それだけでなく、Pythonの学習を進め、Python開発者として研鑽を積んで、本書で学んだことを発展させていくことを強くお勧めします。

付録F IPythonのヒント

Pythonシェルは役に立ちますが、IPython (http://ipython.org/) を使うとわかるさまざまな機能がありません。IPythonは、使いやすいショートカットや標準シェルにない機能を提供する拡張Pythonシェルです。もともとは、もっと使いやすいPythonシェルがほしいと思っていた科学者や学生が開発したものでしたが (http://bit.ly/ipython_nb_history)、今ではインタープリタを使ってPythonを学んだり操作したりするときの事実上の標準の地位を確立しています。

F.1 IPythonを使う理由

IPythonは、標準Pythonシェルにはない非常に多くの機能を与えてくれます。シェルとしてIPythonをインストールして使うメリットはとても大きいものです。IPythonには、次のような機能があります。

- 読みやすいドキュメントフック
- ライブラリ、クラス、オブジェクトが使いやすくなる自動補完、マジックコマンド
- インラインイメージとグラフの生成
- 履歴の表示、ファイルの作成、スクリプトのデバッグ、スクリプトの再ロードなどのための便利なツール
- シェルコマンドの利用
- 起動時の自動インポート

IPythonは、ブラウザ内でスピーディにデータを探究できる共有ノートブックサーバーのJupyter (https://jupyter.org/) のコアコンポーネントの1つにもなっています。本書では、第10章でJupyterを使ったコード共有とプレゼンテーションを取り上げました。

F.2 IPythonをインストールして動かしてみましょう

IPythonは、pipで簡単にインストールできます。

```
pip install ipython
```

複数の仮想環境を使っている場合、グローバルにIPythonをインストールするか、個々の仮想環境にインストールすることになります。IPythonを使うには、ターミナルウィンドウで単純にipythonと入力します。すると、次のようなプロンプトが表示されます。

```
$ ipython
Python 3.6.1 (v3.6.1:69c0db5050, Mar 21 2017, 01:21:04)
Type "copyright", "credits" or "license" for more information.

IPython 5.3.0 -- An enhanced Interactive Python.
?         -> Introduction and overview of IPython's features.
%quickref -> Quick reference.
help      -> Python's own help system.
object?   -> Details about 'object', use 'object??' for extra details.

In [1]:
```

これで、通常のPythonシェルを使っているときと同じようにPythonコマンドを入力できるようになりました。たとえば、次のような感じです。

```
In [1]: 1 + 1
Out[1]: 2

In [2]: from datetime import datetime

In [3]: datetime.now()
Out[3]: datetime.datetime(2017, 4, 2, 22, 53, 47, 660551)
```

シェルを終了したいときには、quit()、exit()と入力するか、Windows/Linuxでは[Ctrl-D]、Macでは[Cmd-D]キーを押します。

F.3 マジックコマンド

IPythonには、情報を集めプログラミングするときに力になるいわゆるマジックコマンドが無数にあります。そのなかでも、初心者開発者にとって特に役に立つものをいくつか紹介しましょう。

インポートしたすべてのものとすべてのアクティブオブジェクトは、%whos、あるいは%whoと入力すれば表示されます。使い方を見てみましょう。

```
In [4]: foo = 1 + 4

In [5]: bar = [1, 2, 4, 6]

In [6]: from datetime import datetime
```

```
In [7]: baz = datetime.now()

In [8]: %who
bar      baz      datetime        foo

In [9]: %whos
Variable   Type        Data/Info
--------------------------------
bar        list        n=4
baz        datetime    2017-04-02 22:54:52.939086
datetime   type        <class 'datetime.datetime'>
foo        int         5
```

変数名を忘れてしまったときや、変数に格納した値をコンパクトにまとまったリストで見たいときにはこれがとても役に立ちます。

ライブラリ、クラス、オブジェクトのドキュメントをすばやく見られるツールもあります。メソッド、クラス、ライブラリ、属性の名前の最後に?と入力すると、IPythonは関連するドキュメントを探し出してインラインに表示します。

```
In [7]: datetime.today?
Docstring: Current date or datetime:  same as self.__class__.fromtimestamp(time.
time()).
Type:      builtin_function_or_method
```

これらのように開発時、特に開発者として成長する過程でより複雑な問題にぶつかったときに非常に役に立つIPythonの拡張機能は他にもたくさんあります。**表F-1**は、それらのなかでももっとも役に立つ一部をまとめたものですが、インターネットに行けば、優れたプレゼンテーション、カンファレンスの講演（http://ipython.org/presentation.html）、対話的なサンプル（http://bit.ly/ipynb_docs）、ライブラリのしっかりとしたドキュメント（http://ipython.org/documentation.html）が揃っています。

IPythonエクステンションは、すべてIPythonセッションの冒頭に`%load_ext` *`extension_name`*を使ってロードします。追加のエクステンションをインストールしたい場合には、GitHubに利用可能エクステンションとその用途をまとめたすばらしいリストがあります（http://bit.ly/ipython_extensions）

表F-1 役に立つIPythonエクステンションとマジックコマンド

コマンド	説明	目的	ドキュメント
%autoreload	インポートされたすべてのスクリプトを1回の呼び出しで再ロードできるエクステンション	エディタでスクリプトを書き換えつつ、IPythonシェルでデバッグするアクティブ開発で役に立つ。	http://ipython.org/ipython-doc/dev/config/extensions/autoreload.html
%store	あとのセッションで使えるように保存された変数を格納できるようにするエクステンション	いつも必要になる複数の変数を保存したいときや、ほかの仕事が入ってあとで使うときのために現在の作業状況を保存したいときに最適。	http://ipython.org/ipython-doc/dev/config/extensions/storemagic.html
%history	セッションの履歴の表示	すでに実行したコマンドの出力を表示する。	https://ipython.org/ipython-doc/dev/interactive/magics.html#magic-history
%pdb	未処理例外が発生したときに対話的デバッグのためのデバッグモジュールを起動する。	デバッグライブラリは、長いスクリプト、モジュールをインポートするときに特に役に立つ。	https://ipython.org/ipython-doc/dev/interactive/magics.html#magic-pdb
%pylab	セッション内で対話的に使えるようにするためのnumpyとmatplotlibのインポート	IPythonシェル内で統計、グラフ関数を使えるようにする。	https://ipython.org/ipython-doc/dev/interactive/magics.html#magic-pylab
%save	セッションの履歴のファイルへの保存	時間をかけてデバッグしてきたときに、次のセッションをスムーズにスタートさせる。	https://ipython.org/ipython-doc/dev/interactive/magics.html#magic-save
%timeit	1行以上のコードの実行時間計測	Pythonスクリプトと関数のパフォーマンスチューニングがやりやすくなる。	https://ipython.org/ipython-doc/dev/interactive/magics.html#magic-timeit

マジックコマンドはほかにもたくさんあります(http://bit.ly/built-in_magic_cmds)。これらが役に立つかどうかは、あなたが開発のためにIPythonをどのように使っているかによって異なりますが、開発者として成長するとともにマジックコマンドを取り入れていけば、IPythonがあなたのために単純化できるほかのタスクが見えてくるはずです。

F.4 最後に:より単純なターミナル

IPythonをノートブックのなかでだけ使うか、ターミナル上での開発でも多用するかにかかわらず、IPythonはPythonを書き、理解していく上で役立ち、あなたの開発者としての成長を助けてくれるはずです。初期の開発作業は、Pythonがどのような仕組みで動いているのかを調べ、その過程でどのようなエラーや例外が起こるかを知ることに費やされるでしょう。IPythonは、次の入力行で同じことをもう1度試せるので、このような訓練のために非常に役に立ちます。あなたがこれからも長い間Pythonを学び、書き続けるために、IPythonは力になってくれるはずです。

付録G AWSの使い方

データラングリングのためにAmazonとそのクラウドサービスを使えるようにしたい場合、まず自分用のサーバーを立ち上げる必要があります。ここでは、最初のサーバーを立ち上げるための方法を説明します。

第10章では、AWSの代わりに使えるものとして、DigitalOcean、Heroku、GitHub Pagesを紹介し、ホスティングプロバイダを使う方法も取り上げました。さまざまなデプロイ、サーバー環境にどれくらい関心があるかにもよりますが、複数のものを使ってみて、もっともしっくりくるものがどれかを見極めることをお勧めします。

AWSは、もっとも古くからあるクラウドプラットフォームとして人気がありますが、非常にわかりづらく感じる場合もあります。立ち上げ方を簡単に説明しておきたいと思ったのもそのためです。私たちは、クラウドの出発点としてDigitalOceanもお勧めできると思っています。DigitalOceanのチュートリアル（http://bit.ly/digital_ocean_gs）とステップバイステップガイド（http://bit.ly/digital_ocean_server_setup）はとても役に立ちます。

G.1 AWSサーバーの立ち上げ

サーバーを立ち上げるためには、AWSコンソール（https://console.aws.amazon.com）で「コンピューティング」から「EC2」を選択します（コンソールにアクセスするためには、サインインかアカウント作成が必要です）。すると、EC2ダッシュボードのページに入ります。ここで左側のリストから「インスタンス」を選択し、次の画面で「インスタンスの作成」ボタンをクリックします。

すると、インスタンスを設定するための7ステップの画面に移ります。ここで選択した内容はあとで変更できるので、どれを選んだらよいかがわからなくても気にする必要はありません。本書でお勧めするのは、手っ取り早く安価にサーバーを立ち上げられるオプションですが、それが自分の必要としているソリューションになるとは限りません。スペースなどで問題が起きたら、より大きく、そのため高い設定/インスタンスが必要になるかもしれません。

前置きはそのくらいにして、以下の節では各ステップで私たちがお勧めするオプションを紹介していきます。

G.1.1　AWSステップ1：Amazonマシンイメージ（AMI）の選択

マシンイメージというのは、基本的にオペレーティングシステムイメージ（スナップショット）のことです。もっとも広く使われているオペレーティングシステムは、WindowsとOS Xです。しかし、サーバーではLinuxベースのシステムが使われるのが普通です。私たちは最新のUbuntuシステムをお勧めします。本稿執筆時点ではUbuntu Server 14.04 LTS (HVM), SSD Volume Type - ami-d05e75b8が最新のものでした[*1]。

G.1.2　AWSステップ2：インスタンスタイプの選択

インスタンスタイプは、立ち上げるサーバーのサイズです。「t2.micro（無料利用枠の対象）」を選択しましょう。必要性が明らかになるまでサイズを大きくしないようにしましょう。それではお金の無駄になります。インスタンスについては、AWSのインスタンスタイプ（https://aws.amazon.com/ec2/instance-types/）と料金（https://aws.amazon.com/ec2/pricing/）のページを参照してください。

「確認と作成」をクリックすると、ステップ7に移動します。

G.1.3　AWSステップ7：インスタンス作成の確認

ページの上部に「インスタンスのセキュリティを強化します。セキュリティグループlaunch-wizard-1は世界に向けて開かれています」というメッセージが表示されます。本物の本番スタンスや機密データを格納するインスタンスでは、ほかのセキュリティ対策とともにこれを行うことを強くお勧めします。AWSのTips for Securing Your EC2 Instanceページ（http://bit.ly/securing_ec2_instance）を読んでください。

G.1.4　AWSの最後の質問：既存のキーペアを選択するか、新しいキーペアを作成します

キーペアは、サーバーが誰を入れてよいかを判断するための鍵のセットのようなものです。「新しいキーペアの作成」を選んで名前を付けましょう。私たちはdata-wrangling-testという名前を選びましたが、自分でわかる好きな名前をつけてかまいません。終わったら、あとでわかる場所にキーペアをダウンロードします。

最後に、「インスタンスの作成」をクリックします。インスタンスの作成が開始されると、画面にインスタンスIDが表示されます。

＊1　技術監修者注：AMIのIDはリージョンによっても異なり、またすでにUbuntu Server 16.04 LTSが作成されています。これらの最新についてはAWS Consoleを確認するとよいでしょう。

サーバーの料金が気になる場合は、AWSの設定画面で請求アラートを要求してください（https://console.aws.amazon.com/billing/home?#/preferences）

G.2 AWSサーバーへのログイン

サーバーにログインするには、AWSコンソールからインスタンスのページに行って情報を集めてこなければなりません。コンソールからEC2を選択し、さらに「1個の実行中のインスタンス」を選択します（複数のインスタンスを実行していれば、数字はこれよりも大きくなります）。するとサーバーのリストが表示されるはずです。以前に名前を付けているということでもない限り、サーバーにはまだ名前がないはずです。リストの空白のボックスをクリックしてインスタンスに名前を入力しましょう。私たちは、一貫性を保つためにdata-wrangling-testを名前にしています。

サーバーにログインするためには、Linuxインスタンスへの接続について説明したAWSのページ（http://bit.ly/aws_connect_to_linux）の指示に従います。

G.2.1 インスタンスのパブリックDNS名の取得

パブリックDNS名はあなたのインスタンスのウェブアドレスです。「パブリックDNS」の欄にDNS名のような値がある場合は次節に進んでください。値が「--」なら、以下の手順に従って名前を付ける必要があります（StackOverflow: http://bit.ly/ec2_no_public_dns参照）。

1. https://console.aws.amazon.comに行きます。
2. 上部の「サービス」から「VPC」（リストの終わり近く）に行きます。
3. 左の欄から「VPC」を選びます。
4. EC2に接続されたVPCを選択します。
5. 「アクション」ドロップダウンから「DNSホスト名の編集」を選択します。
6. 「DNSホスト名の編集」の設定を「はい」に変更します。

EC2インスタンスに戻ってくると、インスタンスがパブリックDNS名を持っていることがわかるでしょう。

G.2.2 プライベートキーの準備

あなたのプライベートキーは、ダウンロードしてきた.pemファイルです。このファイルは、自分が知っていて覚えられるフォルダに移動しておくとよいでしょう。Unixベースシステムの場合、キーはホームディレクトリの.sshというフォルダに格納されます。Windowsでは、デフォルトはC:\Documents and Settings\<username>\.ssh\、またはC:\Users\<username>\.sshです。.pemファイルをそのフォルダにコピーしてください。

次に、chmodコマンドで.pemファイルのパーミッションを400に変更します。パーミッションを400に変更すると、そのファイルにはオーナーしかアクセスできなくなります。こうすると、.pemファイルはマルチアカウントコンピュータの環境でもセキュアになります。

```
chmod 400 .ssh/data-wrangling-test.pem
```

G.2.3　サーバーへのログイン

これでサーバーにログインするために必要なものはすべて揃っています。次のコマンドの*my-key-pair.pem*の部分を自分のキーファイル名に、*public_dns_name*を自分のパブリックドメイン名に置き換えて実行してみてください。

```
ssh -i ~/.ssh/my-key-pair.pem ubuntu@_public_dns_name
```

たとえば、次のような感じです。

```
ssh -i data-wrangling-test.pem ubuntu@ec2-12-34-56-128.compute-1.amazonaws.com
```

Are you sure you want to continue connecting (yes/no)?（本当に接続を続けるつもりですか？）というプロンプトが表示されたらyesと入力してください。

ここであなたのプロンプトは少し変わり、設定したーサーバーのコンソールにいることがわかります。このままコードをサーバーに送り込み、自分のマシンで実行される自動化を設定して、サーバーの設定を続けることができます。新サーバーへのコードのデプロイについては、第14章で詳しく説明してあります。

サーバーを終了するには、Ctrl-CまたはCmd-Cを押します。

G.2.4　まとめ

これで初めてのAWSサーバーを立ち上げることができました。第14章で学んだことに従ってサーバーにコードをデプロイし、すぐにデータラングリングを実行しましょう。

索引

記号

A

B

C

H

I

J

L

M

N

O

P

Q

R

S

T

U

V

W

X

Z

あ行

Timeline/Networkタブの分析 292–294
深い分析 299
マークアップの構造 284–292
運用の自動化（operations automation） 408
エスケープ文字（escaping character、\） 97
絵文字（emoji） 309
エラー（error） 234
大文字（capitalization） 49
大文字小文字の区別（case sensitivity） 49
オブジェクト（object）
イミュータブルなオブジェクトの変更 468
定義と変更 468
オブジェクト指向プログラミング（object-oriented programming：OOP） 24
折れ線グラフ（line chart） 256
音声メッセージの自動化（voice message automation） 415

か行

カーソル（cursor） 373
改行文字（newline character） 99
階層化データ形式（Hierarchical Data Format：HDF） 151
カウンタ（counter） 81
科学データ（scientific dataset） 138
各種機関（organization） 137
加算（addition） 32
仮想環境（virtual environment） 456–458
型チェック（type checking） 469
カナダ（Canada） 136
画面の読み出し（screen reading） 319
関数（function） 46
記述 102
組み込み 467
デフォルト引数 466
マジックコマンド 474–476
キー（key）
API 368–370
AWS 478
Python辞書 28
キーペア（key pair） 478
聞き手（audience） 254
キューベースの自動化（queue-based automation） 407–408
空白（whitespace） 39, 49, 461
区切り文字（delimiter、separator） 39
組み込み関数（built-in function） 467
組み込みツール（built-in tool） 34–39
組み込みメソッド（built-in method） 467
クラウド（cloud）
Pythonコードをデプロイするための Gitの使い方 395–398
データ処理の自動化 394–398
データの保存 150
クラウドソーシングデータ（crowdsourced data） 138
グラフ（chart） 256–263
Bokeh 259–263
matplotlib 257–259
グループ（group） 241–245
グローバルなプライベート変数（global private variable） 209
クロールスパイダー（Crawl Spider） 356
継承（inheritance） 340
減算（subtraction） 32
構文エラー（syntax error） 13
広報担当者（communications official） 133
コード（code）
Jupyterによる共有 275–278
空白 461
推奨される長さ 107
ファイルへの保存 49
ベストプラクティス 201
コードエディタ（code editor） 15
コードブロック（code block） 48
コマンド（command） 435–448
cat 442
cd 14, 50, 97, 437, 444
chmod 440, 479
chown 440
cp 438

さ行

た行

ストーリーテリングの落とし穴を避ける 253-256
対話的 268
地図 264-268
ツール 270
データの公開 271-278
ビジュアライズ 256-259
ビデオ 270
文章 269
データ分析（data analysis） 246-250
結論の描き方 250
結論の記録方法 251
スキルの向上 424
トレンドとパターンを探す 250
分割と焦点の絞り込み 247-249
データベース（database） 143-149
MongoDB 147
MySQL 144-146
NoSQL 146
PostgreSQL 146
Pythonによるローカルデータベースの設定 148-149
SQL 144-146
SQLite 148-149
非リレーショナル 146-149
リレーショナル 144-146
データラングリング（data wrangling）
定義 vii
データラングラーの義務 423
テーブル関数（table function） 229-232
テーブル抽出（table extraction） 118-123
テーブルの結合（table join） 236
テキスト（text） 96
テキストメッセージ（text message） 415
デバッグ（debugging） 13, 471
デフォルト値（default values） 103
電話（telephone） 132
電話メッセージ（telephone message） 415
統計ライブラリ（statistical library） 246
トークン（token） 368-370
ドキュメント（documentation）
結論 251
スクリプト化 202-213

な行

内部メソッド（internal method） 35
南米（South America） 136
「におい」のテスト（smell test） 130
ネットワーク（network） 359-362

は行

バージョン選択（version choosing） 6
バイアス（bias） 253
バイナリモード（binary mode） 47
外れ値（outlier）
データのクリーンアップ 172-178
データ探索 239-241
バックアップ（backup） 143
パッケージ（package） .... ライブラリを参照
ハッシュ可能な値（hashable value） 178
パブリックDNS名（public DNS name） 479
比較演算子（comparison operator） 463-466
引数（argument） 46, 103
ビジュアライゼーション（visualization） 256-259
イメージ 270
イラスト 270
グラフ 256-263
時間関連データ 263
対話的 268
地図 264-268
ビデオ 270
文章 269
非推奨（deprecation） 61
非政府組織（non-governmental organizations：NGO） 137
ビッグデータ（bad data） 172-178
ビデオ（video） 270
非リレーショナルデータベース（nonrelational database） 146-149

ファイル (file)
- 一般的ではない種類 126
- コードの保存 49
- 異なる場所のファイルの開き方 49
- 削除 445
- 名前の変更 445
- 変更 444

ファジーマッチング (fuzzy matching) 182–186
ブール型 (Booleans) 20
フォルダ (folder) 43
浮動小数点数 (float) 21
プライベートキー (private key) 479
プライベートメソッド (private method) 35
ブラウザベースのパース (browser-based parsing) 319–338
- Ghost.pyによる画面の読み出し 332–338
- Seleniumによる画面の読み出し 320–332

ブログ (blog) 273
ブロック (block) 48
プロンプト (prompt)
- Mac 11
- Pythonとシステム 12
- Windows 11
- システム 12

分散処理 (distributed processing) 400
並列処理 (parallel processing) 398–400
ベストプラクティス (best practice) 201
ヘッドレスブラウザ (headless browser)
- Ghost.py 335
- Selenium 331

変数 (variable) 23–26, 469
変数呼び出し (calling variable) 25
棒グラフ (bar chart) 256
報告 (report) 418
法的な問題 (legal issue) 282

ま行

マークアップパターン (markup pattern) 311–317
マジックコマンド (magic command) 154, 474–476
マシンリーダブルデータ (machine-readable data) 43–72
- CSVデータ 44–52
- JSONデータ 52–55
- XMLデータ 55–71
- ファイル形式 43

見出し (header)
- 書き換え 156–159
- クリーンアップのためのzipメソッド 159–166

メール (email) 413–415
メソッド (method) 46
- 組み込み 467
- 辞書 33
- 数値 32
- 文字列 31
- リスト 33

メッセージ (messaging) 412–418
モジュール (module) 22
文字列 (string)
- formatメソッド 167
- 加算 32
- 数値を文字列として保存 20
- データ型 18

文字列メソッド (string method) 31
モニタリング (monitoring) 420

や行

容量制限 (rate limit) 367
読み出し専用ファイル (read-only file) 47

ら行

ライブラリ (library) 473
- Excelファイルの操作 73–74
- 数学 23
- 定義 46
- 統計 246

ラウンドトリップレイテンシ（round-trip latency）
　　......361
ラッパーライブラリ（wrapper library）......148
リクエスト（request）......300-302
リスト（list）......26-28
　インデックス参照......66, 83
　加算......32
リスト内包表記（list comprehension）......156
リストメソッド（list method）......33
リレーショナルデータベース（relational database）
　　......144-146
例外処理（exception handling）......234
　複数の例外のキャッチ......470
　ロギング......419
レイテンシ（latency）......361
レコードの重複（duplicate record）......178-182
　検出......178-182
　処理......191-192
　正規表現マッチング......186-191
　ファジーマッチング......182-186
ローカルファイル（local file）......388-390
ロギング（logging）
　as a service......418
　自動化のモニタリング......410-412
　モニタリング......420
　例外......419
ロシア（Russia）......136

●著者紹介

Jacqueline Kazil（ジャクリーン・カジル）
data loverであり、金融、政府、ジャーナリズムの分野のテクノロジの世界で働いてきました。特筆すべきは、Presidential Innovation Fellow（https://www.whitehouse.gov/innovationfellows）の一員だったことと、政府内に18F（https://18f.gsa.gov/）という技術組織を共同で立ち上げたことです。彼女のキャリアは、オープンソースのマッピングワークフローツールのGeoq（https://geo-q.com/geoq/）、Congress.gov（https://www.congress.gov/）のリメイク、ワシントン・ポストのTop Secret America（http://projects.washingtonpost.com/top-secret-america/）などのさまざまなデータサイエンス/データラングリングプロジェクトに彩られています。彼女は、Python Software Foundation（https://www.python.org/psf/）、PyLadies（http://www.pyladies.com/）、Women Data Science DC（http://www.meetup.com/WomenDataScientistsDC/）など、Python、データコミュニティで活発に活動しているほか、ワシントンD.C.のミートアップ、カンファレンス、ミニブートキャンプなどでPythonを教えています。親友のEllie（@ellie_the_brave）とたびたびペアプログラミングをしています。ツイッターのアカウントは@jackiekazilで、The coderSnorts（https://medium.com/coder-snorts）というブログを開設しています。

Katharine Jarmul（キャサリン・ジャムール）
データ分析、データ獲得、ウェブスクレイピング、PythonとUnix全般の教育の仕事を愛するPython開発者です。海外でのコンサルティングの仕事を始めるまでは、大小のスタートアップで働いていました。もともとはロサンゼルス出身で、Pythonを身につけたのは、2008年にワシントン・ポストで働いていたときです。PyLadiesの創設者のひとりとして、教育、訓練を通じてPythonなどのオープンソース言語におけるダイバーシティの促進を望んでいます。彼女は、Pythonの初心者から上級者までの幅広いテーマでさまざまなワークショップ、個別指導の講師を務めています。今後の講習についてはツイッター（@kjam）かウェブサイト（http://kjamistan.com）を参照してください。

●訳者紹介

長尾 高弘（ながお たかひろ）
1960年生まれ。東京大学教育学部卒。1987年頃からアルバイトで技術翻訳を始め、1988年に（株）エーピーラボに入社し、取締役として97年まで在籍する。1997年に（株）ロングテールを設立し、社長に就任して現在に至る。訳書は、130冊ほどあるが、最近のものとして、『入門Python 3』、『Infrastructure as Code』、『詳解システム・パフォーマンス』（オライリー・ジャパン）、『Soft Skills』（日経BP社）、『Rによる機械学習』（翔泳社）、『Scalaスケーラブルプログラミング第3版』（インプレス）などがある。一方で、1978年から詩作を始め、4冊の詩集がある。http://www.longtail.co.jp/

●技術監修者紹介

嶋田 健志（しまだ たけし）
主にWebシステムの開発に携わるフリーランスのエンジニア。共著書に『Pythonエンジニア養成読本』（技術評論社）、技術監修書に『PythonによるWebスクレイピング』（オライリー・ジャパン）。
Twitter: @TakesxiSximada

●カバー紹介

表紙の動物は、ミドリプリカトカゲ（blue-lipped tree lizard、学名Plica umbra）です。イグアナ科に属するものの、プリカ属の種はどれもそれほど大きくなく、南米やカリブ海地方の樹上に生息します。ミドリプリカトカゲは、主としてアリを食べ、プリカ属のなかでは首の部分の突起が見られない唯一の種です。

Pythonではじめるデータラングリング
—データの入手、準備、分析、プレゼンテーション

2017年 4 月20日　　初版第 1 刷発行

著　　者　Jacqueline Kazil（ジャクリーン・カジル）
　　　　　Katharine Jarmul（キャサリン・ジャムール）
訳　　者　長尾 高弘（ながお たかひろ）
技術監修　嶋田 健志（しまだ たけし）
発 行 人　ティム・オライリー
制　　作　ビーンズ・ネットワークス
印刷・製本　日経印刷株式会社
発 行 所　株式会社オライリー・ジャパン
　　　　　〒160-0002　東京都新宿区四谷坂町12番22号
　　　　　Tel　(03)3356-5227
　　　　　Fax　(03)3356-5263
　　　　　電子メール　japan@oreilly.co.jp
発 売 元　株式会社オーム社
　　　　　〒101-8460　東京都千代田区神田錦町3-1
　　　　　Tel　(03)3233-0641（代表）
　　　　　Fax　(03)3233-3440

Printed in Japan（ISBN978-4-87311-794-2）
乱丁本、落丁本はお取り替え致します。